XINNENGYUAN FADIAN YU GONGRE

新能源发电与供热

凌宇 编著

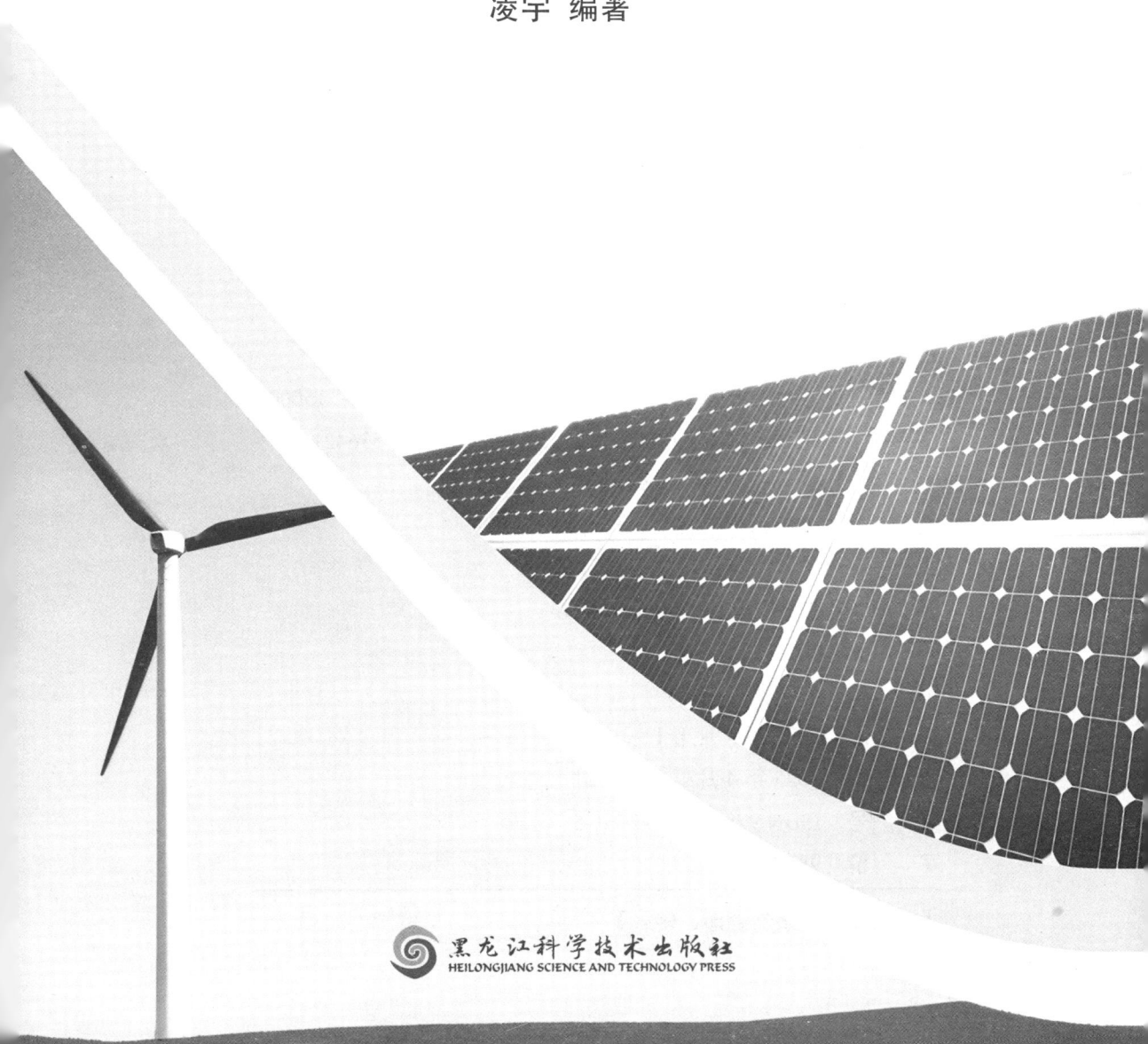

黑龙江科学技术出版社
HEILONGJIANG SCIENCE AND TECHNOLOGY PRESS

图书在版编目（CIP）数据

新能源发电与供热 / 凌宇编著. -- 哈尔滨 ：黑龙
江科学技术出版社, 2025. 4. -- ISBN 978-7-5719-2761-
5

Ⅰ. TM61；TU833

中国国家版本馆 CIP 数据核字第 2025YM9743 号

新能源发电与供热

XINNENGYUAN FADIAN YU GONGRE

凌宇　编著

责任编辑	焦　琰	
出　　版	黑龙江科学技术出版社	
	地址：哈尔滨市南岗区公安街 70-2 号　邮编：150007	
	电话：（0451）53642106　传真：（0451）53642143	
	网址：www.lkcbs.cn	
发　　行	全国新华书店	
印　　刷	哈尔滨午阳印刷有限公司	
开　　本	787 mm×1092 mm　1/16	
印　　张	19.25	
字　　数	430 千字	
版　　次	2025 年 4 月第 1 版	
印　　次	2025 年 4 月第 1 次印刷	
书　　号	ISBN 978-7-5719-2761-5	
定　　价	98.00 元	

前　言

2020年9月22日，中国在第七十五届联合国大会一般性辩论上郑重宣布：中国将提高国家自主贡献力度，采取更加有力的政策和措施，二氧化碳排放力争于2030年前达到峰值，努力争取2060年前实现碳中和。同年12月12日，中国又在气候雄心峰会上宣布：到2030年，中国单位国内生产总值二氧化碳排放将比2005年下降65%以上，非化石能源占一次能源消费比重将达到25%左右，森林蓄积量将比2005年增加60亿立方米，风电、太阳能发电总装机容量将达到12亿千瓦以上。

党的十八大以来，我国高度重视新能源建设，提出了"四个革命、一个合作"能源安全新战略，加快构建新型能源体系，大力推进能源技术革命和技术创新，积极有序发展光能源、硅能源、氢能源、可再生能源，加快发展有规模有效益的风能、太阳能、生物质能、地热能、海洋能、氢能等新能源，积极安全有序发展核电，推动能源生产绿色低碳转型，为中国式现代化建设提供安全可靠的能源保障，为共建清洁美丽的世界贡献中国智慧、中国力量。

立足能源资源禀赋，推动能源革命，是我们这代能源人的使命任务。笔者身处新时代能源革命的大潮中，有幸长期工作在新能源开发利用的探索与实践一线，深感肩上的责任重大、使命光荣。能源革命，等不得，也急不得，是史无前例的一场硬仗。因此，我们要立足当下，把好节奏，循序渐进，一步一个脚印地解决好新能源安全可靠替代基础上的传统能源逐步退出的实践问题，有计划、有步骤谋划好能源革命这篇"大文章"。

构思撰写过程中，笔者深切感受到这是感悟、求索和自我印证的过程，也真切地感受到许多同业朋友对能源革命、新能源场景应用、新能源在现实生产生活中产生的积极意义有着十分浓厚的兴趣。为回应朋友们的关切和期盼，本书从能源的简单介绍为起始，叙述了新能源发电技术和供热方式转变这一浩浩荡荡的发展历史以及对未来的展望，期望能加深读者对新能源的了解和认知，给广大从业人员以实践参考，更好地服务经济社会高质量发展。

在编著的过程中，笔者得到了许多领导、专家、学者和业界朋友的指导、关心和帮助，尤其是在修改、编排等环节中，各位提出了大量的中肯意见和建议。在此，诚挚地向大家表示衷心感谢！

指尖笔笺，奋笔疾书，跟不上新时代经济社会的飞速发展，概全不了新时代音符般律动的发展数据，虽然在付梓前又做了一些补充，但很难详尽总有遗憾！由于笔者水平有限，本书若有不当之处敬请指正。

笔者

2024年12月16日

前　言

目　录

第1章 化石能源现状及新能源发展态势

在人类发展的历史长河中，能源对人类物质文明和精神文明的发展一直起着至关重要的推动作用。能源的每一次革命，都引发了社会生产技术和生产方式的重大变革，推动着社会生产力的发展和社会文明的进步。

1.1 化石能源的形成及现状

化石能源是煤、石油、天然气的统称，被称为一次能源。由于化石能源的形成极为漫长和特有的不可再生属性，经过人类长期开发利用，其资源储量越来越少。

1.1.1 化石能源的形成

煤生成于石炭纪、二叠纪、中生代的侏罗纪以及新生代的第三纪。石炭纪距今已有3.5亿年之多。在古生代时期，地球上的气候非常温暖潮湿，生长着大片高大的绿色植物，随着地壳的不断运动，大量的树木等植物被掩埋在地下，与空气隔绝，在地下高温高压的作用下，历经几万年，又经过复杂的生物化学和物理化学的变化逐渐生成煤。如今，地球已趋于一种较为稳定的状态，不会再有大陆板块剧烈撞击的"造山运动"，不具备大量的树木等植物被掩埋地下深处的条件。所以说，煤无法再生，是"用一点就少一点"的一次能源。

生物成油理论研究表明，石油大约是在侏罗纪时期生成，至少需要200万年的时间。在现今已发现的油藏中，时间最长的达到5亿年之多。在地球不断演化的漫长历史进程中，有一些"特殊"的时期，如古生代和中生代，大量的植物和动物死亡后，构成其身体的有机物质不断分解，与泥沙或碳酸质沉淀物等物质混合组成沉积层。由于沉积物不断地堆积加厚，导致温度和压力上升，随着这种过程的不断进行，沉积层变为沉积岩，进而形成沉积盆地，这就为石油的生成提供了基本的地质环境。

大多数地质学家认为，石油和天然气是一对"孪生兄弟"，是古代生物等有机物沉积通过漫长的压缩和加热后逐渐形成的。生物遗体要形成石油和天然气，需要有一定的条件和过程，需要年复一年地把大量生物遗体一层一层掩埋起来，在不断下沉中，堆积的沉积物和掩埋的生物遗体越来越厚。这些被埋藏的生物遗体与空气隔绝，处在缺氧的环境中，再加上厚厚岩层的压力、温度的升高和细菌的作用，便开始慢慢分解，经过漫长的地质时期，这些生物遗体就逐渐变成了分散的石油和天然气。

1.1.2 化石能源的利用

我国是最早使用煤的国家。早在7 200年前的新石器时代，我们的祖先就开始了煤的使用，在新乐遗址上发现了很多精煤工艺品。据考证，西汉和魏晋南北朝时期，就已经出现了一定规模的"煤井"，汉唐时代已经建立了手工煤炭业，使煤在冶金领域得到了广泛的应用。到了宋代，煤又出现了更先进的利用方式——焦炭，这是具有划时代意义的利用方式。13世纪80年代，马可·波罗来到我国，将中国人用煤做燃料的事记录在《东方见闻录》传到西方。从此以后，西方社会才开始使用煤，继而造就了第一次工业革命，从此人类社会进入了蒸汽时代，这是人类文明一个新的里程碑。

我国还是最早使用石油的国家。西晋文学家张华的《博物志》最早记载了我国石油的采集和利用。北宋科学家沈括在《梦溪笔谈》中做了许多关于石油的阐述，其"石油"一词也是沈括首先提出，并沿用至今。早在1 100年前，我国就钻成了深度约1 000 m的油井。明代科学家宋应星在《天工开物》中把长期流传下来的石油知识做了全面梳理，并对石油的开采工艺做了全面总结。17世纪末，《天工开物》传至日本，19世纪传至欧洲。石油的推广和使用，促进了内燃机的发明制造，使人类社会进入工业革命的动力时代。

1.1.3 化石能源储量呈逐年下降趋势

2012年8月6日国土资源部发布的《中国矿产资源报告（2011）》显示，到2010年，我国煤炭储量为13 408.3亿t，石油储量为31.7亿t，天然气储量为37 793.2亿m^3。

从2006年到2010年，我国煤炭查明资源储量由1.16万亿t增加至1.34万亿t，增长15.6%；石油剩余技术可采储量由27.6亿t增加至31.7亿t，增长14.9%；天然气剩余技术可采储量由3万亿m^3增加至3.8万亿m^3，增长25.9%。

自然资源部发布的《中国矿产资源报告（2023）》和《中国矿产资源报告（2024）》显示，2022年，我国煤炭储量为2 070.12亿t，石油储量为38.06亿t，天然气储量为65 690.12亿m^3。2023年，我国煤炭储量为2 185.7亿t，石油储量为38.51亿t，天然气储量为67 424.52亿m^3。

2010年到2023年，13年间，我国煤炭储量由13 408.3亿t减至2 185.7亿t，减少11 222.6亿t；石油储量由31.7亿t增加至38.51亿t，增加6.81亿t；天然气储量由37 793.2亿m^3增加至67 424.52亿m^3，增加29 631.32亿m^3。在三种能源中，仅煤炭储量出现较大减幅，按照2023年我国煤炭产量47.1亿t计算，我国已探明煤炭储量还能开采约46年，其煤炭资源形势不容乐观。

从资源禀赋上看，我国虽然石油、天然气储量增加，但能源消费仍是以煤炭为主，且石油的对外依存度连续多年在70%以上，天然气对外依存度达到近50%。

1.1.4 化石能源产量呈逐年增长态势

"十一五"期间，我国煤炭总产量达到142.4亿t，是"十五"的1.5倍；原油总产量达到9.5亿t，比"十五"增长11.2%；天然气总产量达到3 901亿m³，是"十五"的2.1倍。

2006—2010年，我国煤炭产量从25.3亿t增加至32.4亿t，年均增长6.4%；原油产量从1.85亿t增加至2.03亿t，增长9.7%；天然气产量从586亿m³增加至968亿m³，年均增长13.4%。

2022年，我国一次能源生产总量为46.6亿t标准煤，比上年增长9.2%。在能源生产结构中，煤炭占67.4%，石油占6.3%，天然气占5.9%，水电、核电、风电、太阳能发电等非化石能源占20.4%。能源消费总量为54.1亿t标准煤，增长2.9%，能源自给率为86.1%。2023年，我国一次能源生产总量为48.3亿t标准煤，比上年增长4.2%。在能源生产结构中，煤炭占66.6%，石油占6.2%，天然气占6%，水电、核电、风电、光电等非化石能源占21.2%。能源消费总量为7.2亿t标准煤，增长5.7%，能源自给率为84.4%。

2022年，我国煤炭产量为45.6亿t，比上年增长10.5%，创历史新高；原油产量为2.05亿t，增长2.9%，连续4年保持增长；天然气产量为2 201.1亿m³，增长6%，连续6年增产超100亿m³。2023年，我国煤炭产量为47.1亿t，比上年增长3.4%；原油产量2.09亿t，增长2.1%，连续5年保持正增长；天然气产量2 324.3亿m³，增长5.6%，连续7年增产超100亿m³。

2023年与2010年相比，我国煤炭产量增加14.7亿t，原油产量增加0.06亿t，天然气产量增加1 356.3亿m³。

1.2 化石能源消费及对环境的影响

化石能源自被人类发现、开发和利用时起，就一直是能源消费的主要成员。就在新能源大规模开发利用的今天，化石能源依旧没有被淘汰，仍然占居能源供给的主导地位。

1.2.1 化石能源消费仍占主导

目前，燃煤电厂和供热企业的锅炉依旧是消费化石能源的最大"用户"，化石能源担当着绝对的主力。《中国矿产资源报告（2011）》显示，2006—2010年，我国煤炭消费量从23.1亿t增加至31.8亿t，年均增长8.4%，煤炭市场供需旺盛，供略大于求；石油消费量从3.49亿t增加至4.29亿t，年均增长5.3%；天然气消费量从561.1亿m³增加至1 048.4亿m³，年均增长16.9%。

2022年，我国煤炭消费量达到了44.4亿t，增长了4.3%；原油消费量达到了7亿t，下降了3.1%；天然气消费量达到了3 727.7亿m³，下降了1.2%。

虽然我国能源消费结构持续优化，但是2023年我国煤炭消费占一次能源消费总量的比重仍达55.3%，比上年下降0.7个百分点；石油占比18.3%，上升0.3个百分点；天然气占比8.5%，上升0.1个百分点；水电、核电、风电、太阳能发电等非化石能源占比17.9%，上升0.3个百分点。与10年前相比，煤炭消费占能源消费比重下降了12.1个百分点，水电、核电、风电、太阳能发电等非化石能源比重提高了7.7个百分点。

1.2.2 化石能源引发的环境问题

在化石能源中，煤对环境的污染最为严重。煤的主要成分是碳、氢、氧、氮、硫等元素和灰分、水，燃烧后产生大量的二氧化碳、二氧化硫、氮氧化物和粉尘。

20世纪七八十年代以前，北方的家家户户大多垒有炉灶，冬天的时候一些单位和学校都会在办公室或教室架起烧煤的炉子，或做饭、或烧水、或取暖。这些炉灶和炉子烧煤时，常常弄得满屋煤烟和粉尘，熏得屋墙溜黑，弄得人们满脸黑花，呼吸的空气异常刺鼻，还时常冒着煤气中毒的危险。

化石能源的"粗放"使用，不仅使化石能源以较低的能量转换效率被快速地消费，同时也排放着大量的二氧化碳、二氧化硫、氮氧化物和粉尘，严重地破坏着人类的生存环境，造成洪涝、海啸、高温、酸雨、雾霾等极端天气频发，冰圈缩小、海平面上升，引发诸多环境问题。

自20世纪70年代初开始，我国加大了生态环境保护与治理力度，在经历了四个阶段后至今已走过了50多年。伴随着改革开放，经济社会的快速发展以及公众环境意识的不断增强，在确立的保护环境基本国策和"五位一体"总体布局、协调推进"四个全面"战略布局的推动下，我国走生态优先、绿色发展的可持续发展之路，建立形成了法律约束、行政管制、经济激励、公众参与的环境保护综合运用管理体系，生态环境质量持续逐年向好。

2010年，我国烟尘排放量为829.1万t，工业粉尘排放量为448.7万t，分别比上年下降2.2%和14.3%。

2010年，我国还大力实施工程减排，新增燃煤脱硫机组装机容量1.07亿kW，火电脱硫机组装机容量达到5.78亿kW，占全部火电机组的比例从2005年的12%提高到82.6%。同时，我国还实施结构减排，关停小火电机组累计达到7 210万kW。电力行业30万kW以上火电机组占火电装机容量比重从2005年的47%提高到70%以上，火电煤耗下降了9.5%。

2011年5月29日，环境保护部发布了《2010年中国环境状况公报》。其显示，2010年，我国化学需氧量排放总量1 238.1万t，比上年下降3.09%；二氧化硫排放总量2 185.1万t，比上年下降1.32%。与2005年相比，化学需氧量和二氧化硫排放总量分别下降12.45%和14.29%，均超额完成10%的减排任务。

2022年，我国二氧化硫排放量为243.5万t。其中，工业源废气中二氧化硫排放量为183.5万t，生活源废气中二氧化硫排放量为59.7万t，集中式污染治理设施废气中二氧化硫排放量为0.3万t。氮氧化物排放量为895.7万t。其中，工业源废气中氮氧化物排放量为333.3万t，生活源废气中氮氧化物排放量为33.9万t，移动源废气中氮氧化物排放量为526.7万t，集中式污染治理设施废气中氮氧化物排放量为1.9万t。颗粒物排放量为493.4万t。其中，工业源废气中颗粒物排放量为305.7万t，生活源废气中颗粒物排放量为182.3万t，移动源废气中颗粒物排放量为5.3万t，集中式污染治理设施废气中颗粒物排放量为0.1万t。

2022年与2010年相比，12年间，我国环境治理取得了特别突出的成效，仅二氧化硫排放量就由2 185.1万t下降到243.5万t，减少1 941.6万t。氮氧化物排放量和细颗粒物排放量都有较大幅度的下降。

2023年5月24日，生态环境部发布了《2022年中国生态环境状况公报》。其指出，我国环境空气质量稳中向好，地级及以上城市细颗粒物浓度为29 μg/m³，比2021年下降3.3%，好于年度目标4.6 μg/m³。优良天数比例为86.5%，好于年度目标0.9个百分点；重度及以上污染天数比例为0.9%，比2021年下降0.4个百分点。

2024年4月12日，生态环境部、国家统计局首次发布了《2021年电力二氧化碳排放因子》。电力生产企业是重要的二氧化碳排放源，其二氧化碳排放量占全球化石能源燃烧二氧化碳排放总量的1/3以上，占我国二氧化碳排放总量的40%以上。电力二氧化碳排放因子是核算电力消费二氧化碳排放量的重要基础参数。

《2021年电力二氧化碳排放因子》分为三种口径：第一种是2021年全国、区域及省级电力平均二氧化碳排放因子，是单位发电量（包括火电、水电、风电、核电、太阳能发电等所有电力类型）的二氧化碳排放量，计算方法和数据时效性均具有国际可比性；第二种是2021年全国电力平均二氧化碳排放因子（不包括市场化交易的非化石能源电量），是单位发电量（包括前述所有电力类型发电量，但扣除市场化交易的非化石能源电量）的二氧化碳排放量；第三种是2021年全国化石能源电力二氧化碳排放因子，是单位化石能源电力发电量（从火电中扣除生物质发电量）的二氧化碳排放量。据悉，生态环境部后续将建立常态化发布机制，及时更新和定期发布电力二氧化碳排放因子。

2024年5月24日，生态环境部发布的《2023年中国生态环境状况公报》指出，我国环境空气质量保持长期向好态势，地级及以上城市细颗粒物平均浓度为30 μg/m³，好于年度目标近3 μg/m³。优良天数比例为85.5%，扣除沙尘异常超标天数后为86.8%，好于年度目标0.6个百分点。

1.3 非化石能源装机首超化石能源

2024年1月30日，中国电力企业联合会发布了《2023—2024年度全国电力供需形势分析预测报告》。其报告了一个令人振奋的好消息，截至2023年底，我国全口径发电装机容量达到29.2亿kW。其中，非化石能源发电装机容量达到15.7亿kW，总装机容量比重在2023年首次突破50%，达到了53.9%。

从非化石能源发电装机类型看，水电达到4.2亿kW（其中，抽水蓄能达到5 094万kW），并网风电达到4.4亿kW（其中，陆上风电达到4亿kW，海上风电达到3 729万kW），并网太阳能发电达到6.1亿kW。

2024年10月31日，国家能源局举行新闻发布会，介绍2024年前三季度可再生能源并网运行情况，并解读《关于大力实施可再生能源替代行动的指导意见》。

2024年前三季度，我国可再生能源发电新增装机2.1亿kW，同比增长21%，占电力新增装机的86%。其中，水电新增装机797万kW，风电新增装机3 912万kW，太阳能发电新增装机1.61亿kW，生物质发电新增装机137万kW。风电、太阳能发电合计新增装机突破2亿kW。截至2024年9月底，我国可再生能源装机达到17.3亿kW，同比增长25%，约占我国电力总装机的54.7%。

从可再生能源装机类型看，截至2024年9月底，我国水电装机达到4.3亿kW。其中，常规水电达到3.75亿kW，抽水蓄能达到5 591万kW；风电装机达到约4.8亿kW。其中，陆上风电达到4.4亿kW，海上风电达到3 910万kW；太阳能发电装机达到7.7亿kW。其中，集中式光伏达到4.3亿kW，分布式光伏达到3.4亿kW；生物质发电装机达到0.46亿kW。

2024年前三季度，我国可再生能源发电量达到2.51万亿kW·h，同比增加20.9%，约占全部发电量的35.5%。其中，风电、太阳能发电量合计达到13 490亿kW·h，同比增长26.3%，与同期第三产业用电量13 953亿kW·h基本持平，超过了同期城乡居民生活用电量11 721亿kW·h。

从水电建设和运行情况看，2024年前三季度，我国新增水电并网容量797万kW。其中，常规水电并网容量299万kW，抽水蓄能并网容量498万kW。全国规模以上水电发电量达到10 040亿kW·h，同比增长16%；全国水电平均利用小时数为2 672 h，同比增加305 h。

从风电建设和运行情况看，2024年前三季度，我国风电新增并网容量3 912万kW，同比增长16.8%。其中，陆上风电为3 665万kW，海上风电为247万kW。全国风电发电量达到7 122亿kW·h，同比增长13%；全国风电平均利用率为96.2%，同比下降0.8个百分点。

从光伏发电建设和运行情况看，2024年前三季度，我国光伏发电新增并网1.61亿kW，同比增长24.8%。其中，集中式光伏为7 566万kW，分布式光伏为8 522万kW。全国光伏发电量达到6 359亿kW·h，同比增长45.5%；全国光伏发电利用率为97.2%，同比下降1.1个百分点。

从生物质发电建设和运行情况看，2024年前三季度，我国生物质发电新增装机137万kW，发电量达到1 538亿kW·h，同比增长4.3%。

此外，我国新型储能也持续快速发展。截至2024年9月底，我国已建成投入运行的新型储能达到5 852万kW/1.28亿kW·h，较2023年底增长约86%。从地区来看，华东地区新型储能装机增长较快，2024年前三季度新增新型储能装机超过900万kW；从省份来看，2024年前三季度江苏省、浙江省、新疆维吾尔自治区装机快速增长，新增装机分别约500万kW、300万kW和300万kW。

据电网企业统计，2024年1—8月，我国新型储能累计充电放电量约260亿kW·h，等效利用小时数约620 h。其中，国家电网有限公司经营区新型储能累计充电放电量约220亿kW·h，中国南方电网有限责任公司经营区新型储能累计充电放电量约30亿kW·h，内蒙古自治区电力公司经营区新型储能累计充电放电量约10亿kW·h。

2024年10月30日，国家发展和改革委员会、工业和信息化部、住房和城乡建设部、交通运输部、国家能源局、国家数据局联合印发了《关于大力实施可再生能源替代行动的指导意见》提出，到2025年我国可再生能源消费量达到11亿t标准煤以上；"十五五"各领域优先利用可再生能源的生产生活方式基本形成；2030年可再生能源消费量达到15亿t标准煤以上，有力支撑实现碳达峰目标。

《关于大力实施可再生能源替代行动的指导意见》围绕规划建设新型能源体系、以更大力度推动新能源高质量发展，重点对可再生能源安全可靠供应、传统能源稳妥有序替代，以及工业、交通、建筑、农业农村等重点领域加快可再生能源替代应用提出了系列具体目标要求。在提升可再生能源的安全可靠替代能力、重点领域替代应用、替代创新试点等三个方面提出了重点任务。

2024年4月15日，由中国核能行业协会联合中核战略规划研究总院、中智科学技术评价研究中心共同主编的《中国核能发展报告（2024）》发布。报告显示，截至2023年底，我国商运核电机组达到55台，装机容量5 703万kW，位列全球第三；全年核电平均利用小时数为7 661 h，发电量4 334亿kW·h，位居全球第二，占全国累计发电量的4.86%；在建核电机组26台，总装机容量3 030万kW，位居全球第一。

2024年11月1日，中国核能行业协会发布了2024年前三季度全国核电运行情况。截至2024年9月30日，我国运行的核电机组达到56台，装机容量为58 218.34 MWe（额定装机容量）。2024年1—9月，全国累计发电量为70 563亿kW·h，运行核电机组累计发电量为3 278.09亿kW·h，比2023年同期上升了1.55%，占全国累计发电量的4.65%；累计上网电量为3 085.57亿kW·h，比2023年同期上升了1.88%。

在2024年12月15日召开的2025年全国能源工作会议上公布的数字显示，截至2024年，我国在运和核准在建核电机组装机达到约1.13亿kW，规模世界第一。

从上述统计数字可见，我国非化石能源发电装机发展较快，这对我国未来能源结构调整、逐步减少对化石能源的依赖将起到积极的示范和推动作用，非化石能源在能源结构中的比重还会逐步提高。

第2章 核能发电与供热

太阳是核能的表象，地球上的万物都离不开太阳。人类的生存、植物的生长、风的形成、水的来源以及煤、石油、天然气等化石能源的形成，都离不开太阳。没有太阳，就没有人类现在生活的一切。

人类对于核能的利用，早已嵌入生活日常。工业中的探伤检测，火车站、飞机场的安检设备，食品辐照，X线的人体内部成像，伽马刀、放疗等，都是核能给人们生产和生活带来的益处。

2.1 核能是生命与能量之源

核，让太阳有了能量。太阳的能量让地球上的万物得以生长，让地球有了冷暖交替，有了四季更迭，有了各种各样的能源，让人类得以生存，让文明得以延续和发展。所以，核能就是一切生命之源，一切能量来源，一切发展的根本。

2.1.1 核聚变

在距今47.5亿年前，太阳还只是一个由氢和氦组成的球体，氢的含量约占3/4，氦的含量约占1/4。这个球体经过数千万年的演化，内部的压强和温度逐渐增加，两个氢原子核相互碰撞，聚合成为一个氦原子核，开始了核聚变。在核聚变的过程中，产生了非常大的能量。但是，这部分能量的本质是什么？太阳又为什么能持续燃烧数十亿年呢？

通过化学，我们知道氦是由2个质子和2个中子组成，单个质子的质量是1.007 875 unit，单个中子的质量是1.008 665 unit，2个质子和2个中子的总质量为4.032 980 unit。当它们聚合成氦原子核后，其质量为4.002 603 unit，比4个核子质量之和减少0.030 377 unit。正是由于在核聚变的过程中出现了质量亏损，才会释放出巨大的能量。也就是说，核聚变只有当产物的质量小于反应物的质量时，才能释放能量。但是，核聚变到底能产生多少能量？爱因斯坦的相对论中就有解释：

$$E = m c^2 \qquad\qquad (2\text{-}1)$$

式中，E——质量亏损时释放的能量，MeV；c——光速；m——亏损的质量，g。

根据爱因斯坦的质能方程，1 kg氢聚变成氦质量损失约0.006 9 g，根据公式（2-

1），可以计算出释放的能量为$6.21×10^{14}$ J，相当于TNT当量15万t。我国标准煤的热值为7 000 kcal/kg，1kW·h的电能为$3.6×10^6$ J，通过换算可得出1 kg氢聚变成氦所释放出的能量是标准煤的$2.1×10^7$倍，可发电1.725亿kW·h。因此，核聚变质量亏损所产生的能量十分巨大。

核聚变的发生，实际上是需要极高的温度和压力共同作用下才可以进行。太阳的中心温度高达1 500万℃，压力可达3 000亿Pa，可想而知想要达到核聚变的条件是多么苛刻。所以，人类现在尚无法掌握可控的核聚变技术，其主要原因就是发生核聚变的高温和高压无法达到要求。

氢发生核聚变的最低温度约为1亿℃，而太阳中心的温度仅有1 500万℃，按理说，太阳中心的温度条件下是不可能发生核聚变的。但是，太阳的特殊之处在于其形成过程中不断地吸收聚集星际物质，这种物质的质量非常大，占到太阳系总质量的99.86%，而当物质在向核心处坍缩的过程中逐步推动其内部的温度和压力升高，太阳的组成物质会呈现出一种等离子状态，没有完整的原子结构，所有的原子核和电子都处于高速的随机运动状态，每时每刻都有着一定概率的碰撞。这种碰撞概率实际很小，但量变产生质变，太阳储备的氢元素太多了，为这种碰撞概率提供了很大的数量基础。据科学家们测算，太阳每秒钟至少有700万t的质子参与核聚变反应，虽然这个数量看上去较为庞大，可是与太阳的总质量相比，简直就是小溪与大海的差距。实际上，太阳内部的核聚变相对来说较为温和，但其每秒钟释放的能量可以达到$3.8×10^{26}$ J，大致相当于1.3亿亿t标准煤的能量，而地球能够接收到的太阳能量仅占太阳每秒钟释放能量的1/22，可就是这样看似很小的能量，却为地球的稳定和万物的生长提供了充足的保障。

太阳之所以可以持续燃烧数十亿年，一个关键的因素是外辐射压和外层物质向内的重力相平衡的结果。这两种力的长期平衡，一方面保证了太阳内部核聚变在数十亿年的相对稳定状态，太阳的体积也没有过大的变化；另一方面，在核聚变释放能量后，会有剩余物质被随之推出去，而由于太阳的巨大引力，会将这些物质瞬间吸回来，聚合在一起继续参与核聚变。不过，随着核聚变的持续进行，可能再过数十亿年，太阳内部的氢元素消耗得越来越多，氦元素的积累也就越来越多，氦也会参与到核聚变的过程中，进而迸发出更大更强的能量，此时，太阳向外辐射压猛然升高，太阳的体积加剧膨胀，届时，太阳就将进入生命的末期。

现在很多国家都在研究"人造太阳"，也就是想要做到可控的核聚变。材料承受的高温、高压的极限以及持续时间等，是决定这种技术能否掌控的关键。目前，我国的可控核聚变技术研究在国际上已经处于领先地位。

说起核聚变，人们会联想到氢弹。氢弹是不可控的核聚变，它是一种核聚变和核裂变的综合体，外部是原子弹，内部是氢弹。引爆时，首先引爆的是原子弹，通过铀-238发生核裂变，释放出巨大的能量，使温度达到核聚变的最低温度1亿℃，从而在高温高压下激发内部的核聚变反应，产生更大的能量。

科学研究表明，世界上一切物质都是由原子构成的，原子又是由原子核和它周围的电子构成。氢原子核的融合和重原子核的分裂都能产生大量的能量，分别称为核聚变能和核裂变能，简称核能。由于可控的核聚变反应技术仍在研究中，目前，世界上所有的核电站发电都是运用核裂变能。

2.1.2 核裂变

核裂变的发现要追溯于英国物理学家詹姆斯·查德威克（James Chadwick）在一次偶然的实验中发现了中子。

1938年，德国物理化学家哈恩和施特拉斯曼在一次研究中子与铀核作用所发生的放射性现象时，意外地发现铀-235的裂变现象，并随着裂变释放出了巨大的能量。经过科学家们的不断研究，发现在自然界存在的唯一能在中子作用下发生裂变的物质是铀-235，但是铀-235在天然铀中的含量很低，仅占0.7%，其余都是不宜裂变的铀-238。因此，科学家们研究出很多种利用铀-238制取铀-235的方法。例如，气体扩散法、离心法、喷嘴法以及新兴的冠醚化学分离法和激光分离法等。

既然是"裂变"，则说明铀-235需要进行分裂，在分裂的过程中释放能量，而让其分裂的方法，就是利用中子撞击。在中子撞击铀-235时，形成一种新的同位素铀-236，这种同位素极不稳定，发生剧烈变形产生分裂，形成两个碎片，同时形成多个中子以及能量。根据科学家们测定，在大多数情况下，两个新元素原子序数之和正好是铀元素原子序数92。核裂变过程产生的中子，继续撞击铀-235，再次产生更多的中子和能量，这样核裂变的反应过程即可持续进行。

$$U^{235}+\text{中子}\rightarrow\text{裂变碎片}+2\sim3\text{个中子}+200\text{MeV能量} \tag{2-2}$$

现在，我们对核裂变产生的能量进行简单的剖析：

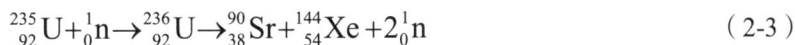

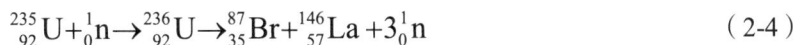

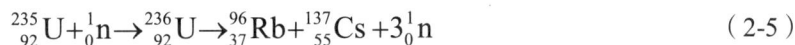

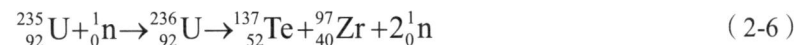

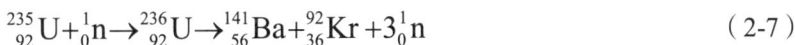

$$^{235}_{92}U+^{1}_{0}n\rightarrow^{236}_{92}U\rightarrow^{90}_{38}Sr+^{144}_{54}Xe+2^{1}_{0}n \tag{2-3}$$

$$^{235}_{92}U+^{1}_{0}n\rightarrow^{236}_{92}U\rightarrow^{87}_{35}Br+^{146}_{57}La+3^{1}_{0}n \tag{2-4}$$

$$^{235}_{92}U+^{1}_{0}n\rightarrow^{236}_{92}U\rightarrow^{96}_{37}Rb+^{137}_{55}Cs+3^{1}_{0}n \tag{2-5}$$

$$^{235}_{92}U+^{1}_{0}n\rightarrow^{236}_{92}U\rightarrow^{137}_{52}Te+^{97}_{40}Zr+2^{1}_{0}n \tag{2-6}$$

$$^{235}_{92}U+^{1}_{0}n\rightarrow^{236}_{92}U\rightarrow^{141}_{56}Ba+^{92}_{36}Kr+3^{1}_{0}n \tag{2-7}$$

上述的裂变反应方程，为铀-235的5种裂变方式，每种裂变方式所释放的能量相差不多，平均为200 MeV。1 MeV的能量为1.6×10^{-13} J，就是说每一个铀-235的原子核裂变之后，都会释放3.2×10^{-11} J的能量。根据摩尔与质量的公式：

$$n=\frac{N}{N_A}=\frac{m}{M} \tag{2-8}$$

1 mol铀-235中含有6.02×10²³个原子、质量为235 g，则1 g铀-235中含有的原子个数为：

$$N=\frac{6.02\times10^{23}}{235}=2.56\times10^{21} \tag{2-9}$$

即1 g铀-235中含有约2.56×10²¹个原子。因此，1 kg铀-235含有的原子个数为2.56×10²⁴。1 kg铀-235进行原子核裂变，其产生的能量为：

$$E=2.56\times10^{24}\times3.2\times10^{-11}=8.2\times10^{13} \tag{2-10}$$

即1 kg铀-235原子核裂变后释放的能量约为8.2×10¹³ J。

我国标准煤的热量为7 000 kcal/kg，1 kcal约为4.184 kJ，1kW·h的能量为3.6×10⁶ J。通过换算，得出1 kg铀-235原子核裂变产生的能量是同等重量标准煤产生能量的约280万倍，在理想状态下可发出的电量约为2 277万kW·h，而理想状态下同等重量标准煤的发电量仅约为8 kW·h。

综上所述，核能发电是一种既清洁又高效的发电方式，可以极大地减少工业生产对化石能源的依赖，对节能减排具有非常重要的积极作用。

2.2 核能发电

核能发电是当今世界上最先进的发电技术，能量转换的过程没有任何对环境有害气体的排出，对大气环境没有任何的污染，是一种清洁高效的新能源。

从2024年前三季度核电运行情况看，全国核电机组累计发电量为3 278.09亿kW·h，比上年同期上升了1.55%；核电累计上网电量达到3 085.57亿kW·h，比上年同期上升了1.88%，其装机规模达到约1.13亿kW，居世界第一。

与燃煤发电相比，2024年1—9月，核能发电相当于减少燃烧标准煤9 435.67万t，减少排放二氧化碳24 721.44万t、二氧化硫80.20万t、氮氧化物69.82万t，为保障电力供应安全和推动降碳减排做出了重要贡献。

2.2.1 核电站

核电站的核心设备是核反应堆，类似火电厂的锅炉。核反应堆在核电站代替火电厂的锅炉，以核燃料在核反应堆中发生特殊形式的"燃烧"而产生热量，使核能转变成热能来加热水产生过热蒸汽，再利用过热蒸汽通过管路进入汽轮机，推动汽轮机做功，并带动发电机发电，使热能转换成机械能，再将机械能转换成电能。

除核反应堆外，核电站还有许多与之配套的重要设备。以压水堆核电站为例，其设备有主泵、稳压器、蒸汽发生器、安全壳、汽轮发电机和危急冷却系统等。

目前，核电站的反应堆都是采用核裂变的方式产生能量，将水加热制取过热蒸汽进入汽轮机做功发电。

在核电站的核反应堆中，控制核裂变反应快慢的关键装置是控制棒。控制棒具有吸附中子的作用，一般由硼、碳化硼、镉、银铟镉合金等材料制成。在将控制棒插入反应堆较深时，控制棒会吸附更多的中子减缓核裂变的反应速度。反之，则加快核裂变的反应速度。

2.2.1.1 核电技术

第一代核电站的开发与建设始于20世纪50年代。1954年，苏联建成了发电功率为5 000 kW的实验性核电站；1957年，美国建成电功率为9万kW的Shipping port原型核电站。实验性核电站和原型核电站的建成，证明了核能发电技术的可行性。

第二代核电站建于20世纪60年代后期，在实验性和原型核电站的基础上，陆续建成电功率在30万kW的压水堆、沸水堆、重水堆、石墨水冷堆等核电机组，在进一步证明核能发电技术可行性的同时，其核电的经济性也得到了证明。

第三代核电站建于20世纪90年代。为了解决三里岛和切尔诺贝利核电站严重事故的负面影响，世界核电界集中力量对严重事故的预防和缓解进行了研究和攻关，美国和欧洲先后出台了"先进轻水堆用户要求"文件，即URD文件（utility requirements document）和"欧洲用户对轻水堆核电站的要求"文件，即EUR文件（European utility requirements document），进一步明确了预防与缓解严重事故、提高安全可靠性和改善人因工程等方面的要求。国际上通常把满足URD文件或EUR文件的核电机组称为第三代核电机组。

第四代核电站建设于2000年1月启动，在美国能源部的倡议下，美国、英国、南非、日本、法国、加拿大、巴西、韩国和阿根廷等有意发展核能的国家，成立第四代核能系统国际论坛（GIF）。2001年7月，签署了GIF宪章，开始发展第四代核反应堆技术，旨在实现核能的可持续利用、经济性、安全性与可靠性及防扩散与实物保护。之后，瑞士和欧盟加入；2006年，中国和俄罗斯加入；2016年，澳大利亚加入。

根据GIF设想，第四代核能方案的安全性和经济性将更加优越，废物量极少，无需厂外应急，并具备固有的防止核扩散的能力。

GIF推荐了六种典型的四代核电堆型，分别为气冷快堆（GFR）、铅冷快堆（LFR）、钠冷快堆（SFR）、熔盐堆（MSR）、超临界水冷堆（SCWR）和高温气冷堆（VHTR）。

2.2.1.2 核电站反应堆

世界上通用的核电站都是第三代核电站，采用的反应堆也主要是压水堆、沸水堆、重水堆、改进型气冷堆等主流堆型。其中，压水堆使用最多，原因是压水堆的技术最成熟，耗费资金最少，只需要普通的水做冷却剂和慢化剂即可，不需要像重水堆那样，需要特殊的材料。

目前，我国是世界上在建核电站规模最大的国家，也是世界上核电发展最快的国家。

我国虽然是核电大国，但是，核电站建设起步较晚，发展时间并不长，一直到20世纪80年代才开始研究。位于浙江省海盐县的"秦山核电站"，从1985年开工到1994年开始运行，一共花费了9年的时间，发电率为300 MW。

我国的第一座核电站——秦山核电站虽然建造时间较长，但它完全是由我国自主设计、自主建造。所以，秦山核电站的建成意义重大，也正是因为秦山核电站的建成，我国才成为继美国、英国、法国、苏联、加拿大和瑞典后，第七个能自主建造核电站的国家。

我国建设的核电站主要是第三代核电站，大部分核反应堆采用的是"压水堆"。

压水堆全称加压轻水慢化冷却反应堆，其技术原理见图2-1。压水堆核电站的反应堆采用普通高纯水作冷却剂和慢化剂，低富集度的二氧化铀为燃料。为了把反应堆的出口水温提高到300℃左右，必须将压力提高到14~16 MPa，以防止沸腾。

在压水堆核电站，反应堆的作用是进行核裂变，将核能转化成热能，水作为冷却剂流经堆芯将堆内释放的热量通过反应堆冷却剂管道传到蒸汽发生器，在蒸汽发生器传递给二次侧的给水（二回路工质），使其成为过热蒸汽。冷却剂在蒸汽发生器中被冷却后由主泵打回反应堆重新加热，形成一个封闭的吸热和放热的循环流动过程。这个循环回路称为一回路，也是核蒸汽供应系统的主要部分，其功能是冷却堆芯并带走热量。由于一回路的主要设备是反应堆，所以通常将一回路及其辅助系统和厂房统称为核岛（NI）。

二回路工质（汽轮机工质）在蒸汽发生器中被加热成过热蒸汽后进入汽轮机膨胀做功，并将热能转换为机械能，带动发电机发电，把机械能转换为电能。做完功的蒸汽被排入凝汽器，由循环冷却水进行冷却，凝结成水后由凝结水泵送入加热器预加热。再经由给水泵输入蒸汽发生器，完成了汽轮机工质的封闭循环，此回路被称为二回路。二回路系统功能与常规蒸汽动力装置基本相同。所以，将它及其辅助系统和厂房统称为常规岛（CI）。压水堆核电站将核能转换为电能有四步，在四个主要设备中实现：

（1）反应堆——将核能转变为水的热能（烧热水）；

（2）蒸汽发生器——将一回路高温高压水中的热量传递给二回路的水，使其变成过热蒸汽；

（3）汽轮机——将过热蒸汽的热能转变为汽轮机转子高速旋转的机械能；

（4）发电机——将汽轮机传来的机械能转变为电能。

综上所述，核能发电实际上是核能→热能→机械能→电能的能量转换过程。其中，热能→机械能→电能的能量转换过程与常规火力发电厂的工艺过程基本相同，只是设备的技术参数略有不同。

可以说，核反应堆的功能相当于常规火电厂的锅炉系统，只是由于流经堆芯的反应堆冷却剂带有放射性，不宜直接送入汽轮机。所以，压水堆核电站比常规火电厂多一套动力回路。

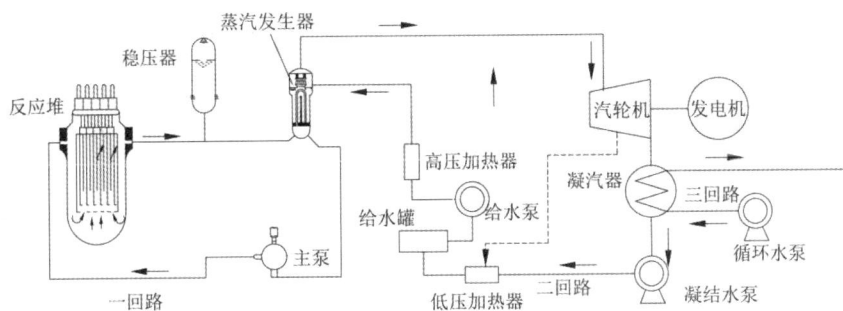

图 2-1 压水堆技术原理示意图

2.2.2 核电站核废料处理

通过核裂变反应可以看出，虽然核裂变释放出十分巨大的能量，但是也会产生带有放射性元素的核废料。

众所周知，放射性元素的半衰期十分漫长，有的几十年，有的上千年，甚至有些放射性元素的半衰期长达上万年。只要放射性元素还有最后一个原子没有衰变，其放射性就不可能消失。

放射性元素只有在经过30个半衰期后，其辐射的特性才会减至原来的约1/10亿，辐射在这种强度下已然没有危害了。因此，核裂变生成物的处理，一直以来都是核能利用国家以及相关科学家十分关注且长期研究的问题。目前，处理核废料的方式主要有封存法与再加工法。

封存法就是将核裂变产生的核废料在经过处理后封存进密封的金属桶内，然后埋入地下深层。虽然这种方式简单，但是，需要大量的财力作为支撑。据资料显示，美国每年需要耗费数千亿美元的巨资使用封存法处理核废料，这些费用几乎相当于发电的产出收益。

再加工法就是将核废料进行加工，产出贫铀物质。例如，在军工产品中加入核废料后制成的贫铀弹、贫铀装甲等，能够大幅度提升军工产品的性能参数。

核废料一旦处理不当会发生泄漏，将会对人类的生活环境造成破坏性的伤害。苏联的切尔诺贝利核电站爆炸后，该地区超过方圆30 km的范围受到污染，至少需要800年才能完全消除对自然环境的影响，核辐射危险也将持续10万年之久。

虽然我国核电发展的时间比美国等西方发达国家晚，但是在处理核废料的研究上却并不落后。为了保证核废料不对我国自然环境造成破坏，我国科学家们经过数十年呕心沥血的研究，终于在2016年研发出了一款全新的装置——启明星2号，较好地解决了核废料的处理问题。

启明星2号，是我国第一座铅基核反应堆零功率装置，也是世界上第一座专门针对ADS系统中子物理特性所研制的临界装置，且采用了"双堆芯"设置。其在工作时，不仅能让核废料失去放射性，减少核废料的污染性，还能把释放出的能量再次收集，实现能量的回收再利用，最大化地利用核燃料。即便是核废料，也能将其利用转化为电能。据统计，启明星2号核燃料的最大回收利用率在95%以上。

启明星2号虽然没有达到100%，且还不完美，但是它是现阶段最有效的一种解决核废料问题的重要方式，其技术处在全球前沿，可大幅度降低核废料对环境的潜在威胁，这是除了我国之外任何一个国家都无法做到的。

2.3 核能供热

核能供热是指利用核反应堆产生的热能进行供热，各类反应堆所产生的热量也不相同，其供热温度上限见表2-1。核能供热方式与燃煤锅炉一样，所产生的热能既可以直接以过热蒸汽的形式供出，也可以热电联供的方式供出。因此说，核能供热是核能应用的一个重要方向。

2.3.1 核能供热原理

核能供热的范围较广，而应用较多的则是中低温，即100~200 ℃的热水以及200 ℃以上的过热蒸汽。高温热水可以利用大温差机组进行换热，过热蒸汽可以供给周边工业用户生产所用。

表 2-1　各类反应堆供热温度上限表

序号	反应堆形式	供热上限/℃
1	压力重水堆	200~250
2	沸水堆	240~293
3	压水堆	260~370
4	钠冷增殖堆	480~510
5	改进气冷堆	465~540
6	高温气冷堆	900~1150
7	深水池式供热堆	60~90
8	壳式一体化供热堆	70~150

核能供热的原理较为简单，其过程分为核岛内的反应堆在核裂变过程中产生大量的热能，并在蒸汽发生器内形成高温高压蒸汽，称为一回路；高温高压蒸汽进入常规岛内汽轮机做功发电，带动汽轮机运转，汽轮机抽汽口抽出一定压力的过热蒸汽进入厂内换热首站，称为二回路；蒸汽进入厂内换热首站后加热供热水，由于核电站热能充足，因此换热首站可输出100 ℃以上的高温热水，进行汽水同输，称为三回路；高温热水进入厂外换热站，利用大温差机组提取高温热水中的热能，经过大温差机组及板式换热器后，将热量传递至城市供热

管网中，再进入小区供热站房进行多级换热，称为四回路；小区供热站房依据供热企业调度指令进行供热，将热水送进千家万户，称为五回路。

根据上面的运行原理，核能供热就是从核电机组二回路抽取蒸汽作为热源，通过厂内换热首站、厂外供热企业换热站进行多级换热，最后经市政供热管网将热量传递至最终用户。

2.3.2　核能供热取得突破性进展

在核能供热方面，山东省烟台市海阳市的海阳核电站走在了前列。2018年10月22日和2019年1月9日，海阳核电站1号、2号机组相继投入商业运行。两台核电机组投入商业运行后，作为海阳核电站业主单位的山东核电有限公司，在确保核电站安全稳定发电的同时，启动了大型核电机组核能抽气供热项目的研究，进行先行先试、积极探索，首开全国核能供热的先河。

2019年5月24日，海阳市人民政府与山东核电有限公司（简称"山东核电"）正式签约，共同启动核能供热项目建设；7月10日，一期70万m²项目正式开工建设；9月30日，换热首站建设和15 km主管网铺设全面完成；11月15日，全国首个核能商业供热项目一期工程第一阶段正式投入使用。在2019—2020供热季，海阳市核能供热一期工程有72个小区共7 757户用户用上了清洁的核能供热。有关部门监测显示，整个供热季核能供热运行平稳顺畅，状况良好，供热效果十分理想，室内温度基本稳定在22~24 ℃。

2020年，山东核电在核能供热一期的基础上实施二期供热工程建设，对1号、2号机组高压缸排汽管道进行改造，具备了450万m²规模化供热能力。2021年11月9日零时，海阳市城区全域核能供热模式正式开启。至此，海阳市正式成为全国首个"零碳"供热城市。

目前，山东核电海阳核电站1号机组成为世界上最大的热电联产机组，取代了海阳市原有12台燃煤锅炉。在每个供热季，核电机组可供出热量130万GJ，节约标准煤10万t，减排二氧化碳18万t、二氧化硫1 188 t、氮氧化物1 123 t，相当于种植阔叶林1 000 hm²，极大地改善了海阳市供热季大气环境和海洋生态环境。据有关数据显示，目前，在煤炭价格上涨、部分地区供热费上调的背景下，2021年，海阳市的供热费不升反降，由22元/m²降为21元/m²。到2024年底，海阳市仍执行21元/m²的供热收费，年释放红利约500万元。

随着核能供热项目的开创性发展，2023年11月25日，我国首个跨地级市核能供热工程——国家电投"暖核一号"三期核能供热项目正式投入运行。山东核电海阳核电站在给烟台市海阳市供热的同时，将供热区域扩大到比邻36 km的威海市乳山市，实现了零碳热源的跨区域互通共享。根据国家电投山东核电有限公司的数据，此项工程可覆盖乳山市主城区630万m²，供热面积合计达到1 250万m²，可满足约40万人口的冬季清洁用热需求，可替代标准煤23万t，减排二氧化碳42万t。

浙江省嘉兴市的海盐县，因坐落着我国自行设计、建造和运营管理的第一座核电站——

"秦山核电站"，成为我国南方首个核能供热项目的投入运行地。

2021年12月3日，海盐县核能供热示范工程项目正式投入运行，一期工程供热面积达到46.4万m²，惠及近4000户居民。预计到"十四五"末项目全部建成后，能够满足海盐县约400万m²的供热需求。据测算，相对于南方地区的电取暖方式，核能供热示范工程项目全部建成投入运行后，每年可节约电能消耗1.96亿kW·h。

2022年4月，该核能供热示范工程项目完成了首个供热季任务，持续安全稳定供热100 d，在供热质量提升的同时，供热价格较以往降低了约1/3，为我国南方地区大规模集中供热项目建设发挥了良好的示范作用。

2022年11月，辽宁省大连市瓦房店市红沿河镇上万户群众第一次用上了核能供热，这是东北地区第一个核能供热项目，其热源来自数公里外的红沿河核电站。

2022年5月27日，我国首个工业用途核能供汽工程建设项目启动。该项目总投资约7.3亿元，是以江苏田湾核电站二期工程3号、4号机组蒸汽作为热源，将过热蒸汽通过供汽主管线输送至23.36 km外的徐圩石化工业园区。核电站内设四列蒸汽转换装置，出厂传输的过热蒸汽压力为1.8 MPa，额定流量600 t/h，其参数尚为业内最高，大型核电机组热电联产堆机配合运行在我国属于首次。

2024年3月2日，历时21个月建设，过热蒸汽流量达到280 t/h的我国首个工业用核能供汽工程进入联合调试阶段。该项目每年可为连云港市石化基地提供480万t工业蒸汽，相当于每年减少燃烧标准煤40万t，等效减排二氧化碳107万t、二氧化硫184 t、氮氧化物263 t。目前，田湾核电站正在推进供热事宜。

2022年11月，华能石岛湾高温气冷堆核电站首次实现厂区核能供热。2024年3月22日，完成供热管网建设和管道升温，具备向居民供热的条件。该供热项目并网后将新增供热面积19万m²，每个供热季可替代标准煤约3700 t，减少二氧化碳排放6700 t。

2024年3月27日，山东省荣成市宁津街道富甲小区1850余户居民正式由燃煤供热"切换到"核能供热，其热源是来自数公里外的全球首座第四代核电站——华能石岛湾高温气冷堆核电站。这是该电站首次向城镇居民供热，标志着全球首座第四代核电站核能供热实现"零"的突破。

2.3.3 核能供热的安全性

核能是安全、经济、高效的清洁能源，是人类应对气候变化重要的能源选择，是推动供热清洁低碳化的有效途径。与传统的燃煤集中供热相比，核能供热几乎不需要居民做任何事情，源源不断的温暖就能送到各家各户的每一个房间。但是，当下也有不少人会"谈核色变"，担心核能供热的安全性。

从核能供热的原理上我们知道，核能供热是从核电机组二回路抽取蒸汽作为热源，通过厂内换热首站、厂外供热企业换热站进行多级换热，最后经市政供热管网将热量传递至终端用户，其整个供热过程中，只发生了"汽—水换热"和"水—水换热"两个步骤，核电站与供热用户间有多道回路进行隔离，而且每个回路间只有热量的传递，没有水的交换，更不会有任何放射性物质进入用户暖气管道的可能。热水也只在小区内封闭循环，与核电站层层隔离，没有任何接触。所以，使用核能供热非常安全。

准确地说，核能供热和传统热电厂供热一样，都是电站、电厂余热的利用，供热方和用热方之间只有热量交换，不存在其他任何介质传输。目前，从国内外核能供热的已有实践看，核能供热的安全性、可靠性也得到了充分证明。

放眼全球，核能供热其实并非一项新技术，在世界范围内有着广泛、成熟的应用。目前，全世界400多台在运核反应堆中有超过1/10的机组已实现热电联供，且已累计安全运行约1 000堆/年。

以海阳市为代表的北方城市核能供热实践已经发生了颠覆性的变革，当核能供热的暖流进入城市的千家万户，一个新能源大放异彩的时代悄然来临。据山东省能源局发布的消息称，山东省将在"十四五"及未来一段时期，着力打造胶东半岛千万千瓦级核电基地，同步推进核能供热等综合利用，力争到2030年，核能在运装机规模达到1 300万kW以上，胶东半岛具备条件的地区全部实现核能供热。

作为首开核能供热先河的山东核电海阳核电站，未来将拥有2亿m²的供热能力，可为胶东经济圈一体化提供强有力的清洁能源，惠及周边地区。

2.4 核能发展的利好因素

2024年4月15日，由中国核能行业协会联合中核战略规划研究总院、中智科学技术评价研究中心共同发布了《中国核能发展报告（2024）》蓝皮书，对我国核电运行、核电工程建设、核能科技创新、核技术应用等进行了总结，分析了当前我国核能行业发展状况，并对"十四五"及中长期我国核能发展前景进行展望。

该报告显示，2023年，我国在建核电工程稳步推进，全年新开工核电机组5台，核电工程建设投资额完成949亿元，创近五年最高水平。

2.4.1 政策支持力度不断加大

2003年初，国家发展和改革委员会就提出了加快核电发展的设想，人们在欢呼"核电春天到了"之时，国家有关部门即已开始组织、酝酿、编制核电发展的有关政策文件，并于2004年正式启动"核电中长期发展规划"的编制工作。

2007年10月，国务院正式批准了国家发展和改革委员会上报的《核电中长期发展规划（2005—2020年）》。该规划提出，到2020年，核电运行装机容量争取达到4 000万kW，并有

1 800万kW在建项目结转到2020年以后续建。核电占全部电力装机容量的比重从现在的不到2%提高到4%，核电年发电量达到2 600~2 800亿kW·h。

"十四五"规划和2035年远景目标纲要也指出，要安全稳妥推动沿海核电建设，建设一批多能互补的清洁能源基地；建成"华龙一号""国和一号"和"高温气冷堆示范工程"，积极有序推进沿海三代核电和四代核电建设。

据了解，未来15年仍是我国核电发展的重要战略机遇期。预计到2025年底，我国核电在运装机规模将达到7 000万kW左右，在建规模接近4 000万kW。到2035年，我国核电在运装机规模将达到2亿kW左右，发电量约占全国发电量的10%。

2.4.2 四代核电技术的领先优势

2023年12月6日，国家重大科技专项标志性成果、全球首座第四代核电站、位于山东省荣成市的华能石岛湾高温气冷堆核电站商业示范工程圆满完成168 h连续运行考验，正式投入商业运行，这标志着我国在第四代核电技术研发和应用领域达到了世界领先水平，对促进我国核电安全发展、提升我国核电科技创新能力等具有重要意义和积极影响。

2012年12月，高温气冷堆示范工程正式由中国华能集团有限公司（简称"中国华能"）、中国核工业建设股份有限公司（简称"中国核建"）、清华大学分别以47.5%、32.5%、20%的投资比例共同开发建设，具有完全自主知识产权。

2021年12月，高温气冷堆示范工程首次实现并网发电。此次是在稳定电功率水平上正式投产转入商业运行。

2.4.2.1 高温气冷堆技术

高温气冷堆是国际公认的第四代先进核电技术，最突出的优势是具有固有安全性，在发电、热电冷联产及高温供热等领域商业化应用前景广阔。

高温气冷堆示范工程集聚了设计研发、工程建设、设备制造、生产运营等产业链上下游500余家单位，先后攻克了多项世界级关键技术，设备国产化率达到93.4%，首台套设备2 200多台（套），创新型设备600多台（套）。

在第四代核能堆设计研发上，我国属于典型的起床很晚但却率先突破技术的"后来居上"。2000年1月，在美国能源部的倡议下，美国等9个国家成立了第四代核能系统国际论坛（GIF），直到2006年我国才加入。此后，我国先后加入了高温气冷堆、钠冷快堆和铅冷快堆的研发与合作。

高温气冷堆使用石墨作为减速剂，可使用低浓缩铀、高浓缩铀和钍作为燃料，并实现钍—铀燃料循环，理论出口温度可高达1 000 ℃，可以通过热化学硫—碘循环生产氢气。由于利用氦气冷却，石墨减速，具有固有的安全特性，即使是控制装置都失效，球床反应堆也很难让堆芯熔化，因而被认为是"本质"上非常安全的核反应堆。

目前，华能石岛湾核电站拥有两个250 MW的热反应堆，以及一个装机容量为200 MW的蒸汽发生器，可以同时生产电力和热量，还可以生产用于制取零碳排放的氢气，助力于我国和世界"实现碳中和"，减轻气候变化的影响。

其实，世界上第一个高温气冷堆是在南非建成，但由于成本增高，技术难以突破，在2010年就停止了资金注入。而在此时，我国的科学家却实现了技术突破，在建成一个10 MW的高温气冷实验堆后，于2012年底开始了石岛湾高温气冷堆商业模组的建设，在2021年成功临界并开始并网发电，2022年实现双堆商业运行。

2.4.2.2 钍基熔盐堆技术

除高温气冷堆外，我国在第四代核反应堆的钍基熔盐堆研发和建造上也实现了重大突破。

2023年6月7日，国家核安全局向中国科学院上海应用物理研究所位于甘肃省武威市民勤县红砂岗镇戈壁滩上的第一座2 MW液态燃料钍基熔盐实验堆颁发了运行许可证，允许其进行10年的试运行，这是全球第一例。

钍基熔盐实验堆的运行，表明了我国自主研发的又一第四代先进核反应堆迎来重要节点。根据现行核安全法规规定，获取运行许可证后，实验堆即可进行首次装料，由此进入"带核运行"状态。钍基熔盐堆工作原理如图2-2所示。

2023年12月5日，在2023年第21届中国国际海事技术学术会议和展览会上，江南造船（集团）有限责任公司发布全球首型、世界最大2.4万箱核动力集装箱船KUN-24AP设计建造方案。其官网发布的消息称，KUN-24AP型船采用国际上先进的第四代堆型——钍基熔盐反应堆为动力。

钍基熔盐堆体积小但技术极其复杂，其经过10多年徒劳无功的早期开发后，美国和苏联等大多数国家都已经放弃了。进入21世纪后，随着新材料的出现，这一技术又重新受到关注和重视。

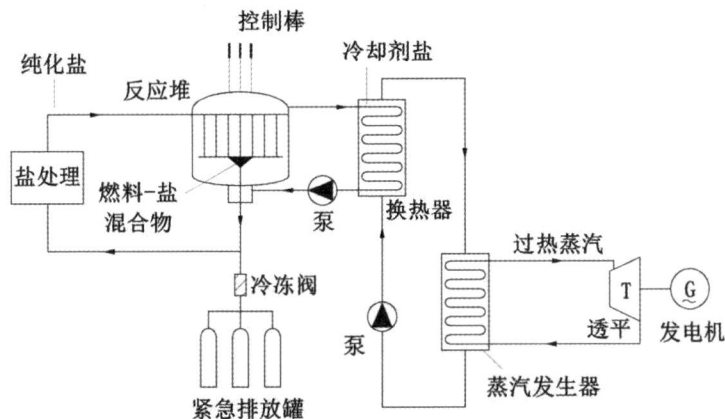

图 2-2　钍基熔盐堆工作原理图

2.4.2.3 钠冷快堆技术

钠冷快堆全称钠冷快中子反应堆，又称快堆，是一种以液态钠为冷却剂，由快中子引起核裂变反应并维持链式反应进行的反应堆，也是最先进的第四代核反应堆，其原理见图2-3。

1986年3月，我国出台了"国家高技术研究发展计划"（简称863计划），将钠冷快堆纳入其中，开发建设我国首座实验快堆；1992年3月，我国首座实验快堆获得国务院批准立项；2000年5月，开工建设，建于北京西南郊的中国原子能科学研究院；2011年7月21日10时，首座实验快堆成功实现并网发电，其核热功率65 MW，实验发电功率20 MW，是目前世界上具备发电功能的实验快堆。

2014年12月18日17时，我国首座实验快堆（CEFR）首次实现满功率稳定运行72 h，主要工艺参数和安全性能指标达到设计要求，这标志着我国又全面掌握了第四代核反应堆——钠冷快堆的设计、建造、调试、运行等核心技术。

钠冷快堆不用铀-235，而用钚-239作燃料，不过在堆芯燃料钚-239的外围再生区里放置铀-238。钚-239产生裂变反应时放出来的快中子，被装在外围再生区的铀-238吸收，铀-238就会很快变成钚-239。这样，钚-239裂变在产生能量的同时，又不断地将铀-238变成可用燃料钚-239，且再生速度高于消耗速度，核燃料越烧越多，快速增殖。所以，这种反应堆又称"快速增殖堆"。堆芯和增殖层都浸泡在液态的金属钠中。

由于快堆中核裂变反应十分剧烈，必须使用导热能力很强的液体把堆芯产生的大量热带走，这种热就是用作发电的热源。钠导热性好且不容易减慢中子速度，不会妨碍快堆中链式反应的进行。所以，钠是理想的冷却液体。

小型钠冷快堆具有功率密度高、固有安全性好、小型化性能好、全寿期不换料等优势，可应用于远海岛礁等偏远地区，也可与风能、光伏等新能源耦合运行提高微电网稳定性，是小型先进反应堆的优选技术路线之一。2020年12月，中国核工业集团有限公司（简称"中核集团"）霞浦示范快堆工程2号机组正式开工建设。作为国家批准的重大专项，霞浦示范快堆工程采用单机容量60万kW的钠冷快中子反应堆。

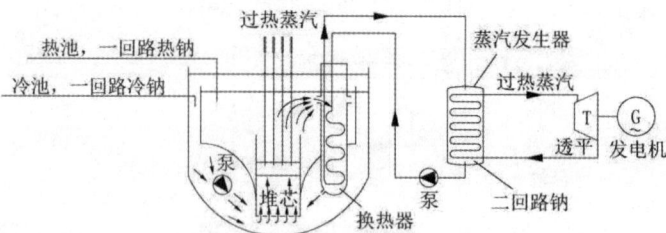

图 2-3　钠冷快堆原理示意图

2.4.3 三代核电技术的自主能力

我国除第四代核能堆取得重大突破外，在第三代核能堆的研发上也取得了重大进展。

2.4.3.1 "华龙一号"核电技术

"华龙一号"核电技术采用的是先进的百万千瓦级压水堆核电技术，是我国完全具有自主知识产权的第三代核电技术，由我国两大核电企业——中国核工业集团有限公司（简称"中核集团"）和中国广核集团有限公司（简称"中广核"）联合研发，标志着我国实现了由二代核电技术向自主三代核电技术的跨越，也使我国成为真正掌握自主三代核电技术的国家，跻身世界前列。

2021年1月30日，全球第一台"华龙一号"核电机组——中核集团福建福清核电站5号机组完成满功率连续运行考核，投入商业运行；2023年3月25日，我国第三台"华龙一号"核电机组——"中广核"防城港核电站3号机组具备商业运行条件正式投产。截至2022年底，全球"华龙一号"核电技术共有5台核电机组建成投产，9台机组在建。

"华龙一号"核电技术创新采用"能动和非能动"相结合安全系统及双层安全壳等技术，在安全性上满足国际最高安全标准要求，所有核心设备国产化率达88%。

2.4.3.2 "玲龙一号"核电技术

"玲龙一号"（ACP100）核电技术是全球首个通过国际原子能机构通用安全审查的小型模块化压水反应堆，也是中核集团在成熟压水堆核电站和核电技术的基础上开发的具有自主知识产权的创新型核反应堆。该反应堆具有小型化、模块化、一体化、非能动的特点，可以作为清洁的分布式能源，在供电的同时满足海水淡化、区域供热、工业供汽等多个领域的应用需求。

小型堆是指电功率在30万kW以下的核反应堆。相比于大型反应堆，"玲龙一号"的功率只有12.5万kW，虽然功率小，但胜在占地面积小、安全性高、建造周期短、部署灵活，被视为核能领域的"移动充电宝"。

小型堆的设计、建造过程绝不是简单地将大型核电小型化，其最关键的组件就是反应堆和反应堆冷却剂系统。传统大堆的组件一般采用分散式的分布方式，而"玲龙一号"则把关键组件集合在一起，形成了一体化、模块化的反应堆模块，这是"玲龙一号"最突出的创新点。一体化、模块化设计不仅使反应堆更紧凑、占地面积更小，而且还取消了传统大堆中的主管道，从设计上就消除了主管道断裂造成冷却剂丧失事故的可能性，使反应堆更加安全。

2021年7月13日，中核集团海南昌江多用途模块化小型堆科技示范工程"玲龙一号"正式开工建设，成为全球首个开工的陆上商用模块化小型堆。2024年2月6日，"玲龙一号"外穹顶吊装完成，这标志着反应堆厂房的主体结构已全部施工完成，为后续的反应堆厂房封顶奠定了基础。

"玲龙一号"预计2026年上半年并网发电，建成后年发电量可达10亿kW·h，可以满足52.6万户家庭生活所需。据相关技术人员介绍，建设小堆的初衷不是去与大堆"拼发电"，而是实现核能的多用途——除具有传统核电站所具备的功能外，小堆更加适用于城市供热、工业供汽、海水淡化、石油开采、偏远地区及孤网热电联供、燃煤热电机组替代等应用。

2.4.3.3 "燕龙"泳池堆核电技术

"燕龙"泳池堆又称泳池式轻水反应堆（49-2堆），是中核集团在泳池式研究堆50多年安全稳定运行的基础上，针对北方城市供热自主研发的一种安全经济、绿色环保的堆型，具有固有安全性高、清洁环保、管网适配性强等突出特点。

一座40万kW的"燕龙"低温供热堆，供热建筑面积可以达到2 000万 m^2，可以覆盖三居室20万个家庭，在实现零碳供热的同时，可以显著改善供热地区的空气质量。

2017年11月28日，作为泳池式低温供热堆"演示验证—示范工程—商业推广"三步走发展战略的第一步，中核集团在中国原子能科学研究院进行了供热项目演示——泳池式轻水反应堆实现安全供热满168 h，具备为原子能院部分办公楼供热（两座办公楼和一座49-2堆厂房，总体供热面积约1万 m^2）、功能演示及实操培训能力。这充分验证了泳池堆供热的可行性和安全性，标志着中核集团在核能供热技术领域又取得重要进展，为后续的池式低温供热堆型号设计研发提供了强有力的技术支持。

"燕龙"泳池堆属于中核集团自主研发的"龙"系列反应堆型号之一。因研发于燕赵大地，故命名为"燕龙"，而"DHR-400"（district heating reactor）则意为区域供热反应堆400 MW。其原理是将反应堆堆芯放置在一个常压水池的深处，利用水层的静压力提高堆芯出口水温以满足供热要求。热量通过两级交换传递给供热回路，再通过热网将热量输送给千家万户。

作为一种技术成熟、安全性高的堆型，"燕龙"泳池堆具有"零"堆熔、"零"排放、易退役、投资少等显著特点，使用寿命为60年。在反应堆多道安全屏障的基础上，增设压力较高的隔离回路，确保放射性与热网隔离。同时，还具有选址灵活、内陆沿海均可等特点，且非常适合北方内陆地区。在经济方面，热价远优于燃气，与燃煤、热电联产具有经济可比性，其反应堆退役彻底，厂址可实现绿色复用。

2018年4月17日，在长春市召开的"中央企业助力东北振兴建设美丽吉林"座谈会上，中核集团中核新能源有限公司与吉林省人民政府签署"燕龙"低温供热堆项目合作协议，建设"燕龙"多用途清洁供热示范工程。

据《吉林省国民经济和社会发展第十四个五年规划和2035年远景目标纲要》显示，中核集团辽源"燕龙"多用途清洁供热示范工程建设"燕龙"泳池式低温供热堆，满足区域性供热需求，配套建设医用同位素研发制造中心、单晶硅辐照研发中心、核能供热培训示范中心，实现热、药、芯、材产业联动研发生产。该示范项目总投资约28.72亿元，拟建设1座400 MW"燕龙"泳池供热堆。

第3章　太阳能发电与供热

太阳能是太阳内部连续不断的核聚变所产生的能量。太阳能分布广泛，资源丰富，对生态环境不会造成任何污染，在为人类社会送来光明和温暖的同时，还为社会发展与进步提供源源不断的能量。

在物理学中，热的传递方式有热传导、热对流和热辐射三种。热传导是指热量从系统的一个部分传导到另一部分或由一个系统传导到另一个系统，是固体中传热的主要方式；热对流是指液体或气体较热部分和较冷部分之间通过循环流动使温度趋于均匀的过程，是液体和气体中热传递的特有方式；热辐射是指物体因自身的温度而具有向外发射能量的本领，不依靠媒质将热量从一个系统传递到另一个系统。太阳的热量就是以热辐射的形式，经过宇宙空间传递给地球。

3.1 太阳能发电

太阳能发电就是将太阳辐射的热能转化为机械能，机械能再转化成电能。太阳能发电方式主要有槽式、塔式、蝶式和菲涅尔式四种，其发电原理大同小异，均是通过聚光系统，将太阳光辐射的热量收集并聚集，把水加热成过热蒸汽，然后进入汽轮机组推动转子做功发电。由于这四种方式的聚光系统存在差异，导致每种方式所加热的温度各不相同。

1615年，法国工程师所罗门·德·考克斯发明了世界上第一台太阳能发动机。这台发动机是利用太阳能加热空气使其膨胀做功而抽水的机器，第一次实现了将太阳能转换为机械能。此后100多年，经过科学家们对太阳能动力装置不断地研究和开发，不断地试验和创新，实现了太阳能光电转换、光化转换等多种方式的能量应用，使太阳能的利用达到了一个全新的领域。

3.1.1 槽式太阳能发电

槽式太阳能发电装置主要是由槽式聚光集热器组成，其发电原理见图3-1。槽式抛物面由抛物线沿轴线旋转形成的面称为旋转抛物面，由抛物线向纵向延伸形成的面称为抛物柱面，在工业应用中称之为槽式聚光镜。在凹面覆上反光层则构成了抛物面聚光器。

根据光学原理，与抛物镜面轴线平行的光会聚集到镜面轴线的焦点上，并把太阳光接收装置也安装在反射镜的焦点上，当太阳光与镜面轴线平行时，反射的光辐射就会全部聚集到接收器上。由于槽式聚光镜的反射光会聚集在一条直线上，因此接收装置需要做成长条形，一般使用不锈钢作为材质，用来吸收太阳光加热内部介质。为了减小散热损失，接收器使用玻璃套管套在外部，并将玻璃套管内部抽成真空。槽式太阳能聚光系统可以将以油导热的流体聚温至300~400 ℃，可以将以混合硝酸盐导热的流体最高聚温达到550 ℃。

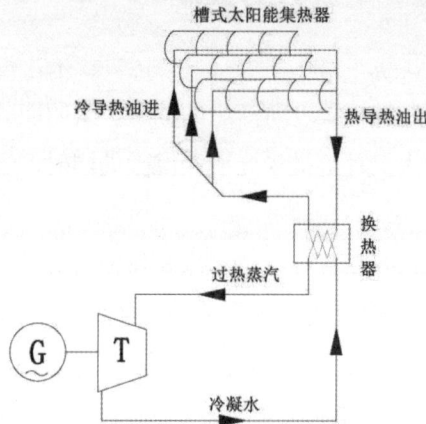

图 3-1 槽式太阳能电站发电原理

20世纪80年代初，世界各国积极发展槽式太阳能发电站。由于美国能源危机导致石油价格一路高升，为了寻找替代能源，美国鲁兹公司在1985—1991年投资10多亿美元，建造了9座槽式太阳能发电站，总装机容量达到354 MW。

目前，我国在槽式太阳能发电站的开发建设上已处于世界前列。2018年6月30日，我国首个大型商业化槽式光热电站——中国广核集团新能源德令哈50 MW光热项目一次带电并网成功，成功填补了我国大规模槽式光热发电技术的空白，使我国正式成为世界上第8个拥有大规模光热电站的国家。德令哈50 MW槽式光热电站是目前全球海拔最高、极端温度最低的大型商业化光热电站。

槽式太阳能发电站是最具商业化潜力的光热发电站，由于目前加热介质使用导热油或混合硝酸盐，加热温度最高为400 ℃和550 ℃，只能停留在中温和高温区间。目前，导热油槽式技术较为成熟，但导热油工质本身却存在着很多不足。

导热油在高温下运行时，化学键易断裂分解氧化，从而引起系统内压力上升，甚至出现导热油循环泵的气蚀。因此，导热油槽式系统一般运行温度为400 ℃，不易再提高，这直接造成导热油槽式系统的效率不高。由于导热油在炉管中流速必须在2 m/s以上，流速越小油膜温度越高，容易导致导热油结焦，系统停运时，导热油温也必须降至80 ℃以下才可以停运循环泵。导热油的不足之处，还在于一但发生渗漏，导热油在高温下将增加引起火灾的风险。美国LUZ公司的SEGS电站就曾发生火灾，造成了巨大的经济损失。

鉴于导热油的上述特性，以水为工质的DSG槽式集热器概念出现在人们的视角中，并成为槽式集热器未来的发展方向。

DSG槽式系统是采用DSG槽式集热器，集热管里不再是导热油或混合硝酸盐而是水。它利用太阳的能量直接将水加热并产生高温高压蒸汽推动汽轮发电机组发电。与导热油槽式系统相比，没有油—水再次换热环节，减少了换热过程中的热量损失，消除了环境污染风险，降低了换热器及其附件等投资，并且能产生具有更高温度的蒸汽，发电效率高。近年来，各国专家学者均将目光投向了DSG槽式系统。但是，正是因为直接用水作为加热介质，系统运行中集热器内存在水—水蒸气两相流转化过程，其控制问题比导热油工质槽式系统更加复杂。

3.1.2 塔式太阳能发电

塔式太阳能发电系统也称为集中式或中央接收式太阳能聚光集热发电系统，是利用可以独立跟踪太阳运行轨迹的定日镜，将太阳光聚集到高塔顶端的接收器上。接收器内部有加热介质，聚集的太阳能将介质加热到600 ℃，并且具有超过1 000 ℃的潜在运行温度。

塔式太阳能发电站建设成本较高，主要原因是聚光使用的定日镜。由于太阳周期性运行特点，太阳的照射角度时时刻刻都在发生着变化，这种变化会直接影响聚光集热的效果。据相关研究表明，如果不对太阳的周期性运行进行跟踪，能量的接收率将下降37.7%。因此，每个定日镜中均装有可追踪太阳运动的芯片，通过计算机的控制，每块定日镜都能独立地根据太阳的位置来调整各自的方位和倾角，保障每块定日镜都能最大程度地收集太阳光热并反射到接收器上，提高对太阳能的聚光集热。但是，这种控制大大增加了建设成本，在电站的建设成本中，定日镜的费用就占到了约50%。

为确保塔式太阳能发电站的平稳运行，定日镜的性能需要达到镜面反射率高、平整度误差小、整体结构机械强度高、聚光定位精度高、操控灵活、运输方便、便于安装和维护等要求，这就决定了单个定日镜的面积不宜过大。美国建造的10 MWSolar One塔式太阳能发电站中，就建有40 m²的定日镜1 818台，镜面总反射面积达到72 540 m²。由此可见，定日镜在塔式太阳能发电站中不仅数量多，而且也是占据场地面积最大、工程投资最多的系统。

塔式太阳能发电站具有聚光比大、聚焦温度高、能流密度大、热工转换效率高、热损耗小、适用于大规模并网发电等特点，见图3-2。

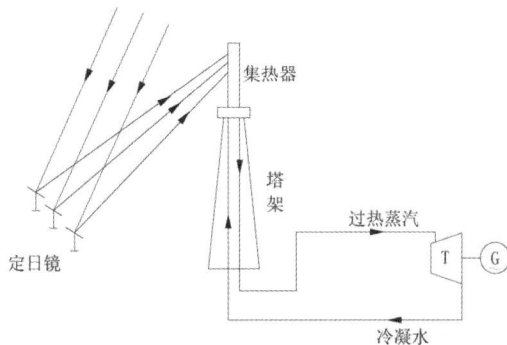

图 3-2 塔式太阳能发电站简易图

2005年10月29日，我国首座70 kW的塔式太阳能发电站在江苏省南京市江宁太阳能试验场顺利建成并网发电，这标志着我国太阳能发电自此又取得了巨大进展。

3.1.3 蝶式太阳能发电

蝶式太阳能发电站主要由蝶式聚光镜、斯特林发动机、发电机、接收器组成，每个系统均可作为独立发电设施。蝶式太阳能热发电系统都有一个旋转抛物面反射镜用来聚集太阳光，反射镜的形状为圆形，类似碟子，因此称之为蝶式反射镜。

蝶式反射镜的面积小的仅有几十平方米，大的则有数百平方米，其制造时很难将蝶式反射镜制成一块完整的镜面，全部都是由多块镜片拼接而成。

蝶式太阳能热发电系统的聚光比可高达3 000，加热温度高至1 400 ℃。但是，由于该系统使用斯特林发动机作为发电机的动力装置，导致其制造技术要求较高，因此极大地限制了蝶式太阳能发电站的发展。

蝶式太阳能热发电系统最重要的组成部分除了镜面聚光系统外，还有斯特林发动机，见图3-3。斯特林发动机是由英国物理学家罗伯特·斯特林（Robert Stirling）于1816年发明的。斯特林发动机是一种使用外部热源的发动机，内部工质的循环分为等温压缩、定容吸热、等温膨胀和定容放热四个过程。

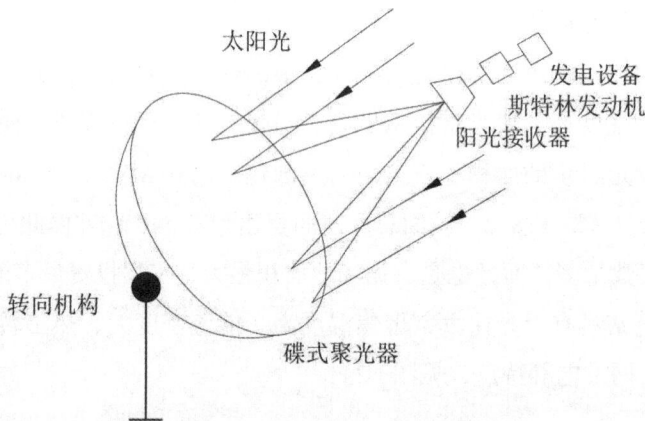

图 3-3　蝶式太阳能热发电系统发电示意图

斯特林发动机的工作原理，可以简单地描述成气体受热膨胀、冷却压缩，利用冷热转换时的热胀冷缩作用形成做功的动力来源。

斯特林发动机一般分为α型、β型和γ型三种，见图3-4。基本构造由加热气缸、冷却气缸、回热器、做功活塞组成。α型具有两个做功活塞，因此也称为双活塞式斯特林发动机，而β型和γ型为一个做功活塞和一个换气活塞，因此称为换气型斯特林发动机。

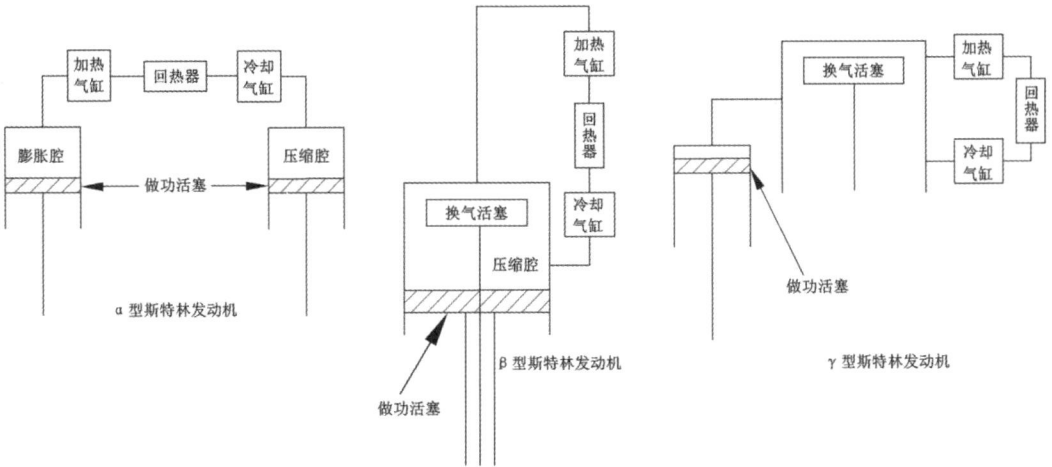

图 3-4　斯特林发动机类型示意图

下面，我们以α型斯特林发动机为例，简述斯特林发动机的循环过程，见图3-5。

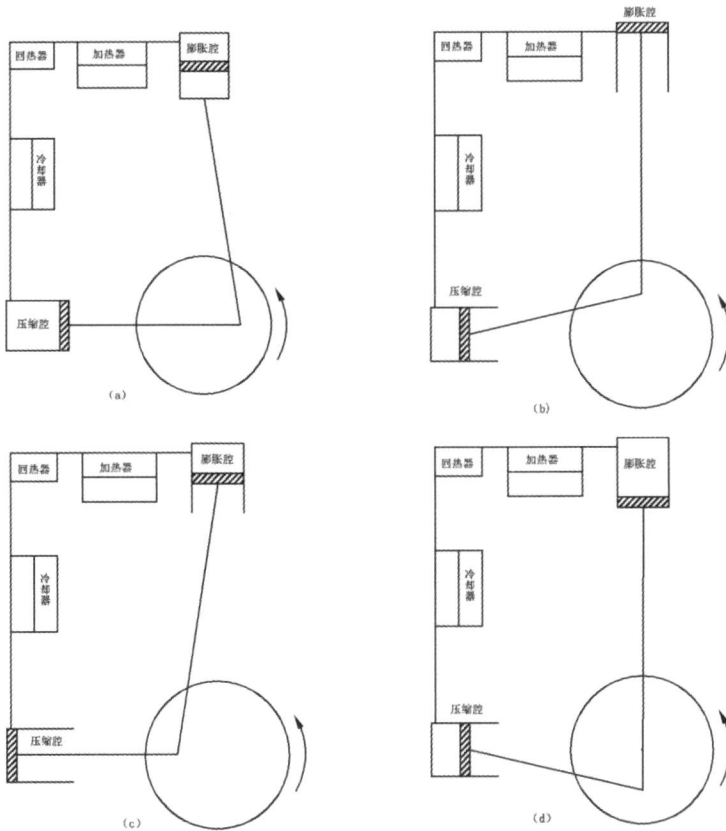

图 3-5　α型斯特林发动机的循环过程

α型斯特林发动机，加热气缸的活塞连杆与冷却气缸活塞连杆呈90°夹角连接在飞轮上。我们知道，发动机要完成一个循环，则必须有膨胀和压缩，否则无法完成一个动力循环。图3-5为α型斯特林发动机运行的4个过程。图3-5（a）中，飞轮带动热气缸活塞向上运动，冷气缸活塞向左运动，此时冷气缸内气体被压缩，工质流向热气缸，形成图3-5（b）状态，此时热气缸活塞向上运动到顶部。随着飞轮的持续转动，冷气缸活塞继续向左移动直到顶端，热气缸活塞向下运动，工质进入热气缸中，形成图3-5（c）状态。当工质进入加热气缸后，被加热热源加热，工质吸热膨胀，对热气缸活塞做功，使加热气缸活塞向下运动直到底部，冷气缸活塞向右运动，进入图3-5（d）状态。飞轮继续带动活塞运动，活塞进入图3-5（a）状态，工质由加热气缸流向冷却气缸进行冷却，此时一个动力循环结束，发动机随即进入下一个动力循环。

通过整个动力循环过程可以清楚地看到，气体膨胀做正功只在图3-5（c）进行，其余为气体压缩做负功，因此发动机的对外做功等于膨胀功减去压缩功，若大于0，则发动机运转，若小于0，则发动机停止。比方说，斯特林发动机的气密性不好，或者热源不足，抑或飞轮惯量不够，均可导致斯特林发动机无法运转。

斯特林发动机是外燃机，内部工质不进行燃烧做功，内部的工质膨胀做功后进入冷却气缸内冷却压缩后再次进入加热气缸重新膨胀做功，因此没有尾气排出。一般来说，加热气缸和冷却气缸的温度差异越大，发动机的效率就会越高。但是，由于材料和环境的影响，斯特林发动机的实际效率在40%，已经超过大多数内燃机的效率。因此，斯特林发动机的效率要高于内燃机效率。

斯特林发动机燃烧过程与工质无关，适用于各种形式的热源，运行较为平稳，不会发生爆燃现象。当加热停止时，由于热气缸还具有一定温度，发动机不会因为加热停止而立即停止运行，会持续运行一段时间。基于斯特林发动机的原理，其运行时噪声低、寿命长、维护方便且体积小，不仅可以建设大面积太阳能发电站，还适用于沙漠、山丘等缺水、缺电或偏远地区等场景。但是，斯特林发动机也有较为明显的弊端，由于热源来自外部，传热需要时间，因此发动机响应速度较慢，且热气缸长时间保持高温状态，除了对材料要求较高之外，还会使很多热量通过热传递和热辐射的形式损失，散热量较大。

虽然我国碟式斯特林发电技术的研究起步较晚，但却取得了重大突破。21世纪初，中国科学院电工研究所开发出了小型千瓦级碟式斯特林发电系统，并对其进行实验测试，进一步探索出动态追踪太阳位置和较精密的调控技术。2010年，中国科学院理化技术研究所通过结合行波热声发动机开发出新型千瓦级碟式斯特林发电系统，并通过实验验证了其可行性。

2012年10月，大连宏海新能源发展有限公司通过与瑞典Cleanergy公司合作开发出了100 kW级碟式斯特林太阳能光热发电系统，在内蒙古自治区鄂尔多斯市乌审旗建成了国内首个规模化应用示范电站，并完成了联合调试。

鄂尔多斯市乌审旗示范电站占地面积约5 000 m²，由10台10 kW碟式太阳能斯特林光热发电系统组成，年发电量为32万kW·h。

2012年初，大连宏海新能源发展有限公司就与瑞典Cleanergy公司达成了项目合作意向。由大连宏海新能源发展有限公司生产的10 kW碟式太阳能聚光跟踪系统与瑞典Cleanergy公司的10 kW太阳能斯特林发动机配套，组成太阳能光热发电系统，并由大连宏海新能源发展有限公司完成整个示范电站的工程安装。

中航工业西安航空发动机（集团）有限公司（简称"西航公司"）在"十一五"期间开发出了25 kW级碟式斯特林发电机样机，经过多年实验和技术攻关，最终具备批量生产的能力。2014年10月，西航公司与陕西省铜川市人民政府签署了《碟式斯特林太阳能发电试验基地建设项目合作协议》，投资建设国内首个"兆瓦级碟式斯特林太阳能发电示范电站"，这是当时国内建设最大的碟式斯特林太阳能光热发电试验示范基地。该项目总投资1.1亿元，占地约3.32 hm²，建筑面积2 745 m²，总装机50台碟式斯特林太阳能发电装置。

3.1.4　线性菲涅尔式太阳能发电

线性菲涅尔式太阳能发电系统的聚光镜为条形平面玻璃反射镜，每条反射镜两端均装有转动轴，反射镜可以沿转动轴转动单独跟踪太阳。由于条形反射镜不具备聚焦的能力，因此线性菲涅尔反射镜属于非成像聚光装置。

在线性菲涅尔式太阳能热发电系统中，接收器位于反射镜上方，也为条形，其里面布置集热管。由于条形反射镜的镜面是平面，因此不可能形成线聚集，每条反射镜反射出的光束均为平行光束，并在接收器上形成一条光带。所以，接收器具有一定的宽度。接收器的宽度与条形反射镜宽度相近，窄会漏光降低集热效率，宽则挡光也会降低集热效率。因此，接收器的宽度应根据反射镜进行整体设计，以保证较好的集热效率。

简易的线性菲涅尔太阳能热发电系统较为简单，其聚光倍数只有数十倍，因此对介质的加热温度不高，可以直接利用水作为加热介质，变成蒸汽进入汽轮机做功发电。这种系统称为一次通过式菲涅尔聚光太阳能发电系统，即一组菲涅尔反射镜将太阳光聚集在条形接收器上，又将接收器内部的水加热形成蒸汽，见图3-6。

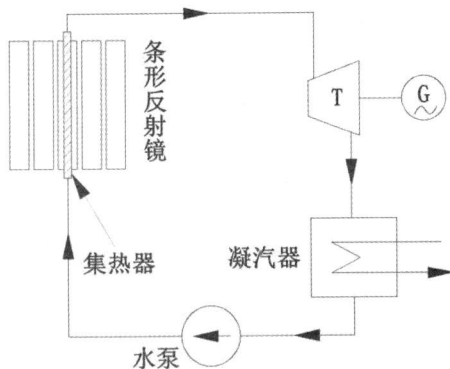

图 3-6　一次通过式菲涅尔聚光太阳能发电系统

但是，这种系统产生的蒸汽里伴有水，因为接收器无法做到汽水分离，蒸汽带水进入汽轮机，容易造成主蒸汽管道的水冲击现象，还会对汽轮机本体的安全运行造成影响，并会腐蚀汽轮机内部构件。所以，整个系统可增设一台汽水分离器，将接收器流出含水的水蒸气进行汽水分离。分离出的水再次进入接收器被加热，提高能源利用效率。为使蒸汽能够有更为理想的温度，可以再增设一组线性菲涅尔聚光系统，蒸汽进行二次加热，形成温度更高的过热蒸汽进入汽轮机做功发电。这样的系统称为循环式菲涅尔聚光太阳能发电系统，见图3-7。

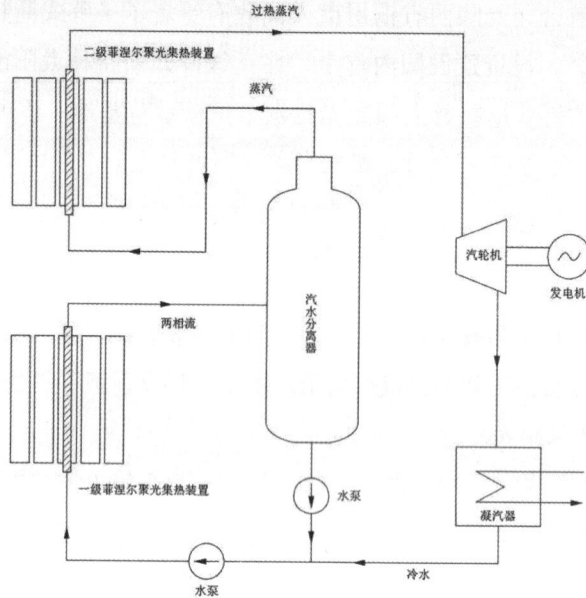

图 3-7　循环式菲涅尔聚光太阳能发电系统

其实，菲涅尔式太阳能发电技术也属于槽式太阳能发电技术的一种，镜面反射的原理基本一致，不同之处是菲涅尔式使用相对廉价的平面反射镜，光场布置反射镜密度较大，而且集热管是固定式的，整个光场系统建设所需的钢材和混凝土也会大大减少，其建设成本要低于槽式太阳能发电站，因而线性菲涅尔式太阳能发电站在太阳能中高温领域具有较大的发展潜力。

3.1.5 太阳能发电的连续运行

虽然太阳能是一种取之不尽、用之不竭的能源，但是，由于地球的自转与公转，天气阴晴的变换，导致太阳能的利用不能持续进行。白天有太阳的光照，可以充分利用太阳能进行发电；夜幕降临，大地一片漆黑，则无法获得太阳能进行发电。晴天时，阳光照射强烈，太阳能发电站可以获得较多的能量从而发出更多的电能；阴天时，阳光照射较弱，太阳能发电站的发电功率会大大降低。所以，如果不采取一定的技术手段，根本无法保证太阳能发电站24 h持续运行，也无法保证太阳能发电站的发电负荷平稳。

在太阳能发电站中，一般都会配置辅助热源和储热设备，见图3-8。辅助热源通常采用电加热棒或燃气锅炉，当太阳能光热获得不足时，为了保证系统发电负荷的稳定，则使用电加热棒或燃气锅炉进行辅助加热，以维持正常的过热蒸汽温度，保证机组安全、平稳运行。

辅助热源的原理是在白天太阳光热充足时，利用储热设备将太阳能的热量储存起来，在夜晚或太阳光不足时释放热量，使太阳能电站可以24 h连续运行。

目前，高温储热设备主要以相变储热为主，利用物质形态的转变储存热量。例如，固体无机盐类的高温熔盐储热材料常温下为固体，当熔盐被加热时由固体转变为液体，热量以汽化潜热的形式储存在液态熔盐中，高温相变储热最高温度可以达到1 000 ℃以上。当需要释放热量时，液态熔盐逐渐由液态转变为固态，完成热量的释放。因此，太阳能发电不仅只是针对太阳能的利用，而是多种能源、多种热源的综合利用的集成体现。

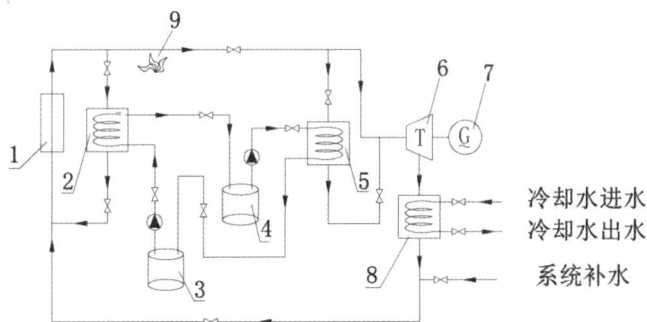

图中，1——太阳能集热装置；2——低温熔盐罐换热器；3——低温熔盐罐；
4——高温熔盐罐；5——高温熔盐罐换热器；6——汽轮机；7——发电机；
8——冷凝器；9——辅助热源。

图 3-8　太阳能发电运行原理图

3.1.6 光伏发电

光伏发电是一种利用太阳半导体的光生福特效应进行发电的技术，其本质是自由电子的定向运动产生电动势，进而形成电流，见图3-9。所以，光伏发电的核心组件就是太阳半导体。

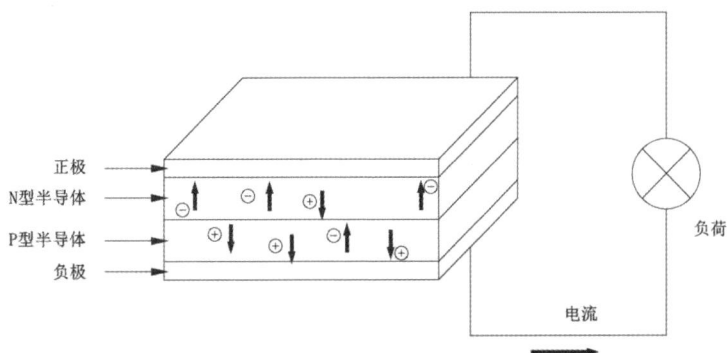

图 3-9　光伏发电示意图

制作太阳半导体的材料有很多，基本上介于金属和非金属之间的单质或者其形成的化合物都可以做光伏材料。目前，市场上应用最多的是利用硅为主要材料制作的太阳半导体。

以硅为例，将具有完全纯净的、结晶结构的半导体，称为本征半导体，其结构见图3-10。本征半导体在原子之间形成共价键，共价键中的两个电子称为价电子。价电子在获得太阳的能量后，会立即挣脱原子核的束缚，成为带负电的自由电子。同时，在共价键中随之空出一个电子的位置，这个位置称为空穴，空穴带正电。自由电子和空穴都称为载流子，本征半导体中载流子的数目特别少，因此发电性能很差。

为了提高太阳半导体的性能，人们在本征半导体中掺入微量的某种元素，形成杂质半导体，这种方法极大地提高了太阳半导体的发电性能。

目前，一般会在本征半导体中掺入五价磷元素和三价硼元素，形成N型半导体和P型半导体。在N型半导体中，由于自由电子的数量多于空穴的数量，因此N型半导体中电子是多子，空穴是少子。而P型半导体正好相反，自由电子是少子，空穴是多子。当了解了N型半导体和P型半导体的结构后，将N型半导体和P型半导体紧密接触形成"PN结"时，即在一块完整的硅片上，用不同的掺杂工艺使一半为N型半导体，另一半为P型半导体，两种半导体的交界面附近的区域为PN结。当N型和P型半导体紧密接触后，在连接处的多子会自动结合起来，N型半导体因失去电子而显正电性，P型半导体因失去空穴而显负电性，此时形成一个从N向P的电场，这个电场是两种半导体结合后自发形成，因此称它为自建电场，太阳能电池的基本结构就是一个大面积的PN结。当太阳光照射在PN结上时，PN结吸收太阳能量后激发出自由电子和空穴，自由电子和空穴受到自建电场的影响，形成从P向N的电场，产生光生伏特效应，由此产生电压形成电流。

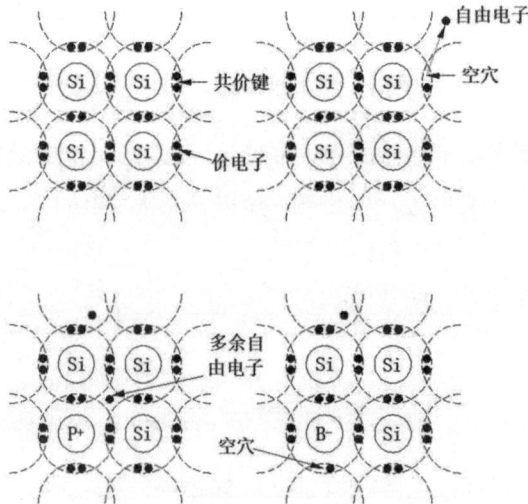

图 3-10 本征半导体结构示意图

目前，光伏板有单晶硅、多晶硅和非晶硅等制作方式。单晶硅太阳能电池是开发最快的一种太阳能电池，其产品已经广泛用于航空领域和地面设施。在单晶硅材料中，硅原子在空间内以一种有序的周期性排列，这种结构有利于太阳能转换效率的提高，其转换效率为14%~17%，有的高达24%，在宇宙空间使用转换效率可高达50%。但是，单晶硅太阳能电池以高纯度的单晶硅棒为原料，纯度要求99.999%，制造工艺复杂，生产过程中能耗较高，在太阳能电池总生产成本中约占50%，设备整体的制造成本偏高。

多晶硅太阳能电池的材料是许多单晶颗粒的几何体，各个单晶颗粒的大小、晶体取向各不相同，因此多晶硅的转换效率低于单晶硅太阳能电池，为13%~15%，最高可以达到20%。虽然多晶硅的转换效率不如单晶硅太阳能电池，但多晶硅太阳能电池的造价成本比单晶硅低很多，且生产时间短，在市场上可以发挥重要的作用。

非晶硅太阳能电池采用非晶硅薄膜制作，硅材料消耗很少，生产工艺简单、能耗少，转换效率在5%~8%，最高达13%，其特点是在弱光下也能发电。

3.2 太阳能供热

太阳能供热是利用太阳的辐射热能，将水加热至所需温度并输送到工业用户或家庭用户中。

3.2.1 太阳能供热应用

在现实生活中，太阳能供热最简单的利用方式就是普及率极高的玻璃真空管立式和平板集热器壁挂式家用太阳能热水器，一年四季都可以输出温度适宜的热水，可用于家庭的洗浴、洗漱、洗碗、洗衣等用水。

这两种太阳能热水器，在春夏秋三季，由于光照充足、光照时间长，输出的热水温度较高，特别是夏季加之高温的推动作用，其输出的热水温度极高，可以达到80~100℃。而到了冬季，由于光照时间短、个别天气光照不足，玻璃真空管立式太阳能热水器的缺陷就会突显，热水效率就会随天气的变化而变化，是真正的靠天"取暖"。然而，具有储能特点的平板集热器壁挂式太阳能热水器，由于其集热原理和配置的加热设备，冬季也可以输出温度80℃左右的热水。

太阳能的供热应用，在工业供热和家庭供热上其原理相差不大，都是通过太阳能集热器收集太阳辐射热能，将水温加热至目标温度。

3.2.2 太阳能供热技术

目前，我国生产太阳能集热器的厂家越来越多，技术较为成熟。一般来说，供热用太阳能集热器采用真空管，50支为一组，每组太阳能集热器水量约0.5 t，加热温差约35 ℃，可将水温从15 ℃加热至50 ℃，每组占地面积约9 m²，每组综合造价平均约为1.1万元。根据一些工程实例的经验数据，一般供热用太阳能的配比为3~4支管/m²。但是，需要注意的是，加热温差为一天的加热温差，并不是以小时计算。因此，在考虑太阳能供热时，需要收集当地光照数据以及可有效利用的小时数。

太阳能供热因受光照时间、光照强度所限制，其水温有时不能达到所需要求，其供热的稳定性差。因此，这就需要配备储能的方式来使用。采用储能的方式，需要配置储热水箱使用。这样整套系统一般由太阳能集热器、储热水箱、控制系统、调峰设备、水泵等组成。调峰设备，是光照不足时或需要更高水温时的加热设备。加热设备可采用电锅炉、电加热器、热泵或燃气锅炉等。

除了太阳能集热器，光伏板也可以供热。我们都知道，光伏板在发电时会产生热量，如果没有收集，这部分热量就会散发至大气中。如果将其收集，则可以供出热水。

这种装置主要由集热板、传热胶、隔热板、热泵组成。在光伏板接受阳光时，部分光未被光伏板利用而是折射或反射至大气中。因此，集热板安装在光伏板下方，与光伏板以传热胶相连，集热板下方用隔热板包裹。当未被利用的光折射或反射穿过光伏板时，集热板会将这部分光热进行收集，并吸收光伏发电产生的热量，通过集热板内的乙二醇或制冷剂将热量吸收，随后进入热泵蒸发器中将热量传递至供热水中。这种方式不仅将未被光伏板利用的光热进行收集，还降低了光伏板温度，提高光伏板发电效率，达到热电联产的效果。

某些工程实践数据显示，在冬天寒冷天气时，光伏板热电联产所供出的热水温度在20 ℃左右，对于农业等部分场景是一种良好的热源应用。

第4章　风能发电与供热

风是时时刻刻都能感受到的一种无形的能量资源，自从地球有了大气层，风就一直伴随着地球成长，见证了人类的发展与进步。

在历史进程中，人类逐渐发现风蕴藏着巨大的能量，正确、合理、巧妙地利用风，就会给生产生活带来变化和影响。随着生产技术的不断进步，人类逐步加大了对风能的利用。

4.1 风的形成及利用

风是由于太阳辐射造成地球表面受热不均，引起大气层中压力分布不平衡，在水平气压梯度的作用下，空气沿着水平方向运动而形成。

人类利用风能的历史可以追溯至西元前，但数千年来没有引起人们的足够重视，风能利用技术发展缓慢。自1973年世界石油危机以来，在化石能源告急和全球生态环境恶化的双重压力下，风能作为一种可再生能源才被重视和大规模开发利用。

4.1.1 风的形成

风的形成离不开太阳和大气层。因为，风是一种空气流动的现象，空气的这种流动源于太阳的辐射热。

地球上的每个角落，都在吸收太阳的热量。但是，因每个角落位置不同，导致其受热的程度不均，有的地方吸热多，有的地方吸热少。吸热多的地方，就形成暖空气受热膨胀上升，此时周围的冷空气横向流入，而上升的热空气会逐渐冷却继而降落，在地表重新吸热后再次上升，这种空气周而复始的流动，就形成了无穷无尽的风。

风不仅可以在陆地形成，也可以在海与陆地之间形成，还可以在山谷与山峰之间形成。海水的热容量大，太阳辐射热被海水吸收后表面升温较慢，而陆地热容量小，表面升温较快。于是，白天陆地热空气上升，海平面冷空气横向流入陆地，形成从海平面吹向陆地的海陆风；晚上海水表面降温较慢，陆地表面降温较快，陆地表面冷空气横向流入海平面，形成从陆地吹向海平面的陆海风。在山区，山顶部分接受太阳热量较多，大量的热空气上升，而山谷接受太阳热量少，此时山谷的冷空气向上流向山峰，形成谷风；而到了夜间，空气中的热量向高处散发，气体密度增加，空气沿着山峰向山谷移动，又形成了山风。所以，风是一种时时刻刻都存在的现象，是可再生能源。

4.1.2 风能的早期利用

风能的早期利用是从航运和农耕开始的。古代交通条件简陋，航运作为当时一种极其重要的交通方式，承担着物资运输、人员往来输送等重要任务。由于古代没有现代工业的蒸汽机、内燃机等动力机械，也没有开发出可被利用的柴油、汽油等能源，只能靠风能为航运船只提供航行动力。

扬起风帆，顺着风向，船便能通过风吹动风帆进行航行，通过调整风帆的角度，扬起风帆的大小和数量，便能控制船只航行的方向与速度。利用风能行船，是人类社会的巨大进步，也对人类社会的发展起到了具大的推动作用。

古代的先民依靠农耕而生生不息。为了种植赖以生存的农作物，古人们不得不"抱瓮而灌"，人们拿着陶罐到河流里去打水，然后再将水浇灌在田里。这样的劳作，既费时又费力。后来，古人们制造出了桔槔和辘轳，这一方式虽然节省了很多力气，但浇灌仍需大量的时间。明朝的宋应星在《天工开物》中这样评价道："用桔槔、辘轳，功劳又甚细已。"就是说，用桔槔、辘轳取水，功效很小。

随着社会的不断进步，人们已不再局限于如此费力的取水方式。明清时期，风力水车就被大量使用，极大地解决了人们的灌溉需求。风力水车，通过风吹动风车上的叶片形成动力，带动曲轴、连杆做上下往复运动，推动水斗运转起来，将水提上来，灌溉到农田。现在，在一些较为干旱、偏远等用水极不方便的地区，风力水车取水仍被人们使用。这种灌溉方式，不仅解决了人们的灌溉需要，而且还降低了耕作成本。

4.2 风能发电

我国幅员辽阔，风能资源十分丰富，可开发利用的风能储量约10亿kW。其中，陆地上风能储量约2.53亿kW（离地10 m高度资料计算），海上可开发和利用的风能储量约7.5亿kW。

4.2.1 风能密度

风力发电依赖于该地区风能资源丰富，而评价一个地区风能资源是否丰富的重要参数之一，就是平均风能密度。

风能密度是指流动空气在单位时间内垂直流过单位截面积所具有的动能，其表达式为：

$$W=\frac{1}{2}\rho V^3 \tag{4-1}$$

式中，W——风能密度，W/m²；ρ——空气密度，kg/m³；V——风速，m/s。

风不是一个固定的能量，有时大、有时小。因此，我们评价一个地区风能的大小，只能通过对一段时间内该地区风能的平均情况进行分析，从而判断该地区风能的丰富情况。公式

（4-1）表达的是空气在单位时间内垂直流过单位截面积所具有的动能。所以，将对公式（4-1）进行对时间积分后平均，便能得到在T时段内的平均风能密度。

$$\overline{W}=\frac{1}{T}\int_0^T\frac{1}{2}\rho V^3\mathrm{d}t \qquad （4-2）$$

一般情况下，各地区空气密度变化不大，可以忽略不计。因此，可将空气密度看做常量，则公式（4-2）可写为：

$$\overline{W}=\frac{\rho}{2T}\int_0^T V^3\mathrm{d}t \qquad （4-3）$$

通过平均风能密度公式，可以清晰地看出平均风能密度与风速紧密相关。因此，中国气象科学研究院对我国风能按照平均风能密度以及风能全年可利用小时数分布进行了四种区划的划分，分别是风能丰富区、风能较丰富区、风能可利用区和风能贫乏区。

4.2.1.1 风能丰富区

风能丰富区是年平均有效风能密度大于200 W/m²、3~20 m/s风速的年累计小时数大于5 000 h的区域。例如，我国东南沿海岛屿、台湾、南海群岛、海南岛西部、广西涠洲岛、山东半岛和辽宁沿海等地。

4.2.1.2 风能较丰富区

风能较丰富区是年平均有效风能密度在200~150 W/m²、3~20 m/s风速的年累计小时数4 000~5 000 h的区域。例如，我国海南岛东部、台湾东部、渤海、甘肃河西走廊和其邻近地区以及青藏高原等地。

4.2.1.3 风能可利用区

风能可利用区是年平均有效风能密度在150~50 W/m²、3~20 m/s风速的年累计小时数4 000~2 000 h的区域。例如，我国广东沿海、大小兴安岭山地、黄河与长江的中下游、湖南、湖北和江西等地。

4.2.1.4 风能贫乏区

风能贫乏区是年平均有效风能密度小于50 W/m²、3~20 m/s风速的年累计小时数小于2 000 h的区域。

4.2.2 风能发电类型及机组构成

风力发电机组是将风能转化为电能的装置。按照容量划分，可分为小型、中型和大型机组；按照主轴与地面的相对位置划分，可分为水平轴风力发电机组和垂直轴风力发电机组。其中，水平轴风力发电机组，旋转轴与叶片垂直，与地面平行，旋转轴处于水平位置；垂直轴风力发电机组见图4-1，其旋转轴与叶片平行，与地面垂直，旋转轴处于垂直方向。目前，我国建设的风力发电机组主流是水平轴风力发电机组。

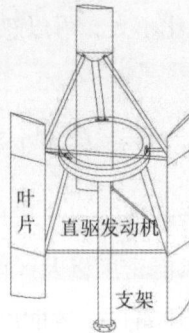

图 4-1　垂直轴风力发电机组

风力发电装置整套系统通常由风轮、对风装置、调速机构、传动装置、齿轮箱、发电设备、逆变器和塔架等组成，见图4-2。

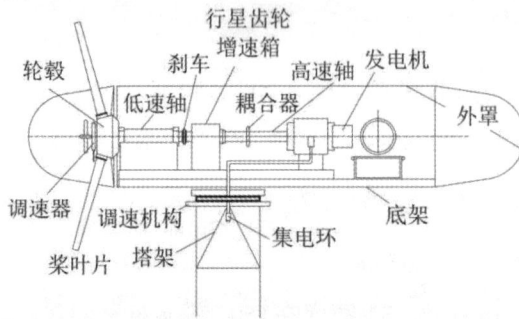

图 4-2　风力发电机组的组成

叶片是集风装置，其作用是将风的动能转换为机械能并转动，带动发电机发电。因此，风轮的选择和设计是风力发电装置输出电能的基础。现在，常见的风力发电机组有3个叶片，没有更多或更少叶片的风力发电机组。这种设计是经过反复试验、计算、测量得出的最经济、较高效的叶片数量。

风能转化功率＝风力×风速，叶片收到的风力越大、风速越高，则风能转化的功率就越大。如果集风装置有许许多多叶片构成，形成一个几乎密不透风的圆盘，即使风力再大，可穿过叶片的风速几乎为零，风能转化功率依然为零。所以，需要减少叶片的数量，使穿过叶片的风速变大，增加风能的转化功率。那么，是不是叶片的数量越少越好？回答也不是，必须要找到实现最大转化功率的平衡点。

经过科学家们的反复试验、测算，效率最高的集风装置并不是3叶片，而是4叶片，每个叶片夹角90°。3叶片的集风装置叶片夹角为120°，其风能转化效率比4叶片的集风装置略低。但是，出于经济性考虑，减少了一个叶片的制造成本，因此风力发电机组的集风装置都是由3个叶片组成。

既然是为了控制成本，如果是2叶片组成的集风装置制造成本是不是更优于3叶片的集风装置。其实，这里还有一个效率的问题。2叶片的集风装置要达到3叶片集风装置的性能，叶片的面积要增加将近50%，这与增加一组叶片的成本相差不大，而且2叶片旋转，虽然减小了阻力，旋转速度加快，但会出现噪音和震颤现象，极易对机械设备造成损坏，其中心轴和叶片的强度需要大大增加，不仅增加了设备的建造成本，还容易在强风下损毁。

人们在仔细观察中会发现，风力发电机组的叶片转速较慢，一般为每分钟7~12圈。按照常理风力发电机在这个转速下是根本无法发电，所以，在整套风力发电设备中，对风装置、调速机构和齿轮箱就起到了非常重要的作用。这三种设备相互配合，才能保证机组正常、平稳地发电。

对风装置就是将叶片以最优、最高效的角度对准风向，根据风力、风速的变化及时调整叶片对风角度，使叶片始终保持较高的风能转化功率。但是，叶片的转速不能无限增高，因为当叶片的转速越来越大时，产生的离心力就越大，加之叶片的重量，其惯性将会打破风机的平衡，容易造成中心轴和叶片的断裂，十分危险。因此，当叶片转速达到一定速度时，调速机构就会开始工作，阻止叶片的转速升高，使叶片的转速一直维持在安全范围内。

叶片的转速较慢，而发电机又需要在高转速下工作，这就需要通过增速齿轮箱实现风力机和发电机的转速匹配。齿轮箱内部的齿轮副就是增速机构，它将低转速大扭矩动能转化为低扭矩高转速的动能，使发电机获得额定的发电转速。

目前，风力发电机组的售价约为3 500元/（kW·h），一台2 MW风力发电机组的设备成本约为700万元，加上土建、塔柱吊装等建设费用，一台2 MW风力发电机组的总成本约900万元。按照平均每天8 h发电时长，电价0.4元/（kW·h）计算，年发电收入约为233.6万元。但是，风力发电机组每年需要额外的维护、检修、管理、配件等费用，这些费用约占年发电收入的50%，因此一台风力发电机组的回收周期约为7.7年。实际上，风力发电站的建设成本远不止单台风力发电设备成本之和，还需要配套的电网投入，一般风力发电站的回收周期将近10年。

4.3 风能供热

风能是取之不尽、用之不竭的清洁可再生能源，不仅可以发电，还可以制热。风能的制热方式主要分为固体摩擦式制热、搅拌器式制热、空气动力制热和流体升压节流制热。

4.3.1 固体摩擦式制热

固体摩擦式制热的结构较为简单，其原理与自行车、汽车的刹车片相似。风力发电机的叶片被风吹动旋转后，带动连杆及其下方连接的摩擦元件转动，通过摩擦元件与周围固体之间的摩擦产生热量加热水或其他用热介质。

4.3.2 搅拌器式制热

搅拌器式制热是叶片被风吹动带动转轴连接的搅拌器转子转动，搅动加热器内的液体使其产生涡流运动，进而将风能转化为热能，制取所需要的热水或者其他用热介质。但是，搅拌器转动的速度不能太高，否则，液体中会产生泡沫影响能量的转化效率。一种搅拌器式制热装置原理见图4-3。

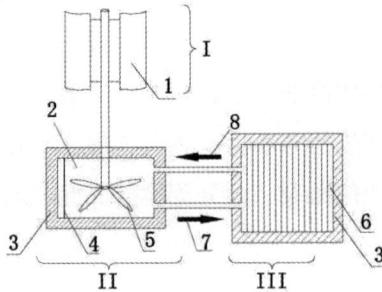

图中，I——动力机构；II——制热机构；III——储热机构；
1——叶片；2——液体；3——保温层；4——挡流板；5——搅拌叶片；
6——储热管；7——热液体入口；8——冷液体出口。

图 4-3　一种搅拌器式制热示意图

4.3.3 空气动力制热

空气动力制热主要是利用压缩空气的原理，通过风力发电机带动压缩机运行，将空气进行绝热压缩，使空气的温度、压力升高，同时获得压力能和所需的热能。但是，空气的比热容和密度较小，若想要获得较高的制热量就需要提高压缩机的转速，增大设备相关的配套尺寸。

4.3.4 流体升压节流制热

流体升压节流制热是指风力发电机带动液体泵，提高流体的压力，将风能首先转换为压力能。升压后的流体经过节流装置，流速增加，压力降低，且流体在通过节流装置时，中心流体流速很高，边缘处流体流速为零，在这种状态作用下，流体之间、流体与管壁之间产生摩擦，并且在节流出口射流条件下产生旋涡和脱离，因此产生分子之间的碰撞以及对管壁的冲刷。这些因素都使得液体携带的压力能转化为热能。通过调节节流程度的大小，可使流体保留部分压力，使其流回至液体泵入口，并形成循环。

目前，利用风能供热的方式，还是以风力发电—储能/电锅炉/热泵—热为主。随着风力发电的大规模普及，风力发电设备造价也会随之降低，直接利用风电机组发电配合储能或配合电锅炉、热泵等设备产生热能，在减少弃风的同时，还能输出所需热能，可谓是一举两得。

第5章　空气能发电与供热

人类生存离不开空气。空气给地球上各种生物提供了赖以生存的氧气，是必不可少的能量源泉。

最初的古大气在原始的绿色植物出现以前，是以一氧化碳、二氧化碳、甲烷和氨为主。当绿色植物出现后，植物在光合作用中放出的游离氧，使原始大气里的一氧化碳氧化成为二氧化碳，甲烷氧化成为水蒸气和二氧化碳，氨氧化成为水蒸气和氮气。

随着时间的流逝，由于植物的光合作用持续地进行，空气里的二氧化碳在植物发生光合作用的过程中被吸收了绝大部分，并使空气里的氧气越来越多，最终形成了以氮气和氧气为主的现代空气。因此说，人类现在赖以生存的空气，仍旧是太阳赋予我们的。

5.1 空气能发电

风力发电时常会受到天气等因素的影响，而空气能发电就不会因为风力的大小而受到影响。

5.1.1 空气能发电原理

空气能发电也是空气储能发电，被称为压缩空气储能发电，是指利用电网低谷剩余电力或可再生能源弃电，通过驱动空气压缩机把空气压缩，储存于密闭的洞窟、盐穴、矿井或新建超大的钢罐等"容器"里，在需要发电或用电高峰时，释放高压空气，带动发电机组发电，以保障用电需求。这一方式，改变了传统电力"即发即用"的现状，具有"削峰填谷"的作用，确保谷电不浪费、峰电有加持。

空气能发电机是通过将压缩空气的压力能转化为机械能，再将机械能转化为电能，从而实现发电。空气能发电机最核心部件是压缩机和发电机。压缩机将空气压缩成高压气体，然后将高压气体通过管道输送到发电机中。发电机利用高压气体的动能驱动转子旋转，从而产生电能。在整个运行过程中，压缩机和发电机之间通过传动装置相连，形成一个完整的发电系统。

空气能发电的优点是显而易见的。首先，它是一种清洁能源，不会产生任何污染物，对环境没有任何影响。其次，它的能源来源广泛，只要有空气就可以发电，不受地域限制。再次，它的维护成本较低。

然而，空气能发电也存在一些缺点。首先，它的效率相对较低，因为空气的压缩和释放会产生能量损失。其次，它的发电量受到气温和气压的影响，气温和气压越高发电量越大。反之，气温和气压越小发电量则越少。再次，它的成本相对较高，因为它通常需要使用多级压缩的压缩机，设备的投资成本较高。

总的来说，压缩空气储能发电机是一种非常有前途的发电设备，它可以为人们提供清洁、可靠、低成本的电力。随着相关技术的不断进步，相信空气能发电机的效率和性能会不断提高，为人们的生产和生活带来更多的清洁能源。

5.1.2 空气能发电站

空气能发电站也称压缩空气储能发电站，其容量较大，机组一般都在100 MW以上。对于容量在100 MW以下的电站，可以称为小型压缩空气储能发电系统，更小的则可称为微型压缩空气储能发电系统。

压缩空气储能电站是20世纪50年代发展起来的新型能量存储系统，在20世纪90年代开始随着相关技术的逐步完善，以及各国对能源电力质量、环境保护的更高要求，一些国家开始重视压缩空气储能电站的研究和开发工作。

国外空气能发电技术应用较早，世界上第一台压缩空气储能电站是德国在1978年建设的Huntorf压缩空气储能电站，其采用传统非绝热式压缩空气储能技术，空气压缩机功率为60 MW，输出功率290 MW，储气空间31万m^2，连续充气8 h，连续发电2 h，系统冷态启动至满负荷所需时间约为6 min，运行效率约42%。

世界上第二座投入运行的商业压缩空气储能电站是美国于1991年建成的Mclntosh压缩空气电站。该电站空气压缩机功率为50 MW，发电功率为110 MW，储气空间56万m^2，可实现连续充气41 h，连续发电26 h。与德国的Huntorf压缩空气储能电站不同，该电站在透平排汽烟道上增设换热器，将排汽的热量回收用于压缩空气膨胀吸热，减少压缩空气进入燃烧室的补燃耗能，其运行效率比德国的Huntorf压缩空气储能电站高约54%。

相较于欧美等发达国家，我国的压缩空气储能发电产业整体起步较晚，但发展十分迅速。2011年，中国科学院工程热物理研究所率先建成了国际上首个15 kW超临界压缩空气储能发电实验平台；2013年，该所又在河北省廊坊市建成了集成超临界和蓄热式压缩空气储能系统兆瓦级的先进压缩空气储能发电示范项目，其效率达到52.1%；2016年，由该所自主研发的我国首套10 MW先进压缩空气储能发电系统在贵州省毕节市开工建设。经过4年多的调试，2021年10月，成功并网发电。目前，这套10 MW先进压缩空气储能发电系统，一天能发电4万kW·h，相当于3 000户普通家庭一天的用电量，效率提升至60%。

10 MW先进压缩空气储能发电系统，压缩机、膨胀机、蓄热化热器和集成控制是压缩空气储能发电系统的四个关键技术，整套系统共有上万个零部件。其中，标准件占了40%，剩余的60%全部由研发团队自主设计加工完成。

2022年9月30日，由中国科学院工程热物理研究所承建的全球首套100 MW先进压缩空气储能发电国家示范项目在河北省张家口市顺利并网发电。该项目每年可发电1.32亿kW·h以上，每年可节约标准煤4.2万t，可减少二氧化碳排放10.9万t，测试蓄热量达374.7 GJ，保温8 h蓄热效率为98.95%，保温16 h蓄热效率为98.73%，最高排气压力达100.333 bar，变工况范围为18%~118%，最高效率达87.5%。

2022年7月6日，全球首个非补燃压缩空气储能电站在江苏省常州市金坛区盐穴建成，压缩空气膨胀吸热不用天然气加热空气。该电站是国内首次利用盐穴资源发电的储能项目，设备全部实现了国产化，一期工程能储存电力3亿kW·h，年发电量1亿kW·h，可以满足6万人一天的用电量。采用非补燃压缩空气储能发电技术，完全实现了零排放、无污染的绿色环保要求，发电效率能够达到62%，远远高于美国的54%和德国的42%。金坛盐穴压缩空气储能电站工作原理见图5-1。

因容纳压缩空气的"容器"——盐穴，位于地下近千米处，又被称为藏在地下的"空气充电宝"。盐穴，即地下盐层被开采后留下的矿洞，密封性良好且多数处于闲置状态，适于储存石油、天然气等重要战略物资，也是储存压缩空气的理想场所。它与新建钢罐等压力容器储存的方式相比，利用盐穴可显著降低原材料、用地等方面的成本。

我国盐穴资源丰富，仅常州市金坛区就拥有地下盐穴资源约1 000万m³，理论上可以建设超过4 000 MW的压缩空气储能电站。而且，这些盐穴多分布在地下800~1 000 m，抗压能力强。

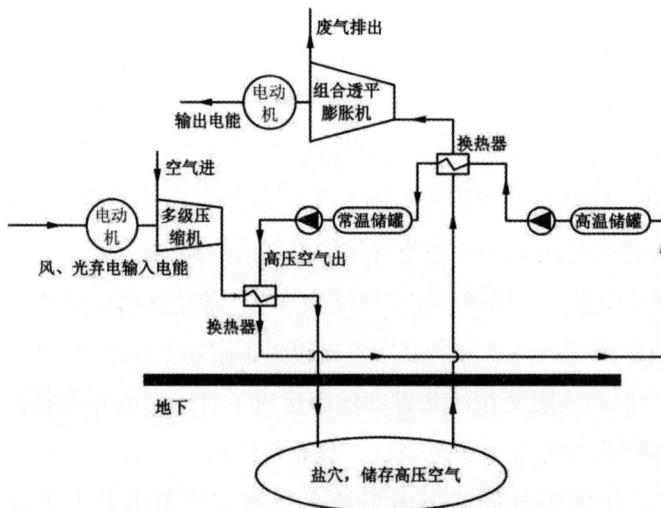

图 5-1　金坛盐穴压缩空气储能电站原理图

金坛盐穴压缩空气储能电站项目所使用的茅八井盐穴位于地下1 000 m左右，梨形腔体最大直径约80 m，高度超过100 m，容积超过22万m³，相当于105个标准泳池。该盐穴壁光滑，整体形态比较稳定，气密封测试完全能够满足空气储能的要求，最高可承受200个标准大气压。

不足是金坛盐穴原本的口径较小，承担不了高流量、高速率的气流运输。但是，科研人员对其进行了改造，将原有的一口老井封堵，重新钻探了两口大口径的井。由于国内是首次钻探大口径盐井，因此困难很多，整个建设经历了将近两年时间。

如果把盐穴比作一个体积固定的超大号气球，那么，储存压缩空气的过程就是吹气球的过程。为此，该项目攻克了世界上参数最高的离心式压缩机，这是"吹气"的关键装置。通过这一装置，可将1个标准大气压的空气压缩为140个标准大气压的高压压缩空气存入"气球"，待用电高峰时，再释放压缩空气，驱动透平做功，让"风车"旋转起来，从而驱动发电机发电。

2023年12月1日，湖北省应城市300 MW压缩空气储能电站示范工程厂用系统受电一次成功，这标志着该工程全面进入调试阶段。2025年1月9日，实现全容量并网发电，创造了单机功率、储能规模和转换效率三项世界纪录，其特点是"深、大、长、绿"：最深处达600 m；单机功率达300 MW，储能容量达1 500 MW·h，地下储气库达70万m³，单个承压球罐容积达3 500 m³，直径19 m，为世界最大；储能时间长，每天储能8 h、释能5 h，使用寿命达30年以上；全程无化石燃料参与，年发电量近5亿kW·h，年节约标准煤超15万t。

2024年4月30日11时18分，具有完全自主知识产权的300 MW/1 800 MW·h先进压缩空气储能国家示范电站在山东省泰安市肥城市首次并网发电一次成功。该电站采用中国科学院工程热物理研究所自主研发的先进压缩空气储能技术，由中储国能（北京）技术有限公司投资建设，是目前国际上规模最大、效率最高、性能最优、成本最低的盐穴新型压缩空气储能电站。该电站总投资14.96亿元，系统单位成本较100 MW下降30%以上，系统装备自主化率达100%，系统额定设计效率72.1%，可实现连续放电6 h，年发电约6亿kW·h，在用电高峰可为约30万户居民提供电力保障，每年可节约标准煤约18.9万t，减少二氧化碳排放约49万t。

5.2 空气能供热

空气能供热又称热泵供热，是指利用空气中的低品位热能转化为高温热能，高温热能将水加热后作为热媒在供热管网内循环流动来实现供热。

5.2.1 热泵技术

热泵的种类很多，是以利用低温热源种类作为区分，有空气源热泵、水源热泵和土壤源热泵等。

空气源热泵是目前使用最多的一种热泵，具有低温热源充足、制热、制冷效率高等特点被很多地区用于供热和供冷。

水源热泵的效率虽然较空气源热泵高，但其对水资源有一定的要求，其设备使用地区必须水源较为充足、稳定，一些水资源短缺的地区无法使用水源热泵。

　　土壤源热泵是利用地下恒温的原理吸收地下热量，但设备占地面积较大，且热量的使用必须循环，单独供冷或供热将会造成地下温度的改变，影响地下生态环境。

　　热泵技术的研究利用要追溯于法国工程师尼古拉·莱昂纳尔·萨迪·卡诺（Nicolas Léonard Sadi Carnot）于1824年提出的卡诺循环。

　　卡诺循环是可逆的，正向循环是热机，其循环过程见图5-2；逆向循环是冷机，其循环过程见图5-3。

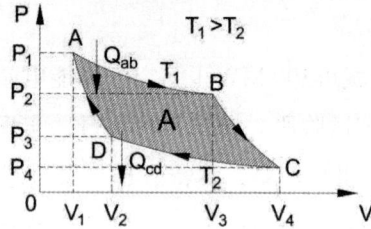

图中，A—B——等温膨胀；B—C——绝热膨胀；
C—D——等温压缩；D—A——绝热压缩。

图 5-2　卡诺正循环过程

　　卡诺正循环，向我们阐明了热机的效率。根据热力学第一定律，热量不仅与系统始末状态温度有关，而且和经历的具体过程有关，热量也是一个过程量，是通过传热方式传递能量的量度，通过系统和外界之间存在温差而发生的能量传递。也就是说，热量是由内能和功组成。

$$Q = \Delta E + W \tag{5-1}$$

　　式中，Q——热量；ΔE——内能的变化量；W——功。

　　（1）A—B 过程中，由于温度没有发生变化，因此内能不变，热量等于净功。根据功的公式：

$$W = \int_{V_1}^{V_2} P \mathrm{d}V \tag{5-2}$$

　　理想气体状态方程：

$$P = \frac{nRT}{V} \tag{5-3}$$

　　式中，n——气体摩尔数；R——热力学常数；T——热力学温度。

　　将公式（5-2）、公式（5-3）整理，计算得出热量为：

$$Q_1 = nRT \ln \frac{V_2}{V_1} \tag{5-4}$$

　　（2）C—D过程与A—B过程同理，由于温度没有变化内能不变，因此热量等于净功。计算得出热量为：

$$Q_2 = nRT \ln \frac{V_3}{V_4} \tag{5-5}$$

（3）B—C为绝热过程，即$Q=0$。即：

$$dW = -dE \tag{5-6}$$

根据内能公式以及全微分，可推导出如下关系：

$$V_2^{\gamma-1}T_1 = V_3^{\gamma-1}T_2 \tag{5-7}$$

（4）D—A过程与B—C过程同理，推导出：

$$V_1^{\gamma-1}T_1 = V_4^{\gamma-1}T_2 \tag{5-8}$$

热机的效率，是系统在一次循环过程中，对外所做净功与吸热总和之比。因此，效率公式为：

$$\eta = \frac{W}{Q_1} = \frac{Q_1 - Q_2}{Q_1} = 1 - \frac{Q_2}{Q_1} \tag{5-9}$$

将上述4个过程的计算结果带入公式（5-9），可得在卡诺循环里，热机的效率为：

$$\eta = 1 - \frac{T_2}{T_1} \tag{5-10}$$

通过上述卡诺循环4个过程的公式推导，得到了热机效率的公式。卡诺热机的工作原理，实际上是高温热源向低温热源放热。通过效率公式，可以看出要使效率变大，需要将高温热源的温度升高或将低温热源的温度降低，当高温热源的温度无限高时，或低温热源的温度为0时，卡诺热机的效率就是1。但是实际上，高温热源的温度不可能无限高，因为我们无法制造出可以承受如此之高温度的材料；低温热源的温度也不可能为0，因为环境是有温度的。所以，卡诺正循环告诉我们，热机的效率永远要小于1。

根据热力学第一定律，热可以自发地从高温热源传递到低温热源，但不能自发地从低温热源传递到高温热源。但是，实际因热力学过程的不可逆性及其间联系的研究，导致了热力学第二定律的建立。

在热力学第二定律的文字叙述中，英国科学家开尔文（Lord Kelvin）的说法是：不可能从单一热源取出热使之完全变为功而不发生其他的变化。也就是说，热可以从低温热源传递到高温热源，但需要有外力作用才可以实现，例如卡诺冷机。

卡诺逆循环为制冷机，其制冷系数的推导过程与热机效率推导过程同理，其制冷系数为：

$$\varepsilon = \frac{T_2}{T_1 - T_2} \tag{5-11}$$

通过制冷系数公式，可以看出卡诺冷机的制冷系数要大于1。

卡诺冷机的工作原理，是低温热源向高温热源放热。但是，必须要有外界对系统做功才能实现。因此，卡诺冷机的计算并不是效率，而是制冷系数，因为制冷机不能由功直接变成能量，这里面还有制冷剂的作用；而卡诺热机是可以由热直接变成功的，因此卡诺热机的计算为效率计算。

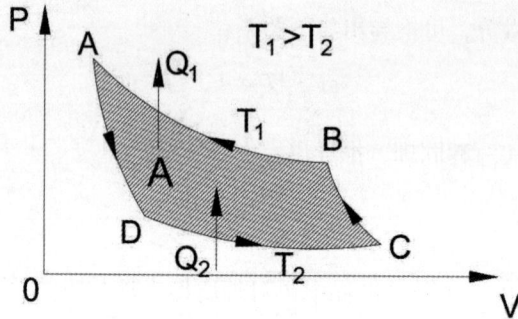

图 5-3　卡诺逆循环过程

1852年，开尔文（Lord Kelvin）提出利用卡诺循环的逆原理用于加热的热泵设想。

1924年，虽然热泵采热技术被发明，但是并没有被当时的人们所重视，直到20世纪70年代的世界石油危机，才引起人们的重视。

5.2.2 空气源热泵制热与制冷

空气源热泵的工作原理为"逆卡诺循环"，由蒸发器、压缩机、冷凝器和节流装置四个部分组成。

空气源热泵不仅可以冬季供热，还可以夏季供冷，且仅需一套循环系统即可满足两项要求。实现这些功能最主要的是制冷剂在系统里的循环。制冷剂是在低温状态下，即容易汽化吸热又容易液化放热的一种物质。因此，热泵的运行状态，除环境等其他外力因素外，制冷剂的选择也直接影响热泵的运行效果。但是，制冷剂并不是通用的，而是需要根据环境温度、热泵种类、使用地点等因素进行综合考虑并选择适用的制冷剂。

5.2.2.1 空气源热泵制热原理

空气源热泵制热原理是制冷剂在进入压缩机前，是以一种低温低压气体的形式存在于蒸发器中。低温低压气体形式的制冷剂通过压缩机做功，变成高温高压气体通过四通阀进入冷凝器。此时，冷凝器内的冷却水与高温高压气体形式的制冷剂进行热量交换，将来自用户的回水加热后制成热水，再送还至用户，用以供给热水。高温高压气体形式的制冷剂换热后成为低温高压液体，经过膨胀阀减压后，形成低温低压液体流入室外侧蒸发器内。这时，蒸发器吸入大量的外界空气，低温低压液体制冷剂在蒸发器内汽化吸热，吸收外界空气中的热量，形成低温低压气体，随后再次进入压缩机进行循环工作。

5.2.2.2 空气源热泵制冷原理

空气源热泵制冷原理与制热原理基本一致，但其换热过程与供热过程相反，其工作原理见图5-4。高温高压气体形式的制冷剂通过四通阀进入室外侧蒸发器，向空气中释放热量，形成高压低温液体，再经过节流装置减压，变成低温低压液体。低温低压液体形式的制冷剂流入冷凝器进行汽化吸热，将冷凝器内的冷却水温度降低制成冷水，然后冷水流入室内进行供冷。

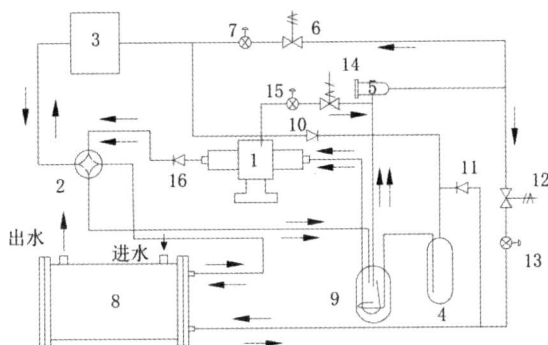

图中，1——压缩机；2——四通阀；3——蒸发器；4——储液器；5——干燥过滤器；
6、12、14——电磁阀；7——制热膨胀阀；8——冷凝器；9——液体分离器；
10、11、16——止回阀；13——制冷膨胀阀；15——喷液膨胀阀。

图 5-4 空气源热泵工作原理图

5.2.3 空气源热泵的特性

了解空气源热泵的特性，首先要了解四个概念，即蒸发压力、蒸发温度、冷凝压力和冷凝温度。

蒸发压力是指制冷剂在蒸发器内，由液态吸热汽化形成气体时的压力。蒸发压力是制冷剂温度一定的情况下，由液态变为气态的最大压力。

蒸发温度是指制冷剂在蒸发器内沸腾的温度，其与蒸发压力是对应的。蒸发压力越低蒸发温度越低。反之，蒸发温度就高。蒸发温度是制冷剂压力一定的情况下，由液态变气态时的最低温度。

冷凝压力是指高温高压气体形式的制冷剂进入冷凝器时的压力，冷凝压力是制冷剂温度在一定的情况下，由气态变液态时的最小压力。冷凝温度是指制冷剂在冷凝器中凝结时的温度，它与冷凝压力是对应的，冷凝压力越低冷凝温度越低。反之，冷凝温度就高。冷凝温度是制冷剂压力一定的情况下，由气态变液态时的最高温度。

在了解了这四个概念之后，根据各个概念的特性，我们来进行空气源热泵在供热和供冷方面的特性分析。

5.2.3.1 空气源热泵供热特性

空气源热泵的供热特性主要有四种：

（1）空气源热泵机组的制热量随室内温度的增高而减少。由于室内温度升高，使冷凝温度升高。高温高压气体形式的制冷剂进入冷凝器液化放热减少，制冷剂流量减小，流入蒸发器内汽化吸热减小，导致机组制热量下降。

（2）空气源热泵机组的输入功率随室内温度的增高而增加。由于冷凝温度升高，冷凝压力也相应升高。压缩机对每千克工质耗功量增加，输入功率增加。压缩机压缩比增大，输入功率增加。

（3）空气源热泵机组的制热量随环境温度的降低而减少。环境温度降低，制冷剂在蒸发器内汽化吸热与外界空气换热量减小，机组制热量因此降低。

（4）空气源热泵机组的输入功率随环境温度的降低而下降。环境温度降低，使蒸发温度降低，制冷剂汽化吸热减少，制冷剂流量减少，因此压缩机做功减少，输入功率下降。

5.2.3.2 空气源热泵制冷特性

空气源热泵的制冷特性主要有四种：

（1）机组的制冷量随室内湿球温度的上升而增加。室内温度上升，使蒸发温度上升。低温低压液体形式的制冷剂汽化吸热量增多，机组制冷量增加。

（2）机组的输入功率随室内湿球温度的增高而增加。室内温度上升，蒸发压力上升，相应蒸发温度上升，制冷剂的汽化得到加强，因此制冷剂流量增加，压缩机输入功率增加。同时，蒸发压力升高，导致压缩机压缩比减小，增加了压缩机的输入功率。

（3）机组的制冷量随环境温度的降低而增加。环境温度降低，使冷凝温度下降，高温高压气体形式的制冷剂液化放热量增加，随之制冷剂流量也会增加。液体流量的增加，必然会导致制冷剂汽化吸收热量的增加，因此机组制冷量增加。

（4）机组的输入功率随环境温度的降低而下降。由于环境温度降低，导致冷凝压力下降，压缩机对每千克工质的耗功减小，因此压缩机输入功率下降。冷凝压力下降，也会降低压缩机压缩比，继而减小压缩机的功率。

5.2.4 空气源热泵的应用

空气是一种取之不尽、用之不竭且无偿获取的能源。空气源热泵是通过压缩机做功，制冷剂在系统里循环从空气中的低温热源吸热用于制热或制冷。

空气源热泵安装方便，初投资较低，能源获取便利，很适合用于分布式供热。特别是超低温空气源热泵，可以在零下20 ℃以下的温度中吸收空气的低温热源，满足北方地区冬季极寒天气下的供热需求。

由于空气源热泵的工作原理是卡诺冷机原理，因此热泵的制热性能系数COP大于1。我国市场上通常的空气源热泵，额定制热性能系数均大于3（室外干/湿球温度7 ℃/6 ℃，出水温度45 ℃）。

制热性能系数（简称"COP"）是制热功率与耗电功率的比值。例如，某台空气源热泵的制热功率为150 kW，耗电功率为50 kW，那么该热泵的COP为3。因此，相比于传统的燃煤供热，空气源热泵的高效率对节能、减排具有十分重要的意义。

热电厂和火电厂的热力循环与空气源热泵的热力循环是有区别的，但都是采用朗肯循环。水在锅炉里定压吸热，形成一定压力和温度的过热蒸汽，过热蒸汽进入汽轮机组进行绝热膨胀，推动汽轮机转子做功，乏汽进入凝汽器定压放热凝结成水，锅炉给水泵将凝结水绝热压缩，将水压缩、升压后送入锅炉。至此，系统的一次循环结束。

目前，我国大部分热电厂是依靠燃煤锅炉产生热量用于供热，煤在炉膛中燃烧，其热量不可能100%地转换，必定会有部分散热损失。因此，目前较大锅炉的效率一般在90%以上。

朗肯循环效率公式：

$$\eta = \frac{h_1 - h_2}{h_1 - h_3} \tag{5-12}$$

式中，h_1——进汽焓值，kJ/kg；h_2——排汽焓值，kJ/kg；h_3——凝结水焓值，kJ/kg。

通过朗肯循环效率公式可知，热电厂热效率取决于过热蒸汽焓值、排汽焓值和凝结水焓值。过热蒸汽的焓值取决于过热蒸汽的压力和温度（P_1和T_1），排汽焓值和凝结水焓值取决于排汽压力（P_2）。因此，提高过热蒸汽的压力和温度或者降低排汽压力，可使热电厂效率提高。

但是，在锅炉参数已经确定的前提下，过热蒸汽的压力和温度已经无法改变，只能通过降低排汽压力的方式来提高电厂效率。因此，纯凝火电厂的乏汽热量通过冷却塔散发到大气中，造成了极大的冷源损失，电厂效率只有40%左右；而热电厂的低真空循环水供热方式，不仅消除了冷源损失、提高能源的利用效率，还降低了排汽压力，使电厂效率大大提高，其效率可达70%~80%。

热电厂的效率较之火力发电厂效率已提高近1倍，但不管通过何种方式提高，其效率永远小于1。然而，空气源热泵的制热效率是火电厂的约3.75倍。因此，在同样供热负荷的条件下，空气源热泵的高效性，对热电厂节能减排起到了非常重要的促进作用。

虽然空气源热泵拥有众多的优势，但其也有不可忽视的缺点。空气源热泵在制热过程中，随着室外温度的降低，蒸发温度也会降低。在室外温度达到零下时，空气流经蒸发器，制冷剂吸收空气的热量使空气冷却，此时空气中的水分就会析出并依附于蒸发器表面，从而形成霜层，这种现象通常称为结霜。随着热泵的不断运行，空气中越来越多的水分不断地析出并形成霜层，霜层的增厚大大增加了蒸发器的传热热阻，使蒸发温度持续下降，机组的整体制热性能降低，运行工况发生恶化，压缩机耗电功率不断升高，热泵的制热性能系数大幅降低。结霜现象的发生，对热泵的经济性造成极大地影响。如何有效地解决空气源热泵的结霜问题，将成为提高空气能利用效率的关键所在。

空气源热泵的性能兼顾制热和制冷，导致其在单独制热和制冷领域的特点难以凸显，其制热性能因结霜问题存在无法稳定输出以及部分时段无法达到实际需求，而制冷性能又低于纯制冷的冷水机组，且工程投资高于纯制冷冷水机组。因此，空气源热泵更适用于没有市政供热和又有冷热需求的场景。

根据诸多工程实践证明，空气源热泵工程的综合造价60~70元/m²，冬季供热平均能效比为2.5，夏季供冷平均能效比为3~4；冷水机组的工程造价约50元/m²，夏季供冷平均能效比为5~6。

在制热、制冷成本方面，按照平均电价0.7元/（kW·h）计算，空气源热泵每制取1 kW热负荷的成本约0.28元，每制取1 kW冷负荷的成本0.175~0.23元；空气源热泵制热成本约78元/GJ，而市政热水成本约40元/GJ（仅考虑燃煤成本）；冷水机组每制取1 kW冷负荷的成本0.12~0.14元。由此可见，在市政热水供热和空气源热泵供热中，选择市政热水供热；在有供冷需求且有市政热水供热时，选择冬季采用市政热水供热，夏季采用冷水机组供冷；当且仅当没有接入市政热水供热但又有供热、供冷需求时，方可采用空气源热泵供热和制冷。

采用空气源热泵供热和制冷时，在有电价优惠或供热、制冷具有间接性的地方，空气源热泵的综合能效比会更高，单位平方米运行费用会更低。比如，高校用电为居民用电，电价低于一般工商业用户，在供热、制冷负荷较高时，高校处于放假时段，整套系统采取分体控制，因此空气源热泵制热的综合能效比较高，约3.5，单位制冷运行成本9~10元/m²，单位供热运行成本约13元/m²，低于市政热水供热价格。所以，在该类项目中，空气源热泵供热、制冷的优势较为明显。目前，在冷水机组中，磁悬浮式冷水机组的应用越来越多，其实际应用能效比约8，比螺杆式冷水机组能效比高2~3。

第6章 水能发电与供热

水能是指水体的动能、势能和压力能，是清洁绿色可再生能源，开发后主要用于水力发电。水力发电是将水的势能和动能转换成电能。水力发电的优点是成本低、可连续再生、无污染，缺点是分布受水文、气候、地貌等自然条件的限制较大，易被地形、气候等多方面的因素所影响。

水的存在形式，宏观上可以分为地表水和地下水。江、河、湖、水库等属于地表水，井水、泉水等属于地下水。

6.1 水力发电

我国是一个水资源短缺的国家，人均水资源占有量低，水资源时空分布不均，水资源呈逐年下降趋势。

水利部发布的2022年、2023年《中国水资源公报》显示，2022年，全国降水量和水资源量比多年平均值偏少，且水资源时空分布不均。部分地区大中型水库蓄水有所减少，湖泊蓄水相对稳定。2023年，全国降水量与多年平均值基本持平，水资源量比多年平均值偏少。大中型水库蓄水总体有所增加，湖泊蓄水相对稳定。

2022年，全国平均年降水量为631.5 mm，比多年平均值偏少2%，比2021年减少8.7%。全国水资源总量为27 088.1亿m³，比多年平均值偏少1.9%。其中，地表水资源量为25 984.4亿m³，地下水资源量为7 924.4亿m³，地下水与地表水资源不重复量为1 103.7亿m³。

2023年，全国平均年降水量为642.8 mm，与多年平均值基本持平。全国水资源总量为25 782.5亿m³，比多年平均值偏少6.6%。其中，地表水资源量为24 633.5亿m³，地下水资源量为7 807.1亿m³，地下水与地表水资源不重复量为1 149亿m³。

虽然一些年份降水减少，但长江以南的大部分地区仍为我国水资源较为丰沛的地区。据有关专家介绍，我国水能资源理论蕴藏量可达6.8亿kW，居世界第一位。世界第三大河——长江干支流水能理论蕴藏量约为2.68亿kW，可开发量约为1.97亿kW。

6.1.1 水力发电技术

水力发电是将水的势能转化为动能，再转化为机械能，最后转化成电能，其水力发电原理见图6-1。

水是以一定的动能进入发电设备，将动能转化为机械能，推动转子旋转做功，从而将机械能转化成电能输出。如果水的动能足够大，那么输出的电能就足够多。反之，水的动能小，则发出的电能就少。

水力发电受地理位置、自然条件的影响较大。地域的降水量、降雪量和干旱程度都极大地影响水力发电的电能输出。为了保障水力发电的稳定输出，建设水电站时一般都会修建拦水大坝，在提高水位形成更大势能的同时，还能更加灵活地调整水量，控制蓄水和泄洪，以保证水力发电机组发电工况的稳定运行。

6.1.1.1 水力发电机组

水力发电机组也称"水轮发电机组"。水电站每台水轮机与配套的发电机联合而成的发电单元，是水电站生产电能的主要动力设备，是实现水的势能转化为电能的能量转换装置，一般由水轮机、发电机、调速器、励磁系统、冷却系统和电站控制设备等组成。

（1）水轮机。水轮机常用的有冲击式和反击式两种。

（2）发电机。发电机大部分采用同步发电机，其转速较低，一般均在750 r/min以下，有的只有几十转/分；由于转速低，故磁极数较多；结构尺寸和重量都较大；水力发电机组的安装形式有立式和卧式两种。

（3）调速装置。调速器的作用是调节水轮机转速，以保证输出电能的频率符合供电要求，并实现机组开机、停机、变速、增减负荷等操作，确保安全稳定运行。调速器的性能，应满足快速操作、反应灵敏、迅速稳定、运行和维修方便等要求。

（4）励磁系统。水力发电机一般为电磁式同步发电机，通过对直流励磁系统的控制，可实现电能调压、有功功率和无功功率的调节等控制，以提高输出电能的质量。

（5）冷却系统。小型水力发电机的冷却主要采用空气冷却，以通风系统向发电机定、转子以及铁心表面进行冷却。但是，随着单机容量的增长，定、转子的热负荷不断提高。为了在一定转速下提高发电机单位体积的输出功率，大容量水力发电机则采用了定、转子绕组直接水冷却的方式，或者定子绕组用水冷却，而转子用强风冷却。

（6）控制设备。电站控制设备主要以微机（计算机的简称）为主，实现水力发电机的并网、调压、调频、功率因数的调节，具有通信等功能。

（7）制动装置。额定容量超过一定值的水力发电机均设有制动装置，其作用是在发电机停机过程中，当转速降低到额定转速的30%~40%时，对转子实施连续制动，以避免推力轴承因低转速下油膜被破坏而烧损轴瓦。制动装置的另一作用是在安装、检修和起动前，用高压油顶起发电机的旋转部件。制动装置采用压缩空气进行制动。

水力发电机组的能量转换过程分为两个阶段。首先由水轮机将水的势能转换为机械能，再通过转子将机械能转换为电能。具体的过程为：在水流的冲击作用下，水轮机开始旋转，将水的势能转换为机械能；水轮机又带动同轴相连的发电机旋转，在励磁电流的作用下，旋转的转子带动励磁磁场旋转，发电机的定子绕组切割励磁磁力线在其中产生感应电动势，在输出电能的同时会在转子上产生一个与其旋转方向相反的电磁制动转矩。由于水流不间断地作用于水轮机，水轮机从水流中获得的旋转力矩用于克服电机转子上产生的电磁制动转矩，当两个力矩达到平衡时，水力发电机组将以某一恒定的转速运转，稳定地发出电力，实现能量的转换。所以，水轮机和发电机是水力发电机组中最关键的两个部件。

6.1.1.2　水电建设快速发展

自2012年三峡工程最后一台机组投产发电开始，我国水电事业持续稳定健康发展，水电建设令人惊叹。截至2024年9月底，我国水电装机容量4.3亿kW。其中，常规水电达到3.75亿kW，抽水蓄能达到5 591万kW。

自2014年以来，我国的水电装机容量和发电量一直稳居世界第一。在加快国内水电建设的同时，我国还大力实施了水电业务走出去战略，参与全球水电建设，其水电业务遍及全球140多个国家和地区，占据了海外70%以上的水电建设市场份额。

随着我国水电事业的大力发展，水电站机组建设容量也从70万kW、77万kW、85万kW再到如今的100万kW，实现了我国从引进技术到核心技术完全国产化的标志性跨越。

白鹤滩水电站是世界单机容量第一的巨型水电站，拥有16台单机容量为100万kW的发电机组，从设计到制造、安装实现了全过程的国产化，标志着我国在水电装备研制上实现了"无人能比"的世界顶尖水平。

2024年1月12日，在雅砻江中游、海拔2 000多m的深山峡谷中，随着最后一车石料倾倒主河床龙口，国家重大水电项目、雅砻江流域又一百万千瓦级水电站——卡拉水电站成功实现大江截流。卡拉水电站是雅砻江中游"一库七级"开发的第7级水电站，位于四川省凉山州木里县境内的雅砻江干流河段。该电站最大坝高123 m，装机容量102万kW，年均发电量约46.5亿kW·h，计划2029年投产发电。电站建成后，每年可节约标准煤140万t，减排二氧化碳320万t。

水力发电除了具有能源清洁、可以电网调峰的优势外，水力发电站的发电效率也高于火力发电厂。在水的势能转化为动能时，水电站因存在水道损失，效率约为95%，动能转化为机械能的过程水轮机的效率约为90%，最终转化为电能的效率为90%左右。因此，水电站大型机组的总体平均效率均在90%以上，中小型机组的效率在75%~85%，而纯凝火力发电厂的效率只有40%左右。

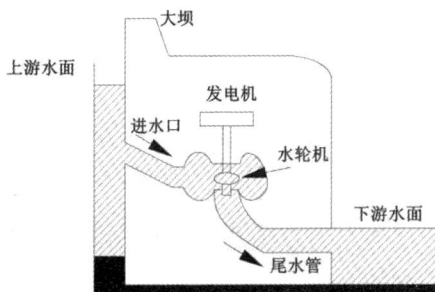

图 6-1　水力发电原理图

6.1.2 抽水蓄能发电

抽水蓄能发电又称为抽水蓄能，是由抽水蓄能发电站来完成发电。抽水蓄能电站具有调峰、填谷、储能等多种功能，启停灵活、反应速度快、调峰能力强，是建设新型能源体系、实现"双碳"目标的重要支撑。

20世纪60年代后期，我国才开始抽水蓄能电站的研究和开发，较欧美、日本等发达国家相比起步较晚，其首座抽水蓄能电站比全球首座晚80多年。1968年，我国才建成自己的第一座抽水蓄能电站——岗南电站。作为混合式水电站，该电站抽水蓄能机组容量仅为1.1万kW。

抽水蓄能电站在我国不仅起步较晚，而且发展过程也一度十分缓慢。截至2020年底，全国在运抽水蓄能电站仅有32座，总装机容量3 149万kW，甚至未能完成"十三五"期间规划的装机目标。

我国抽水蓄能电站发展缓慢显然不能全部归咎于技术原因。因为，我国早就发展为水电大国，全球在运十大常规水电站中，我国独占六席，而建设常规水电与抽水蓄能电站在技术上并无太多差异。

进入"十四五"以来，我国抽水蓄能电站发展步伐明显加快，各种利好政策也纷纷出台，抽水蓄能产业迎来大爆发阶段。

2021年4月30日，国家发展和改革委员会印发了《关于进一步完善抽水蓄能价格形成机制的意见》，对抽水蓄能两部制电价政策、费用分摊疏导机制等各方关切都进行了明确的规定，消除了投资抽水蓄能无法疏导成本的压力。同年8月，国家能源局发布了《抽水蓄能中长期发展规划（2021—2035年）》，提出到2025年和2030年，全国抽水蓄能投产总规模分别达到6 200万kW以上和1.2亿kW左右。到2035年，形成满足新能源高比例大规模发展需求的技术先进、管理优质、国际竞争力强的抽水蓄能现代化产业，培育形成一批抽水蓄能大型骨干企业。

在2022年政府工作报告中明确提出，要加强抽水蓄能电站建设。同年《"十四五"现代能源体系规划》则明确要求加快推进抽水蓄能电站建设，推动已纳入规划、条件成熟的大型抽水蓄能电站开工建设，完善抽水蓄能价格形成机制，并要求推进抽水蓄能电站投资主体多元化，吸引更多的社会资本参与到未来的产业建设。

2023年12月1日，国家发展和改革委员会、国家能源局发布关于向社会公开征求《抽水蓄能电站开发建设管理暂行办法（征求意见稿）》的公告，以加强抽水蓄能行业管理，规范抽水蓄能电站开发建设，促进抽水蓄能高质量发展，这被看作为应对未来我国抽水蓄能产业爆发式增长打牢政策基础。

抽水蓄能电站之所以能够快速发展，最主要原因是其经济性、大容量性、技术成熟、循环损耗低、储能周期长、启动快、发电时间可以达到小时至日级别等特点。抽水蓄能电站的设计规模较大，一般在几万千瓦至几百万千瓦级别。目前，我国最大、同时也是全球最大装机的抽水蓄能电站，是河北省承德市丰宁抽水蓄能电站，总装机容量为360万kW，水库库容是4 500万m³，一次性蓄满可储存近4 000万kW·h，年发电量达到66.12亿kW·h。

抽水蓄能电站的运行方式是在电网电量过剩时，用水泵将下游水库的水抽至上游水库中，将电能转化为水的势能。当电网用电量高峰时，上游水库中的水将顺势而下，将势能转化为动能，推动水轮机组发电。正是由于抽水蓄能电站的运行特性，导致其开发建设对地质要求较高，需要水资源充沛、地势高度差大、有能够建设较大面积水库的地理环境，这使其建设周期较长。

2024年1月11日，全球海拔最高的大型抽水蓄能电站、雅砻江流域水风光一体化基地又一重大项目——道孚抽水蓄能电站开工建设。道孚抽水蓄能电站位于四川省甘孜州道孚县，场址海拔4 300 m，总装机容量210万kW，设计年发电量29.94亿kW·h，是目前全球海拔最高的大型抽水蓄能电站。该电站安装6台35万kW的可逆式机组，主要由上水库、下水库、输水系统、地下厂房系统及地面开关站等组成。

据介绍，道孚抽水蓄能电站最大水头可达760.7 m，是我国目前运行水头第二高的抽水蓄能电站。抽水蓄能电站800 m级超高水头可逆式抽水蓄能机组，需在高水头、高海拔、高转速等复杂环境下长期安全稳定运行，给机组研发及选型、机组运行稳定性等带来巨大挑战，其技术指标要求超出了国内外当前技术水平。

道孚抽水蓄能电站是世界级雅砻江流域水风光一体化基地的标志性项目。目前，该基地已投产水电和新能源装机近2 100万kW，计划2035年全面建成，届时将成为世界最大的绿色清洁可再生能源示范基地。

2022年，全球新增抽水蓄能装机容量1 030万kW。其中，我国新增抽水蓄能装机达到880万kW，占比超过85%。由于抽水蓄能是当前技术最成熟、最具经济性、最具大规模开发条件的电力调节系统，与电网电量配合效果较好，世界各国仍然会持续发展抽水蓄能电站。

6.2 水能供热

无论是地表水还是地下水，其本身都具有一定的温度，即水中蕴含热能。如果把水中的热能提取出来用于供热，是对水能最为广泛、最为经济的应用。

6.2.1 水能供热技术

我们都知道，除了热泉外，其它形式存在水中的热源，大部分都是一种低温热源，且无法直接利用。要获取水中的低温热源，最好的方式就是通过介子——热泵来实现。

水源热泵与空气源热泵的原理基本上是一样的，都是"逆卡诺循环"，就是制冷剂在蒸发器内蒸发吸热，在冷凝器内凝结放热，实现制冷与制热。但是，其不同之处就在于水的温度比空气温度稳定，不会出现空气源热泵在天气很冷时出现结霜现象。

地下水温度通常恒定在15~20 ℃，而陆地上的地表水温度大都随气温的波动而产生较大变化。对于取热而言，地下水工况较为稳定。

由于水的比热容较高，传热性能好，因此水源热泵的COP较高。在水源温度较高且稳定时，水源热泵的COP至少可达到8，系统整体运行能效通常也会大于6。

水源热泵虽然具有工况稳定、COP高等特点，但其应用场景会受到一些自然条件的限制。以一个面积1万m²的场所为例，其水源热泵供热参数见表6-1。

表 6-1　水源热泵供热参数举例

热泵冷源侧取水温度/℃	热泵冷源侧排水温度/℃	供热负荷/（W/m²）	热泵热源侧供水温度/℃	热泵热源侧回水温度/℃
12	7	40	55	45

根据给定的相关参数，可以得出1万m²每小时所需的热量为：

$$Q = 1 \times 10^4 \times 40 \times 10^{-6} \times 3.6 = 1.44 \text{GJ} \tag{6-1}$$

这些能量需要从12 ℃的水源中提取，水源热泵每小时提取热量为5 ℃温差的热量，则每小时进入水源热泵机组的水量为：

$$L = \frac{1.44 \times 10^6}{4\,200 \times 5} \approx 69 \text{t/h} \tag{6-2}$$

即对1万m²小区进行供热，每小时需要水69 t。以五层高的多层住宅来举例，每层2户，一栋楼4个单元，平均每户面积120 m²（包含公摊面积），这些热量仅能满足大约两栋楼的供热需求。由此可见，以使用水源热泵供热所需要的水量非常大。因此，水源热泵的应用受区域性水资源限制较大，只适用于水资源较为充沛的地区。

据2023年《中国水资源公报》显示，到2023年，我国水资源总量为25 782.5亿m³。其中，地表水资源量为24 633.5亿m³，地下水资源量为7 807.1亿m³。地下水资源量仅为地表水资源量的约31.69%。因此，利用水源热泵提取水的低温热源，取用地下水的限制和要求，要比地表水苛刻许多。

利用地表水资源的能量，仅需考虑该地区的地表水是否丰富、水质是否合格即可。丰富的水量可以提取较多的热能，虽然排水温度会降低5~7 ℃，但可以通过夏季太阳的照射恢复水温，因此可不用考虑热量是否循环平衡的问题。

合格的水质，是为了保证水中不含有过多的泥沙、藻类、鱼虾等堵塞管道及水源热泵机组换热器，保证供热期热泵机组可以正常运行。

然而，利用地下水资源，则取用条件限制较多。地下水的来源主要是通过大气降雨、降雪等进行补给，水量主要取决于三个方面：一是降雨、降雪量的大小；二是地表入渗条件，比如沙土地的渗透条件要比黏土地的要好，沉积岩地区的渗透条件要比花岗岩的要好；三是地下蓄水能力，包括含水层的裂隙、地下水埋藏深度等。

以山东省地质条件为例，胶东半岛地区地下结构多为花岗岩，内陆地区多为沉积岩。花岗岩，质地坚硬，排列紧密，水通过岩石裂隙渗出，导致这种地质结构的地下水量较少，远无法满足供热需求，而且由于花岗岩的这种特性，水源热泵机组将水的热量提取后，无法有效地回灌到取水区域，因此这种地区的地下水若长期开采，会导致地下环境温度降低，若超量开采，还会导致地下水水位急速下降，使地下生态循环遭到破坏。沉积岩一般呈片状、层状分布，水量相比花岗岩地区更为丰富，一般可以满足供热需求，且取水提取热量后，水的回灌也较容易。目前，我国使用地下水取能供热的地区基本为沉积岩结构。

6.2.2 地下水能供热存在的问题

地下水能分为地下恒温水与地下温泉水两种，其利用方式也不相同。但是，与地表水能利用的原理几乎一致，其区别在于利用地下水能需要在地下水充沛的区域多处打井，井的深度浅则100~200 m、深则2 000~4 000 m。

在勘查设计之初，需要对该地区做详细的地质勘探，确定出地下水源头，并对水量、水温、水质、地貌、地质等一些列地质条件进行勘测和评估，确定详细的开采施工方案。

据现有相关资料显示，获取地下水的井大都较深，所需水泵扬程较大，工程与设备的初投资比较高。特别是在部分山区和丘陵地带，由于这些地区地貌和地下地质条件的多重限制，根本无法获取地下水能。再者，如果没有对水源回灌问题给予很好地解决，水源回灌问题将是阻碍地下水能开发和利用的最大障碍。

目前，地下水人工回灌的方法，可分为直接法和间接法两种。

直接法就是人们主动地给地下水进行补给；间接法就是通过某些工程在实施本身建设的同时，会对地下水储量起到补充或增加的作用，而这种对地下水的补充和增加属于工程建设的附带。目前，使用较多的方法是直接法回灌。直接法回灌，又有地面入渗法和管井注入法。地面入渗法主要是利用河床、沟道、草场、耕地、水库等地面集水输水，通过引、蓄地表水并借助地表、地下之间的天然压差，使水自然补给至地下。这种方法对地形地貌的要求较高，回灌水量浪费较大，且地形需平缓、平整，地表最好为透水性较好的砂土、砾石等结构。

管井注入法主要是通过打井，将水注入到地下。这种方法不受地形条件、水位深度等限制，具有水量浪费少等优势。但是，管井注入法由于没有地表的自然过滤，对回灌水质的要求较高，其管井深度较深，再由于地下压力的作用，回灌时水需要加压回灌，且注水管道的腐蚀、堵塞问题也会严重影响地下水的回灌效果。

地下水回灌的问题，工程技术人员还没有找到很好的解决办法，回灌的成本普遍偏高。目前，回灌的原则是从哪里取水就回灌在哪里。但是，由于地下水水系四通八达，无法精准定位到与取水相同的回灌水系，可能存在虽然将水质合格的水回灌至地下，但取水井的水量却逐年下降的情况。同时，还会因回灌管道被泥沙、水垢堵塞，或取水较深的地下压力过大而无法回灌，还有因回灌水质不合格而出现污染地下生态环境、造成地下生态不平衡等问题。因此，如何解决回灌问题，是未来地下水能尤其是地下温泉水能利用的关键技术问题。

第7章　海洋能发电与供热

在人类居住的地球上，约71%的面积都是蓝色的海洋。浩瀚而广袤的海洋，蕴藏的能量磅礴无穷。潮汐能、海流能、波浪能、温差能、盐差能等都是大海赋予人类的巨大能量资源。

7.1 海洋能开发

20世纪70年代，世界石油危机开启了海洋能的开发热潮。然而，80年代中期到90年代末期，海洋能的开发陷入了低谷。

自进入21世纪以来，因煤炭和石油等化石能源价格不断上涨，国际社会对气候变化、环境保护等问题日益关注，寻找可替代能源的需求迫在眉睫，于是，人们又将目光投向了海洋，一些公共和私人投资又重新涌入海洋能开发领域，尤其是波浪能和海流能领域。

海洋能是清洁的可再生能源，具有广阔的利用前景。但是，海洋能利用的诸多瓶颈还没有得到有效解决，一些技术难题还在探索和攻关试验，现仅就海洋能的利用只做简要概述。

7.1.1 潮汐能

潮汐能是以位能形态出现的海洋能，是指海水潮涨潮落形成的海水势能。

海洋的潮汐现象，是由地球和天体运动以及它们之间的相互作用而引起的。在海洋中，月球的引力使地球的向月面和背月面的水位升高。由于地球的旋转，这种水位的上升以周期为12 h 25 min和振幅小于1 m的深海波浪形式，由东向西传播。太阳引力的作用与此相似，但是作用力小些，其周期为12 h。当太阳、月球和地球在一条直线上时，就产生大潮；当其成直角时，就产生小潮。

除半日周期潮和月周期潮的变化外，地球和月球的旋转运动还产生许多其他的周期性循环，其周期可以从几天到数年。同时，地球表面的海水，又受到地球运动离心力的作用，因此月球引力和离心力的合力，是引起海水涨潮落潮的引潮力。

除月球和太阳外，其他天体对地球也会产生引潮力。虽然太阳的质量比月球大得多，但太阳离地球的距离也比月球与地球之间的距离大得多。所以，其引潮力还不到月球引潮力的一半。对于其他天体或因远离地球，或因质量太小，所产生的引潮力微不足道。

如果用万有引力计算，月球所产生的最大引潮力可使海洋水面升高0.563 m，太阳引潮力的作用为0.246 m。但是，实际的潮差却比上述计算值大得多。

在我国浙江省杭州市，杭州湾的最大潮差达到8.93 m，而北美加拿大芬地湾的最大潮差为19.6 m。这种实际与计算结果的潮差，目前尚无有力地解释。但是，一般都认为，当海洋潮汐波冲击大陆架和海岸线时，通过上升、收聚和共振等运动，使潮差增大。因此说，潮汐能的能量与潮量和潮差成正比。

综上而述，潮汐也是因地而异的，不同的地区则有不同的潮汐系统，其都是从深海潮波中获取能量。尽管海洋潮汐的形成很复杂、很奥妙，但是目前的海洋预报技术，可以对世界任何地方的海洋潮汐，都可以进行准确地预报。

我国的潮汐能蕴藏量较大。其中，浙江省、福建省两省蕴藏量最大，约占全国的80.9%。据科学家估算，目前，海洋中具有开发潜力的潮汐能每年约为2亿kW·h。

7.1.2 海流能

海流是指海底水道和海峡中较为稳定的流动以及由于潮汐导致有规律的海水流动。在海流中，主要是海水环流，是指大量的海水从一个海域长距离地流向另一个海域。

形成海水环流通常是由两个因素引起。其一，海面上长年吹着方向不变的风。据观测，赤道南侧长年吹着不变的东南风，而其北侧则是长年吹着不变的东北风。风吹动海水，使海水表面运动起来，而水的动性又将这种运动传到海水深处，随着深度增加，海水流动速度降低。有时其流动方向也会随着深度的增加而逐渐改变，甚至出现下层海水流动方向与表层海水流动方向相反的情况。在太平洋和大西洋的南北两半部以及印度洋的南半部，占主导地位的风系，形成了一个广阔的、也是按逆时针方向旋转的海水环流。因此，不论是在低纬度海域还是中纬度海域以及其他海域，"风"是形成海流的主要动力源。其二，不同海域的海水温度和含盐度不同，影响了海水的密度。科学实验结果表明，海水温度越高其含盐量就低，海水密度也就越小，因两个邻近海域的海水密度不同，所以就造成了海水环流。

海水在流动时，产生了巨大的能量，形成了海流能。海流能的能量与流速的二次方和流量成正比。相对波浪能而言，海流能的变化要平稳且有规律得多。海流能是随潮汐的涨落，每天两次改变大小和方向。一般来说，最大流速在2 m/s以上的水道，其海流能均有实际开发价值。

我国沿海130个水道、航门的各种观测及分析资料，计算统计获得我国沿海海流能的年平均功率理论值约为1 400万kW。其中，辽宁省、山东省、浙江省、福建省和台湾省沿海的海流能较为丰富，能量密度为15~30 kW/m²，具有良好的开发价值。

值得指出的是，我国的海流能属于世界上功率密度最大的地区之一，特别是浙江省舟山群岛的金塘、龟山和西候门水道，平均功率密度在20 kW/m²以上，开发环境和条件很好。

7.1.3 波浪能

波浪能是指海洋表面波浪所具有的动能和势能。目前，波浪能的开发和利用，其技术趋于成熟，并已进入商业化发展阶段，向着大规模利用和独立稳定发电的方向发展。

从成因看，波浪能是由风把能量传给海洋，海洋吸收了风能后而形成，其能量传递速率和风速有关，也和风与水相互作用的距离（即风区）有关。当水波相对于海平面发生位移时，波浪就具有了势能，而水质点的运动，则使波浪具有了动能。水波储存的能量通过摩擦和湍动而消散，其消散速度的大小取决于波浪特征和水深。在深海区，大浪的能量消散速度较慢，因而导致了波浪系统的复杂性，使其常常受局地风和几天前远处产生的风暴的影响。

据估算，我国波浪能的理论存储量为7 000万kW左右，沿海波浪能能流密度为2~7 kW/m。在能流密度高的地方，每1 m海岸线外波浪的能流就足以为20个家庭提供照明的电力。

波浪能具有能量密度高、分布广等优点，是一种取之不尽的可再生清洁能源。目前，小功率的波浪能发电，已在导航浮标、灯塔等设施上得到应用。

7.1.4 温差能

温差能是指海洋表层海水和深层海水之间水温之差的热能。海洋是地球上一个巨大的太阳能集热器和蓄热器。由于太阳投射到地球表面上的太阳能绝大部分被海水吸收。所以，海洋表层水温升高。

赤道附近因太阳直射多，其海域的表层温度可达25~28 ℃，波斯湾和红海由于被炎热的陆地包围，其海面水温可达35 ℃。然而，在500~1 000 m的海洋深处，海水表层温度却只有3~6 ℃。这个垂直的温差，就是一个可供利用的巨大能源——温差能。

在热带和亚热带海区，表层水温和1 000 m深处的水温相差约20 ℃以上，这是热能转换所需的最小温差。利用这一温差，可以实现热力循环并发电。据估算，如果利用这一温差发电，其功率可达约200万kW。

根据海洋水温测量资料计算表明，我国海域的温差能99%在南海，南海的表层水温年均在26 ℃以上，800 m的深层水温常年保持在5 ℃，温差为21 ℃，属于温差能丰富的区域。

7.1.5 盐差能

盐差能是以化学能形态出现的海洋能，是指海水与淡水之间或两种含盐浓度不同的海水之间的化学电位差能，主要存在于江河与海洋的交汇处。

盐差能是海洋能中，能量密度最大的一种可再生能源。除此之外，淡水丰富地区的盐湖和地下盐矿也存在可以利用的盐差能。

地球上的水分为淡水和咸水两大类。在这两类水中，海水就含有大量的盐。在淡水与海水之间，有很大的渗透压力差，相当于240 m的水头。如果用有效的装置来提取地球上的盐差能，那么，就可以获得约260万kW·h的电力。

目前，更引人注目的是盐矿藏的开发潜力。在死海，淡水与咸水间的渗透压力相当于5 000 m的水头，而大洋中的海水只有240 m的水头。

海洋与江河交汇处水域的盐差所潜藏的能量巨大，一直以来是科学家研究的课题。20世纪70年代，各国普遍开展了盐差能利用的调查和研究，寻求提取盐差能的最佳方法。然而，从研究和实践的进展看，开发利用盐差能资源的难度较大，需要很大功率的泵获取海水，再利用反电渗析等工艺从咸水中提取能量的运行系统非常昂贵。根据一篇报告测算，其投资成本约5万美元/kW。如果采用渗透压能法等方法让水位升高，然后让水流经涡轮机，其发电成本可能更高。

据估算，我国的盐差能约为1.1亿kW，主要集中在各大江河的出海口。同时，我国青海省等地还有不少内陆盐湖可以利用。

7.2 海洋能发电

浩瀚的海洋用约占地球表面71%的面积却汇集了97%的水量，蕴藏着丰富巨大的能量。据权威统计，全世界海洋能的理论可再生量超过760亿kW。其中，潮汐能约30亿kW，波浪能约30亿kW，温差能约400亿kW，盐差能约300亿kW。目前，世界各国正竞相探索海洋能开发利用技术。

7.2.1 潮汐能发电

潮汐能的发电原理与水力发电原理基本类似。目前，潮汐能发电一般可分为两种形式。

7.2.1.1 潮汐动能发电

潮汐动能发电是利用海水向前流动的能量，来推动水轮机转动。然而，这种直接利用潮汐动能发电的方式，实际应用起来却比较困难，效率极低，采用这一方式的极少。

7.2.1.2 潮汐能蓄能发电

潮汐能蓄能发电又称潮位发电。目前，潮汐能发电基本上都是采用潮汐能蓄能发电这种方式。

潮汐能蓄能发电是利用潮汐的势能，由海水涨落所形成的水位差来推动水轮机转动，再由水轮机带动发电机发电，其原理基本上与水力发电一样。

潮汐能蓄能发电站主要是由发电厂、拦水堤坝和水闸组成。一般情况下，潮汐能蓄能发电站大都建在较大的海湾处，在海湾的出口建设拦水堤坝和水闸，堤坝将海湾内水和外海隔开，形成一个较大的潮汐水库。涨潮时，外海与潮汐水库内水形成落差，水闸打开，海水涌向潮汐水库，进行进水蓄能；落潮时，外海的水位下降，与潮汐水库的内水水位形成一定的落差。利用外海与潮汐水库形成的落差，海水在流经发电站时推动水轮机转动，水轮机再带动发电机发电。

由于海水在涨潮和落潮时的流动方向不同，因而对潮汐能蓄能发电设备和运行方式也有不同的要求，这就催生了不同类型的发电方式以及与之相对应的发电站。

潮汐能蓄能发电的方式主要为单库单向发电、单库双向发电和双库连接发电。

（1）单库单向发电。单库单向发电只有一个水库，采用单向水轮发电机组，只有在落潮时发电。

在一个潮汐的周期内，单库单向发电的运行过程是：充水。涨潮时水闸打开，上涨的海水涌入潮汐水库，直至潮汐水库内外的水位一致为止。这一过程时，机组停机，等候。落潮时水闸关闭，潮汐水库内的水位保持不变，潮汐水库外的水位不断下降。这一过程时，机组还是停机。当潮汐水库内水与外海的水位差达到水轮发电机组的起动水头时，机组开始运转；发电。潮汐水库内水的水流外泄机组发电，潮汐水库内水位不断下降，直到潮汐水库内水与外海的水位差小于机组运行要求的最小水头；等候。机组停机，此时潮汐水库的内水水位处于低位；充水。外海水位又一次因涨潮而不断上升，打开闸门重新开始蓄水。当潮汐水库内水与外海水位一致时，再进行下一次循环。

单库单向发电采用单向水轮发电机组。这种发电机组结构简单，发电水头大，具有较高的机组效率，电站工程建筑物的结构也较为简单。目前，小型潮汐能蓄能发电站大多数采用单库单向发电方式。这种发电方式只能在落潮时发电，对正规半日潮地区而言，一天内发电两次、停电两次，导致每天发电时间较短，平均为9~11 h，发电量较少效率仅为22%。

（2）单库双向发电。单库双向发电也是只有一个水库，在海水涨潮和落潮时都能进行发电。单库双向发电，一种组机是采用双向水轮发电机组，运用涨潮和落潮时的不同水流方向进行发电；而另一种机组仍然采用单向水轮发电机组，但是在建设水工建筑物时，让流道在涨潮和落潮的两种情况下，都能顺着同一方向流入和流出水轮机。

在一个潮汐周期内，单库双向发电的运行过程是：涨潮发电（充水）、等候、落潮发电（泄水）。

单库双向发电适用于正规半日潮型的海湾，在一天内发电4次，停电4次，每天平均发电时间为14~16 h。与单库单向发电相比，单库双向发电其电量增加了15%~20%，能够更充分地利用潮汐能。但是，因为采用了双向发电，其平均发电水头小于单向发电，机组效率较低。

（3）双库连接发电。单库单向发电和单库双向发电都无法避免等候时的停电，如果采用双库连接发电，就可以保证电力供应的连续性。

双库连接就是在较大海湾的出口，建设两个相邻的潮汐水库，两个潮汐水库各自通过进水闸和出水闸与外海相连。其中，一个潮汐水库只在外海潮位高时进水，称为高水库；另外一个水库只在外海潮位低时出水，称为低水库。采用的水轮发电机组，则建在高水库和低水库两个水库之间。

在海水涨潮落潮的周期中，通过控制进水闸门和出水闸门，让高水库始终保持较高的水位，低水库始终保持较低的水位，两者之间始终要有一定的水位差，让海水从高水库流向低水库，从而实现连续发电。

双库连接的优势较为明显，但是由于需要建造两个潮汐水库，将单库方式中一个水库能够利用的海水量分散到了两个水库中，因此双库的发电量较单库相应降低。而且，需要建设的工程构筑物较多，双库连接电站的造价较为昂贵。

如果双库连接发电能巧妙地借助天然形成的海湾中的堤坝，不需要额外建设中间堤坝，其建设成本会大大降低。

发电站作为潮汐能蓄能发电最重要的组成部分，其作用是将潮汐能转变为电能。其主要设备有：水轮发电机组、输配电设备、起吊设备、潮水流道、阀门和控制室等。其中，最为核心的设备就是水轮发电机组。

潮汐能蓄能发电站的水轮发电机组，主要有三种类型：立轴式、横轴式和贯流式。

立轴式水轮发电机组。立轴式水轮发电机组把轴流式水轮机和发电机的轴竖向连接起来，垂直于水平面，水轮机被置于较大的混凝土蜗壳内，发电机则被置于厂房的上部。这种形式的机组结构简单、运行可靠，但由于进水管和尾水管有较多弯曲，水头损失较大，导致效率较低。一般的小型潮汐电站，可采用立轴式水轮发电机组。

横轴式水轮发电机组。横轴式水轮发电机组是将机组的轴横置。这种情形下，机组的进水管缩短，进水管和尾水管的弯度也较立轴式机组大大减少，因此水头损失较少。但是，其尾水管仍然很长，要求厂房长度和面积要有一定的增加。

贯流式水轮发电机组。贯流式水轮发电机组是在横轴式水轮发电机组的基础上，开发出的一种新式卧式机组，尾水管采用直线状或略微弯曲的流道来代替蜗壳和弯曲形尾水管，因而水流在流道内基本沿轴向运动，不会经过剧烈的转弯，水头损失较小，过流量较大。贯流式水轮发电机组适用于2~25 m的水头，其整体效率较高，可达到87%。

7.2.2 海流能发电

海流能发电其原理基本上与风力发电较为相似。海流能发电是利用流动的海水来推动水轮机的叶片转动，再经过机械传动系统带动发电机发电，从而使海水流动的动能转换为水轮机的机械能，再转换为电能。

利用海流能发电，由于潮流的运动具有周期性，在固定海域潮流流向和流速可以准确预测。因此，水轮机的转动和能量转换都具有确定的周期性变化。

海流能发电装置分别由发电机组、电控系统、监测系统和海洋工程结构组成。其中，发电机组包括水轮机、机械传动系统和发电机。电控系统和监测系统的作用是控制发电系统并输送电力，监测海流的流速和流向以及观测海底地形。海洋工程结构则支撑和固定发电系统。

由于海水的密度较大，海流能的发电装置必须置于海水中。所以，海流能发电的一些关键技术，例如，安装维护、电力输送、防腐、海洋环境中的载荷与安全性能、海流装置的固定形式和透平设计等都需要做重点考虑。

海流能的发电装置，可以固定于海底，也可以固定于浮体底部，浮体则通过锚链固定在海上。作为发电机组中的核心部件——水轮机，是用来获取海流能转换成机械能的装置。

海流能发电不需要建造堤坝蓄水，水轮机组几乎是在零水头下运行，因此海流能发电采用的水轮机又称为零水头水轮机。

在已建设的工程实践中印证，各种形式的风力发电机基本都可以应用于海流能发电的水轮机。然而，与风力发电机不同的是，由于海流速度略低于风速，又由于海水的密度约为空气密度的800倍，相同功率下海流能发电所使用的水轮机叶片面积和长度可较风力发电机减少。目前，海流能发电大部分采用的是水轮机，均为旋转类水轮机，其可分为水平轴式和垂直轴式两类。

7.2.2.1　水平轴式海流能发电水轮机

水平轴式海流能发电机组的水轮机，叶轮的旋转转轴轴线方向与海流方向平行。这种形式与目前主流的风力发电装置形式颇为类似，因此水平轴式海流能发电装置也被称为"水下风车"。

海流带动水轮机的叶片使其旋转，再通过传动系统带动发电机转动发电。水平轴式海流能发电水轮机的叶轮为螺旋桨型，是一种升力型轮，其叶片受到的切向力和动力矩主要来自于海流作用在叶片上的升力。在海流的作用下，转子能够实现自起动。

螺旋桨型的转子，适用于单向海流的海域。当转子平面正对着来流时，转子才能按照设计的最大效率工作，因此水平轴式海流能发电水轮机的输出功率受海流流向的影响较大。由于海流的流向周期性变化，水平轴式海流能发电水轮机需要安装偏航调节系统，以根据来流方向来调节水轮的轴线方向，使叶片的迎流面始终对着来流。此外，与风力发电机相同，采用变桨距控制系统也可实现功率调节，使海流能发电机组的输出功率保持稳定。

水平轴式海流能发电水轮机具有工作效率高、自起动性好的特点。目前，受水平轴式风力发电技术成熟的影响，水平轴式海流能发电技术的研究和应用规模也越来越大，单机功率已发展至数百千瓦级甚至兆瓦级。

7.2.2.2 垂直轴式海流能发电水轮机

垂直轴式海流能发电水轮机，叶轮的旋转轴轴线方向垂直于海流方向。就垂直轴式水轮机而言，任何方向的来流只要达到水轮机的起动流速，都能够带动水轮机转动获取海流能，其获得的海流能大小不受来流方向的影响。

由于海流是水平运动，且流向有周期性变化，垂直轴式海流能发电水轮机非常适用于海流能发电。目前，垂直轴式海流能发电水轮机分为竖轴式水轮机和横轴式水轮机两种。

（1）竖轴式水轮机。竖轴式水轮机叶轮轴线与海平面垂直，叶轮分为升力型、阻力型和升阻力混合型。升力型竖轴式叶轮的自起动性能与叶片是否可变桨距调节有关，可变桨距的叶轮能够自起动，而不可变桨距的叶轮没有足够的力矩实现自起动，需要通过控制发电机使其先切换为电动机来拖动叶轮转动，起动后再将电动机切换为发电机，由叶轮带动发电机工作；阻力型和升阻力混合型的竖轴式叶轮，均具有自起动性。但是，阻力型和升阻力混合型竖轴式叶轮的旋转速度，却低于螺旋桨型叶轮。

目前，升力型竖轴式水轮机有两种，分别是Φ型达里厄竖轴式水轮机和H型竖轴式水轮机。Φ型达里厄竖轴式水轮机叶轮的叶片是等截面，叶片的制造工艺简单，生产成本较低。H型竖轴式水轮机的迎流截面为矩形，能够更充分地利用来流获取海流能。

（2）横轴式水轮机。横轴式水轮机叶轮轴线与海平面平行，其优点是叶片长度能够横向伸展，可以在浅水水域实现大功率发电。

7.2.3 波浪能发电

当风吹拂海面的时候，由于风和水的重力作用，海面上就会出现汹涌的波浪，引发一波又一波的海水起伏运动。这种海水的起伏运动，具有一定的动能和势能，以波浪的形式表现出来。

波浪能发电是波浪能的主要利用方式，可以为边远海岛和海上设施等提供清洁的电源。除此以外，还可以利用波浪能提供的动力进行海水淡化、从深海中提取低温海水进行空调制冷以及制氢等。波浪能利用的关键是波浪能的转换装置。波浪能转换通常需要经过三级转换：第一级为受波体，将大海的波浪能吸收进来；第二级为中间转换装置，优化第一级转换，产生出足够稳定的能量；第三级为发电装置，与常规发电装置类似。

海洋的波浪是随机波动，时有时无，若直接利用其发电，产出的电能极不稳定，且发电效率较低。为获得更加平稳的电能输出，波浪能发电系统大都采用多阶段能量转换的方法，这样不仅发电相对平稳，而且提高了波浪能的转换利用效率，还增加了转换装置的可靠性和稳定性。目前，波浪能发电系统主要有波浪能吸收装置、能量集中装置、发电装置和自动化控制系统四个部分组成。

7.2.3.1 波浪能吸收装置

波浪能吸收装置主要是吸收波浪的动能。海洋的波浪是散布在海平面上的，具有分散的特征。为更充分地将波浪能吸收，在设置波浪能装置时，可以将多个波浪能吸收装置组成波浪能吸收阵列，以期吸收更多的波浪能。

在波浪能发电技术中，波浪能吸收装置是核心，根据吸收装置原理不同，目前将主要波浪能发电技术分为振荡水柱式、振荡浮子式和越浪式三种类型。

7.2.3.2 能量集中装置

能量集中装置是把散布在海面上的波浪能，通过吸收装置将收集到的能量集中，推动发电机转子高速旋转。

能量集中装置是由气泵、液压泵、齿轮箱或其他传动机构组成。例如，振荡水柱式波浪能发电装置，气流速度经能量集中装置从1 m/s提高到100 m/s，驱动空气涡轮高速旋转，带动发电装置转子旋转发电。

7.2.3.3 发电装置

发电装置是将转子高速旋转的动能转换为电能。常用的发电装置有直流发电机和交流发电机。

波浪能发电装置发出的电能，必须在电能上网前转换为具有标准电压和频率的三相交流电。否则，不能上网供电。

7.2.3.4 自动化控制系统

自动化控制系统能够保证波浪能发电系统的安全稳定运行。海洋恶劣天气环境较多，变化无常，灾害事件时常发生，波浪能发电系统配备自动化控制系统可以有效控制设备运转，防止海水侵蚀，提示运行故障和灾害报警。

波浪能发电装置按照服役地点不同，可分为离岸式、近岸式和靠岸式。离岸式多被投放于水深大于40 m的海区，利用锚绳固定在海底，其发出的电能通过海底电缆输送到岸上；近岸式置于水深15~20 m、距海岸1 km之内的海区，也是利用锚绳固定在海底，发出的电能也是通过海底电缆输送到岸上；靠岸式都是固定在岸边，不需要锚绳固定和铺设海底电缆，设备的安装和维护较离岸式、近岸式方便。

目前，波浪能主要发电技术为振荡水柱式、振荡浮子式和越浪式三种。三种发电技术的区别就在于第二级转换过程中能量转换的形式不同，分别是将波浪能转换为空气动能、浮子动能和海水重力势能。

（1）振荡水柱式发电装置。振荡水柱式发电装置又称空气涡轮式波浪能发电装置。这种发电装置是利用波浪驱动气室内的水柱进行往复运动，再通过水柱推动气室内的空气进入空气涡轮，推动空气涡轮旋转，获得旋转动能，进而推动发电装置进行发电。

振荡水柱式发电技术是波浪能最早的利用技术之一，也是目前较为成熟的波浪能发电技术。在运行中，能量转换共有三个阶段：第一阶段将波浪能转换为空气流动的动能；第二阶段借助空气涡轮将空气的动能转换为发电机转子的动能；第三阶段发电机转子动能转换为电能。

（2）振荡浮子式发电装置。振荡浮子式发电装置又称点吸收式波浪能发电装置。这种发电装置首先是利用波浪推动鸭体、阀体等活动部分，然后再利用活动部分的往复运动，带动机械系统或液压系统转换成供发电机转子做功的动能，发出电能。

振荡浮子式波浪能发电装置，当波浪的波峰到达浮子时，由于浮力的作用，浮子随着水面而向上漂浮，完成由波浪能向浮子动能的转变；浮子牵引绳索（链条）移动，通过带轮（链轮）带动发电机转子转动，将浮子动能转换为转子的动能；发电机将转子动能转换成电能。相反，当波谷到达时，浮子由于自身重力下降，牵引链条反向移动。由于浮子是上下振荡运动的，因此在带轮（链轮）处设置有齿轮、棘轮等装置，保证发电机的单向转动，以避免由于反转造成发电机损坏。

（3）越浪式发电装置。越浪式发电装置是利用人造或自然形成的水池，将传播至水池的波浪聚集于坡道，海水越过坡道后进入蓄水池，在重力的作用下，将水的势能转换为动能，然后利用低水头轴流式涡轮发电机，实现动能向电能的转换。

越浪式发电装置是由引浪面、蓄水池、出水管、涡轮发电机等部件构成。引浪面是一个坡度相对平缓、伸入海底的斜坡，海浪沿着引浪面爬升进入蓄水池内，称为"越浪"。蓄水池将不稳定的波浪能转换为较为稳定的势能，实现能量的第一次转换。由于蓄水池内外存在高度水位差，因此就形成了水头，在重力的作用下，蓄水池内的水由出水管流出，推动涡轮发电机旋转发电，实现了第二次能量转换。

越浪式发电装置分为固定式和漂浮式。固定式安装在近岸或沿岸海域，便于安装和维护，但是这种方式能量利用率比较低，海浪还会受到海岸地形、潮差、海岸保护等诸多因素的限制；漂浮式是浮于海面上，利用锚绳等进行固定，安装在波浪能资源较为丰富的深海区，其利用效率比较高，受潮差等外界因素影响也较小，安装位置灵活多变。但是，这种方式发出的电能，需要铺设海底电缆进行传输。

7.2.4 温差能发电

温差能是因海洋表层和深层海水之间所存在的温度差而形成的，是海洋能中能量最稳定、资源量最丰富的能源。

海洋温差能转换的主要形式有开式循环、闭式循环和混合式循环。

7.2.4.1 开式循环

开式循环是利用温海水作为工质，当温海水进入闪蒸器后，在负压下进行闪蒸汽化，产生蒸汽进入汽轮机做功，而乏汽则排入冷凝器冷凝成水，冷凝水再由冷凝水泵排出。在做功的过程中，由于冷凝水不返回到循环中，因此被称为开式循环。

开式循环是由真空泵、温水泵、冷水泵、闪蒸器、冷凝器、透平—发电机组等组成。在运行过程中，开式循环的副产品是经冷凝器排出的淡水，这是非常有重要利用价值的方面。

7.2.4.2　闭式循环

闭式循环又叫中间介质循环，其特点是使用低沸点流体代替水作为循环工质，低沸点工质必须回收循环使用。

首先低沸点工质在蒸发器中吸收温海水的热量而汽化，然后工质蒸汽进入汽轮机膨胀做功。产生的乏气则进入冷凝器被冷海水冷凝成液态工质，再由工质泵升压打进蒸发器中蒸发汽化，完成一个循环。通过一个又一个循环，源源不断地把温海水的热量转化成动能。

7.2.4.3　混合式循环

混合式循环是将开式循环和闭式循环结合起来应用。这种方式保留了闭式循环的整个回路，但是它不是把温海水直接引入蒸发器加热成低沸点工质，而是用温海水减压闪蒸出来的蒸汽作为蒸发器的热源，这样既可以免除蒸发器被海水腐蚀和海洋生物的污染，还可以获得副产品——淡水。

目前，温差能发电系统主要是由动力系统、发电平台系统和海水管路系统组成。动力系统采用的是热力循环系统，这是温差能发电的核心。这个系统又由热交换器（蒸发器和冷凝器）、泵（冷水泵、温水泵、工质加压泵）和涡轮机等组成；发电平台系统既可以建在岸上，也可以建在海上，分为岸基型和海上型两类，又可称为岸式和浮式。

岸基型（岸式）是将发电装置建设在岸上，将抽水泵延伸至海洋500~1 000 m或更深的海域。这种方式的优势，维护和检修方便，不受台风和风暴潮的影响，长期使用经济性较好。如果抽取的海水可以用作其他用途，则经济性还能更高。但是，这种方式也有局限性，就是建厂位置条件苛刻，要求厂址附近要有海水深度超过800 m的热带海域，以确保表层海水与深层海水间具有足够的温差。岸基型发电装置，使用的冷水管包括水下竖直部分及陆上水平部分，其长度较长，且水泵需要消耗较多的能量。

海上型（浮式）又被称为浮动式、漂浮式等。海上型有半潜式、全潜式、柱式和船式等设计。这种方式是把抽水泵从船上或平台上吊下去，发电机组安装在船上或平台上，发出的电力通过海底电缆输送到岸上。海上型装置是垂直于水面吸水，其水管长度短，海水在输送过程中的热量损失减少。但是，海上型装置需要用锚绳固定，需要增强抗风浪的能力，需要铺设电缆将电力输送出去，大大增加了工程的难度和造价。

海水管路系统是海洋温差能发电装置的重要部分，其中尤以冷水管路最为重要。海水管路系统是由温水管（取水用）、冷水管和排水管（排水用）三个部件组成。温水管从海洋表层抽取温海水，其长度较短，消耗的能量较少，铺设时的问题也少；冷水管的铺设是最具挑战的。

海洋温差能发电无论采用哪种循环形式，都需要大量深层冷海水，而且是很长的大直径冷水管。在岸基型（岸式）系统中，冷水管要顺着倾斜的海底伸入到深度达600~900 m的海域，因此冷水管的长度可能要长达2 000 m以上才能满足要求。为了适应深海的自然环境，冷水管的铸造对材质有着较高的要求，必须具有高强度、防腐蚀、低生物附着和绝佳的绝热能力。目前，冷水管的铸造材料有R-玻璃、高密度聚乙烯、玻璃纤维复合塑料和碳纤维化合物等。在应用实践中，冷水管的直径多数小于或等于1 m，可适用于规模小于或等于1 MW的海洋温差能发电装置。冷水管的安装，可以在现场进行组装，也可以在岸上组装后再运到发电平台。目前，冷水管的使用寿命可以达到30年。如果要建设发电容量大于1 MW的海洋温差能发电站，其大直径冷水管的铸造、铺设和监测维护仍然是一大挑战。

7.2.5 盐差能发电

经过科学实验论证，在淡水与海水之间有很大的渗透压力差，相当于240 m的水头。从理论上说，如果这个压力差能利用起来，流入海洋中的每0.028 m³的淡水就可发电0.65 kW·h。例如，一条流量为1 m³/s的河流，发电输出功率可达2 340 kW。从原理上说，可以通过让淡水流经一个半渗透膜后再进入一个盐水水池的方法来开发这种理论上的水头。在这一过程中，如果盐度不降低的话，产生的渗透压力足以将水池水面提高240 m，然后再把水池水泄放，让水流经水轮机，从而获得动能和电能。因此说，通过盐差获得的这种水位差，可以利用半透膜在咸水和淡水交汇处实现。目前，盐差能开发研究人员设计出的发电方式有三种，分别是渗透压能法、反电渗析法和蒸汽压能法。

7.2.5.1 渗透压能法

渗透压能法包括水压塔渗透系统和强力渗透系统。水压塔渗透系统是由水压塔、半透膜、海水泵、水轮机—发电机组等组成。其中，水压塔与淡水间由半透膜隔开，而水压塔与海水之间通过水泵相连通。在系统工作时，先由海水泵向水压塔内充入海水。这时由于渗透压的作用，淡水从半透膜向水压塔内渗透，使水压塔内水位上升。当水压塔内水位上升到一定高度后，水便从塔顶的水槽溢出，冲击水轮机旋转，带动发电机发电。此过程中，为了使水压塔内的海水保持一定的盐度，必须用海水泵不断地向水压塔内打入海水，以实现系统连续工作。这一系统除去海水泵等动力消耗，系统的总效率约为20%。

强力渗透系统的能量转换方法是在淡水与海水之间建设两个水坝，分别是前坝和后坝。同时，在两个水坝之间挖掘一个低于海平面约200 m的水库。在前坝内安装水轮发电机组，使淡水与低水库相连；而在后坝底部，则安装半透膜渗流装置，使低水库与海水相通。当淡水通过水轮机流进低水库时，冲击水轮机旋转并带动发电机发电。同时，低水库的水通过半透膜流入海中，以保持低水库与淡水之间的水位差。

实际上，水压塔渗透系统利用盐差能的难度较大，淡水会冲淡咸水。为保持盐度的梯度，则需要不断地注入咸水。如果这个过程连续不断地进行，其水面就会高出海平面240 m。对于这样的水头，就需要很大功率的泵来获取咸海水。这种方法的发电成本可高达10~14美元/（kW·h）。

7.2.5.2 反电渗析法

反电渗析法是利用阴阳离子交换膜将海水与淡水隔开，阴阳离子在溶液中定向移动，连接上负载之后即产生电流。

反电渗析发电装置是盐差能转化为电能的一种装置，由阴阳离子交换膜交替排布，膜的两侧分别通以海水和淡水。在膜两边浓度差的作用下，海水中的Na^+离子和Cl^-离子分别向阳极和阴极移动，形成内电流。然后，再通过阴阳级的氧化还原反应，内电流转化成为外电流。反电渗析法的原理是采用阴离子和阳离子两种交换膜。阳离子交换膜，只允许阳离子（Na^+离子）透过；阴离子交换膜，只允许阴离子（Cl^-离子）通过。阳离子交换膜和阴离子交换膜交替放置，在交换膜的两侧充以淡水和海水。Na^+透过阳离子交换膜向阳极流动，Cl^-透过阴离子交换膜向阴极流动，阳极隔室的电中性溶液通过阳极表面的氧化作用维持，阴极隔室的电中性溶液通过阴极表面的还原反应维持，电子通过外部电路从阳极传入阴极形成电流。

7.2.5.3 蒸汽压能法

蒸汽压能法是根据淡水和咸水具有不同蒸汽压力的原理，将水蒸发并在咸水中冷凝，利用蒸汽汽流使涡轮机转动，类似海洋温差能开式循环发电运行方式。这种方法所需要机械装置的成本，也与开式循环发电几乎相等。但是，这种方法在战略上不可取，因为它消耗了淡水。

2009年，世界上首个盐差能发电站在挪威建成并投产。在盐差能发电的研究利用上，美国和以色列最先开始，之后，中国和瑞士、日本等国家也相继开展了研究。目前，世界上对盐差能的开发研究大多数还处于实验室阶段，距离示范应用还有较长的路要走。

7.3 海洋能供热

热能与动力工程专业的老师曾讲过这样一个趣谈：如果海水的温度降低1 ℃，释放出的热量够全世界用4 000年。虽然，这是一个趣谈，但是它却充分说明海水中蕴藏着巨大的热能。我国拥有1.8万km的海岸线，拥有海洋国土面积299.7万km²，拥有岛屿6 960座，列世界第三，海水资源极为丰富，是一个可开发利用十分巨大的宝库。如果从海水中提取热能用于居民和工业供热，不仅可以减少供热对化石能源的依赖，减少烟尘等对环境的污染，还可降低用热成本，获得较好的社会效益和经济效益。

7.3.1 海洋能供热技术

海洋能供热与水能供热的原理基本相同，都是采用水源热泵从水中提取热能，而不同的是海洋能供热是从海水中提取热能。

水源热泵将海水中的低温热源转变成高温热源，通过城市供热管网将热能输送到终端用户。

7.3.2 海洋能供热方式

在提取海洋热能过程中，水源热泵的循环方式可分为两种，分别是闭式循环和开式循环。

7.3.2.1 闭式循环

闭式循环是指水源不进入热泵机组，由制冷剂在水源中循环吸热，再将热量传递给供热的水。

由于水源不进入热泵机组，闭式循环对热泵机组的换热器材质没有特殊要求，其换热效率较高。但是，制冷剂需要在水源中循环，一般要深埋于水源中，适合于冬季温度较低的海区。换热管道由于长年深埋在水源中，特别是海水中，极易结垢、腐蚀或遭水中生物、垃圾等撞击，易造成管道破损、泄漏等问题，换热能力下降，影响热泵机组的正常运行。

7.3.2.2 开式循环

开式循环是指水源进入热泵机组，在机组内通过制冷剂与供热水进行热量交换。

由于水源直接进入热泵机组，一般会在岸边以打井取水的方式抽取海水，利用地下的透水层自然过滤掉大颗粒泥沙、海洋生物以及海水中的垃圾等。

开式循环装置的设计建造较闭式循环装置简单，无需考虑地形和水质条件。但是，由于取水水质的不同，尤其是海水等腐蚀性较强的水源，对热泵机组换热器的材质有较高的要求，一般会选用耐腐蚀较强的钛金属换热器。再者，由于长时间抽水，海岸地下透水层可能会遭到破坏，过滤功能下降，一些大颗粒泥沙和海洋微生物等有时会堵塞换热管道，降低换热效率，增加维护成本。同时，水源热泵在提取海水中的热量后，还需要对出水水质进行检测，水质达标后方可回灌至海洋中。

为解决热泵机组换热器堵塞造成维修成本增加的弊端，开式循环一般在进入热泵机组前增加一组换热器，对水中杂质进行进一步地过滤，这样虽然会损失2~3 ℃的换热温差，但方便维护，降低了维护成本。

闭式循环和开式循环各有各自的特点和优势，但都需要对提取海水热能的海域，进行水文、水温、洋流、风力、地质结构等勘查，做可行性评估，编制建设方案。

第8章　地热能发电与供热

地热能是地表以下的天然热能，来自于地球内部的能量。由于地球内部的温度高达约7 000 ℃，在80~100 km的深处其温度虽会有所下降，但还是高达650~1 200 ℃。因此说，人类可利用的地热能资源十分巨大。

地热能是一种清洁可再生能源，越来越受到人们的青睐。近年来，在地热能利用规模上，我国一直位居世界首位，并以每年近10%的速度稳步增长。

8.1 地热能资源

地球是一个巨大的热库，内部蕴藏着取之不尽的热量。如果把地球上储藏的全部煤炭释放出来的热量作为100，那么，地热能的总量约为煤炭的1.7亿倍。

8.1.1 地热能的形成

地热能的形成是由于地球核心热能的传导以及太阳辐射地表所产生，也就是说地热能的能量一部分来自于地球内部，另一部分来自于地球外部。

地球是一个巨大的椭圆球体，构造很像鸡蛋，其结构主要分为地核、地幔和地壳三层。地球最初的形态是一块岩石，当宇宙中的物质或较大的宇宙碎片落到其表面时，其体积慢慢膨胀，重元相互碰撞、结合，形成了地球的岩石核心。随着各种物质、元素不断冲撞所产生的高温将岩石熔化成了液态。当宇宙中的自由物质越来越少时，冲撞也逐渐变少，地球表面温度也就越来越低，密度较大的金属液沉入中心深处，而密度较小的液体沉积在其上面，形成地壳。因此，地球内部是十分炽热的岩浆，岩浆的热量通过热传导的方式向上传递，形成了一部分地热能；而另外一部分地热能是由地球内部的放射性元素衰变所释放的能量所产生。

据相关研究表明，地球内部的放射性元素有铀-238、铀-235、钍-232和钾-40等，这些放射性元素对地热能的形成有着十分重要的作用。

地壳中的部分地热能还来自地球外部的太阳辐射。地壳分为变温层、常温层和增温层。变温层主要吸收太阳辐射的热量，受环境影响较大，深度一般为15~20 m；常温层在变温层下面，由于不受太阳辐射的影响，其温度保持恒定，深度一般为20~30 m；增温层在常温层下面，随着深度的增加温度逐渐升高，其热量的主要来源是地球内部的热能。

地球自地表至15 km深处，地热增温率平均为2~3 ℃/km，15~25 km深处地热增温率平均为1.5 ℃/km，再向下延伸地热增温率仅有0.8 ℃/km。据相关资料表明，地幔温度约在1 000~4 000 ℃，地核内部温度可达7 000 ℃以上。

根据目前的钻井技术，超深井的钻井深度也不超过1.2万m，还不及地壳平均厚度的1/3，而一般钻井深度在3 000 m以内，因而现在人们利用的地热能仅仅是"沧海一粟"。

8.1.2 地热能储量

地热能按照埋藏深度划分，200 m以浅的称为浅层地温能，200~3 000 m的称为地热，3 000 m以上的称为干热岩。

我国地热能可开采资源量约为68亿m³/年，所含地热量约为973万亿kJ，在距地表2 000 m内储藏的地热能约为2 500亿t标准煤。据初步估算，我国287个地级以上城市浅层地热能资源量相当于95亿t/年标准煤，在现有技术条件下，可利用热量相当于3.5亿t/年标准煤。如果有效开发利用，扣除开发利用的电能消耗，可节约标准煤2.5亿t/年，减少排放二氧化碳5亿t/年。

同时，我国12个主要地热盆地地热能资源储量折合标准煤8 530亿t，全国约2 562处温泉放热量相当于452万t/年标准煤，在现有技术条件下，可利用热量相当于6.4亿t/年标准煤，可减少排放二氧化碳等约13亿t。此外，我国3 000~10 000 m深处干热岩资源相当于850万亿t标准煤，是我国目前年度能源消耗总量的26万倍。

8.1.3 地热能应用广泛

目前，人类开发利用的地热能均为浅层地热能和深层地热能，主要应用在沐浴、保健、医疗、家庭用热、食品加工保鲜、工业生产用热和地热发电等领域，其不同温度的地热能有不同的应用范围。

按照研究人员划分，200~400 ℃可直接发电和综合利用；150~200 ℃可用于双循环发电、制冷、工业干燥、工业热加工等；100~150 ℃可用于双循环发电、供热、制冷、工业干燥、脱水加工、回收盐类、制作罐头食品等；50~100 ℃可用于供热、温室、家庭用热水、工业干燥等；20~50 ℃可用于沐浴、水产养殖、饲养牲畜、土壤加温、脱水加工等。

据史料记载，我国古人利用地热能是从温泉沐浴、温泉医疗、温泉保健和地下热水取用、农业灌溉、温室农作物种植、水产养殖以及谷物烘干等方面开始。到了20世纪中叶，人类才真正重视地热能资源的利用，并进行较大规模的开发和利用。

除利用地热流体外，人们还巧妙地利用地热进行蔬菜和水果储存。在我国北方冬季气温较低的寒冷地区，蔬菜和水果容易受冻。为了保持蔬菜和水果的水分，抑制蔬菜和水果腐烂，保证蔬菜和水果的新鲜度，一些生产和经营业户以及居民，通常会挖大小不等的菜窖，将白菜、土豆、萝卜等冬季常备蔬菜或大棚刚摘的跨季蔬菜以及秋季收获的各种水果等贮藏于地窖中，利用地热进行保存。一般情况下，这样的地窖要挖在地下2~3 m的深处，窖内温度可以保持在5 ℃左右。

8.2 地热能发电

地热能发电是利用地下热水或蒸汽为动力源的一种新型发电技术，它涉及地质学、地球物理、地球化学、钻探技术、材料科学和发电工程等多种现代科学技术。

地热能发电和火力发电的原理基本一样，都是将蒸汽的热能经过汽轮机转变为机械能，然后带动发电机发电。所不同的是，地热能发电不像火力发电那样要备有庞大的锅炉，也不需要消耗燃料，它所用的能源就是地热能。

8.2.1 地热能发电技术

1904年，意大利皮也罗·吉诺尼·康蒂王子在拉德雷罗首次把天然的地热蒸汽用于发电。这是人类历史上第一次将地热能用于工业生产。随后经过科学技术的不断进步和发展，地热能发电技术也在不断升级。

20世纪70年代，我国首次开展了20多个省区市地热考察和普查。1975年，在西藏自治区拉萨市当雄县羊八井首次勘探出高温地热，建设总装机容量25.18 MW的地热能发电站，年发电量约1亿kW·h，占拉萨市电网总电量的40%以上。

地热能发电的过程，就是把地下热能首先转变为机械能，然后再把机械能转变为电能。目前，地热能发电站有两大类型：一类是利用地热蒸汽发电；另一类是利用地下热水（包括湿蒸汽）发电。

利用高温地热蒸汽发电，系统较为简单，经济性也高，就是将来自地热井的地热蒸汽经井口分离装置分离掉蒸汽中所包含的固体杂质，就可以输入汽轮机组发电，排汽经冷凝后放掉。利用地下热水发电又可分为两种基本类型：一种叫闪蒸地热发电系统，又称减压扩容法；另一种叫双循环地热发电系统，又称中间介质法。前者是以水作为工质来发电，后者则是通过地热水与低沸点工质的热交换，使之产生低沸点工质蒸汽去推动汽轮机发电。

除上述地热能发电系统外，目前，还有正在研究的全流发电系统和干热岩发电系统，尽管试验机组已运行多年，但其商业价值和发展前景至今尚不明朗。

8.2.2 地热能发电方式

8.2.2.1 蒸汽型地热能发电

蒸汽型地热能发电是把蒸汽田中的干蒸汽直接引入汽轮发电机组发电，在引入前应把蒸汽中所含的岩屑和水滴分离出去。这种发电方式最为简单，但干蒸汽地热资源十分有限，且多存在于较深的地层，开采难度较大，故发展受到限制。

8.2.2.2 热水型地热能发电

热水型地热能发电是地热能发电的主要方式。目前，热水型地热能电站主要有两种循环系统。

（1）闪蒸系统。当高压热水从热水井中抽至地面，由于压力降低，部分热水沸腾并"闪蒸"成蒸汽，蒸汽送至汽轮机做功；而分离后的热水可继续利用后排出，排出的利用后热水最好是再回灌地层。

（2）双循环系统。地热水首先流经热交换器，将地热能传给另一种低沸点的工作流体，使之沸腾而产生蒸汽。蒸汽进入汽轮机做功后进入凝汽器，再通过热交换器从而完成发电循环，地热水则从热交换器回灌地层。这种系统特别适合于含盐量大、腐蚀性强和不凝结气体含量高的地热资源。

双循环发电系统其低沸点介质常采用两种流体。一种是采用地热流体作热源；另一种是采用低沸点工质流体作为一种工作介质来完成将地下热水的热能转变为机械能。常用的低沸点工质有氯乙烷、正丁烷、异丁烷、氟利昂-11、氟利昂-12等。

综上所述，双循环系统的关键技术是开发高效的热交换器。

8.3 地热能供热

地热能直接用于供热和供应热水，是仅次于地热能发电的又一地热能利用方式。这种利用方式简单、经济性好，备受各国和地区的重视，特别是位于高寒地区的国家。

冰岛是开发和利用地热能最好的国家。早在1928年，冰岛就在首都雷克雅未克建成了世界上第一个地热供热系统，现今这一供热系统已发展得非常完善，每小时可以从地下抽取7 740 t、80 ℃的热水，供全市11万居民使用。由于没有高耸的烟囱，冰岛首都已被誉为"世界上最清洁无烟的城市"。

目前，地热能的供热应用主要有土壤型、热水型和干热岩型。地热能供热不同于地热能发电，地热能供热对输出热量的品质没有过高的要求，不管是高温热水还是低温热水，都可以在供热中实现十分良好的应用。

8.3.1 土壤型地热能供热

土壤型地热能供热主要是利用土壤中的热量，通过地源热泵技术，将土壤中的低温热源提取出来加热供热用水。但是，土壤中的热量不能一味地提取，长时间提取会导致土壤温度下降，不仅大大降低机组效率、降低供热效果，还会破坏地下生态环境。因此，土壤型地热能的应用必须要做到热量回灌，以达到地下冷热平衡，保护地下生态环境。

在土壤型地热能应用初期，许多地区在应用时未考虑土壤热量回灌的问题，在机组运行第一年具有很好的效果，但是在第二年、第三年供热效果逐年下降，直至最后机组无法提取热量导致供热停运。

土壤型地热能应用最好采取冷热联供方式，即夏天制取冷负荷用于供冷，在制冷的同时会产生热量，将热量储存在地下；冬天制取热负荷用于供热，消耗夏天储存在地下的热量，使全年土壤的热量达到平衡状态，同时也提高整个系统运行的经济性。

土壤型地热能在应用前，需要对该区域的土壤进行取样检测，了解土壤性质、储热能力和散热参数，以确定该区域是否适合土壤型地热能的应用开发。

在土壤型地热能应用时，打井深度一般为100 m左右，井间距一般2~4 m。打井深度较浅，土壤储热能力较弱，且受环境温度影响较大；打井深度较深，工程造价偏高，虽然多出部分储热能力，但性价比较低。目前，通过一些工程实例的经验来看，100 m深的井每平方米平均可储存的热负荷为40 W。因此，要根据供热、供冷面积的实际需求规划打井数量以及打井间距。

例如，吉林省某个地源热泵供热项目，供热面积13 848 m²，冬季所需供热负荷1 241 kW，根据地源热泵设计工况下的机组能效，计算出冬季从土壤吸热量为874 kW。然后，根据井深吸热量30 W/m进行估算，计算出竖井总长度为29 133 m，再按照每口井井深100 m计算，共需竖井292口，每口井间距5 m，总占地面积7 225 m²。竖井采用双U管，地源热泵以及各水泵电功率共计406 kW，系统制热量1 218 kW，系统能效比为3。

根据上述参数，土壤型地热能应用的初投资较高，占地面积较大，但其系统能效比空气源热泵要高，在冬季寒冷天气时系统运行稳定，可平稳输出热量，用户可以更舒适、更稳定地用热。

8.3.2 热水型地热能供热

热水型地热能供热主要是利用地下热水直接供热，其方法简单，经济性强。目前，热水型供热的取热方式主要是使用水源热泵。地下热水的温度至少有40 ℃，这个温度对于水源热泵运行而言，其效率较高制热效果较好。

为了保证地下热水资源永续利用，保护地下水资源的生态环境，我国出台了多部利用地下热水资源开发利用的相关要求，要求在运行地下热水供热时，要坚持"取热不取水"的方式，做好地热资源保护。

通过前述，我们知道储水层下面有地球内部热能加热，因此取热不取水不会对地下的生态环境造成较大的影响，因为地球内部的热能实在是太大了。

8.3.3 干热岩型地热能供热

干热岩型地热能供热主要是利用地下数千米的高温岩石，将热量传递给从地面流入岩石中的水，其利用方式分为单井和多井。

8.3.3.1 单井

单井的利用较为简单，在地热井中装入双U管，水从双U管的一段流入，吸收热量后从双U管另一端流出。由于干热岩地热井的打井深度通常在2 000 m以上，水在底部吸收热量后，经过2 000 m的长度流到地面，期间热损失较大，流出温度可能较低，无法直接用于供热，需配备热泵等设备提取热量再进行供热，因此单井利用的效率较低，工程造价较高，性价比较低。

8.3.3.2 多井

多井利用的方式是在对地热田进行勘探后，确定导热裂隙，在裂隙上以一定间距进行多点打井，水从一口井进再从另一口井出，在地下的受热面积大，吸热较高，因此流出温度也较高，一般可以达到供热需求。但是，地下岩石裂隙通常四通八达，要确保水的流动方向十分困难，而且人工地下爆破对爆破的方向、产生裂隙的情况要求很高，技术难度较大，因此多井利用的方式虽然可以输出较多的热量，效率较高，但技术难度大，想要实现实践应用还需对爆破技术有着突破性的进展。

在对山东省威海市地热能基础调研时发现，威海地区的地热能较为丰富，已探明的地热田有12处。其中，自然揭露10处，人工揭露2处，都以温泉的形式存在。但是，威海地区的地质结构为花岗岩，不同于我国其他大部分地区的沉积岩。花岗岩质地坚硬，地下水是通过岩石裂隙渗透而出，基于这种地质特点以及地下压力等各种因素，开采出的水无法回灌至地下，而是经过处理后直接排放至城市污水管网中。因此，威海地区地热田的回灌方式均为自然回灌，即通过大气降雨、降雪自然渗透至地下进行补充。

根据地热田开采要求，在地热田的开采过程中，相关单位需要根据以往30年降雨、降雪的历史记录数据，通过详细地计算得出每处地热田可允许的开采量，其意义在不破坏水源循环平衡、保证地下热水水位和温度的前提下，所能开采的最大水量。基于这一要求，威海地区地热田地下热水的开采，应严格把控在可允许开采量的范围内，不可超标开采。否则，会造成水温降低、水位下降，破坏地下生态环境和生态平衡。

2018年11月6日，山东省威海市启动位于临港区东许家村干热岩型地热能开采打井试验。目前，打井试验已经完成，打井两口，井间距70 m。其中，一口井深度为2 000 m，温度114 ℃，另一口井深度为4 000 m，温度121 ℃。

2024年1月，吉林省首个中深层地热供热项目——大安中深层地热供热示范项目8口地热井全部投入供热运行。该项目是中国三峡集团首个地热供热项目，由三峡集团所属中国三峡新能源（集团）股份有限公司投资建设。项目采用"取热不取水"的清洁供热技术，以8口同轴地热井为热源，配套建设1座地面换热站，为大岗子镇4 512户用热业户提供用热服务，总供热面积达15万 m²。相较于传统燃煤锅炉，一个供热季可节约标准煤约3 822 t，减排二氧化碳约9 388 t，为高纬度地区乡镇冬季清洁供热走出了一条新路，也为东北地区地热能供热项目的开发建设积累了宝贵经验。据介绍，大安中深层地热供热示范项目室温能达到23~27 ℃，比之前采用燃煤供热更干净、更暖和。

8.3.4 地热能利用政策

我国十分重视地热能的开发和利用，大力推进地热能发电和供热项目建设，加快推动能源应用结构转型，积极落实碳达峰、碳中和目标。

2017年12月29日，国家发展和改革委员会、国土资源部、国家能源局等六部门联合印发了《关于加快浅层地热能开发利用促进北方采暖地区燃煤减量替代的通知》，要求各地因地制宜加快推进浅层地热能开发利用，推进北方采暖地区居民供热等领域燃煤减量替代，提高区域供热（冷）能源利用效率和清洁化水平，改善空气环境质量。该通知明确以京津冀及周边地区等北方采暖地区为重点，到2020年，地热能供热面积要达到16亿m^2，净增11亿m^2。

2021年9月10日，国家发展和改革委员会、国家能源局、财政部、自然资源部、生态环境部、住房和城乡建设部、水利部、国家统计局又印发了《关于促进地热能开发利用的若干意见》，明确到2025年各地基本建立起完善规范的地热能开发利用管理流程，全国地热能开发利用信息统计和监测体系基本完善，地热能供热（制冷）面积比2020年增加50%，在资源条件好的地区建设一批地热能发电示范项目，全国地热能发电装机容量比2020年翻一番；到2035年，地热能供热（制冷）面积及地热能发电装机容量力争比2025年翻一番。

第9章 氢能发电与供热

氢（H_2）是一种理想的清洁新能源，加快氢能产业发展是优化能源结构的重要路径。

2022年3月23日，国家发展和改革委员会印发了《氢能产业发展中长期规划（2021—2035年）》（简称《规划》），将氢能正式纳入我国能源战略体系。《规划》提出，到2025年，基本掌握核心技术和制造工艺，燃料电池车辆保有量约5万辆，部署建设一批加氢站，可再生能源制氢量达到10万~20万t/年，实现二氧化碳减排100万~200万t/年。到2030年，形成较为完备的氢能产业技术创新体系、清洁能源制氢及供应体系。到2035年，形成氢能多元应用生态，可再生能源制氢在终端能源消费中的比例明显提升。据预测，到2050年，我国氢能需求量可能达到$6\,000×10^4$ t。

9.1 氢能

氢是迄今为止人类了解和掌握最透彻的物质之一，也是构成宇宙质量75%、自然界最普遍的元素。氢能源的概念在很早就被提出，随着全球环境问题的日益突出、化石能源的不可再生性，氢能的开发和利用得到了各个国家和地区的空前重视。

9.1.1 氢的来源及热值

氢来源于空气。由于氢气是所有气体中相对分子质量最小的，所以运动速度最快，很容易扩散到太空中去。这就造成空气中氢气含量极低，几乎只有$0.5 × 10^{-6}$（即1/200万），而且大多数集中在大气层的顶层。因此，我们说空气的组成时一般不会提及氢气。

氢来源于水。水是由两个氢元素和一个氧元素组成，而在地球表面上，水就占到了71%。因此，氢元素在地球上的储量是非常的丰富，只要有水的地方就可以提取氢元素。据推算，如果把海水中的氢全部提取出来，燃烧所产生的热量将比地球上所有化石能源燃烧释放出的热量还要高出9 000倍。由此可见，在能源革命的时代背景下，氢能将会逐步取代化石能源，成为未来世界发展的最主要的主体能源。

氢的热值很高，是所有化石燃料、化工燃料和生物燃料中最高的，约为142 GJ/t，是同等质量标准煤的约4.8倍，汽油、柴油、煤油的约3.3倍。各类能源热值见表9-1。

表 9-1 各类能源热值参考表

能源名称	kcal/kg	GJ/t	kcal/m³	kJ/m³
氢	34 000	142		
标准煤	7 000	29.3		
原煤	5 000	20.9		
天然气			8 400	35 146
汽油	10 300	43.1		
柴油	10 200	42.7		
煤油	10 300	43.1		
生物甲醇	5 426	22.7		
生物乙醇	6 500	27.2		
液化天然气	12 300	51.5		
干蔗渣	3 500	14.6		
树皮	2 700	11.3		
玉米棒	4 600	19.2		
干薪柴	3 000	12.6		
稻壳	3 200	13.4		
锯末刨花	2 700	11.3		

9.1.2 氢能制取技术

根据氢能的制取方式和碳排放量不同，主要分为灰氢、蓝氢和绿氢。灰氢是通过化石燃料的燃烧产生氢气，在制取过程中会产生大量的碳排放，对环境污染较大。目前，灰氢也是全球制氢产量最多的一种，约占制氢总产量的95%；蓝氢是指在灰氢的基础上，应用碳捕捉、碳封存技术，实现低碳制氢。该技术是灰氢向绿氢过度的必要技术。蓝氢技术的诞生，也加速了全球向绿氢过度的进程；绿氢是指通过光伏发电、风电以及太阳能等可再生能源电解水制氢，在制氢过程中基本上不会产生温室气体，因此被称为"零碳氢气"。

可再生能源电解水制氢技术将是未来制氢的主力。为此，我们着重介绍一下电解水制氢这一获取氢能的方式。

电解是将电流通过电解质，在阴极和阳极上引起氧化还原反应，电解质可以是液体，也可以是熔融态的电解质。水在自然状态下，并不能分解产生氢气和氧气，因为水是一种稳定的物质，它是由氢、氧两种元素的原子按照2:1以共价键结合在一起，在自然状态下没有足以让其分解的能量。

电解槽是由阴极、阳极、电解液、电源、隔膜组成。当电解水槽通电后，水被电解成氢离子和氢氧根离子，氢离子在阴极得到电子发生还原反应，产生氢气；而氢氧根离子则在阳极失去电子发生氧化反应，产生氧气和水分子。因此，依据电解原理，以及电解质系统的差别，电解水制氢有三种方法，分别为碱性电解水制氢、质子交换膜电解水制氢和固体氧化物电解水制氢。

9.1.2.1 碱性电解水制氢

根据电解的原理，实际上是将水电离成氢离子、氢氧根离子后，通过还原和氧化反应得到所需的氢气。但是，纯水的电离度很小，导电能力较低，其内氧化还原反应程度不高，制氢效率差。因此，需要在水中加入氢氧化钾等强电解液，增加溶液的导电能力，提高制氢效率，这种方法称为碱性电解水制氢。碱性电解水制氢技术一般采用石棉布作为隔膜，在直流电的作用下将水点结成氢气和氧气。

当氢氧化钾溶于水后，会发生电离，与水的电解没有关系，只是发生电离后增加溶液的导电性，使水能够更加顺利、更加高效地电解生成氢气。在电解的过程中，水在阴极被分解为氢离子和氢氧根离子，氢离子在阴极得到电子生成氢原子，氢原子直接相互结合生成氢气；氢氧根离子在阴极和阳极之间的电场力作用下，穿过石棉布隔膜，到达阳极后在阳极失去电子生成水分子和氧气。

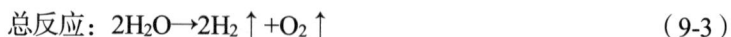

$$阴极：2e^- + 2H_2O \rightarrow H_2\uparrow + 2OH^- \tag{9-1}$$

$$阳极：4OH^- \rightarrow O_2\uparrow + 2H_2O + 4e^- \tag{9-2}$$

$$总反应：2H_2O \rightarrow 2H_2\uparrow + O_2\uparrow \tag{9-3}$$

目前，碱性电解水制氢技术是电解水制氢技术中最为成熟的技术，成本也最低，该技术于20世纪中叶就实现了工业化。但是，由于碱性电解质的存在，会与空气中的二氧化碳发生反应，并在碱性条件下生成碳酸盐。碳酸盐不溶于水，将会堵塞多孔催化层，使产物和反应物的传递不畅，降低电解性能。另外，碱性电解槽启动和关闭速度较慢，无法快速调节，必须时刻保持电解池阳极和阴极的压力均衡，防止氢气和氧气穿过石棉布隔膜时混合引起爆炸。

9.1.2.2 质子交换膜电解水制氢

质子交换膜电解水又称为固体聚合物电解质（SPE）电解水。这种电解水槽由阴阳极端板、阴阳极气体扩散层、阴阳极催化层和质子交换膜等组成。与碱性电解水制氢不同的是，水中加入的电解质是质子交换膜，它是一种固体电解质，一般使用全氟磺酸膜，在隔绝阴阳极生成气、阻止电子传递的同时，起到传递质子的作用。

在电解水的过程中，水在阳极上产生水解反应，在阴极、阳极之间的电场力和催化剂的作用下，分离成氢离子、电子和气态氧。氢离子在电势差的作用下，通过质子交换膜到达阴极，分离出的电子通过外部电路传导到达阴极，并在阴极上发生还原反应生成氢气。由于质子交换膜的存在，实现了氢气和氧气的分离。

$$阳极：2H_2O \rightarrow O_2\uparrow + 4H^+ + 4e^- \tag{9-4}$$

$$\text{阴极：} 4H^+ + 4e^- \rightarrow 2H_2 \uparrow \tag{9-5}$$

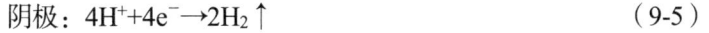

质子交换电解水槽的运行电流密度通常高于$1 \ A/cm^2$，至少是碱性电解水槽的4倍，因此该技术具有效率高、气体纯度高、电流密度可调、能耗低、体积小，无碱液、绿色环保、安全可靠以及可实现更高的产气压力等优点，被公认为是制氢领域极具发展前景的电解制氢技术之一。

9.1.2.3 固体氧化物电解水制氢

固体氧化物电解水制氢技术（SOCE）是采用固体氧化物作为电解质材料，在800~1 000 ℃的高温下进行工作，高温状态下可以加快电极的反应速率，减少电解过程中的能量损失。

电解水槽主要由多孔阴极、固体氧化物电解质和多孔阳极组成，固体氧化物电解质位于电解池中间，两侧为阴极和阳极。电解质除了加速水的电解之外，还可以隔开氢气和氧气，并传导氧离子或质子，因此需要电解质具有高的离子电导率和可忽略的电子电导。阴极和阳极采用多孔材料制作，多孔电极有利于气体的扩散和传输。阴极材料一般选用多孔金属陶瓷，阳极材料一般选用钙钛氧化物，可以起到抗氧化的作用。

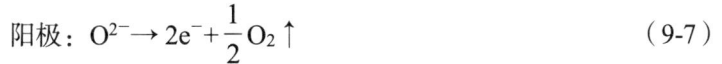

$$\text{阴极：} 2H_2O + 2e^- \rightarrow H_2 \uparrow + O^{2-} \tag{9-6}$$

$$\text{阳极：} O^{2-} \rightarrow 2e^- + \frac{1}{2}O_2 \uparrow \tag{9-7}$$

在整个工作过程中，高温下在电极两侧施加直流电压，水在阴极分解产生氢气和氧离子，氧离子穿过固体氧化物电解质层到达阳极，在阳极失去电子生成氧气。目前，该技术实验室的电解效率接近100%，比碱性电解水制氢技术和质子交换膜电解水制氢技术的制氢效率均要高，而且电解水槽的生产不需要贵重金属，材料成本较低，也没有碱性电解液的腐蚀问题，陶瓷材料的机械强度、耐温耐压性能较好，在未来的电解水制氢领域中必定会发挥重要的作用。

9.2 氢能的储存

氢能的储存实际就是氢气的储存。一般情况下，物质都有三种形态，分别是气态、液态和固态。氢气也一样，有气态、液态和固态三种存在形态。根据氢气存在的三种形态，分为高压气态储氢、低温液态储氢和固态储氢三种方式。

9.2.1 高压气态储氢

高压气态储氢是较为常用的一种储氢方式，其技术最成熟，是通过提高氢气压力，增加氢气储存密度，将氢气储存在高耐压的容器内，储存压力一般为20~35 MPa。目前，70 MPa高压储氢技术已经取得重大突破。

高压气态储氢是通过增加氢气压力从而增加氢气的质量密度，使氢气尽可能多地储存在储氢罐中。氢气在35 MPa的压力下质量密度为22.9 g/L，在70 MPa压力下质量密度为39.6 g/L。从这一数据不难看出，随着压力的升高，氢气质量密度的增加速度是越来越慢，如果仅仅依靠提高压力来储存氢气，根本不能满足氢能用量较大地区的需求。而且，70 MPa的压力需要消耗大量的压缩功，加之储氢罐的材质及生产工艺要求高，罐体存在氢气泄漏和爆炸的风险。

目前，高压气态储氢容器主要为纯钢制金属瓶（Ⅰ型）、钢制内胆纤维环向缠绕瓶（Ⅱ型），铝内胆纤维全缠绕瓶（Ⅲ型）和塑料内胆纤维缠绕瓶（Ⅳ型）四个类型，其结构见图9-1。除此之外，国外已经在研发Ⅴ型储氢瓶，即无内胆纤维缠绕。

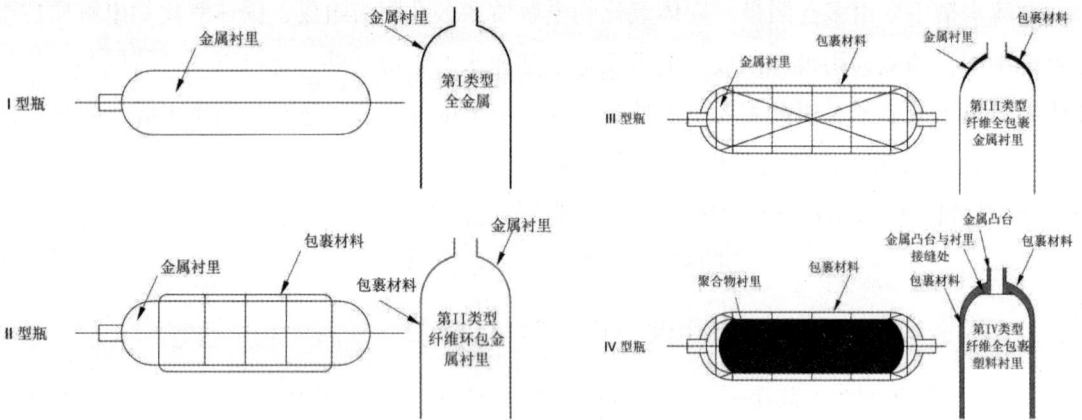

图 9-1　四个类型氢储存瓶的结构图

9.2.2　低温液态储氢

低温液态储氢是一种深冷氢气存储技术。氢气经过压缩后，深冷到21 K（约−252.15 ℃）以下，使之变为液氢，然后存储到特制的绝热真空容器中。

液态氢的优点是密度高，可以达到70.78 kg/m³，是标准情况下氢气密度的850倍左右。然而，液态氢的制取成本较高，在实际制取中，1 kg液态氢耗电约为12 kW·h，能耗很高，并且盛装液态氢的容器必须要绝热，不能与外界有热量交换，因为液态氢与环境温差大，必须要控制容器内液态氢的蒸发损失，保证容器的安全性。因此，对储存液态氢的容器材料以及保温性能，都提出了较高的要求。目前，液态氢在我国基本服务于航空航天领域，由于液态氢的制取、储存成本较高，尚无法商业化应用。

9.2.3　固态储氢

固态储氢是通过化学反应或物理吸附，将氢气储存于固态材料中，这种方式储存氢气能力密度较高，可以达到50 kg/m³，是标准状况下氢气体积密度的560倍，是高压气态储氢

（70 MPa）的2倍以上。

固态储氢其储存压力通常要低于2.5 MPa，相比于高压气态储氢有较好的安全性。因此，固态储氢技术也被认为是具有发展前景的一种储氢方式。

9.2.4 有机液态储氢

有机液态储氢是具发展潜力的氢气低价储运技术之一，在安全性、储氢密度、储运效率上极具较好优势。

有机液态储氢技术是基于不饱和液体有机物在催化剂作用下进行加氢反应，生成稳定化合物，从而可以在常温常压下，以液态形式进行储存和运输，并通过脱氢反应提取出所需的氢气。

与高压气态储氢和低温液态储氢相比，有机液态储氢反应过程可逆，储氢密度高，载体储运安全方便，适合长距离运输。而且，这种方式可利用现有汽油输送管道、加油站等基础设施。但是，有机液态储氢还存在脱氢技术复杂、脱氢能耗大、脱氢催化剂技术亟待突破等技术瓶颈。

在有机液态储氢领域，美国的化学家研制出一种B-N基液态储氢材料，可在室温下安全工作，为解决氢能储运难题提供了解决方案。

9.2.5 地下储氢

地下储氢仍处于发展初期，是解决大容量长期储氢的有效途径。地下储氢技术是利用地下地质构造进行大规模氢能存储，其方式是将氢气注入盐穴、枯竭油气藏和含水层等地下地质构造中储存氢能，见图9-2。这种方式的优势是储氢成本较低，与地面储氢相比，氢气不与大气中的氧气接触，不具有爆炸危险，更具安全性。

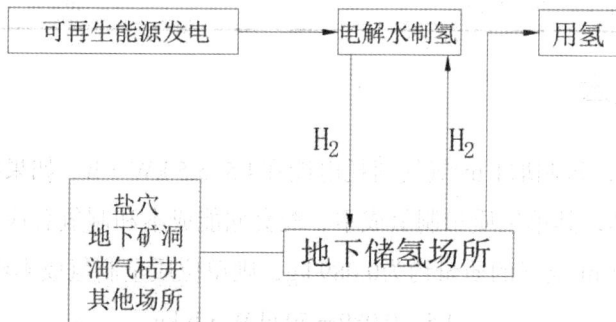

图 9-2　地下储氢示意图

9.3 氢能经济性

氢气是一种具有很高能量的物质，是人们最熟知、最了解的物质。氢能的开发利用，对未来世界的能源结构将会产生极其重要的影响。就目前而言，氢能的开发和利用仍处在研究阶段，氢气制取、运输等环节的高成本，一直是影响氢能利用的最大障碍。

电解水制氢技术，必然是未来制氢领域最具有前景的制氢技术之一，因为它与新能源发电相匹配，不仅可以调节电力系统峰、谷的不平衡，消纳电网剩余电力，还能制取纯度在99%以上的氢气，并且在制取过程中没有环境污染等问题。理论上，电解水制取1 m³的氢气需要消耗的电能约为3 kW·h，但实际运行中，工作电压为理论分解电压的1.5~2.0倍，且电流效率小于100%，因此实际制取1 m³氢气需要消耗的电能在4.5~5.5 kW·h。表9-2以高压气态储氢运输为例，工作压力一般为20 MPa，以一种模拟的加氢站测算运氢成本，通过与运煤成本的对比，分析目前氢能开发的经济性。

表 9-2　模拟加氢站运氢成本组成表

名称	成本
用电平均电价	0.70元/kW·h
氢气压缩耗能	0.70元/kg
柴油价格	7.50元/L
高压管式拖车满载250kg氢气百公里油耗25L	187.50元
运输距离100km单次运输（往返）	375.00元
每天运输2次	750.00元
运输车辆总价格	100万元
车辆折旧（20年）	4.42万元/年
车辆保险	1万元
车辆保养	4万元
司机工资（1名）	10万元
装卸操作人员工资（1名）	10万元

9.3.1 制氢成本

电解水制氢技术，每制取1 m³氢气消耗电能在4.5~5.5 kW·h。如果按照制取1 m³氢气消耗电能4.5 kW·h计算，其单位质量制氢成本、配套储能成本和制氢总成本是：单位质量制氢成本。标准状态下，1 m³氢气的质量约为0.089 kg，则单位质量制氢成本约为：

$$4.5 \div 0.089 = 50.6 \text{kW} \cdot \text{h/kg} \tag{9-8}$$

目前，电解水制氢用电一般为新能源发电，如风力发电、太阳能发电等。但是，随着新能源技术的不断发展，储能在新能源领域中所担负的角色也越来越重要。当每天低谷用电时段，电网电力分配失调，有大量电力剩余无法消纳，此时利用储能技术将电能储存，在用电高峰或用电需求较大时进行放电，既调节了电网负荷的平稳，也对用户侧的耗能成本有了进一步的减少。

根据山东省2023年的用电政策，在以往低谷时段外，增设了深谷时段，低谷电价为0.382 168 75元/（kW·h），深谷电价为0.287 768 75元/（kW·h）。若利用电化学储能，在深谷和低谷时段将电能储存，其余时段放电制氢，则制氢的耗能成本将会大大降低。

表 9-3　一年中低谷和深谷时长

低谷时长	深谷时长
春秋季2h	春秋季3h
冬季4h	冬季6h
夏季6h	

根据表9-3每年低谷、深谷时段的数据，若设备在一年中满天数、满负荷运转，制氢的耗电电价为0.346 059 2元/（kW·h），则制取1 kg氢气的耗能成本约为17.51元。

配套储能成本。加氢站设计规模为每天产出500 kg氢气，则每天的耗电量为25 300 kW·h。锂离子电池的价格按照1.5元/（W·h）计算，则配套储能成本为：

$$2\ 530 \times 1.5 = 3\ 795\text{万元} \tag{9-9}$$

若储能设施设计使用寿命为10年，投资回收周期5年，则制取单位质量氢气的储能成本为：

$$37\ 950\ 000 \div 5 \div 365 \div 500 = 41.6\text{元/kg} \tag{9-10}$$

制氢总成本。从配套储能到制取氢气，生产单位质量氢气的总成本为59.11元/kg，若按照毛利率20%计算，则制氢价格应为73.9元/kg。

上述计算中，并未考虑储能配套的施工费用、人工费用以及维护保养等费用，储能电池的使用设计寿命以及回收周期也为模拟数值，仅以此为例进行简单分析，实际的制氢成本还需根据各个工程的实际设计情况进行计算。

9.3.2 运输成本

设备折旧成本。按照直线法设备折旧，车辆总价100万元，折旧年限20年，则每天运输单位质量氢气的折旧成本为：

$$1\ 000\ 000 \div 20 \div 365 \div 500 = 0.27\text{元/kg} \tag{9-11}$$

人工成本。司机1名，负责车辆行驶，灌装、卸气操作人员1名，负责氢气的装卸，年总工资20万元，则运输单位质量氢气的人工成本为：

$$200\ 000 \div 365 \div 500 = 1.1\text{元/kg} \tag{9-12}$$

车辆保险成本。车辆每年保险费用1万元，则运输单位质量氢气的车辆保险成本为：

$$10\ 000 \div 365 \div 500 = 0.05\text{元/kg} \tag{9-13}$$

车辆燃油成本。车辆于加氢站和卸氢地相距100 km，每次运输氢气250 kg，每次运输按照一去一回两趟、加氢站每天产能500 kg计算，车辆每天运输单位质量氢气的燃油成本约为：

$$4 \times 25 \times 7.5 \div 500 = 1.5元/kg \tag{9-14}$$

灌装过程中的压缩耗电成本。灌装时需要将氢气压缩至20 MPa的压力进行灌装，每千克氢气压缩至20 MPa的压力约需2 kW·h，则灌装单位质量氢气的压缩耗电成本为：

$$2 \times 0.7 = 1.4元/kg \tag{9-15}$$

车辆保养成本。车辆每年保养需要4万元费用，则运输单位质量氢气的保养成本为：

$$40\,000 \div 365 \div 500 = 0.22元/kg \tag{9-16}$$

总成本。在灌装、运输、卸气整个运输过程中，运输100 km的单位质量氢气总成本为4.54元/kg，若按照毛利率20%计算，则运输价格应为5.675元/kg。

上述计算的运输单位质量氢气总成本并未考虑过路费等其他成本，灌装、装卸操作人员均为1人，车辆未按照动力车头以及管束拖车分别计算，因此计算出的总运输成本较目前实际运输成本偏低。

9.3.3 制氢副产品经济价值

在电解水制氢的过程中，无论使用哪一种电解水制氢技术，都是将水电解产生氢气和氧气。同时，还会生成盐等其他经济性副产品。

1 kg水电解可以得到1/9 kg的氢气和8/9 kg的氧气。按照上述对氢能经济分析的模拟数值，加氢站每天的氢气产能是500 kg，则可以同时产生4 000 kg氧气。若将氧气在常温25 ℃条件下，以20 MPa的压力充装进氧气瓶内。根据理想气体状态方程 $PV = nRT$，求出在常温25 ℃、20 MPa压力下，1 m³氧气的质量为：

$$20 \times 10^6 \times 1 = \frac{m}{32} \times 8.314 \times (273 + 25) \tag{9-17}$$

得出该条件下1 m³氧气的质量为258.317 kg。

若每个氧气瓶可充装40 L氧气，充装一次的价格为20元，则每天产出氧气的充装收入为：

$$4\,000 \div (40 \times 10^{-3} \times 258.317) \times 20 = 7\,742元 \tag{9-18}$$

若该站全年运行，且每天产出氧气均可全部充装售卖，则氧气充装的年收入为283万元。在不配套储能的情况下，加氢站通过每天谷电时段进行电解水制取500 kg氢气，制取氢气的耗电成本为17.51元/kg。当该站全年运行时，每年制氢的总耗电成本为319.557 5万元。而当氧气全部出售，每年的收入为283万元，可抵消大部分制氢的耗电成本。

电解水制氢的过程，也是对水浓缩的过程。如果利用海水进行电解水制氢，在海水浓缩过程中会析出盐分。海水的含盐量一般为35‰，即1 kg海水中含盐量为35 g。若每天制氢量为500 kg，则需要消耗海水4 500 kg（1 kg水制取1/9 kg氢气），可提取盐量157.5 kg。

此外，氢气还可以合成甲醇（CH_3OH）。将净化后的氢气与二氧化碳反应，合成甲醇。这个反应需要使用催化剂，通常是钼、铑等金属。反应式如下：

$$CO_2 + 3H_2 \rightarrow CH_3OH + H_2O \qquad (9-19)$$

也就是说，每制取1 kg甲醇，需要0.187 5 kg氢和1.375 kg二氧化碳，并生成0.562 5 kg水。上述的分析是一种理想情况的计算，并没有考虑制取过程中的各类损失和消耗。但是，通过计算分析，整个制氢流程中，除了产出氢气外，还会产出各类具有较高经济价值的副产品，这些副产品将会降低制氢、储氢、运输等各个环节的成本，并促进相关产业的联合发展。

9.4 氢能发电与供热

氢能发电的方式较为灵活，可以直接燃烧发电，也可以采用燃料电池发电。同时，氢气还可以作为燃料燃烧供热或在发电时供热。

9.4.1 氢能发电

氢能发电采用燃料电池发电的效率最高，因为氢燃料电池是通过电化学反应，将氢气和氧气的化学能直接转换成电能，整个过程只产生电能和热能，不需要热能→机械能→电能的中间变换。

燃料电池的原理，实际上是电解水的逆反应，即氢和氧分别供给阳极和阴极，氢通过阳极向外扩散和电解质发生反应后，放出电子通过外部的负载到达阴极，反应产物只有水，对环境没有任何污染。

氢直接燃烧发电是通过燃气轮机。氢气在燃气轮机的燃烧室里燃烧释放大量的热能，推动汽轮机转子、发电机转子旋转，发电机转子切割磁感线产生电能。1 kg氢气的热值为14.2万kJ，1 kg标准煤的热值为2.93万kJ，在理想状况下，1 kW·h的电能量为3 600 kJ。通过换算，可以得出在理想状况下，1 kg标准煤可发电量8.1 kW·h，而1 kg氢气可发电量39.4 kW·h，是同等质量标准煤发电量的4.86倍。

2021年7月23日，国家电力投资集团有限公司所属中国电力荆门绿动能源有限公司在运燃机，正式启动30%掺氢燃机试验示范项目，在燃气轮机的燃料——天然气中掺入氢气进行燃烧改造试验。通过不断的试验和探索，2021年12月23日，该项目实现了第一阶段15%掺氢燃烧改造和运行，使机组具备了纯天然气和天然气掺氢两种运行模式的兼容能力，标志着我国掌握了一套完整的燃气轮机电站掺氢改造工程设计方案。

2022年9月29日，在第一阶段成功运行的基础上，该项目实现了第二阶段30%掺氢燃烧试验运行。第二阶段的成功运行，标志着氢能直接燃烧技术已日趋成熟，为加速国内自主氢燃机开发、运行积累了宝贵的经验。

无独有偶，2023年11月20日，国内首次全尺寸掺氢天然气管道封闭空间泄漏燃爆试验成功。这次实验选用323.9 mm直径管道，最大掺氢比例为30%，是我国最大尺度的管道掺氢天然气燃爆试验。目前，部分欧美国家天然气掺氢运输最高比例已经达到20%，而我国30%掺氢比例实验成功意味着我国在氢能利用领域上取得了重大进展，位于世界氢能利用技术领先之列，不仅填补了我国长输天然气管道掺氢燃爆验证试验的空白，还为实现天然气长输管道掺氢输送技术自主可控奠定了基础。

我国已成为全球最大的氢气生产国，2022年的氢气产量达到了3 781万t。2023年，我国氢气产量有了显著增长，氢气产量达到了4 291万t，相比2022年的3 781万t，同比增长了32%。目前，我国的加氢站数量位居全球第一，长距离输氢管道正在规划建设，这对我国制氢用氢技术全产业链发展有着重要的意义。

9.4.2 氢能供热

氢能供热的方式，理论上可以是直接燃烧。目前，氢能源供热技术在国内还处于理论研究和初步实验阶段。

氢能直接燃烧利用从商业化的角度看，与其制氢成本息息相关，就热电企业来说，大约80 m³天然气可产生1 t蒸汽（蒸汽焓值约2 700 kJ/kg），按照天然气价格4.5元/m³计算，1 t蒸汽的燃料成本约360元，对于部分热电企业已经是处于亏损产汽，而若再掺入部分氢气，其产汽成本将更高。

据测算，1 m³天然气的热值约为1 m³氢气热值的3倍，因此只有当氢气的成本降为天然气的1/3时，氢气的燃烧利用才具有经济性。就目前而言，氢能供热的应用以回收氢燃料电池发电余热搭配热泵的技术路线较好。1 kg氢气的热值为14.2万kJ，1 kW·h电的热值约3 600 kJ，则1 kg氢气理论上可以发电39 kW·h，而氢燃料电池的效率约50%，因此1 kg氢气在实际发电时最多可以发电19.5 kW·h，其发电产生的热量约7.1万kJ。

然而，在7.1万kJ的热量里，约有一半的热量被风扇等散热装置浪费，另一半热量可通过冷却水进行回收，即在氢燃料电池发电时，1 kg氢气可利用的热量约3.55万kJ。氢燃料电池工作时的温度约保持在70 ℃，因此冷却水的温度也会相对较高，这对于热泵来说是十分良好的热源，并且热泵出口水温可以达到较高的温度。

2023年11月7日，西安新港分布式能源有限公司自主研发的氢能热电联产综合能源供能系统首次运用于市政集中供热系统，这是陕西省启用的首个氢能热电联产综合能源供热系统。该项目通过氢能热电联产的方式，将氢燃料电池发电余热进行回收，结合浅层地热和市政热力系统，将传统燃料电池的能源利用效率由40%提升至95%以上。

氢能热电联产综合能源供能系统运行方式是供热期余热通过热网补水或者直接加热热网回水进行热量回收；非供热期余热通过浅层地埋管导入地下，利用土壤将余热进行季节性储存，待供热期通过热泵机组提取此部分热量，进一步提高热泵机组的能效比，节约电能消耗。

氢能的利用，受到社会各界越来越多的重视与关注，而制氢、储氢、运氢的成本问题是氢能技术开发利用最大的障碍。目前，已经有越来越多的企业在不断地尝试利用氢能发电与供热。相信在不久的将来，氢能的利用一定能在能源领域扮演重要的角色。

第10章 氨能发电与供热

氨（NH_3）是由一个氮原子和三个氢原子组成的化合物，常温下为无色气体，易挥发、可燃烧，有强烈的刺激性气味。

氨在常温常压下为气体，其沸点为$-33.3\ ℃$，可通过加压的方式液化，$20\ ℃$时仅需8.5个大气压就能液化，对储存容器要求不高。由于氨是由氮元素和氢元素合成的无碳化合物，完全燃烧后的产物纯净无碳，被称之为清洁燃料。

氨还是一种具有战略价值的可再生能源，具有广泛的应用场景，可以替代汽油或柴油等作为燃料使用，发展氨能交通；可以替代化石能源在火电厂直接燃烧或与常规燃料掺混燃烧，驱动汽轮机带动发电机做功发电，降低火电厂的碳排放，构建清洁能源电力系统；可以在催化剂的作用下，将氨裂解为氢气和氮气，向用户供给绿氢。

氨作为储氢介质，可以间接供能。利用催化技术能够实现氨—氢转化，可以打破传统的氢储运方式，为发展"氨—氢"绿色能源产业奠定基础。

10.1 氨与氢的关系

氨是氢的衍生物，也是氢的载体。氨是一种氮和氢的零碳化合物，其完全燃烧后的产物是水和氮气。由于氮气本身是大气的主要成分之一，因此氨既是具有发展前景的清洁能源，又是氢的载体和储存介质。

10.1.1 氨的分类

根据原料中氢气的碳足迹，合成氨被分为灰氨、蓝氨和绿氨。灰氨是天然气、煤炭等化石燃料，由传统的哈伯法（Haber-Bosch）电化学工艺制备而成；蓝氨是将灰氨生产过程中的二氧化碳进行捕集；绿氨是基于可再生能源提供能量来源的前提下，以水为原料提供的氢，然后与氮气通过热催化或者电催化等新型低碳技术制备而成。相较而言，蓝氨比灰氨二氧化碳排放降低85%，而绿氨完全燃烧后的产物是水和氮气，实现了零碳，因此只有绿氨才算得上是零碳燃料。

目前，氢能的使用因受到成本、运输、储存等一系列因素的影响，尤其是氢气的远距离储运是行业的主要难点和痛点。在此背景下，氨作为一种氢的衍生物，一种零碳燃料，因为其易于储存、运输而越来越受到业界的重视。日本、韩国、澳大利亚等国都已在积极布局"氨经济"。

国际能源署（简称"IEA"）预计，到2040年，全球绿氢和蓝氢的需求总量将达到7.5×10^7 t。基于此，解决氢能供需矛盾，首先需要突破制氢成本、远距离运输和储存的瓶颈。相较而言，氨更容易液化储运。据核算，100 km液氨的储运成本为150元/t，500 km液氨的储运成本为350元/t，仅是液氢储运成本的1.7%。同时，使用氨现场制氢加氢一体站可以将氢气成本降低至35元/kg以下，按照到2050年我国建设1万个氢气加气站的目标，可以节省资金1 000亿元。

因此说，绿氢是新能源发电消纳的重要方式，也是实现碳减排的重要途径。氨能作为氢能的补充，绿氨合成将会成为氢能领域的重要应用之一，合成氨技术未来也势必朝着低碳化合成技术的方向发展。

10.1.2　氨的载氢能力

氨的重量载氢能力高达17.6%，体积载氢效率是氢气的150%。相比于氢气的极低液化温度-252.15 ℃，氨在-33.3 ℃就能被液化。氨直接用作燃料，其热值约为同体积下液化天然气的55%。

10.2　氨的制备技术

氨是以氢气和氮气为原料，生产只依靠水、空气和电。简单的绿氨生产模式是将可再生能源发电、电解水制氢站和合成氨厂有机融合，通过风、光或潮汐等可再生能源产生绿电，进一步电解水制取绿氢，然后将这一过程中产生的绿氢与空气中的氮气相结合，继续利用绿电合成绿氨。整个氨合成过程完全清洁绿色、无碳排放，且可解决不稳定的可再生能源消纳问题。

10.2.1　合成氨技术

合成氨技术分为电化学制备绿氨、四烷基膦酸盐电化学制备绿氨和低温低压合成绿氨。

10.2.1.1　电化学制备绿氨

目前，绿氨的制备方式大部分是基于哈伯法（Haber-Bosch）电化学工艺，用绿氢和氮气合成绿氨。

这种方式就是利用电解槽绿色制氢。该电解槽工作在碱性水介质或质子交换膜或固体氧化物介质中，电解槽利用来自太阳能、风能和潮汐能等可再生能源的电力生产绿氢。

合成氨的反应则依旧是在高压环境的合成塔中完成，氮气和氢气混合后经过压缩从塔的上部进入合成塔。经过合成塔下部的热交换器，混合气体的温度升高，并进入放有催化剂的接触室。在接触室，一部分氮气和氢气发生反应，合成了氨。混有氮气、氢气和氨气的混合气体，再经过热交换器后离开合成塔。混合气体要经由冷凝器将氨液化，将氨分离出来。分离后的氮气和氢气的混合气体经压缩后再次送入合成塔，形成循环利用，以节省原料。

10.2.1.2 四烷基鏻酸盐电化学制备绿氨

这是一种全新的电化学方法制氨，可以大幅度减少与目前的哈伯法（Haber-Bosch）工艺有关的温室气体排放。该方法是一种使用与锂电池类似的电解质电池来制备氨气。用可再生能源电解从空气中分离出氮气，还原生成氮化锂，从水中分离出氢气，通过氧化还原反应产生氨。这就意味着氨完全可以成为"绿色生产"。

10.2.1.3 低温低压合成绿氨

2022年3月，以色列GenCell能源公司宣布，其开发的基于零排放碱性电池和绿色氨能技术的电力解决方案，与当今通常采用的传统氨生产工艺相比，可以使水在极低的温度和压力下直接生产绿氨。随后，日本技术提供商TDK公司宣布计划继续投资和开发GenCell创新的零排放绿氨合成项目。

10.2.2 氨脱氢技术

氨脱氢技术分为传统氨分解制氢、电化学电池氨脱氢和新型低温氨分解制氢。

10.2.2.1 传统氨分解制氢

传统的氨分解变压吸附制氢工艺可以分为氨分解和变压吸附纯化两部分。

液氨经预热器吸收热量并蒸发成氨气，然后在一定温度下，通过填充有催化剂的氨分解炉，氨气即被分解成含氢75%、含氮25%的氢氨混合气。其反应为：

$$2NH_3 \xrightarrow{\text{催化剂}} 3H_2 \uparrow + N_2 \uparrow \qquad (10\text{-}1)$$

（1）氨分解。氨分解温度在650~800 ℃时，分解率可达99%以上。分解后的高温混合气经冷却至常温，进入变压吸附系统。其中，氨催化分解用的催化剂主要是以负载型催化剂为主，它包括以钌基为代表的贵金属负载型催化剂（铱、铂等），以铁基、镍基为代表的过渡金属催化剂（钴、钼等）和合金催化剂、碳化物催化剂、氮化物催化剂等。虽然钌基催化剂是催化活性最高，但其高成本限制了在工业上的广泛使用，而廉价的镍基催化剂活性仅次于钌、铱和铑，且与贵金属相比镍在工业应用更为广泛。

（2）变压吸附纯化。依据常温下吸附剂在两种不同压力下对原料氢中其他组分的吸附容量差异，能一次去除氢气中的多种杂质组分。其中，包括少量未分解的氢气和杂质水。

将分解后的混合气引入两塔式变压吸附塔（两塔分别为塔1和塔2）进行变压吸附。吸附剂采用一定型号的分子筛，吸附塔内的分子筛可以同时除去杂质水分和残氨。分解混合气先由塔1底部进入塔内，在塔顶得到较高纯度的氢氨混合气，同时塔2在大气压下降压解吸。部分产品气进入缓冲罐，直到等压为止。随后两塔交换操作，塔2吸附、塔1解吸，交替工作和再生，以保证连续生产，如此循环进行，见图10-1。

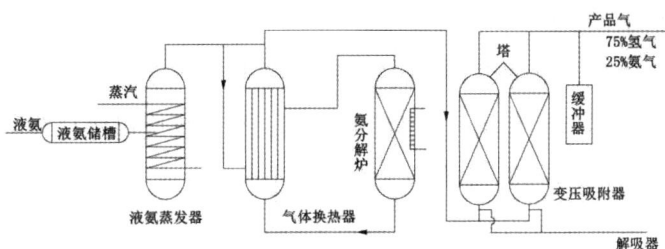

图 10-1 两塔式变压吸附纯化装置流程

10.2.2.2 电化学电池氨脱氢

电化学电池氨脱氢技术主要依靠一种特殊的电化学电池。这种特殊的电化学电池的质子交换膜与可以将氨分解的催化剂集成在一起。当氨遇到催化剂时，其中的氢会立即转化为质子，然后在电池中穿过质子导电膜，随着氨不断地被催化分解，大量的氢质子从氨中催化析出，推动反应的持续进行。从氨裂解中产生的氢可以用于燃料电池。

2021年1月28日，美国西北大学的研究人员和加州能源初创公司SAFCell的研究人员开发出来的一种高效、环保氨脱氢方法，发表在《焦耳》（Joule）杂志。该技术克服了从氨水中生产清洁氢气的几个现存障碍，得到了美国能源部高级研究计划局和国家科学基金会的支持。

10.2.2.3 新型低温氨分解制氢

新型低温氨分解制氢是一种制备高活性、高稳定性氨分解制氢催化剂的方法。催化剂包括活性组分和载体，活性组分为钌和/或镍，载体为钡基钙钛矿、氧化锆基稀土金属氧化物、氧化铈基稀土金属氧化物、镓酸镧基钙钛矿、氧化铝中的一种或多种。该催化剂可以使催化剂的热膨胀系数与电极材料的热膨胀系数接近，从而解决催化剂和电极因受热易出现分层的问题；以钌和/或镍活性组分，将其负载在载体上制得的催化剂具有较好的催化效果和较高的氨分解效率。

2021年12月，福州大学江莉龙研发团队将新型低温"氨分解制氢"催化剂产业化，探索了以氨为氢能载体的颠覆传统高压的储氢方式，为发展"氨—氢"绿色能源产业奠定了坚实的基础。福州大学、北京三聚环保公司和紫金矿业集团出资约2.67亿元成立合资公司，由合资公司出资约3 000万元购买福州大学的技术服务，其合作三方将进一步聚焦我国发展氢能产业化存在的"卡脖子"难题。

10.2.3 合成氨技术和氨脱氢技术可行性分析

传统制氨时，国际上主要以天然气为合成氨的主要生产原料。但是，我国的天然气价格高昂且产量匮乏，对外依赖度较高。因此，我国的合成氨工业主要以煤炭为主要生产原料，大概77%的合成氨来自于煤炭。

从碳排放的角度来说，每吨煤制合成氨释放的碳排放也要高出每吨天然气合成氨释放的碳排放。合成氨主要是用氢气和氮气作为合成原料，变换反应仍然是碳排放的主要源头。在工艺流程中，煤气化反应会形成一氧化碳和氢气为主的粗合成气。

目前，合成氨行业做原料的氢气几乎都是化石原料生产的灰氢，一部分来自于煤气化过程，另一部分来自于变换反应。对于合成氨工业来说，使用低碳绿氢替代高碳灰氢，将是降低合成氨行业碳排放的有效途径之一。这样合成氨反应并不涉及碳元素，合成氨行业可以在绿色化过程中舍弃煤炭，直接使用可再生能源水电解制造的绿色氢气和空气中空分得到的氮气合成氨。假设我国所有的合成氨都采用绿氢生产，每年碳排放量可以减少1亿t以上。同时，使用绿氢生产，还可避免对天然气、煤炭等化石能源的消耗，每年的煤炭消耗量减少近5 000万t。

若用绿氢替代煤生产绿氨，则绿氨成本主要由原料成本（绿氢生产成本和氮气生产成本）和设备折旧、用电等其他成本组成，其原料成本占总成本比例约70%，其余部分占30%。

根据质量守恒定律，在煤炭价格处于700~900元/t正常范围时，传统合成氨的成本范围在1 900~2 200元/t。此时，在有丰富可再生电力且电价低廉约为0.1元/（kW·h）的地区，绿色合成氨的生产成本可以和传统煤制合成氨相竞争。在煤炭价格处于1 500~2 000元/t历史高点时，传统合成氨的成本将超过3 000元/t。此时，在电价到达0.2元/（kW·h）的地区，绿色合成氨的生产成本也可以和传统合成氨相竞争。

当电价为0.1元/（kW·h）时，绿色合成氨成本大概在2 200元/t。这个价格实际上已经和传统合成氨成本相接近。但是，前提是在煤炭价格处于正常范围。2021年，煤炭价格几乎达到了历史最高点，一度超出了2 000元/t。当煤炭价格更高的时候，传统合成氨的成本也将水涨船高。此时，当电价为0.2元/（kW·h）时，绿色合成氨的成本也可以和传统合成氨相匹敌。所以，未来以绿氢为主导的绿色合成氨产业具备一定的经济性。当然，这是在拥有大量丰富可再生能源电力以及成熟水电解技术的前提下。制氢与制氨成本对比见表10-1。

传统的氨分解制氢能耗高，成本也较高。据香橙会研究院调研显示，传统氨分解制氢成本超过17元/kg（合成氨原料成本取均值2 500元/t）比煤制氢超出30%。因此，工业上几乎很少采用氨分解制氢。

表 10-1　制氢与制氨成本对比

电价/[元/（kW·h）]	对应绿氢价格/（元/m³）	绿色合成氨成本/（元/t）
0.3	1.69	5 070
0.2	1.21	3 630
0.1	0.73	2 190

10.3 氨能储存和运输

氨与氢相比氨更不易燃烧，爆炸风险较低，是一种更安全的清洁燃料。相比氢，氨更易于储存和运输。

氨具有刺激性气味，可为潜在的致命泄露提供早期预警。当空气中氨的浓度达到5%以下时，人的嗅觉就可以检测到泄漏，其泄漏极易被发现，这是纯氢没有的特征。

10.3.1 氨能储存

氨一般是以液氨的形式储存在储罐中，相比于氢来说储存较为容易。目前，液氨储罐有冷冻型、半冷型、全压型等三种类型。

冷冻型和半冷型储罐设有保冷和氨蒸发气回收系统，一般适用于大容量储存。全压型储罐是在液氨无保温和制冷条件下的储存方式，设计压力一般高于1.8 MPa，采用球罐或水平圆柱形卧罐结构。因受罐体制造技术的经济性所限，液氨带压储存单罐容量一般不超过5 000 t，适用于中小规模储存。

液氨是一种比液氢更有效且能量密度更高的氢载体。氨气是一个氮原子和三个氢原子结合在一起，与氢气相比，1 L液氨中的氢比1 L液氢中的氢含量要高，同质量的液氨储罐是液氢储罐的0.2%~1.0%，且液氨的单位体积重量密度是液氢的8.5倍，在相同体积的储存容器中可以储存更多的能量。

10.3.2 氨能运输

氨的单位质量能量密度远小于氢，其单位体积能量密度为3.5 kW·h/L，比液氢的2.4 kW·h/L高出近50%，是破解氢能输运瓶颈的有效方式。

氨气通常以液氨的形式运输，一般是以公路或铁路的罐车运输方式为主，大多数均采用全压式常温槽罐，运输技术较为成熟。

10.3.2.1 管道输送

氨采用管道输送是未来重要的发展方向，其不受天气、路况和交通条件限制和影响，效率较高。考虑到氨宜储宜运，有成熟的储运经验，安全风险可控，因此管道输氨将代替管道输氢。

以1条1 000×10⁴ kW特高压直流通道作为参考，设计年输电量为500×10⁸ kW·h，按热量等价计算，相当于年输送氢气150×10⁴ t或液氨970×10⁴ t。液氨管道的经济流速一般为2~3 m/s。因此，管径600 mm的液氨管道可以满足上述需求，单位综合运输成本（含固定投资折旧、运行能耗成本及非能耗成本等）估算为每1 000 km为0.585元/kg。按照年输送氢气150×10⁴ t的输送量，选择7 MPa设计压力和1 000 mm管径方案，估算输氢管道单位运输成本为每1 000 km为3.25元/kg。

从上述比较可知，单看管道输送环节，管道输氨成本远低于输氢成本，再加上氨制备成本后，二者水平接近。如果再考虑受端脱氢成本，则输氨经济性上处于劣势。由于在一定规模下，仅管道成本随距离增加而近于线性增长，单位制氨和脱氢成本不受距离影响，因而管道输送距离越长输氨更有利。

由于一些设计压力、最大允许流速和经济参数等取值不同，可能会导致经济输送方案和单位输送成本估算结果存在差异。据研究，一条新建的50×10⁴ t/年、管径500 mm以上输氢管道，每1 000 km输氢成本大致为1.95~6.50元/kg。但是，具体要取决于管道直径和压缩机的使用情况。一般情况下管道输量越高，单位输送成本越低。《欧洲氢气骨干网络》提出，到2040年，实现氢气管输成本达到每1 000 km平均0.2欧元/kg（1.38元/kg），其成本下降主要源于未来技术进步。

目前，美国主要采用管道输送。美国的输氨管网始建于20世纪60年代，至今为止已建设输氨管道总里程约5 000 km。其中，最长的一条是由纽星能源公司经营的海湾中央管道系统，长度达3 200 km，从墨西哥湾的氨进口端一直延伸至中西部玉米种植地区。该管道设计管径为150~250 mm，收集支线连接了7座氨合成厂，分配支线连接至36座大型中转储库，其最大操作压力为9.8 MPa，输送能力达到225×10⁴ t/年。

10.3.2.2 船舶运输

远洋或沿海长距离的液氨运输，一般均采用冷冻型运输船，船上配备制冷设施来处理蒸发气。这些运输船还可以用于装载其他液化气体，特别是液化石油气。

据美国的液氨管道运行经验，在100 km以内管道输送费率与铁路和公路运输相差不明显，其运输距离越长，管道输送的优势则越大。

10.4 氨能发电与供热

氨作为能源使用，可以通过燃烧释放能量，再将释放的能量加以转化利用，以替代大部分的化石能源。但是，就目前而言，如果直接将氨作为燃料，则需要克服氨不易燃烧的缺陷。氨的燃烧速度低于氢，发热量也低于氢和天然气，将其点燃并实现持续稳定燃烧比较困难。

10.4.1　氨能发电

目前，氨在发电领域的应用还处于研究和验证阶段，主要是与煤或天然气等能源进行掺烧。经过有关技术人员的多次实践，我国在火电等燃煤锅炉掺氨燃烧上已取得了重大突破。

10.4.1.1　氨燃气轮机

早在20世纪60年代，世界各国就开展了氨用于燃气轮机燃料的研究。但是，由于当时化石能源成本较低，再加之一些关键技术的限制，导致其研究终止。

氨应用于燃气轮机的研究最为广泛，包括氨气纯燃、氨气与氢气混燃及氨气与甲烷混燃。在1 MW以下小型燃气轮机领域，通过采用加压、分级燃烧技术以及常规的SCR（选择性催化还原法）脱硝装置，可以达到99.8%的燃烧效率，并满足NO_x排放标准，已具备商业化应用条件。

日本丰田能源解决方案株式会社成功开发了50 kW级和300 kW级的氨专烧微型燃气轮机。在中型燃气轮机领域，日本IHI株式会社（前身为石川岛播磨重工业株式会社）开发了用于甲烷、氨共烧的低NO_x排放燃烧器，并完成了使用70%氨在2 MW级燃气轮机发电中的实证试验，正在开发应用于中型燃气轮机的氨专烧技术。

大型燃气轮机的开发与中小型燃气轮机不同，没有采取直接将氨用做燃料的方法，而是利用大型燃气轮机联合循环发电机产生的废热和催化剂将氨分解生成氢后供给燃烧器。这是因为在大型燃气轮机中，燃烧器的尺寸受限，无法支持氨完全燃烧，并且在高温燃烧条件下，对NO_x的控制更加困难。日本、韩国、美国等国家都在积极开发使用氨燃料的发电用大型燃气轮机。日本三菱动力株式会社正在开发一种可直接燃烧100%氨的40 MW级燃气轮机，计划在2025年实现商业化。

目前，日本已实现在50 kW微型燃气轮机上双燃料燃烧发电，产生电力功率44.4 kW，燃烧效率在89%~96%。日本IHI株式会社在2 MW的燃气轮机上实现了掺氨混烧，掺烧比例高达70%，并在旋流燃烧器中实现了低NO_x排放。

10.4.1.2　燃氨锅炉

氨燃烧的灵活性，为火力发电厂等电力生产企业实现大幅度降碳目标提供了一种新的方案。氨的燃烧速度较慢，适合与煤粉掺烧。由于绿氨产量和成本的限制，加上纯氨燃烧稳定性差等问题，火电厂还无法实现纯氨燃烧替代燃煤应用。但是，掺氨燃烧可以利用现有火力发电厂即有设施，无需对锅炉主体进行大规模投资改造。因此，掺氨燃烧成为现阶段降低燃煤电厂碳排放的可行性选择。

日本是最早在燃煤电厂探索掺氨燃烧技术的国家，其掺氨燃烧技术处于领先地位。根据研究，在燃煤电厂掺氨20%燃烧，可以削减CO_2排放约17%。日本最大的火电公司——日本能源公司（JERA）于2017—2021年在碧南电厂100万kW煤电机组上成功实现1%掺氨燃烧，并于

2021年制定了"2021—2050日本氨燃料路线图",提出自2023年开始进行掺氨20%的实验,2030年实现掺氨50%的实验,2040年开展纯氨发电。在氨的来源上,日本已与澳大利亚签订绿氨长期供应合同,通过海运将液氨运送至日本,合同中明确要求所有的氨必须是采用可再生能源生产的绿氨。此外,日本IHI株式会社在10 MW级试验锅炉中开展了掺烧试验,其结果表明掺氨20%燃烧可以将NO_x值抑制在与煤专烧锅炉相当的水平。

我国燃煤锅炉掺氨燃烧研究进展世界领先,山东省烟台市龙源电力技术股份有限公司在实验锅炉台架上进行了大量的掺氨燃烧试验,并计划在更大的煤电机组锅炉上进行掺氨燃烧试验。

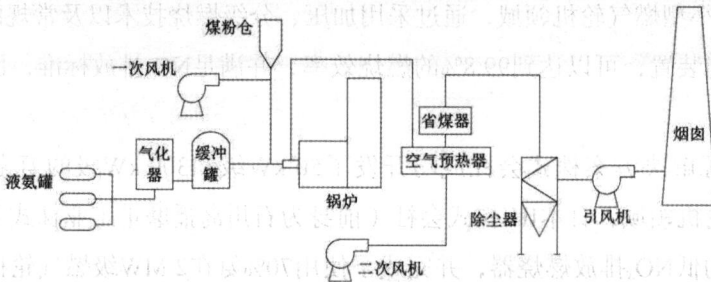

图 10-2　龙源技术40 MW试验台混氨燃烧系统

2022年1月24日,国家能源投资集团有限责任公司(简称"国家能源集团")正式对外发布"燃煤锅炉混氨燃烧技术"。国家能源集团自主开发的第一代混氨低氮煤粉燃烧器,首次在龙源技术40 MW燃煤锅炉上应用,氨燃尽率达到了99.99%,掺氨燃烧比例最高达到35%,实现了氮氧化物有效控制。龙源技术40 MW试验台混氨燃烧系统原理见图10-2。这项技术成果可以应用于发电、工业等领域的燃煤锅炉,通过对现有燃煤锅炉低成本的掺氨燃烧改造,实现化石燃料的替代,实现燃煤机组大幅度CO_2减排。

2022年4月27日,由合肥综合性国家科学中心能源研究院(简称"合肥能源研究院")与安徽省能源集团有限公司(简称"皖能集团")合作研制的国内首创8.3 MW纯氨燃烧器在皖能股份铜陵发电有限公司300 MW火电机组进行掺氨燃烧实验研究,获得一次性点火成功,并稳定运行2 h。

在实验研究的各个阶段,技术人员共投入4种型号8台大功率的纯氨燃烧器、新一代等离子体裂解强化高效纯氨燃烧器,国内最大的20 t/h双加热回路液氨高效蒸发器和国内首套燃煤锅炉炉膛温度立体监控与排烟成分在线检测系统等一系列创新技术,实现10万~30万kW并网功率下燃煤掺氨比例10%~35%多种工况的锅炉安全平稳运行,最大掺氨量大于21 t/h,氨燃尽率达到99.99%,锅炉效率与燃煤工况相当,试验在燃烧技术、掺氨规模、稳定运行时间上均远超国内同行最高水平,取得多项世界领先成果,验证了燃煤锅炉掺氨降碳的技术可行性,为燃煤发电锅炉掺氨降碳提供了新的有效途径,使我国燃煤锅炉掺氨技术进入世界领先赛道。

此次试验研究是氨能综合利用发电研究示范项目，立项于2021年，技术路径是"绿电→电解水制氢→合成氨→氨运输→火电厂掺氨燃烧"，主要是通过试验逐步提高火电掺氨燃烧比例，达到有效降低燃煤发电二氧化碳排放和能耗总量的目标，为火电机组"三改"联动提供关键技术支撑，带动火电节能降碳"先立后破"，助推能源结构绿色低碳转型。

2023年10月24日，国家能源局公布了第三批能源领域首台（套）重大技术装备（项目）名单，"燃煤电厂掺氨燃烧成套技术及关键设备"名列其中。中国神华能源股份有限公司（简称"中国神华"）台山电厂630 MW大容量燃煤锅炉掺氨清洁高效燃烧工程验证项目入选，将聚焦燃煤电厂掺氨燃烧技术产业链发展，自主研制适用于大容量燃煤机组的混氨燃烧设备及系统，最终形成用于大容量燃煤锅炉大比例掺氨燃烧应用的关键成套技术与装备。

公开信息显示，我国燃煤锅炉掺氨燃烧试验主要采用氨煤预混燃烧技术，按照首阶段试验计划，实现300 MW、500 MW等多个负荷工况下燃煤锅炉掺氨燃烧平稳运行，氨燃尽率达到99.99%。

上述实验研究结果表明，在掺氨比例和氨注入位置一定的情况下，掺氨燃烧后生成的NO_x污染物比燃煤工况还要低。若现有煤电机组均实施35%掺氨燃烧，每年可减少二氧化碳排放量$9.5×10^8$ t。当煤炭价格为1 400元/t、碳价为500元/t时，掺氨发电的经济性可与煤电相竞争。

工业炉的大小和类型各不相同，但是工业炉所消耗的化石燃料数量巨大，占整体的20%以上。在工业炉领域中，氨直接利用技术也取得了成果。日本大阪大学的研究小组进行了10~100 kW级模型工业炉的实证研究，在氨专烧和甲烷与氨30%掺烧的测试中，通过多段燃烧技术和富氧燃烧技术，可以获得较好的传热性能并有效抑制NO_x的排放。

2021年12月，佛山仙湖实验室联合多家企业发起成立了先进零碳燃烧技术联合创新研发中心，成为我国首家开展氢、氨高温窑炉零碳燃烧技术研发的创新平台。

按照《全国煤电机组改造升级实施方案》，"十四五"期间，节能降耗改造不低于3.5亿kW，并应改尽改。可以预见，未来掺氨技术市场广阔。合肥综合性国家科学中心能源研究院将聚焦氢氨能产业链上的堵点痛点，打通"制—储—运—加—用"全产业链技术壁垒，面向全国煤电机组改造万亿级市场推广。

10.4.2　氨能供热

目前，城市供热大多数是由火电厂、热电厂或区域大型锅炉房来完成，其产生热能的设备均是锅炉或燃气轮机，使用的燃料主要是以化石能源为主，其他是生物质能、地热能、热泵等。根据前面所述绿氨的燃烧特性，现阶段如果将绿氨作为供热锅炉燃料，需要与煤等燃料进行混合掺烧，还不能直接专烧供热，且这项技术还在研究试验阶段。相信在不长的时间，氨能供热一定会走进千家万户。

10.5 氨燃料内燃机

氨燃料内燃机主要为车用和船用发动机。目前，氨燃料内燃机的研究热点和未来发展方向是船用发动机。

氨的辛烷值高，抗震爆性好，可以通过提供更高的压缩比来提高内燃机的输出功率，其用于发动机燃料将有利于解决交通运输领域的碳排放问题。

氨用做内燃机燃料时，其热效率高达50%~60%。由于氨的理论空燃比低，要在内燃机中添加更多的氨来弥补其低位热值较低的缺陷。相较于汽油、柴油等燃料，氨燃烧时的最小点火能量和层流燃烧速度较低，通常要将氨与燃烧性能较好的燃料混合起来，以改善其燃烧特性。

在实际燃烧过程中，由于燃烧不充分和氧化发生，容易导致氨燃料所含的氮元素转化成温室效应更强的NO_x气体排放。因此，燃烧和尾气处理的定向控制策略对于降低NO_x排放至关重要。根据氨燃烧机理，温度和压力对NO_x的生成有明显影响，控制温度在热脱硝温度范围内，并尽可能地提高压力是制约NO_x生成的两种常规手段，后一种通常用于内燃机系统中。此外，还可以在燃烧尾气末端使用选择性催化还原（SCR）系统或燃料过量、废气再循环策略，以减少NO_x的生成。

目前，以燃油为主的船舶，其产生的二氧化碳排放量占全球的3%~4%。国际海事组织制定的航运业碳减排目标提出，到2050年二氧化碳排放量要比2008年下降70%。因此，到2050年，至少15%的长途船舶应使用氨或氢作为燃料。由于氨燃料的高体积能量密度属性可以提高船体的空间利用率，而且仅需要对常规内燃机进行微小改动，改变压缩比和更换耐腐蚀的管线即可。因此，氨被认为是一种适合应用于远洋船舶的清洁燃料。

德国曼恩能源解决方案公司和芬兰瓦锡兰集团均计划于2024年推出氨燃料发动机，并参与全球多个氨燃料船舶研发项目。日本国土交通省发布《日本航运零排放路线图》，积极推进氨燃料船的商业化，除投入氨船用发动机和船型研究之外，日本企业还积极布局氨船舶燃料供应网络。

2023年1月，日本邮船株式会社与日本IHI株式会社等合作研发的世界首艘氨气浮式储存再气化驳船获得日本船级社的原则性认可。

我国也积极推进氨燃料船舶的示范建设，取得了显著成果。2022年3月，由中国船舶集团有限公司设计建造的氨和液化天然气双燃料运输船已成功实现下水。预计到2035年，氨动力船的经济性将与传统燃油动力船持平。

2024年2月12日，由上海船舶研究设计院（简称"SDARI"）自主研发设计的1400TEU无舱盖集装箱船，获得来自比利时船东CMB公司的订单。该型船是全球首艘氨燃料动力集装箱船，其成功签约标志着全球航运业在清洁能源领域取得了重要突破，对引领航运业可持续绿色发展具有里程碑意义。

该船由青岛造船厂有限公司承建，由比利时CMB公司所属集装箱部门Delphis所有，并由北海集装箱航运公司（North Sea Container Line）与挪威化肥公司（Yara Clean Ammonia）子公司的合资企业NCL Oslofjord AS运营。交付后，该船将服务于挪威至德国航线。

1400TEU无舱盖集装箱船总长约150 m，型宽约27 m，可装载约1 400个20英尺标准集装箱，配备氨燃料发动机、氨燃料储罐、供给系统和加注系统；船舶能效设计指数（EEDI）满足第三阶段要求，低于基线约45%，碳强度指标（CII）评级A级，每年可减少二氧化碳排放约1万t。

在设计上，上海船舶研究设计院重点考虑了氨燃料具有毒性、腐蚀性等特点，最大程度减少了氨气毒性的影响。将居住区和机舱棚尽可能远离有毒区域，把可能影响船上人员安全的潜在风险降到最低。为确保氨燃料加注、储存和供给系统安全可靠，避免产生泄漏，还制定了紧急情况下的各种应对措施。

上海船舶研究设计院始终致力于低碳、零碳船型的研发，相继推出了5万t级氨燃料动力成品油/化学品船、7 000车氨燃料动力汽车运输船以及8.5万t、18万t和21万t氨燃料动力散货船等一系列具有市场竞争力的氨燃料船型。

第11章 生物质能发电与供热

生物质能是指太阳能以化学能形式储存在生物质中并以生物质为载体的能量，是可再生能源，也是唯一可再生的碳源。

人类居住的地球上，生物质能潜力巨大。据统计，地球上的植物每年通过太阳能光合作用生成的生物质能总量为1 440亿~1 800亿t，大约是现在世界能源消耗总量的10倍。但是，目前的利用率还不到3%。

自20世纪末以来，生物质能的利用受到世界各国的高度重视。据有关专家预测，生物质能极有可能成为未来可持续能源结构的重要组成部分。到21世纪中叶，采用新技术生产的各种生物质替代燃料将占全球总能耗的40%以上。

11.1 生物质资源

我国生物质资源丰富，每年仅林木剩余物和农作物秸秆就约有14亿t。2021年发布的《3060零碳生物质能发展潜力蓝皮书》指出，当前，我国主要生物质资源年产生量约为34.94亿t，生物质资源作为能源利用的开发潜力为4.6亿t标准煤。

11.1.1 生物质的产生

生物质能是蕴藏在生物质中的能量，是绿色植物通过叶绿素将太阳能转化为化学能而储存在生物质内部的能量。

生物质能的优点是易燃烧、污染少、灰分低，燃烧后的二氧化碳排放属于自然界的碳循环，其含硫量仅为3%，不到煤炭含硫量的1/4，可有效减少二氧化碳和二氧化硫的排放；生物质能的缺点是热值低、热效率低，直接燃烧的热效率仅为10%~30%。

生物质能形成的原料有：林木生产废弃物、农作物废弃物、水生植物、油料植物、生活垃圾和动物粪便。

生物质在生长过程中，通过光合作用吸收CO_2，在其作为能源利用过程中，排放的CO_2又有效地通过光合作用而被生物质吸收，因而其产生和利用过程构成了一个CO_2的闭路循环。即：

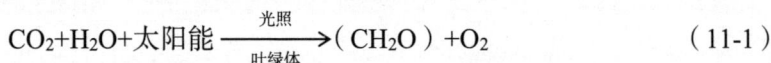

$$CO_2+H_2O+太阳能 \xrightarrow[叶绿体]{光照} (CH_2O)+O_2 \tag{11-1}$$

$$（CH_2O）+O_2 \xrightarrow{\text{燃烧}} CO_2+热量+H_2O \qquad （11-2）$$

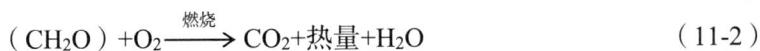

（CH$_2$O）是生物质生长过程中吸收的碳水化合物的总称。当上述两个反应的CO$_2$达到平衡时，将对缓解日趋严重的温室气体效应产生重要的积极作用。

生物质转化技术可分为四种方式，分别是直接燃烧、物化转换、生化转化和植物油利用。直接燃烧方式为炉灶燃烧、锅炉燃烧、垃圾燃烧和固体燃料燃烧。固体燃料燃烧是新推广的技术，是把生物质固化成型后，再使用传统的燃煤设备燃烧，其优点是利用生物质替代煤炭，以减少大气CO$_2$和SO$_2$的排放量。

物化转换方式有干馏技术、热解气化制取生物质可燃气体和热解制生物质油。干馏技术可以同时生产生物质炭和燃气，可以将能量密度低的小物质转化为热值高的固定炭和燃气。转化的炭和燃气，可以分别用于不同的方面；热解气化是将生物质转化为可燃气体。在热解气化的过程中，可以根据技术路线的不同，既可以气化成低热值燃气，也可以气化成中热值燃气；热解制油是通过热化学的方法，将生物质转化为液体燃料。

生化转化方式分为填埋制气与堆肥技术、通过酶技术制取乙醇或甲醇液体燃料、小型户用沼气池技术、大中型厌氧消化技术。大中型厌氧消化技术还可分为禽畜粪便厌氧消化技术和工业有机废水厌氧消化技术。

植物油利用是从油脂植物和芳香油植物中提取的燃料油，经加工后可替代石油使用。

11.1.2　生物质存在的形式及资源状况

11.1.2.1　林木生产废弃物

林木生产废弃物又称林木剩余物。一是采伐剩余物，如枝丫、树梢、树皮、树根和藤条、灌木等；二是抚育剩余物，如枯立木、濒死木、被压木、弯曲木、病腐木、多头木和疏伐木等；三是造材剩余物，如截根、截头、截弯等；四是加工剩余物，如板皮、板条、锯末、边角余料等。

我国林业资源丰富，据国家林业和草原局公布的《2021中国林草资源及生态状况》显示，2021年我国森林面积达到34.6亿亩，森林覆盖率为24.02%，森林蓄积量为194.93亿m^3。2024年11月24日，在广西壮族自治区南宁市召开的2024年世界林木业大会上国家林业和草原局发布的数字显示，截至2023年底，我国森林覆盖率超过25%，森林蓄积量超过200亿m^3，人工林面积居世界首位。

11.1.2.2　农作物废弃物

农作物废弃物主要为秸秆。秸秆是指成熟农作物茎叶（穗）部分的总称，通常指麦秆、稻秆、玉米秆等，广义上也包括农作物加工后的剩余产品。

随着我国扶持现代农业发展的力度加大，农作物种植面积不断增加，秸秆数量也在稳步上升。据统计数据显示，目前，我国秸秆资源量约为9.77亿t。其中，稻秆2.2亿t，麦秆1.75亿t，玉米秆3.4亿t，棉秆2 100万t，油料秆4 200万t，豆类秆3 600万t，薯类秆2 200万t。稻秆、麦秆、玉米秆三大作物秸秆，就占秸秆总量的90%以上。2023年，农业农村部发出通知要求，在全国建设400个左右重点县、1 600个秸秆综合利用展示基地，全国秸秆综合利用率保持在86%以上。

11.1.2.3 动物粪便

动物粪便主要是鸡、鸭、鹅、猪、牛、马等禽畜排泄的粪便。

"十三五"初期，我国每年产生的禽畜粪污约38亿t，其综合利用率还不到60%。其中，禽畜直接排泄的粪便约18亿t，养殖过程产生的污水约20亿t。如果按照禽畜种类统计，生猪粪污产量最大，每年约18亿t，占总量的47%；牛粪污每年约14亿t，占总量的37%；家禽粪污每年约6亿t，占总量的16%。

由于每年产生的禽畜粪污约38亿t，我国禽畜养殖业排放物化学需氧量达到了1 268万t，占农业源排放总量的96%，因此禽畜粪污成为农业面源污染的主要来源。

2021年12月29日，生态环境部、国家发展和改革委员会、农业农村部等七部委联合发布的《"十四五"土壤、地下水和农村生态环境保护规划》提出，要加强禽畜粪污资源化利用，明确到2025年我国禽畜粪污综合利用率要达到80%以上。据测算，我国禽畜粪便理论沼气产生量超过1 000亿m³，可发电1 600亿kW·h，具有极大的开发潜力。

11.1.2.4 生活垃圾

生活垃圾主要包括居民生活垃圾、商业垃圾、服务业垃圾和少量的建筑垃圾。2024年2月29日，国家统计局发布了《2023年国民经济和社会发展统计公报》。其显示，到2023年末，我国人口为140 967万人，比上年末减少208万人。其中，城镇常住人口为93 267万人，城镇化率达到66.16%，比上年末提高0.94个百分点。预计到2030年，我国城镇化率将达到70%。由于城镇化步伐的加快，城镇人口大量增加，其产生的生活垃圾将十分庞大。

据生态环境部发布的《2020年全国大、中城市固体废物污染环境防治年报》显示，2020年，全国196个大、中城市生活垃圾产生量为23 560.2万t，并且还以每年8%~10%的速度增长。2023年和2024年生态环境部发布的《中国生态环境状况公报》显示，2022年，我国城市生活垃圾无害化处理能力达到109.2万t/d；无害化处理量为25 767.22万t，无害化处理率达到99.9%。2023年，我国城市生活垃圾无害化处理能力达到115.2万t/d；无害化处理量为2.59亿t，无害化处理率达到99.9%。

目前，世界上最为广泛的生活垃圾处理方式为填埋、焚烧和机械生物处理。我国对城市生活垃圾的处理应用最多的是卫生填埋处理，达到80%；而采用焚烧处理的垃圾仅占15.6%左右，采用机械生物法处理则只有2.7%。

2020年7月，国家发展和改革委员会、住房和城乡建设部、生态环境部联合发布的《城镇生活垃圾分类和处理设施补短板强弱项实施方案》提出，到2023年基本实现原生垃圾零填埋，地级以上城市以及具备焚烧能力的县城，不能再新建原生垃圾填埋场。从该方案可以看出，未来我国城市生活垃圾将不能直接进行卫生填埋。

20世纪80年代初，我国积极鼓励建设生活垃圾焚烧发电项目，以推动生物质能的转化和利用，消化处理庞大的生活垃圾。

11.2 生物质能发电技术

生物质能发电是指利用生物质做燃料，经过特定锅炉燃烧后产生热能，再通过发电动力装置转换成电能，是当前可再生能源发电的一种。

生物质能发电原理与技术和传统的燃煤等火力发电原理与技术基本类似。但是，不同的是燃烧的"锅炉"，这是由生物质燃料的特性所决定，也是生物质能发电的关键所在。因此，在生物质能发电中，应根据生物质燃料不同，而采用相匹配的锅炉，这样生物质燃料的燃烧才能更充分彻底，产生的热能及蒸汽更能满足做功要求。

目前，生物质能发电的主要方式是林农废弃物直接燃烧发电、林农废弃物气化发电、垃圾焚烧发电和沼气发电。

11.2.1 直接燃烧发电技术

直接燃烧发电技术是把生物质燃料送入适合生物质燃烧的特定锅炉直接燃烧，所产生的蒸汽带动蒸汽轮机再带动发电机发电，其过程是燃烧产生热能→热能转换成蒸汽→蒸汽转换成机械能→机械能转换成电能。

在直接燃烧发电中，由于各类生物质的特性不同，以及所用锅炉的用料要求，需要在燃烧前根据不同的生物质进行燃料预处理，这是直接燃烧发电的关键。目前，生物质原料预处理的方式，主要有打捆、固化成型和气化。

打捆就是利用各种类型的秸秆打捆机，在农作物收获的时候，直接将秸秆收集打成密度较小、重量约200 kg的秸秆捆；固化成型就是将收获的生物质原料进行干燥、破碎，经过压缩处理后成型为能量密度较高的固体状态或颗粒状态的燃料，缩减生物质所占空间。

固化成型技术主要采用热压成型工艺，其设备主要为螺旋挤压式成型机。这种方式是利用螺旋推挤原理，将加入的生物质燃料推挤到成型套筒中，在成型套筒中被挤压成型。目前，这种成型技术还分为加热和不加热两种。加热型就是利用木质素加热软化性质，在外部用电加热装置加热，使生物质燃料自身黏结成型；不加热型就是利用黏结剂将生物质燃料黏结成型。

除螺旋挤压式成型机外，还有活塞冲压式成型机和模辊挤压成型机等生物质固化成型设备。在直接燃烧发电技术中，又分为单燃生物质直燃技术和生物质与煤混合直燃技术（又称混合燃烧技术）。

11.2.1.1 单燃生物质直燃技术

单燃生物质直燃技术是采用一种生物质作燃料。在欧美等发达国家采用的生物质燃料主要是木本植物，而我国是农业大国，农业剩余物秸秆年产量近10亿t，这就使秸秆成为利用量最大的单燃生物质燃料。

秸秆与其他单燃生物质燃料的区别是：第一，秸秆的含水量较大，约为20%，是其他燃料的8~10倍。因此，锅炉功率在相等的情况下，其烟气量是其他燃料的1.5~2.0倍；第二，秸秆的堆积密度较小，因此在这类锅炉设计时，要重点考虑燃烧室的体积，使燃料在炉内有足够的停留燃烧时间，以便完全燃尽；第三，秸秆燃烧机理与煤不同，燃烧后的秸秆变黑成为暗红色焦炭粒子，未见明显火焰，且在炉膛高温火焰的辐射下，缓慢地燃烧，燃烧时间较长。

11.2.1.2 生物质与煤混合直燃技术

生物质与煤混合直燃技术又称混合燃烧技术。生物质与煤混合直燃技术有两种混合燃烧方式。一种是生物质直接与煤混合燃烧，产生的蒸汽带动蒸汽轮机发电。这种发电方式，燃烧的生物质要进行预处理，需要将生物质预先与煤混合后再经磨煤机粉碎，或者生物质与煤分别计量然后再粉碎；另一种是将生物质在气化炉中气化产生的燃气与煤混合燃烧，带动蒸汽轮机发电。这种方式就要求电厂要增加一套生物质气化设备，将生物质燃气直接通到锅炉中燃烧。据测算，生物质燃气的温度可达800℃左右，且无需净化和冷却，在锅炉内完全燃烧所需时间较短，其通用性好，对原燃煤系统影响较小。

生物质或生物质燃气与煤混合燃烧的技术优势是煤与生物质共燃，可以利用现役电厂的原有设备，为电厂提供一种快速而低成本的生物质能发电技术；煤粉燃烧发电效率高，可达35%以上；生物质燃烧低硫低氮，生物质在与煤粉共燃时可以降低电厂的SO_2和NO_x及CO_2排放。

11.2.1.3 生物质燃烧方式

目前，生物质直接燃烧发电技术的生物质燃烧方式，采用的是固定床燃烧和流化床燃烧。

（1）固定床燃烧。固定床燃烧对生物质原料的预处理要求较低，生物质经过简单处理甚至无需处理就可投入炉内燃烧。

生物质燃料在固定或者移动的炉排上燃烧，空气从下方透过炉排供给上部的燃料，燃料处于相对静止的状态，燃料燃烧时间可以由炉排的移动或者振动来控制，以灰渣落入炉排下或者炉排后端的灰坑为结束。

（2）流化床燃烧。流化床燃烧需要将大块的生物质原料进行预处理，粉碎成易于流化的燃料颗粒粒度。

生物质燃料颗粒在气流的作用下，当颗粒的重力小于或等于流动气流对它向上的推力时，颗粒就会漂浮起来，颗粒间的距离加大，并在一定高度范围内做一定程度的剧烈运动。随着气流速度的不断增加，颗粒漂浮的高度也随之增加，此时颗粒运动加剧，上下翻滚，与液体在沸点时沸腾的表象一样。

流化床下方设有布风板，空气由此进入，在布风板的上面是颗粒燃料加入的地方。因为，空气的流速不同，会对颗粒燃料产生不同的影响，也会带来不同的燃烧效果。当空气流速较低时，颗粒燃料自身重力大于流动空气对它的推力，颗粒燃料间相对静止，燃烧不会充分；当空气流速逐渐增加至较高时，颗粒燃料自身重力等于或小于流动空气的推力，颗粒燃料就会被空气带起，在气流中做没有规律的翻滚，颗粒间的距离随之加大，颗粒体积也膨胀变大，达到流化床状态，燃烧较为充分。

流化床除了使燃料充分燃烧外，还能有效降低所排放气体中硫和氮的氧化物含量，因为流化床炉内的生物质燃料在燃烧时，温度可保持在800~900 ℃，在这样的温度下，氮氧化物的生成量极少。

11.2.2 气化发电技术

气化发电技术是把生物质转化成燃气，再把燃气输入适宜燃气燃烧的特定锅炉燃烧，产生的蒸汽带动蒸汽轮机再带动发电机发电，其过程也是燃烧产生热能→热能转换成蒸汽→蒸汽转换成机械能→机械能转换成电能。

生物质气化发电技术与直接燃烧发电技术不同，它是先将生物质在气化炉中气化成可燃气体后，可燃气体经过净化再输送到燃气轮机发电。

11.2.2.1 生物质气化

生物质气化是在一定的热力学条件下进行，是将其组成生物质的碳氢化合物转化为含一氧化碳和氢气等可燃气体的过程。这个过程和常见的燃烧过程是有区别的，燃烧过程是给予充足的氧气，使原料充分燃烧，目的是直接获取热量，燃烧后的产物是二氧化碳和水蒸气等不可再燃烧的烟气；气化过程是只供给热化学反应所需的部分氧气，尽可能将能量保留在反应后得到的可燃气体中，因此生物质气化后的产物是含氢、一氧化碳和低分子烃类的可燃气体。

生物质气化是需要经过气化炉来完成，反应过程随着气化炉的类型、气化剂的种类等条件的不同，其反应过程也不完全相同。为更直观地表述生物质的气化过程，现结合生物质下吸式气化炉的气化过程，介绍生物质气化的基本原理。

生物质原料从气化装置的顶部加入，依靠自身的重力逐渐由上部下落到底部，气化后形成的灰渣从底部清涂。空气从气化装置的中部（氧化层）加入，反应产生的可燃气体从下部排出。根据气化装置中发生的不同热化学反应，气化装置可以从上至下依次分为四个区域，分别是干燥层、热解层、氧化层和还原层。

（1）干燥层。生物质原料进入气化装置顶部，被加热至200~300℃，原料中的水分首先蒸发，产生物为干原料和水蒸气。

（2）热解层（干馏层）。生物质干原料向下移动进入热解层，挥发分将从生物质中大量析出，在500~600℃时完成，只剩下残余的木炭。在这一过程析出的挥发分主要为水蒸气、氢气、一氧化碳、二氧化碳、甲烷、焦油和其他碳氢化合物。

（3）氧化层。热解的剩余物木炭与被输入的空气发生剧烈反应，释放大量的热，以支持其他区域反应进行。这一过程的反应速率较快，高度较低，其温度可达到1 000~1 200℃，挥发分参与燃烧后进一步得到降解。

（4）还原层。在还原层没有氧气存在，氧化层燃烧产物及水蒸气与还原层中的木炭发生还原反应，生成了氢气和一氧化碳等气体。这些气体和挥发分形成了可燃气体，完成了固体生物质原料向气体可燃燃料的转化。

11.2.2.2 生物质气化炉

在实际应用中，生物质气化炉可分为两大类，分别是固定床气化炉和流化床气化炉。

（1）固定床气化炉。固定床气化炉是指气化反应是在一个相对静止的床层中进行，依次完成干燥、热解、氧化和还原过程，其特点是有一个容纳原料的炉膛和一个承托反应料层的炉排，优点是结构简单、投资少、制作简便、热效率高，缺点是内部过程难以控制、内部容易形成空腔、处理量较小。

固定床气化炉的生物质原料一般为块状及大颗粒生物质，多用于小型气化站、小型热电联产或户用供气，不适合大规模的生产。

固定床气化炉是将切碎的生物质原料由炉顶加料口投入，原料在炉内按层次进行气化反应，其反应产生的气体在炉内的流动是依靠风机来实现。

按照气体在炉内的流动方向，固定床气化炉还可分为上吸式气化炉、下吸式气化炉、横吸式气化炉和开心式气化炉。

①上吸式气化炉又称逆流式气化炉。上吸式气化炉从上到下分为干燥层、热解层、还原层和氧化层，原料由顶部加入，气化剂从底部输入。

燃料从顶部加入后，然后依靠重力向下移动；空气从下部进入后，向上经过各反应层，产生的燃气从上部排出。原料刚进入气化炉时，遇到下方上升的热气流，首先脱去水分，当温度提高到250℃以上时，发生热解反应，析出挥发分，余下的木炭再与空气发生氧化和还原反应。

空气进入气化炉后，首先与木炭发生氧化反应，当温度迅速升高到1 000℃以上时，通过还原层转变成含一氧化碳和氢等可燃气体，再进入热解层，与热解层析出的挥发分合成为粗燃气，为气化炉产品。

②下吸式气化炉又称顺流式气化炉。下吸式气化炉生物质原料由顶部加入，依靠重力逐渐由顶部移动到底部，灰渣在底部排除；空气在气化炉中部的氧化区加入，燃气出反应层后由下部排出。

在气化炉的最上层，原料首先被干燥，温度达到250 ℃以后开始进行热解反应，大量挥发物质被析出。当达到600 ℃时，大体完成热解反应，此时空气的加入引起了剧烈的燃烧，燃烧反应以炭层为基体，挥发分在参与燃烧的过程中进一步得到降解，这时燃烧产物与下方的炭层进行还原，转变为可燃气体。

下吸式气化炉结构较为简单，加料比较方便，生成的燃气中焦油含量较少，而且运行安全可靠。但是，产出气体流动阻力较大，消耗的功率较大，可燃气体中灰分较多、温度较高。

③横吸式气化炉。横吸式气化炉原料从顶部加入，空气从炉体中间的一侧进入，可燃气体从炉体的另一侧排出。在气化过程中，原料同样要先经干燥层和热解层，再与从另一侧管口输入的空气发生氧化反应，最后发生还原反应。这种气化炉所用的原料多为木炭，反应温度较高。

④开心式气化炉。开心式气化炉是由我国科研工作者研制并应用，其类似下吸式气化炉，是下吸式气化炉的一种特殊形式，所不同的是以转动炉栅代替了高温喉管区。这种气化炉结构简单，氧化还原区小，反应温度较低，多以稻壳作为气化原料。但是，反应产生的灰分较多。

（2）流化床气化炉又称沸腾床气化炉。流化床气化炉一般设有一个热砂床，就是在流化床气化炉中放入砂子作为流化介质，将砂床加热之后，进入流化床气化炉的原料能在热砂床上进行气化反应，并通过反应热保持流化床的温度。

在流化床气化炉中，空气流以一定的速率通过颗粒层，使颗粒原料等像液体沸腾一样悬浮起来。空气是在炉体底部，以较大的压力进入炉内，因此炉内呈现沸腾等状态。物料和空气的充分接触，促使气化反应速度加快，获得较高的产气率。

气化炉气化过程都是采用空气作为气化剂。流化床气化炉下部一般是燃烧的热空气，中上部为燃气混合气，两部分的气体体积变化较大。为使流化床运行在合理的流化速率范围，一般在流化床气化炉的设计上，采用下部小、上部大的结构。

流化床气化炉分为单流化床气化炉、循环流化床气化炉、双流化床气化炉和携带流化床气化炉。

①单流化床气化炉。单流化床气化炉是最基本的流化床气化炉，气化剂从底部气体分布板吹入，在流化床上同生物质原料进行气化反应，生成的燃气直接由气化炉出口送入净化系统中，其反应温度一般在800 ℃左右。

单流化床的气流速率较低，比较适合颗粒较大的生物质原料。但是，它存在着飞灰、夹带炭粒和运行费用较大等问题，不适用于小型气化系统。

②循环流化床气化炉。循环流化床气化炉与单流化床气化炉相比，其区别就在于燃气出口处有旋风分离器或袋式分离器，是将燃料携带的炭粒和沙子分离出来，返回气化炉中再次参加气化反应，这样可以提高碳的转化率。

循环流化床具有较高的流化速率，一般情况下为4~7 m/s，反应温度也控制在700~900 ℃，其使用的大多为100~200 μm的细颗粒原料，可以不加流化热载体，其运行较简单。但是，回流系统难以控制，在炭回流较少的情况下，容易变成低速率的携带床。

③双流化床气化炉。双流化床气化炉由第I级反应器和第II级反应器两个部分组成。在第I级反应器中，原料发生裂解反应生成气体排出后送入净化系统，同时生成的炭颗粒经料脚送入第II级反应器。在第II级反应器中，炭进行氧化燃烧反应使床层温度升高，经过加温的高温床层材料通过料脚返回第I级反应器，从而保证第I级反应器的热源，因此双流化床气化炉的碳转化率较高。

双流化床系统是将燃烧和气化过程分开，两床之间靠热载体（流化介质）进行传热，因此控制好热载体的循环速度和加热温度是双流化床系统的关键技术。

④携带流化床气化炉。携带流化床气化炉是流化床气化炉的一种特例炉型。携带流化床气化炉不使用惰性材料作为流化介质，而是气化剂直接吹动炉中原料，如果流速较大为湍流床。这种气化炉要求原料破碎成非常细小的颗粒，其运行温度要高达1 100 ℃，产出的可燃气体中焦油和冷凝成分较少，碳转化率可达到100%。但是，由于其运行温度较高而易烧结。

生物质气化炉所产出的燃气，均为"粗燃气"，含有一定的杂质，必须经过净化处理后才可以使用。其杂质主要有固体杂质、液体杂质和少量的微量元素。固体杂质又为灰分和微细炭颗粒组成的混合物。不同的原料，灰粒的数量和大小也各异；液体杂质主要是常温下凝结的焦油和水分。

11.2.3 垃圾焚烧发电技术

垃圾焚烧发电是一项变废为宝的工艺，是指通过特定的焚烧锅炉燃烧垃圾产生热能，热能转化为高温蒸汽，推动涡轮机转动，使发电机产生电能。

21世纪以来，我国积极鼓励发展垃圾焚烧发电项目，垃圾焚烧发电装机容量实现稳步增长。2022年，我国垃圾焚烧发电总装机容量达到2 386万kW，占生物质总装机容量的58%，发电量累计达1 268亿kW·h，同比增长16.9%。到2023年，我国垃圾焚烧发电累计装机容量达到约2 577万kW。根据国家能源局的规划，到2025年我国垃圾焚烧发电装机容量将达到3 000万kW以上。

垃圾焚烧前要对收集的垃圾进行分类预处理,将热值较高的垃圾集中收集供直接燃烧发电。然而,在进厂前进行垃圾分类预处理,在我国实施起来还有一定的困难,居民按要求将垃圾分类投放的自觉性还有待提高。目前,垃圾分类预处理还是由发电企业自行分类。

我国垃圾焚烧发电企业高度重视技术创新,积极运用大数据、人工智能、5G等多种新兴技术,推动新技术与核心业务深度融合。目前,我国自主研制的高效节能低氮氧化物新型炉排垃圾焚烧技术,已经由固定炉排垃圾焚烧炉发展到循环流化床焚烧炉,降低了污染物排放浓度。

垃圾焚烧发电厂垃圾焚烧技术分别是层状燃烧技术、旋转燃烧技术和循环流化床燃烧技术。

11.2.3.1 层状燃烧技术

层状燃烧技术锅炉炉排从上往下可分为多层炉排,炉排由传动装置带动,上下各层炉排的运动方向相反。当垃圾燃料通过进料装置进入炉排后,随炉排依次由上往下移动和燃烧,燃烧产生的高温烟气经辐射和对流的方式传热给炉内给水产生高温、高压蒸汽,以此带动汽轮机发电机组发电。其产生的低温烟气,经过除尘、脱硫、脱硝等设备达标后,由烟囱排出。

炉排在移动过程中,垃圾燃料依次通过干燥区、燃烧区和燃尽区,这"三区"也称为三个阶段。在干燥区,垃圾燃料完成干燥和加热,挥发出可燃气体,进入燃烧的准备阶段,此时需要输入的空气量较少;在燃烧区,垃圾燃料和可燃气体进行燃烧,这时需要输入大量空气助力燃烧;在燃尽区,垃圾燃料完全燃尽,然后进行排渣。

因为垃圾燃料的组分不同,各阶段所需燃烧时间和输入的空气量也不相同,合理控制炉排运转速度、给料层厚度和空气量配比,才能更好地获得垃圾燃料的燃烧效果。这种方式,对入炉垃圾燃料的要求不是很高,不需要进行严格的预处理。

11.2.3.2 旋转燃烧技术

旋转燃烧技术采用缓慢旋转的回转窑,内壁采用耐火砖砌筑或水冷壁敷设,为倾斜的圆形滚筒形状。直径4 m、长14 m的旋转焚烧炉,每台处理垃圾量可达300 t/d。垃圾原料由滚筒的一端送入,经热烟气进行干燥,在达到着火温度后燃烧。滚筒由电机带动旋转,内壁上设有挡板,垃圾原料随着筒体滚动,在筒体旋转的作用下,垃圾原料不断翻滚,并从炉体下部反复带到上部,然后再靠自重落下。在此过程中,垃圾原料与输入的空气和高温烟气进行充分接触,因而燃烧比较完全。

当垃圾原料含水量较大时,可在筒体尾部增加一级炉排,用来达到燃尽。滚筒排出的烟气,在通过一垂直的燃尽室(又称二次燃烧室)时,给燃尽室送入二次风,这样烟气中的可燃成分在此得到完全充分燃烧。二次燃烧室的温度可达1 000~1 200 ℃。

调节筒体转动速度和空气输入量可以控制燃烧，其操作简单，焚烧均匀且速度快，运行和维护成本较低。但是，旋转炉的热效率较低，燃烧中会伴有臭味，需要加装脱臭装置。

11.2.3.3 循环流化床燃烧技术

循环流化床燃烧技术是垃圾原料在流化状态下燃烧，其过程与普通流化床锅炉相似。

为保证入炉垃圾原料被充分流化，垃圾原料需要进行一系列筛选、粉碎等预处理，使其尺寸、形态达到均一化。一般情况下，需要破碎到≤15 cm的颗粒状，然后再送入流化床内燃烧。炉内布风板通常设计成倒锥体结构，风帽为L型。床内燃烧温度可控制在800~900 ℃，冷态气流断面流速为2 m/s，热态气流断面为3~4 m/s。一次风经由风帽通过布风板送入流化层，二次风由流化层上部送入。点火燃烧采用燃油预热料层，当预热料层温度达到600 ℃左右时可投入垃圾原料开始焚烧。

当颗粒状的垃圾原料和脱硫用的石灰石经给料器进入炉床后，经输入的空气通过炉床以一定速度向上吹入炉膛，致使颗粒状原料在炉床上翻滚和燃烧，并与空气和高温烟气充分接触，呈现出流化状态，此时粗粒原料在下部燃烧，细粒原料在上部燃烧。当吹出炉膛的粒子进入旋风分离器分离后，再次进入炉膛循环燃烧。燃尽后的灰渣，经冷渣器后排出炉外。

循环流化床的特点是着火稳定性好，低负荷时燃烧稳定性更好，对垃圾原料的适用性也较为广泛，对焚烧热值低、水分高的垃圾原料有较好的适应性。同时，循环流化床的负荷调解范围较大，炉效率可达95%以上。

循环流化床的独特燃烧方式，使氮氧化物、二恶英等有害物质的产生和排放量都少于其他方式，是被公认为垃圾焚烧产生二恶英最少的锅炉。

垃圾焚烧发电在垃圾焚烧时，需要达到4 187 kJ/kg及以上的低位热值，才能不添加辅助燃料。低于4 187 kJ/kg时，需要添加辅助燃料。

11.2.4 沼气发电技术

生物质通过发酵产生主要成分甲烷的沼气，沼气不仅可以用于居民日常烹饪用气，还能用于发电，是清洁可再生能源。

沼气是各种生物质资源在与外界环境隔离的状态下，经过一系列湿度、酸碱度等物理条件作用，被各种微生物分解，进而产生的一种可燃性气体。沼气的成分甲烷含量约为60%，二氧化碳等其他气体含量约为40%。从环保角度看，沼气的主要成分为甲烷，属于温室气体，合理利用沼气有利于环境保护。从能源利用的角度看，沼气的热量为20 800~23 600 kJ/m³。也就是说，1 m³沼气完全燃烧后，可以产生相当于0.7 kg标准煤的热量。

沼气完整的发电工程无论规模大小，都包括原料的收集和预处理、厌氧消化和沼气净化等几个系统。

沼气产生的原理是沼气由多种厌氧微生物混合作用后发酵而产生的。在这些厌氧微生物中，按微生物的作用不同，可分为纤维素分解菌、脂肪分解菌和果胶分解菌等；按照代谢产物不同，还可分为产酸细菌、产氢细菌和产烷细菌等。

在发酵过程中，这些微生物相互协调、分工合作，完成沼气的发酵过程。沼气的发酵过程，可分为不产生甲烷（CH_4）阶段和产生甲烷阶段。其中，不产生甲烷阶段又可分为水解液化过程（又称消化过程）和产酸过程。

水解液化过程多个菌种将复杂的有机物分解成为较小的分子化合物。例如，纤维分解菌分泌纤维素酶，使纤维素转化为可溶于水的双糖和单糖。在产酸过程中，由细菌、真菌和原生物把可溶于水的物质进一步转化为小分子化合物，产生CO_2和H_2。生产甲烷的阶段是由产甲烷菌把H_2、CO_2、乙酸、甲酸盐、乙醇等分解并生成甲烷和CO_2。

沼气发酵的产生物主要有三种：一是沼气，以甲烷和CO_2为主。其中，甲烷含量在55%~70%，是一种清洁能源；二是消化液（沼液），含可溶性N、P、K，是优质肥料；三是消化污泥（沼渣），主要成分是菌体、难分解的有机残渣和无机物，是一种优良有机肥，具有土壤改良功效。

沼气发酵主要有四个特点：一是沼气微生物自身耗能较少。沼气在发酵过程中，沼气微生物自身繁殖需要的能量是好氧微生物的1/30~1/20。这对于基质来说，大约90%的COD（化学需氧量）被转化成沼气；二是沼气发酵能够处理高浓度的有机废物。在好氧条件下，一般只能处理废水COD含量在1 000 mg/L以下，而沼气发酵处理的废水COD含量可以高达1万mg/L以上。酒精醪液、白酒废水、黄酒废水、制革废水、柠檬酸废水、淀粉废水、豆制品废水、造纸黑液、制药废液、乳品加工废水、高浓度啤酒废水、味精废水、糖蜜酒精废水、猪粪水、鸡粪水、牛粪水等各种加工业和农牧业废水都可以作为沼气发酵的原料；三是沼气发酵处理的废物种类较多。沼气发酵可以处理人和禽畜粪便、农作物秸秆、农产品加工废水废渣等。发酵过程中，除去90%的有机质，余下的再经过好氧处理，便可达到国家排放标准；四是沼气发酵受温度的影响较大。在沼气发酵过程中，温度分别可以达到高温50~60 ℃、中温30~35 ℃和自然常温。因此说，高温发酵处理能力最强，中温次之。但是，还需要一定的热能来维持所需要的恒定温度。

沼气发电技术是利用沼气燃烧产生的热能，再转化成机械能并带动发电机组发电。其主要发电设备为特定锅炉、燃气轮机和内燃机等。

从已利用的发电情况看，采用不同类型的发电装置其效率也不同。其中，采用内燃机配合沼气发电具有较高的效率。目前，相较于燃煤发电而言，沼气发电更适合中小型功率设备，而内燃机则恰好满足这一特性。因此，内燃机是沼气发电的常用设备。

沼气内燃机发电系统主要由四个部分组成：沼气内燃机又称发动机。沼气内燃机与通用的内燃机类似，也是具有进气、压缩、燃烧膨胀做功和排气四个基本过程。由于沼气的燃烧热值及特点与汽油和柴油不同，沼气内燃机的设计，必须适合于甲烷的燃烧特性，要具有较高的压缩比，点火期比汽油机和柴油机提前，需要采用耐腐蚀的缸体和管道等；交流发电机。交流发电机与通用的交流发电机是一样的，没有特别之处，只需要与沼气内燃机功率和其他要求相匹配即可；废热回收装置。废热回收装置采用水—废气热交换器、冷却水—空气热交换器和余热锅炉等废热回收装置，回收由发动机排出的废热尾气，以提高机组总能量的利用率。回收的废热可用于消化池料液升温或供热；气源处理。气源处理是将沼气发酵过程中，产生的硫化氢等一些有害气体，在进入沼气内燃机之前进行疏水、脱硫化氢等净化处理，将硫化氢含量降低到500 mg/m³ 以下。

目前，沼气内燃机发电机组主要有压燃式沼气内燃机发电机组和点燃式沼气内燃机发电机组两种。

11.2.4.1 压燃式沼气内燃机发电机组

压燃式沼气内燃机发电机组使用的燃料是由柴油和沼气混合而成。首先将空气和沼气在混合器内混合，再把形成的混合气导入气缸，以接受活塞的挤压。随后，向燃烧室喷入柴油来实现引燃。当柴油开始燃烧后，空气与沼气的混合气体也就燃烧起来，推动活塞做功。

压燃式的特点是燃料中柴油和沼气的比例可以灵活配比。当沼气量足够正常使用时，发动机所消耗的柴油量保持相对稳定；当沼气的供应量不足时，可通过增加柴油量进行调节，极端情况下只用柴油作为燃料也可以让发动机保持正常工作。这样的特点让压燃式发动机使用起来较为灵活，适用于产气量较少的场合。但是，由于其系统复杂，大型沼气发电工程往往不采用。

11.2.4.2 点燃式沼气内燃机发电机组

点燃式沼气内燃机发电机组又称全烧式沼气发电机组。这种机组的特点是结构简单，易于操作。一般情况下，选取较低的压缩比，用火花塞点燃沼气与空气的混合气体，无需辅助燃料，多用于大城市、中型沼气工程等沼气产量大的场景。但是，目前现有沼气发电机组普遍存在燃烧速度慢、排气温度高等问题，这需要通过提高压缩比、提高点火温度等措施来解决。

采用不同方式的沼气燃烧发电技术，其沼气的综合利用率也不相同。沼气特定锅炉。沼气特定锅炉是利用沼气燃烧产生热源并加热消化污泥。这种利用方式只能利用沼气热值的50%；沼气内燃机—余热回收—鼓风机组。这种机组是利用沼气内燃机驱动鼓风机，并利用余热回收装置回收沼气内燃机的余热加热消化污泥，其可利用沼气热值85%~90%；沼气内燃机—余热回收—发电机组。这种机组是利用沼气内燃机驱动发电机发电并与厂内公共电网并网，利用余热回收装置回收沼气内燃机的余热加热消化污泥，其方式能充分利用沼气热值，用率可达85%~90%。

11.2.5 沼气燃料电池发电技术

沼气燃料电池是将沼气化学能转换为电能的一种装置，其所用的"燃料"——沼气并不燃烧，却能直接产生电能。

沼气燃料电池是一种清洁、高效、噪声低的发电装置。在日本和欧美等国家研究较多，而我国的研究也在不断地加大。

广东省广州市番禺水门种猪场就建设了200 kW沼气燃料电池装置。该装置的主要设备由东芝公司下属的ONSI公司提供，型号为PC25TMC。

沼气燃料电池是由三个单元组成，分别是燃料处理单元、发电单元和电流转换单元。

11.2.5.1 燃料处理单元

燃料处理单元主要部件是改质器，其以镍为催化剂，将甲烷转化为氢气，反应过程为（参与反应的水蒸气来自发电单元）：

$$2CH_4+3H_2O（g）\xrightarrow{Ni} 7H_2+CO+CO_2 \tag{11-3}$$

为了降低CO的浓度，在铜和锌的催化作用下，混合气体在改质器后的变成器中得到进一步的改良，反应式为：

$$7H_2+CO+CO_2+H_2O（g）\xrightarrow{Cu、Zn}8H_2+2CO_2 \tag{11-4}$$

11.2.5.2 发电单元

发电单元基本部件由两个电极和电解质组成，氢气和氧化剂（O_2）在两个电极上进行电化学反应，电解质则构成电池的内回路。

电解质可以采用磷酸，其发电效率虽然较低，但温度低（约200℃）。在磷酸电解质中，电池反应为：

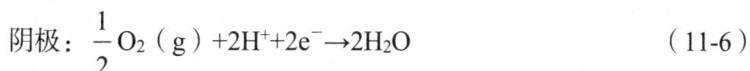

$$阳极：H_2（g）\rightarrow 2H^++2e^- \tag{11-5}$$

$$阴极：\frac{1}{2}O_2（g）+2H^++2e^-\rightarrow 2H_2O \tag{11-6}$$

电子通过导线构成回路时，形成直流电。燃料电池由数百对这样的发电单元组成。

11.2.5.3 电流转换系统

电流转换系统主要任务是把直流电转换为交流电，供交流负载使用还可以并网供电。

燃料电池产生的水蒸气，其热量可供消化池加热或供热用，排出废气的热量也可用于加热消化池。沼气中的有用成分是CH_4，燃料电池要求CH_4的浓度（体积分数）在90%以上，其他成分如CO_2、H_2S等对燃料电池有不利影响，但必须对沼气进行提纯后才能作为燃料电池的燃料。

沼气燃料电池所用的沼气其纯度要求极高，因而需要对沼气进行提纯。双塔式吸收法是沼气提纯的一种简单而有效的方法，这种装置具有组成简单、成本低、操作简便的特点。其方法是第一吸收塔用处理水吸收大部分CO_2和H_2；第二吸收塔用NaOH水溶液溶解吸收，这样可以节省NaOH的用量。用双塔装置提纯沼气，CH_4的回收率较高，其系统运行稳定可靠。

沼气燃料电池的主要优点是电池的工作效率高，能量转换效率可达90%左右，而一般内燃机受卡诺循环的限制，转换效率仅达40%；电池在工作时没有或极少有污染物排放；电池在工作时不产生噪声和机械振动；维护管理容易。

沼气燃料电池的主要缺点是缺乏长期运行经验；排气中除H_2S外，还含有微量磷废气，对环境的影响还不清楚。

沼气燃料电池发电的工作原理与内燃机相似，在其发电的过程中，必须不断地向电池内部输入燃料气体和氧化剂，这样才能确保沼气燃料电池连续稳定地输出电能。与此同时，还必须连续不断地排出水和热量等反应物。

沼气在进入燃料电池前，必须经过重整改质，将其转化成富氢气体，并去除对阳极氧化过程的有毒杂质。

目前，沼气燃料电池的电能转化效率为40%~60%。沼气燃料电池发电时，除转化成电能外，其余部分以热能的形式存在。为确保燃料电池工作温度不能过高，必须把剩余的热能排出电池，或者对剩余热能加以循环利用。

整套完整的沼气燃料电池，其发电系统除具有沼气燃料电池组、沼气供气系统、沼气净化和提纯系统、DC-DC变换器、DC-AC逆变器及热能管理与余热回收系统外，更重要的是要配有燃料电池控制器，这样才能对气、水、电、热等进行管理，形成能够自动运行的发电系统。

11.3 生物质能供热

生物质能供热是指利用生物质原料在燃烧时产生的热能进行供热。其供热方式，除燃烧的锅炉需要专用的外，供热系统的运行方式与热电厂等火力发电厂供热系统基本类似。

11.3.1 生物质能供热优势

生物质能供热原料燃烧需要使用专用锅炉，一般为炉排锅炉或循环流化床锅炉。生物质原料锅炉的供热特点是技术比较成熟，生物质原料成型生产工艺简单；大气污染物排放量较少，生物质原料锅炉燃烧排放SO_2浓度比天然气还低，安装除尘设施后锅炉烟尘、氮氧化物排放达到轻油排放标准，以林农剩余物为主的燃料大气污染物排放可达到天然气标准；经济性高，当天然气价格超过3.5元/m³时，生物质燃料锅炉供热就能显示出成本优势，特别是工业供热，每吨蒸汽价格比天然气低100多元，不需政府补贴；分布式供热，运行灵活，直接在终端消费侧替代燃煤供热，能满足多元化用热需求。

目前，我国生物质原料锅炉供热已具备了产业化的基础和条件，发展潜力较大。可作为能源利用的农作物秸秆、农产品加工剩余物以及林业剩余物资源量每年约4亿t标准煤。据统计，我国65 t/h及以下的燃煤锅炉约46万台，总规模约430万t/h，作为替代燃煤锅炉的清洁供热方式，即使替代2%，生物质原料利用量将超过5 000万t。

2017年12月6日，国家发展和改革委员会、国家能源局发布了《关于印发促进生物质能供热发展指导意见的通知》，要求到2020年，生物质热电联产装机容量超过1 200万kW，生物质能供热合计折合面积约10亿m²，年直接替代燃煤约3 000万t，形成以生物质能供热为特色的200个县城、1 000个乡镇以及一批中小工业园区。到2035年，生物质热电联产装机容量超过2 500万kW，生物质燃料年利用量约5 000万t，生物质燃气年利用量约250亿m³，生物质能供热合计折合供热面积约20亿m²，年直接替代燃煤约6 000万t，在具备资源条件的地区实现生物质能供热普及应用。

11.3.2　生物质能供热技术

《关于印发促进生物质能供热发展指导意见的通知》指出，要打造生物质能供热新兴产业，使产业体系比较完善，生物质能供热技术水平和装备制造能力显著提高，形成一批技术创新能力强、市场规模大的新型企业。目前，在生物质能供热的应用上，我国采用最多的是农作物废弃物秸秆的直接燃烧技术，并以秸秆作为生物质供热的主要原料。

在秸秆替代燃煤供热领域，黑龙江省绥化市海伦市利民节能锅炉制造有限公司走在了前列，成为秸秆大包捆烧直燃技术的领军企业。

海伦利民节能锅炉制造有限公司与哈尔滨工业大学联合开发出"秸秆大包捆烧直燃锅炉"和"秸秆捆烧气化解耦燃烧技术"。经过多次燃烧试验，"秸秆捆烧气化解耦燃烧技术"在"秸秆大包捆烧直燃锅炉"上应用获得成功。这种技术的主要特点是采用全封闭式上料，秸秆炉内破包、炉内烘干、炉内拨料、气化解耦再燃，解决了烟气焦油、灰渣结焦、氯腐蚀、堵烟管等行业痛点和难点；针对秸秆水分高、不好烧的问题，锅炉增加了秸秆预热烘干功能，可有效降低秸秆水分，提高了秸秆的燃尽率，锅炉热效率高达85%以上。

该技术是以秸秆收储运体系为基础，通过秸秆搂草机、收获机、打包机作业，将田间秸秆收集，打捆成大圆包或小方包后，配送至秸秆大包捆烧直燃锅炉进行集中燃烧供热。例如，采用2蒸吨秸秆大包捆烧直燃锅炉，其燃用秸秆960 t/年，可收集周边约2 000亩所产秸秆；采用12蒸吨秸秆大包捆烧直燃锅炉可燃用秸秆5 760万t/年，可收集周边5 km范围内1万亩所产生的秸秆。

秸秆大包捆烧直燃锅炉集中供热技术是将农作物秸秆直接捆包送入专用锅炉燃烧，产生热水、蒸汽，为住宅小区、村屯供热或为工农业生产供热的规模化秸秆燃料化利用，由于不需要秸秆成型等加工生产过程，其运行成本低廉。

秸秆大包捆烧直燃锅炉则以逆流燃烧理论二次燃烧技术、半气化逆向燃烧技术为技术创新方向，采取"间歇性燃烧，持续性供热"的方式运行，填料一次可燃3~4 h，根据气温日进料3~4次，并由水箱温度自动控制进风量，从而控制燃烧速度。当水箱温度达到设定值以后进风停止，处于闷炉状态；当水箱温度下降，自动开启风洞调节阀，再次燃烧。

秸秆大包捆烧直燃锅炉集中供热的技术优势是秸秆消耗量大，自然生态耦合性好。东北地区每年从10月中旬开始供热，供热期长达6个月，而秋季收获从9月中旬就开始到10月中旬结束，与供热期恰好契合，有效解决秸秆露天焚烧问题；运行成本低廉，经济效益显著。与燃煤供热相比，秸秆大包捆烧直燃供热运行成本相对较低，一般锅炉每蒸吨造价15万元左右，可供热面积达7 500 m²，锅炉热效率达到85%以上，高于燃煤锅炉70%左右，供热成本约15元/m²，比燃煤降低10元以上；节能减排效果好，利于改善区域能源消费结构。东北地区农村炊事采热用能在农村能源消费中占比达到60%以上。其中，秸秆薪柴等非商品能源消费仍占主导地位达46%~62%，热利用率仅为20%左右。从需求侧看，农村地区煤炭消费量也逐年增加，消费占比达13%~33%，供热期发电供热用煤总体供应还存在不小的缺口。

因此，将农作物秸秆转化为清洁能源用于供热，不但易于被居民接受，更有利于促进区域能源消费结构的优化。如果按热值等量换算，2 t秸秆的热值相当于1 t燃煤（折合0.7 t标准煤）。目前，黑龙江省现有秸秆直燃供热项目46个，年设计消耗秸秆能力47.97万t，可替代燃煤24万t，相当于减排二氧化碳44.69万t，二氧化硫0.14万t，氮氧化物0.12万t，生态效益显著。

秸秆大包捆烧直燃锅炉集中供热适用的场景为乡（镇）、村两级具备集中供热管网的居民用户供热，以及乡镇政府、学校、卫生院等单位供热，也可用于粮食加工企业粮食烘干、饲养企业畜禽舍圈供热等。

自2020年开始，黑龙江省农村能源总站就在海伦市海北村进行秸秆捆烧生物质热水锅炉供热示范试点，运行三个供热季，每年节约燃料成本300多万元，每季消耗秸秆约4.8万t，排放完全达标，海北村成为"零碳生物质能供热小镇"。2023年12月的隆冬时节，海伦市的室外气温降至零下32 ℃，但是海北镇新村小区居民家中的温度却达到零上26 ℃。

2021年，农业农村部将海伦利民节能锅炉制造有限公司"秸秆捆烧气化解耦燃烧技术"向全国推广。

第12章　电能与供热

电能是流动的"血液"，是支撑经济社会发展的动力源，与人类的生产生活息息相关。电能的生产与使用能够真实反映一个国家和地区经济社会发展的程度。

2024年1月18日，国家能源局发布的数据显示，2023年，我国全社会用电量达到92 241亿kW·h，同比增长6.7%。其中，规模以上工业发电量为89 091亿kW·h。分产业用电看，第一产业用电量1 278亿kW·h，同比增长11.5%；第二产业用电量60 745亿kW·h，同比增长6.5%；第三产业用电量16 694亿kW·h，同比增长12.2%；城乡居民生活用电量13 524亿kW·h，同比增长0.9%。

2024年1—9月，我国全社会用电量累计达到74 094亿kW·h，同比增长7.9%。其中，规模以上工业发电量为70 560亿kW·h。分产业用电看，第一产业用电量1 035亿kW·h，同比增长6.9%；第二产业用电量47 385亿kW·h，同比增长5.9%；第三产业用电量13 953亿kW·h，同比增长11.2%；城乡居民生活用电量11 721亿kW·h，同比增长12.6%。

从上述数字可以看出，电能是经济社会发展的重要引擎。

12.1 电能及电厂动力设备

电能是指电以各种形式做功的能力，其主要来自各种能源的能量转换。就电的本身特性而言，电能是可再生能源，是一种经济、实用、清洁且容易控制的能源。

12.1.1 电能的种类和类型

12.1.1.1 电能的种类

电能可分为直流电能、交流电能、高频电能等。在实际应用中，几种电能可以相互转换。

12.1.1.2 电能的类型

电能是否是清洁能源，其众说纷纭。但是，就电能的能量本身来说，电能确实是属于清洁能源。因为，电能在利用过程中，对环境没有造成任何污染。如果将电能的来源作为判断依据，那么，电能也如氢能一样，可以分为灰电、蓝电和绿电。

（1）灰电。灰电是指以燃煤方式发出的电力。煤的燃烧除了有大量的二氧化碳排放外，还会伴有二氧化硫、氮氧化物和粉尘。目前，虽然脱硫和除尘工艺已基本普及并已达到相关要求，但燃煤锅炉的排放物仍旧是造成环境问题的主因。

（2）蓝电。蓝电是指以燃气等环保型发电机组发出的电力。天然气中95%左右的成分为甲烷，燃烧后的排放物为水和二氧化碳。其中，碳的含量较少。

一般来说，天然气8 500 kcal/m³，燃烧后产生的二氧化碳约为1.885 kg/m³，而标准煤7 000 kcal/kg，燃烧后产生的二氧化碳约为2.6 kg/kg。在同样产生1万kcal的热量时，消耗的天然气量约为1.176 m³，其产生的二氧化碳约2.217 kg；消耗标准煤量约为1.429 kg，其产生的二氧化碳约3.715 4 kg。通过上述简单计算，可以得出在产生同等热量时，天然气的二氧化碳排放量要比燃煤减少40.33%，且燃烧产物中没有大量的粉尘。因此，天然气等环保型发电方式属于相对环保的发电方式。

（3）绿电。绿电是指利用新能源发电技术发出的电力。比如，太阳能发电、风力发电、水能发电、核能发电等。

虽然可再生能源发电技术较为成熟，一批核心技术获得突破，发电设备建造也取得了新的进展。但是，新能源发电设备还具有不稳定性，发电设施投资建设的成本还过高，核能发电的建设周期较长，天然气的来源和价格等因素也制约了在发电上的利用，生物质能、海洋能、空气能等新能源的利用率还较低。

目前，从可再生能源的发电情况看，在我国的电力结构中，近一半是煤电。不过，在全球环境问题的推动下，电能作为一种基础能源，确实需要逐渐由灰电向蓝电再向绿电的转化，并且以蓝电作为过渡性技术，全力推动电能由灰电向绿电的大步迈进。可以预知，未来必将会形成以绿电为主、灰电保障、蓝电辅助的新型电力能源供应结构。

12.1.2 汽轮机

汽轮机又称蒸汽透平机，是发电厂主要做功的动力设备。当锅炉燃烧后，在一定温度和压力下产生过热蒸汽，过热蒸汽进入汽轮机绝热膨胀做功，汽轮机带动发电机转子旋转进而发出电能。

汽轮机发电机组均由汽轮机和发电机两大设备组成。汽轮机的类型可按下列形式划分：按其结构可分为单级汽轮机和多级汽轮机；按其工作原理可分为冲动式汽轮机和发动式汽轮机；按其热力特性可分为凝汽式汽轮机、抽汽式汽轮机、背压式汽轮机；按其主蒸汽参数可分为低压汽轮机、中压汽轮机、次高压汽轮机、高压汽轮机、超高压汽轮机、亚临界汽轮机、超临界汽轮机和超超临界汽轮机，其各主蒸汽压力见表12-1。

表 12-1 汽轮机的主蒸汽压力表

汽轮机	主蒸汽压力/MPa
低压汽轮机	1.18~1.47
中压汽轮机	1.96~3.92
次高压汽轮机	4.90

续表

汽轮机	主蒸汽压力/MPa
高压汽轮机	5.58~9.81
超高压汽轮机	11.77~13.93
亚临界汽轮机	15.69~17.65
超临界汽轮机	>22.15
超超临界汽轮机	>32.00

汽轮机主要是由汽轮机本体、汽水系统、调速系统、油系统等组成。

汽轮机本体设有转动部分和静止部分。转动部分是指汽轮机转子；静止部分是指汽缸、滑销、隔板、隔板套、喷嘴、汽封等。

汽水系统是指主蒸汽管道、主蒸汽进汽、除氧器、凝汽器、凝结水、冷却塔循环水以及各个回热加热设备。

调速系统是指调速汽阀，通过增大或减小调速启发的开度，调节汽轮机发电机组的发电功率。

油系统是指机组运行中的润滑油，主要由各油泵、冷油器和油管道组成。

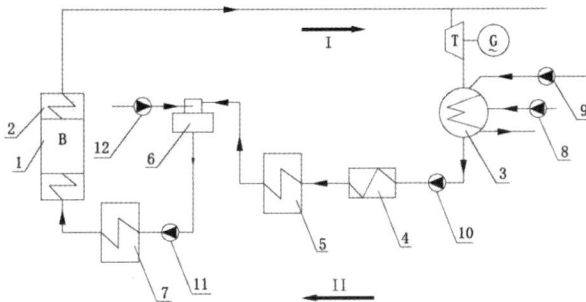

图中，I——过热蒸汽流经方向；II——凝结水流经方向；B——锅炉；T——透平；G——发电机；
1——省煤器；2——汽包；3——凝汽器；4——轴封加热器；5——低压加热器；6——除氧器；7——高压加热器；
8——冷却塔循环水泵；9——除盐水泵；10——凝结水泵；11——锅炉给水泵；12——疏水泵。

图 12-1 汽轮机系统运行原理

根据图12-1所示，锅炉产生一定压力和温度的过热蒸汽后，由主蒸汽管道进入汽轮机，推动汽轮机转子叶片做功，使转子高速旋转。由于汽轮机转子与发电机转子通过联轴器柱销固定，继而发电机转子也随之做高速旋转并切割磁感线产生电流，此时蒸汽做功完成，蒸汽的内能转化为电能，根据电网的需求，通过对调速汽阀开度的控制，调整机组发电负荷。

做功后的蒸汽随即进入汽水系统，由汽轮机排汽缸排出进入凝汽器，排出的蒸汽，一般称之为乏汽。汽水系统几个主要的设备为凝汽器、除氧器、低压加热器、锅炉给水泵和高压加热器等。凝汽器可简单看作是一种换热器，里面布满铜管，冷却塔的循环冷却水进入凝汽器铜管，与汽轮机的乏汽进行换热，温度升高的冷却循环水返回至冷却塔，将热量散发至大气中，而由于乏汽热量被循环冷却水带走，继而凝结成水，通过凝结泵，进入低压加热器加热。低压加热器的热源来自于汽轮机下汽缸底部的抽汽孔，一定温度和压力的蒸汽通过抽汽孔流入低压加热器中，将进入低压加热器的凝结水进行初步加热。低压加热器加热后的水，依然由凝结水泵送入除氧器中。除氧器中的进水，除了有机组乏汽的凝结水，还有各加热器的疏水以及除盐水等，通过蒸汽加热除氧器的进水，使水面上水蒸气的分压力逐渐增加，其他气体分压力逐渐降低，水中的气体就不断地分离析出，当水被加热到除氧器压力下的饱和温度时，水面上的空间全部被水蒸气充满，各种气体的分压力趋于零，此时水中的氧气及其他气体就被去除掉。析出的气体由除氧器的排气管道排出，除氧过后的水流入除氧器的除氧水箱中，通过高低压差，进入锅炉给水泵。锅炉给水泵为多级离心泵，通过每一级叶片的升压，将除氧水加压至一定的压力后，送入高压加热器进行二次加热。高压加热器的热源同样来自汽轮机下汽缸的抽汽孔，将除氧水再次加热后，最终送入锅炉重新产生过热蒸汽。

汽轮机按照热力特性，还可以分为凝汽式汽轮机、抽汽式汽轮机、背压式汽轮机和中间再热式汽轮机等。

12.1.2.1 凝汽式汽轮机

凝汽式汽轮机又称纯凝式汽轮机。根据汽轮机运行的基本原理，汽轮机下汽缸底部会设有抽汽孔，抽汽孔的作用就是把汽缸内的过热蒸汽抽出，并输送至厂外其他使用的地方。然而，凝汽式汽轮机所设计的抽汽孔，是给低压加热器、高压加热器、除氧器供给运行所需要的加热蒸汽，并没有设计向厂外输送蒸汽的抽汽孔，因此将这类不具有抽出过热蒸汽的汽轮机，又称为纯凝式汽轮机。

纯凝式汽轮机一般以N作为型号标识。例如，N50-8.83/535，表示纯凝式汽轮机额定功率为50 MW，主蒸汽额定压力8.83 MPa，主蒸汽额定温度为535 ℃。

12.1.2.2 抽汽式汽轮机

抽汽式汽轮机是设有抽出过热蒸汽的汽轮机，其抽出的过热蒸汽可以向外输送满足周围工业用户的用热需求，它可根据用户对蒸汽参数的不同需求，将不同压力的蒸汽输送给工业用户。

抽汽式汽轮机所抽出的过热蒸汽，越靠近机头位置的抽汽孔抽出的过热蒸汽压力越高。从机头向排汽缸方向，其抽汽的压力依次降低。

抽汽式汽轮机一般以C或者CC作为型号标识。C代表单抽汽，即汽轮机仅设计一个对外抽汽的抽汽孔；CC代表双抽汽，即汽轮机设计两个对外抽汽的抽汽孔。例如，C50-8.83/535/0.981，表示单抽汽式汽轮机额定功率50 MW，主蒸汽额定压力8.83 MPa，主蒸汽额定温度为535 ℃，额定抽汽压力为0.981 MPa。

12.1.2.3 背压式汽轮机

背压式汽轮机是指排汽压力大于大气压力。背压式汽轮机没有凝汽器，蒸汽在汽轮机内做功发电后直接进入排汽管道，用于工业供汽或者供热水加热。

背压式汽轮机一般以B作为型号标识。例如，B25-8.83/535/0.981，表示背压式汽轮机额定功率25 MW，主蒸汽额定压力8.83 MPa，主蒸汽额定温度为535 ℃，额定排汽压力为0.981 MPa。

12.1.2.4 中间再热式汽轮机

中间再热式汽轮机是大功率的双缸及以上的汽轮机组，设计有中间再热系统。这种汽轮机的汽缸分为高压缸、中压缸和低压缸，主蒸汽首先进入高压缸做功，做功后从高压缸排出进入锅炉再热系统，重新加热到额定参数后再进入中压缸、低压缸做功发电，最终乏汽排入凝汽器中。一般来说，135 MW以下（含135 MW）的汽轮机采用单缸结构，300 MW以上（含300 MW）的汽轮机采用2~4缸结构。

由于蒸汽在汽轮机内是绝热膨胀做功，随着主蒸汽从汽轮机转子第一级叶片向末级叶片的不断做功，当蒸汽流经末级叶片时已经进入湿蒸汽区，因此采用中间再热可以有效改善蒸汽在流经低压缸末级叶片时的湿度，减轻湿蒸汽对末级叶片的腐蚀，增大蒸汽在中压缸和低压缸的焓降，提高汽轮机的效率。

12.1.3 燃气轮机

燃气轮机是以气体为燃料，其燃料与空气混合成一定比例燃烧产生高温高压燃气带动压气机、涡轮机高速旋转，将燃料的化学能转变为机械能的内燃式热力发动机，是电厂的主要动力设备，其优点是效率高、污染低和可靠性高、便于维护等。通常情况下，燃气轮机的燃料为天然气。但是，随着新能源技术的不断进步，未来氢气、氨气也可能成为燃气轮机的主要燃料。燃气轮机最基本的原理是燃料燃烧产生的燃气作为设备做功的动力源。燃气轮机的类型可按下列形式划分：按照结构可以分为重型和轻型；按照功率可以分为大型、中型、小型和微型；按照用途可以分为电力燃气轮机、机械驱动（船舶）燃气轮机和航空燃气轮机。

燃气轮机的研制，几乎涵盖了力学的全部理论和应用，其压气机的气动性、燃烧室高温零部件的冷却防护、涡轮冷却气流的流道设计等都是尖端技术，因此燃气轮机和航空发动机也号称"世界上最难制造的机械设备"。

燃气轮机在电力领域，具有启动快速等特点，可有效保障电网的安全运行，很适合作为备用电源承担电网中高峰负荷的调峰。

燃气轮机的级别分别标有字母A、B、C、D、E、F、G、H，在字母前还标注固定的数字代号。字母表示的是机组燃气的入口温度，数字表示赫兹。例如，9代表的是50 Hz的机组，7代表的是60 Hz机组等，其各级别燃气轮机见表12-2。

表 12-2 燃气轮机级别标识表

级别	A	B	C	D	E	F	G	H
入口温度/℃	900	1 000	1 100	1 200	1 300	1 400	1 500	1 600

燃气轮机机组燃气入口温度越高，代表机组的功率越大，其内部部件的耐高温技术、冷却技术、抗腐蚀技术等都有着极高的要求。

燃气轮机主要由三大部件组成，分别是压气机、燃烧室和透平。

12.1.3.1 压气机

压气机的作用是连续不断地将机组周围的空气吸入并不断压缩，与燃料通过一定比例混合进行燃烧，其压缩过程主要以做功的形式完成。

根据气体在压气机叶轮中的流动过程，可分为轴流式、离心式和斜流式三种。

由于燃气轮机的热力循环需要对空气进行较高的增压，这就需要多级压气机才可以实现，因此发电厂燃气轮机在大功率输出时，所需要的气力流量较大。所以，一般都是采用多级轴流式压气机。

12.1.3.2 燃烧室

燃烧室是燃料与空气混合后进行燃烧并产生高温高压燃气的场所。燃料通过喷嘴进入燃烧室后，与从各个不同部分流入的压缩气体逐步混合并燃烧。

燃烧室的燃烧工况，直接影响到燃气轮机机组的安全和稳定运行。在燃烧室工作时，空气流量很大，流速较高，远超燃料火焰稳定的流速要求，就好比在超过12级大风中保持火焰不熄灭、燃烧稳定。在负荷调整过程中，尤其是减负荷燃料供应量减小时，要保证燃烧室不会发生熄火。燃烧室燃料燃烧温度较高，常见的F级燃气轮机燃气温度高达1 400 ℃，这对燃烧室材料的耐高温、抗腐蚀、耐热应力等方面提出非常高的要求。

12.1.3.3 透平

透平是一种涡轮机，是将燃烧室出来的高温高压燃气的热能转化为动能的装置，并带动压气机向外输出净功。

透平是由一组组动、静叶片组成，每一组动、静叶片叫作一级。高温高压燃气首先流经静叶片，压力降低，绝对速度升高，此时热能转化为动能，通过冲击静叶片后面的动叶片使其旋转形成机械能，向外输出净功。

透平还依据气体流动方向的不同，分为轴流式和向心式。轴流式透平流量大、效率高，但是级做功能力小；向心式透平做功能力大，但是流量小、效率低。因此，轴流式透平一般适用于大功率的燃气轮机，向心式透平一般适用于小功率燃气轮机。

12.1.4 我国重型燃气轮机实现零突破

2022年11月25日，我国首台国产50 MW重型燃气轮机在东方电气集团东方汽轮机有限公司成功下线，从四川省德阳市发往广东省清远市，这标志着我国在重型燃气轮机领域实现了"零"的突破。

这台被称为"争气机"的首台国产F级50 MW重型燃气轮机，是由东方电气集团历时13年自主研发。重型燃气轮机是发电和驱动领域的核心设备，体现了一个国家的重工业整体能力，被公认为世界上最难造的机械装备。

1939年，世界上第一台发电用重型燃气轮机诞生以来，经过半个多世纪的技术进步和企业重组，美国通用电气公司（简称"GE"）、德国西门子股份公司（简称"西门子"）和日本三菱重工业股份有限公司（简称"三菱重工"）各自形成了完整的技术体系和产品系列，垄断了全球重型燃气轮机市场。

在实现重型燃气轮机自主化道路上，我国一直受制于缺乏核心技术，致使燃气轮机产业发展一路起起落落荆棘遍布。自2001年至2007年的6年间，我国三次以"打捆招标、市场换技术"的方式，引进GE、西门子、三菱重工的F级和E级重型燃气轮机50余套，由哈气GE、东气三菱、上气西门子、南汽GE四个联合体实现国产化制造。然而，由于燃气轮机设计研发的高精度高难度及外企技术封锁等原因，10多年的"市场换技术"并未让我国如愿掌握核心技术。据了解，上述中外合作项目均不涉及燃气轮机的设计研发合作。压气机、燃烧室、高温透平叶片等需要定期更换的三大核心部件，国外厂家不予转让设计制造技术。这就是说，中国企业只能照图加工完成制造和销售，却无法参与联合研发，更别说涉足利润更为丰厚的燃气轮机服务环节，极大地制约了我国重型燃气轮机的可靠性和经济性。

2005年，东方电气集团第一台F级重型燃气轮机试车成功。5年后，福建省莆田电厂3号机组投入运行的350 MW燃气轮机是由东方电气集团制造，达到了世界领先水平。这是东方电气集团多年来的"集大成之作"，其国产化率达到79%，创下国内燃气轮机国产化率的最高纪录。但是，79%却成了我国整个燃气轮机行业的痛点。因为，79%已是当时燃气轮机行业国产化率的最高极限。燃气轮机的涡轮叶片要承受超过1 400 ℃的超高温，当时国内没有一家企业能做。与此类似的核心部件虽然只占21%，但核心技术却被国外企业紧紧地抓在手里。

必须突破国产化率79%的极限。自2009年起，东方电气集团汇聚科研资源，在所属企业——东方汽轮机有限公司组建科研团队，开启了自主研发F级50 MW重型燃气轮机的艰辛历程。

50 MW重型燃气轮机的零部件多达数万个，从设计技术到材料机械再到试验设施，都是一项非常庞大复杂的系统工程。据东方电气集团的公开资料显示，其团队先后完成了燃气轮机总体和部件结构设计，建成了国内首个高压比大流量压气机试验台、国内首个F级燃烧器试验台、多个透平部件试验台和国内最大功率的整机测试平台，并成功攻克高温透平叶片毛坯制造难关。

2019年9月27日，自主研发初战告捷，我国首台F级50 MW重型燃气轮机整机点火试验一次成功，实现了我国燃气轮机行业追逐了60多年的梦想。2022年12月31日，被称为代号"G50"的首台国产F级50 MW重型燃气轮机在中国华电集团有限公司广东省清远市华侨工业园天然气分布式能源站首次点火成功。2023年1月3日，实现并网发电；3月8日，顺利通过72+24 h试运行，研制、安装、调试工作圆满完成，正式投入商业运行。

清远市华侨工业园天然气分布式能源站项目是建设2×75 MW联合循环机组，配置2套50 MW级燃气轮机发电机组，2台双压余热锅炉，1套抽凝式汽轮发电机组和1套抽凝背式汽轮机发电机组，组成2套"一拖一"联合循环供热机组，一年可减少碳排放超过50万t，联合循环1 h发电量超过7万kW·h，可以满足7 000个家庭1天的用电需求。

仅仅13年，我国重型燃气轮机经历了从基础理论、单元技术、零部件实验、系统集成、综合验证、产品应用的全过程，跨越式地走完了西方国家几十年的发展道路。自此，我国真真切切地有了重型燃气轮机自主设计、自主制造、自主试验及商业运行的100%国产化能力，掌握了"卡脖子"的关键核心技术，打造了安全可控、自主可靠的燃气轮机产业链，填补了我国自主燃气轮机应用领域的空白。

据介绍，我国首台国产F级50 MW重型燃气轮机共有2万多个零部件，工作压力18个大气压，等于海底180 m深水压，其工作温度超过1 300 ℃，以6 000 r/min的转速高速旋转。目前，F级燃气轮机是在役主流机型。

2024年2月28日，我国自主研制的F级300 MW重型燃气轮机首台样机在上海临港总装下线，这是我国又一次实现大功率重型燃气轮机自主设计制造。

此次下线的F级300 MW重型燃气轮机由5大系统、5万余个零部件构成，是我国首次自主研制的最大功率、最高技术等级的重型燃气轮机，将成为带动高端装备制造业发展的重要力量，其采用的新技术、新材料、新工艺，对我国燃气轮机基础学科进步、产业技术发展都具有显著的带动和辐射作用，对保障我国能源安全和绿色发展、推进新型工业化、加快建设制造强国具有重要意义。

该燃气轮机由国家电力投资集团有限公司作为项目实施责任主体，联合哈尔滨电气集团有限公司、中国东方电气集团有限公司、上海电气集团股份有限公司组建联合重燃公司负责具体实施，首台样机由上海电气集团总装制造，北京市、辽宁省、上海市、江苏省等19个省市200余家企业、科研院所、高校等参与研制。经过8年的集体攻关，研究团队攻克高温合金材料、控制系统设计、部件及整机设计、热端部件制造等多项关键核心技术。

12.2 汽轮机与燃气轮机联合循环

汽轮机与燃气轮机在发电的效率上相差不大，但两种动力设备的热力循环特点却具有明显的区别。燃气轮机的初温较高，F级燃气轮机的初温可达1 400 ℃，其排气温度也较高，大功率燃气轮机排气温度可高达550~650 ℃。因此，大量的热量随着排气散发至大气中，造成了热能的大量浪费。

汽轮机的排汽温度与常温相差不大，但其进汽初温受锅炉材料的限制较大，无法达到很高，效率得到限制。

综上可见，燃气轮机排气温度较高，与汽轮机进汽温度近似，如果将两者结合起来，优势互补，既可减少燃气轮机的热能损失，又能提高两种设备的运行效率，因此把这种联合运行的方式，称之为燃气—蒸汽联合循环。

12.2.1 燃气—蒸汽联合循环

燃气—蒸汽联合循环简单地说，就是以余热锅炉作为桥梁，将燃气轮机、汽轮机及其辅机联合运行。

这种循环的工作原理是燃料进入燃气轮机，与压气机送来的压缩空气混合进行燃烧，形成的高温燃气进入余热锅炉，将给水加热成一定压力和温度的过热蒸汽，随后进入汽轮机做功，汽轮机乏汽的凝结水通过水泵再次送入余热锅炉生成过热蒸汽，往复循环。因此，余热锅炉是燃气—蒸汽联合循环的关键所在，它是将高温燃气转化为过热蒸汽的重要设备。

基于余热锅炉的重要特性，常规的燃气—蒸汽联合循环主要有无补燃型余热锅炉联合循环、补燃型余热锅炉联合循环和增压型锅炉联合循环三种类型。

12.2.1.1 无补燃型余热锅炉联合循环

无补燃型余热锅炉联合循环是指燃料全部由燃气轮机加入，燃烧形成的高温燃气加热给水，形成过热蒸汽进入汽轮机做功。

由于燃料全部由燃气轮机加入，因此该循环中燃气轮机为热力驱动来源，汽轮机为余热利用装置，整个循环过程受燃气轮机工况影响较大。燃气轮机排气温度较高，汽轮机排汽温度近似常温，所以整个循环的热能能够较好地梯级利用，效率较高，可达60%。

12.2.1.2 补燃型余热锅炉联合循环

补燃型余热锅炉联合循环与无补燃型余热锅炉联合循环结构基本一致，区别是在余热锅炉上或者燃气轮机和余热锅炉之间加装补燃器装置。

在循环运行中，燃料不仅由燃气轮机部分加入，而且在余热锅炉中或燃气轮机和余热锅炉之间的通道中也会加入一定的燃料，利用燃气中剩余的氧气进行燃烧，进一步提高燃气的温度，使余热锅炉可以产生初参数更高的过热蒸汽，增加汽轮机的功率和对外供热。但是，由于补燃气的热能只能在汽轮机中循环，能量未被很好地梯级利用，其效率普遍低于无补燃型余热锅炉联合循环。

这种方式适用于燃气轮机参数低、燃气温度低、效率低等情况下，是为了使蒸汽流量变大、提高汽轮机功率或增加机组供热能力。因此，补燃型余热锅炉联合循环较适用于热电联产机组，在供热时热、电分离，通过调整补燃器工况可以灵活调节热量输出比例。由于补燃器的燃料不进入燃气轮机，因此可使用品质较差的燃料。

12.2.1.3 增压型锅炉联合循环

增压型锅炉联合循环是将发电厂现有的锅炉与燃气轮机的燃烧室合二为一，将燃气轮机的压气机代替锅炉送风机,使锅炉在燃气轮机的工作压力下进行燃烧和换热。

在循环过程中,给水在增压锅炉内吸收热量形成过热蒸汽,进入汽轮机做功。增压锅炉的排汽进入燃气轮机中的涡轮机做功,涡轮机的排汽又可将给水在进入增压锅炉前进行预热,因此可以节省汽轮机高压、低压加热器的蒸汽用量。

这种循环的特点是蒸汽是在增压锅炉中产生,不受制于燃气轮机的涡轮机排汽温度限制,且增压锅炉内燃烧的压力较高,烟气质量流速较高,锅炉传热效率也相应较高,相比同蒸汽参数锅炉具有体积小、锅炉尺寸小的优势。但是,这种类型联合循环也存在热能未能有效利用的问题,锅炉在高压状况下必须保持稳定燃烧和良好的密封等要求,所需的造价也较为昂贵,且燃气轮机不能独立运行。

由于燃气轮机在发电厂的布置较为灵活,汽轮机和燃气轮机两种动力设备的联合运行方式也是多种多样,在燃气—蒸汽联合循环方式中,还可以分为"一拖一""二拖一"或"多拖一"方式。

12.2.2 "一拖一"方式

"一拖一"方式是指由一台燃气轮机、一台汽轮机、一台发电机以及一台余热锅炉组成。这种布置方式,依据主轴是否为三位一体,又可分为单轴布置和分轴布置两种。

12.2.2.1 单轴布置

单轴布置是指燃气轮机、汽轮机、发电机三体一轴的方式布置。单轴布置根据发电机的布置位置不同,又可分为四种情况,分别是发电机中置,燃气轮机冷端输出功率;发电机中置,燃气轮机热端输出功率;发电机偏置,燃气轮机冷端输出功率;发电机偏置,燃气轮机热端输出功率。

发电机中置是指发电机位于燃气轮机和汽轮机中间,这种布置的方式也是较为推崇的一种方式,其好处在于发电机和汽轮机之间安装同步离合器,即燃气轮机可单独运行,与汽轮机脱开,这将极大提高电厂运行的灵活性。但是,其缺点是由于发电机中置,在机组检修时发电机转子无法轴向取出,检修工作较为不便。

发电机偏置是指发电机位于汽轮机一侧。燃气轮机冷端及热端输出功率是指汽轮机或发电机与燃气轮机的压气机相连还是与燃气轮机的透平相连。如果与压气机相连,则称为燃气轮机冷端输出功率;如果与透平相连,则称为燃气轮机热端输出功率。目前,采用较多的是燃气轮机冷端输出功率,因为压气机冷端温度较低,冷态与热态之间的轴向位移较小,透平的排汽轴向输出排汽损失也较小。

燃气—蒸汽联合循环的单轴布置方式,具有结构紧凑、效率较高、设备投资较少、厂房占地较小和设备启动灵活等优势,在新建项目中被广泛采用。

12.2.2.2 分轴布置

分轴布置是指燃气轮机和汽轮机分别与一台发电机相连的形式。其中，燃气轮机同样有着冷端输出功率和热端输出功率之分。相比于单轴布置其设计结构、厂房占地、设备投资、相关部件等方面均劣于单轴布置。但是，多轴布置对燃煤电厂现有机组的改造具有更大的优势，安装周期短的燃气轮机可以及早投产运行，并且检修较单轴布置更为方便。

12.2.3 "二拖一"或"多拖一"方式

"二拖一"或"多拖一"布置方式是指两组燃气轮机或多组燃气轮机同时提供过热蒸汽进入汽轮机做功。

"二拖一"或"多拖一"布置一般采用一台汽轮机，因为进入汽轮机的蒸汽流量远多于单轴布置机组中的单台汽轮机，能够提高汽轮机的内效率，进而提高整个联合循环的效率。

"二拖一"或"多拖一"布置中，各个轴均可以独立运行。在某一台汽轮机因某些原因停运时，不会影响其他汽轮机的运行，并且工况均在额定负荷下运行，使整套系统即便是在部分负荷下运行，也可保持较高的效率。

联合循环方式除燃气—蒸汽联合循环外，还有燃煤联合循环（整体煤气化联合循环、增压流化床燃煤联合循环、常压流化床燃煤联合循环等）和注蒸汽燃气轮机联合循环、湿空气涡轮机联合循环、卡琳娜循环、氢氧联合循环等。

12.3 氢氧联合循环和纯氢燃气轮机

由于氢能作为未来一种重要的清洁可再生能源，越来越多地受到各国的关注和科研人员的重视，因此现对氢氧联合循环和纯氢燃气轮机做以简要介绍。

12.3.1 氢氧联合循环

氢氧联合循环是以纯氢作为主要原料，与纯氧按摩尔比2：1的比例混合燃烧，产生高温水蒸气进入透平做功，最终以凝结水的形式排出，避免了其他联合循环高温区和低温区之间的换热损失，热力性能非常优越，而且氢气与氧气完全燃烧只生成水，不会给大气环境造成任何污染。所以说，氢氧联合循环也将会成为未来氢能利用的主流方式之一。

12.3.2 纯氢燃气轮机

目前，世界各国都在积极将燃气轮机的研发转向掺氢、纯氢燃气轮机的技术路线。在纯氢燃气轮机的研发上，需要解决回火、热声振荡和氮氧化物排放三个关键技术。当燃烧室处于严重回火自燃和燃烧不稳定状态时，不仅头部会被烧蚀，还可能造成部件或整机损坏。此外，由于氢气燃烧温度较高，容易将空气中的氮气转化为氮氧化物。2023年，我国在大中型纯氢燃气轮机的研发上取得了重大突破，走在了世界前列。

12.3.2.1 全球首台30 MW纯氢燃气轮机下线

2023年12月26日，由明阳智慧能源集团股份公司所属的明阳氢燃动力科技有限公司（简称"明阳氢燃"）自主研制的全球首款30 MW级纯氢燃气轮机正式下线，标志着我国大中型燃气轮机在氢能应用领域取得里程碑式的发展，在"卡脖子"技术上取得重大突破。

30 MW级氢燃气轮机配置10组独立的由明阳氢燃自主研发的"木星一号"纯氢燃烧室，最大耗氢量为3.8万m^3/h，每年可消耗绿氢1万t，年发电调峰近2亿kW·h，可实现100%的纯氢燃烧和真正意义的"零碳排放"，可以应用在"沙戈荒"地区或"大基地"项目，推动零碳城市、零碳工业园区、零碳社区建设，助力乡村分布式零碳能源体系的构建，为绿色供热、供能、供汽发挥不可替代的作用。

"木星一号"纯氢燃烧室是明阳氢燃联合了国内10余所高校专家学者，针对易回火、易振荡、氮氧化物排放高的三个世界性技术难题，基于纯氢燃料，通过理论分析、数值仿真和试验测试等综合手段，不断优化燃烧室结构，实现纯氢燃气轮机燃烧室的低排放和高效稳定燃烧。据介绍，"木星一号"纯氢燃烧室采用了模块化设计，具有安全、低氮、功率调节范围宽和低成本的特点，便于更换维修，运维成本大大降低，性价比高。

12.3.2.2 我国首台纯氢燃气轮机示范项目核准批复

2022年9月27日，由国家电力投资集团有限公司内蒙古公司电力分公司推进的国内首台纯氢兆瓦级燃气轮机示范项目获得核准批复，这标志着我国在纯氢燃气轮机国产化替代方面迈出了重要的一步。

该项目位于内蒙古公司电力分公司A厂厂区，计划建设以氢气为燃料的1套1.7 MW纯氢燃气轮机发电机组、1台单压余热锅炉、容量2万Nm^3气态储氢装置配置。项目以氢为载体，实现电能、氢能、热能等多能耦合，通过可再生能源所发电力，制取氢气供应氢燃气轮机发电机组，将波动性强、间歇性大的新能源发电转化为稳定的氢能发电，有效降低了新能源发电对电网的冲击，为储氢—发电回网积累运行经验。同时，氢燃气轮机排气余热还可以用于加热生活用水，提高能源利用效率。

12.4 发电机

发电机是指利用磁场把机械能转化为电能的装置。发电机的类型较多，但无论哪种类型的发电机，其工作原理都是基于电磁感应定律和电磁力定律，是利用电磁感应产生电流。驱动发电机将机械能转变成电能的设备，主要是涡轮机等动力设备。

在现代电力工业中，同步发电机广泛应用于火力发电、核能发电、水力发电以及柴油机发电等。同步发电机的主要部件是由定子、转子、电刷、集电环和冷却系统及其他结构件等组成。

12.4.1 定子

定子是发电机的固定部分，是由外壳（机座）、定子铁芯、定子绕组等部件构成。

12.4.1.1 外壳（机座）

外壳（机座）是由一个焊接结构密闭的圆柱形罩壳构成。为确保外壳刚度，在内壁焊有多圈圆环筋与轴向筋。圆环筋较宽，开有多个通气孔，便于冷却气体流动。外壳具有较好的密闭性，可以防止冷却介质泄露。在外壳的下方，还装有发电机的出线盒，发电机发出的三相交流电从这里引出。

12.4.1.2 定子铁芯

定子铁芯是采用多层硅钢片叠成，其硅钢片涂有绝缘漆相互绝缘，具有良好的导磁性能。在定子铁芯的内圆周开有嵌放定子线圈的槽用来安装定子绕组，在槽口有固定槽楔的鸠尾槽，槽楔用途是压住定子线圈。

为确保通风冷却，定子铁芯分成多段，段间有缝隙实现径向通风。在定子铁芯的两端，用定子压圈和穿心螺杆压紧定子铁芯，将定子铁芯固定在定子外壳上。

12.4.1.3 定子绕组

定子绕组是在定子铁芯的槽口内，嵌放定子的三相绕组。定子绕组一般为双层叠绕，每相绕组由多个线圈组成，按一定规律对称排列。线圈是用一根根铜条或铜管弯成，在端部进行连接形成线圈。嵌装好的线圈，要在槽口插入槽楔，将线圈压紧固定。

12.4.2 转子

转子是发电机的旋转部分，通常由转子铁心和转子绕组等部件构成。

12.4.2.1 转子铁芯

转子铁心是用高强度高磁导率的合金钢整体制成的大轴，为细长型。由于汽轮机发电机或燃汽轮机发电机的转速较高，转子磁极表面线速度可以达到150 m/s以上，其离心力较大，故转子铁芯大轴直径不能太大。

在转子铁芯大轴的外圆周开有嵌放转子绕组（线圈）的槽，在槽口两侧有鸠尾槽是用来固定槽楔，槽的底部开有用于通风的副槽。同时，大轴本体和绕组上还有一些轴向与径向的孔隙，是用来通风冷却。由于各种发电机冷却方式不同，孔隙布置走向也不相同。

转子铁芯大轴因开槽，故在轴向上形成一些柱体，柱体两侧各有一段槽距大的面，称为"大齿"，就是磁极，也称为隐极式转子。隐极式转子将励磁绕组分成多个线圈，以便于安装和加固。

12.4.2.2 转子绕组

转子绕组又称转子励磁绕组。转子绕组是指在转子铁芯大轴的槽中嵌有多个线圈串联起来组成的转子励磁绕组。当励磁绕组通有电流时，就会在转子磁极部分感应出强大的磁场；当转子由燃气轮机和汽轮机带动旋转时，就会在定子绕组内感应出电压。

在转子大轴的励磁端安有集电环（滑环），转子绕组的两个线端分别连接着两个集电环。当转子绕组两个线端通过集电环获得励磁电源时，在转子圆周两侧就形成了北极（N）和南极（S），旋转时就产生了磁场。为降低发电机的温度，在转子两端还装有轴流或离心风扇，对机体内气流进行强制循环。

12.4.3 电刷

电刷是与转子绕组接触的部分，它与集电环紧密接触。电刷是由天然石墨制成，具有较好的自润滑特性，导电性能良好。电刷安装在刷盒内，可以自由上下移动，压簧把电刷压向集电环，使电刷与集电环有一个恒定的压力及摩擦力，以保证励磁电流的可靠、稳定供给。

12.4.4 集电环

集电环又称滑环，是采用耐磨的优质合金钢制成，是一种通电的环形导体，以确保电流的传递。

为降低集电环温度，在集电环开有通风孔，在两个集电环之间还装有离心风扇。

12.4.5 冷却系统

发电机在运行中产生的热量较大，必须要有强有力的冷却系统。不同型号的发电机，定子、转子、机壳等主要部件结构基本一样，但冷却系统却不相同。发电机采用的冷却介质，主要是氢气、水和空气。

氢气、水和空气作为冷却介质时的优点是：氢气密度小，导热系数大，大大提高散热能力；水的热容量大，导热系数大，价格低廉；空气从大气中获取，方便、廉价、简易，腐蚀性小。但是，氢气、水和空气作为冷却介质也有缺点。氢气的缺点是需要配置一套复杂的制氢系统和气体置换系统。由于氢气渗透力强，要求密封性高，需要配置一套密封油系统，增加了运行操作工作量和维护成本。同时，氢气是易燃物，遇到电流或明火可起火，与空气混合到一定比例还会发生爆炸，威胁发电机的安全运行；水的缺点是需要一整套复杂的水路系统，对水质要求较高，比较容易腐蚀铜导线和发生漏水现象，降低了发电机运行的可靠性和安全性；空气的缺点是比重大，磨擦损失大，导热散热能力差。由于空气污染大，易使绝缘体脏污风道槽堵塞，且空气是助燃物，当发生电流时易烧毁绝缘，放电时产生臭氧对绝缘体有破坏作用。

发电机的冷却方式可分为：全氢冷发电机，其定子绕组、转子绕组、定子铁芯均采用氢气冷却；水氢冷发电机，其定子绕组采用水内冷却，转子绕组和定子铁芯则采用氢气冷却，或者定子绕组和转子绕组采用水内冷却，定子铁芯则采用氢气冷却；水空冷发电机，其定子绕组和转子绕组采用水内冷却，定子铁芯则采用空气冷却；全水冷发电机，其定子绕组、转子绕组、定子铁芯均采用水内冷；全空冷发电机，其定子绕组、转子绕组、定子铁芯均采用空气冷却。

自1831年法拉第发明发电机以来，发电机已经越来越多地被各行各业所使用。正是因为有了这一发明，人类社会的发展进程才能够如此迅速地加快，让人类社会快速地进入了工业化、自动化和信息化时代。

12.5 电能供热

电能供热是电—热的能量转换，是将清洁的电能通过某一介质转换成热能，是一种优质清洁环保的供热方式。

12.5.1 电热器供热

目前，电能供热应用最广泛的是电直接加热的电热器，其主要有电热膜、地热电缆、电暖器等。

12.5.1.1 电热膜供热

电热膜供热是通过一种通电后能发热的半透明聚酯薄膜来实现供热。半透明聚酯薄膜是由可导电的特制油墨、金属载流条经加工、热压在绝缘聚酯薄膜间制成。

电热膜按照发展阶段及应用模式可分为三类：电热棚膜，属于第一代电热膜，铺设于屋顶；电热墙膜，属于第二代电热膜，铺设于墙面；电热地膜，属于第三代电热膜，铺设于地面。相对于前两代电热膜，第三代电热膜具有施工简单、受热均匀、健康保健等优势。

电热膜的规格一般宽度为50 cm、80 cm和100 cm，其功率为220 W/m²、400 W/m²。其中，220 W/m²电热膜属于低温电热膜，主要应用于地暖行业；400 W/m²主要用于粮食烘干、印刷烘干、药物烘干等行业。

12.5.1.2 发热电缆供热

发热电缆供热是以发热电缆为热源，通电后将电能转换成热能。发热电缆的内芯由冷线热线组成，外面由绝缘层、接地线、屏蔽层和外护套组成，通电后电缆热线产生40~60 ℃的温度。

发热电缆一般铺设在瓷砖、大理石、木板等建筑材料下面，通电发热后通过接触传导加热包围在其周围的水泥层，然后再传向地板或磁砖、大理石，其传导的热量占发热量的50%左右。与此同时，发热电缆还会将热能通过热传导（对流）的方式，向人体和空间辐射出适宜的8~13 μm远红外线。这部分热量占发热量的50%，两项相加发热电缆发热效率近100%。发热电缆又称地热电缆，可用于混凝土地面房间的直接供热，一般安装于地板下，有利于热量散发，热效率高。由于是从下向上供热，人的足部温暖，是一种理想的家居供热产品。在安装时，可以配以独立的温控装置，智能控制，实现分室供热、分户计量、按需供热，基本不需要维护。

12.5.1.3 电暖器供热

电暖器是以电发热元件发热，将电能转化为热能，可广泛用于住宅、办公室、宾馆、商场、医院等，通过对空气的加热对流来供热，具有无排放、无污染、无噪音、使用方便、通电即热、断电即停等优点。

电暖器可分为对流式、蓄能式和微循环三种。对流式电暖器以电发热管为发热元件，通过对空气的加热对流来供热，其体积小、启动迅速、升温快、控制精确、安装维修简便；蓄能式电暖器的核心部件为电热棒和磁性蓄热砖，配有自动控制和过热保护元件装置，利用电价较低时蓄热电价较高时放热，但其体积较大，供热的适宜性较差；微循环电暖器是利用在散热器中充注导热介质，利用介质在散热器中的循环来提高室内温度的新型电暖器，其运行可靠、效率高。在这三种电暖器中，对流式电暖器运用的最为普遍，平常家电卖场见到的民用电暖器几乎都是对流式。

12.5.2 热泵供热和电锅炉供热

12.5.2.1 热泵供热

热泵供热是通过消耗电能并依靠制冷剂在系统内吸热、放热来实现热能从低品位向高品位转化。热泵在提取低品位热能时，主要依靠压缩机与制冷剂来实现。但是，压缩机工作时必须要有电能才能运行。压缩机在运行中，会将部分电能转换为热能输出。

热泵供热原理已在前几章中介绍，故不再复述。

12.5.2.2 电锅炉供热

火力发电厂汽轮机在开机时，需要将油系统提前启动，使润滑油流入汽轮机的各个部件。随着润滑油在汽轮机各系统里的往复循环，润滑油的油温也会慢慢升高，这是因为电动机所使用的电能也会部分转化为热能进入润滑油中。这些热量从广义上说，都是由电能转化成的热能。

在供热领域，电锅炉的使用较为普遍。经过长期的应用和技术改进，电锅炉技术已经较为成熟，热效率约为98%。电锅炉不仅可以直接输出供热的热水，还可以在供热高峰时段进行调峰，以保证供热温度的连续稳定。电锅炉可分为直热式和蓄热式两种。直热式电锅炉系统没有蓄热水箱，水被加热后直接向供热系统供热。这种供热方式与传统的供热方式一样，只是锅炉燃料用电代替了煤或油。

蓄热式电锅炉分为电阻式电锅炉、电极式电锅炉和固体电热储能电锅炉。

（1）电阻式电锅炉。电阻式电锅炉技术成熟，国内应用较多，生产企业多，但受电热原件结构布置以及发热密度的限制，单台锅炉容量较小，最大容量一般为2 800 kW，以谷时长10 h全蓄热计算，单台锅炉供热面积最多约为1.5万m²，并且电阻式电锅炉采用380 kV低压供电，每套锅炉需要配一台变压器，配电设备较多。

（2）电极式电锅炉。电极式电锅炉直接用水作为发热元件，利用水的阻特性，直接将电能转换为热能，不受发热元件发热密度限制，因此单台容量较大，最大可达到40 MW，以谷时长10 h全蓄热计算，一台20 MW的电极式电锅炉供热面积可达11.2万m²，这种电锅炉则采用6 kV或10 kV高压供电，配电系统简单。但是，电极式电锅炉技术要求高，国内生产企业少，锅炉价格高。

（3）固体电热储能电锅炉。固体电热储能电锅炉是将高压电不经过变压器直接引入高压电发热体（铁铬合金材料），高压电发热体将电能转换成热能同时被高温储能体不断吸收，高温储热体通过热输出控制器与高温热交换器连接，高温热交换器将高温储热体储存的高温热能转换为热水或蒸汽输出。高温储热体采用氧化镁为主的固体合成材料，单位体积储存功率密度较高，为无压储存。

虽然电锅炉供热具有优势，但其运行成本较高，按照每天峰、平、谷加权平均后的电价计算约为0.7元/（kW·h），其效率小于1，供热的经济性远低于热泵供热。如果将电锅炉直接供热改为配合储能供热（储能供热将在下章介绍），则具有更好的效果和经济性。

与电锅炉较为匹配的储能，为低温相变热水储能，就是将电锅炉产生热水的热量储存在储能设备中，待需要用热时再进行放热。

由于谷电电价较低，电锅炉可以在谷电电价时段制取90 ℃左右的高温热水，低温相变储能的相变温度约为78 ℃，此时90 ℃高温热水流经储能设备时，储能材料将发生相变，其相变方式一般为固—液相变，因此高温热水的热量以潜热的形式储存在储能材料中。由于谷电平均电价约为0.3元/（kW·h），储能成本较低。

在供热高峰时段，需要供热调峰，储能设备即可立即输出储存的热能。据对储能设备调研测算，一套600 MJ左右的储能单元，加上配套电锅炉、管道及水泵等设备，投资8万~10万元，投资费用较高，因此直接利用电能供热，或配套储能供热，或供热调峰，均因电价偏高或储能初投资较大，在部分场景应用其经济性仍有待商榷。

第13章 储能发电与供热

随着城市化进程的加快，以及工业企业腾笼换鸟式的搬迁，供热需求随季节性变化愈发明显，致使传统的热电企业面临巨大的挑战。在这种形势下，热电企业必须依据市场需求，开展新旧能源转换，积极开发储能等新能源发电和供热新技术，走出传统发电和供热方式的樊篱，使热电企业重新换发生机和活力。

2021年7月15日，国家发展和改革委员会、国家能源局发布了《关于加快推动新型储能发展的指导意见》，将发展新型储能作为提升能源系统调节能力、综合效率、安全保障和支撑新型电力系统建设的重要举措，积极推动抽水蓄能、新型储能等新型能源技术的研发和基础装备的制造应用，加快推动能源绿色转型，提升优化电网消纳能力，逐步减少"三弃"现象，保障能源安全和可持续发展。

13.1 储能提升系统调节能力

加快能源绿色转型，推动新能源技术应用，不应是单纯某一种新能源的利用，而是需要将多种新能源技术"多能互补"地综合运用。

水、风、光等新能源，由于具有季节性的系统波动性，受天气、气温、灾害等自然环境和供需、价格、输送等市场因素的影响较大，其发出的电能经常不能得到及时消纳，造成大量能源浪费。如果在能源充沛的时候将其储存起来，在需要的时候再释放出来，就能避免能源浪费，使新能源得到更加充分地利用。

13.1.1 储能规避能源浪费

储能是指通过介质或设备将能量存储起来，然后在需要时再释放出来。储能的这一特性，恰好满足了避免能源浪费的这一要求。

四川省和云南省等西南地区，水能资源较为丰富，建有大量的水电站。四川省位于我国第二阶梯，海拔落差大、水能资源丰富，非常适合建设水力发电站。目前，四川省的电力供应80%是水电。每年的6—9月是四川省境内河流的汛期，水流量大、发电量大，发出的电力时常超过需求，此时多发的电能无法消纳，水电站就会"弃水"，原本可以用来发电的水只能白白地流走。2022年，我国主要流域"弃水"电量约301亿kW·h，而四川省弃水电量约202亿kW·h。据国家能源局公布的数字显示，2016—2020年四川省年均弃水电量超过100亿kW·h。

为什么要弃水？这主要是因为没有充分运用好储能技术，无法将丰水期的水流和电能储存到枯水期使用，发出去的电没人要，为保障电网安全运行，只能减少水电站的发电量。

我国西北地区风光资源丰富，建有大量的风电、光伏发电电站。但是，由于风电、光伏发电过度依赖自然条件，无法实现24 h稳定的负荷输出。此外，我国空气资源也相当丰富，可利用空气源热泵进行供热。但是，空气源热泵的制热效果是随室外温度变化而变化，气温越低其制热效果越低，耗电量越高。如果将风能、太阳能、空气能等新能源搭配起来运用，通过储能技术，就可以避免自然条件和市场因素的限制，实现24 h平稳负荷输出。

火力发电厂一般都会建有地下水池和备用蓄电池。火力发电厂的运行离不开水，锅炉需要上水、设备冷却需要用水，一但失水，轻则导致设备损坏、紧急停机，重则将导致锅炉爆炸。为应对突然停水的紧急状况，火力发电厂平时都要在地下水池里加满水作为缓冲之用，在外部停水的情况下，依然可以利用水池中的存水，保证设备正常运行。火力发电厂备用蓄电池的作用同样也非常大，当发生厂用电消失且无法快速排除故障时，系统将快速切换至备用蓄电池供电，为凝结水泵、真空泵、锅炉给水泵等重要辅机设备持续提供电源，给排除故障、紧急停机预留充分的时间。由此可见，"储"的概念由来已久，一直贯穿在电力行业的生产中，为电厂安全稳定运行保驾护航。

目前，在电力市场上，燃煤机组需要根据电网调度指令进行调峰。但是，燃煤机组调峰的关键是锅炉能否在低负荷下稳定燃烧。在以往的锅炉设计中，没有考虑到低负荷稳定燃烧的情况，因此许多较老的锅炉无法很好地适应电力市场调峰，从而出现发电上网亏损的现象。然而，储能技术的应用，就能很好地解决发电厂深度调峰的问题。在锅炉达到最低稳定燃烧负荷时，若还需要继续降低负荷，可以将过热蒸汽直接送入热储能（热储能将在下面做详细介绍）设备中将热量储存起来，通过减少汽轮发电机组进汽量的方式减少上网电量；或者通过增加电储能（电储能将在下面做详细介绍）设备，使汽轮发电机组发出的大部分电能送入电储能设备中储存起来，通过增加厂用电的方式减少上网电量，最终实现发电厂平稳调峰。

在新能源技术领域，储能发挥着承上启下的重要作用。水电、风电和光伏发电，因自然环境因素导致的波动较大，负荷不能24 h或长年持续稳定输出。如果大规模发展水力发电、风力发电、光伏发电，还会导致电能过剩，区域内电网无法完全消纳所发电能，向外输送也会受到诸多因素的限制，势必造成弃水弃风弃光现象。如果将储能技术合理应用，将极大地消除能源浪费现象，在保证电能平稳输出的同时，还将剩余未被消纳的电量储存起来，在需要释放时释放，使新能源发电得到更加有效地利用。

13.1.2 储能消除"三弃"

所谓"三弃"，就是弃水、弃风、弃光。

自2010年起，我国新能源进入规模化发展阶段，并网装机容量快速增长。由于水电、风电、光伏发电的间歇性、波动性、随机性等特点，加上电网建设和消纳机制滞后，我国开始出现"弃水弃风弃光"现象，特别是在2016年前后出现高峰，风电机组"望风兴叹"，大量光伏电站被"晒太阳"，一些严重的地区新能源建设陷入停滞，新能源发展的主要矛盾转为电网系统消纳问题。

2017年9月26日，国家发展和改革委员会、工业和信息化部、财政部、住房和城乡建设部、国务院国有资产监督管理委员会、国家能源局6部门联合印发了《关于深入推进供给侧结构性改革做好新形势下电力需求侧管理工作的通知》。该通知指出，我国可再生能源消纳矛盾十分突出，弃水弃风弃光现象较为严重。2016年，全国弃水电量达到500亿kW·h，同比增长85.2%；弃风电量达到497亿kW·h，同比增长46.6%；弃光电量达到74亿kW·h，同比增长57.4%。

鉴于当时"三弃"情况，2017年11月8日，国家发展和改革委员会、国家能源局印发了《解决弃水弃风弃光问题实施方案》，要求各地区和有关单位要高度重视可再生能源电力消纳工作，采取有效措施提高可再生能源利用水平，推动解决弃水弃风弃光问题取得实际成效。2017年，我国弃水电量为515亿kW·h，同比增加15亿kW·h；弃风电量为419亿kW·h，同比下降78亿kW·h；弃光电量为73亿kW·h，同比下降1亿kW·h。弃风弃光实现"双降"。

2018年，我国弃水电量为691亿kW·h，同比增加176亿kW·h；弃风电量为277亿kW·h，同比减少142亿kW·h，弃风形势持续好转；弃光电量为54.9亿kW·h，同比减少18.1亿kW·h，弃光形势也同样持续好转。但是，"三弃"电量总计约为1 023亿kW·h，超过同期三峡电站的发电量。

自2018年开始，国家能源局实施了"清洁能源消纳三年行动计划"，弃风弃光逐年好转，风电光伏利用率大幅度上升。到2020年，风电利用率已经达到97%，光伏利用率达到98%。"弃水弃风弃光"问题不解决新能源就"长不大"。为促进新能源消纳，"十三五"期间，国家能源局制定了《清洁能源消纳行动计划（2018—2020年）》，电网企业持续深挖大电网的灵活调节潜力，全面提升电网消纳能力，取得积极成效。

2022年7月28日，中共中央政治局召开会议指出，要提升能源资源供应保障能力，加大力度规划建设新能源供给消纳体系，解决好消纳问题，防止弃水弃风弃光"三弃"现象反弹，影响能源安全和"双碳"进程。2022年，我国水电设备利用小时数历年来首次突破3 800 h。据国家能源局数据显示，2022年，我国主要流域弃水电量约为301亿kW·h，水能利用率为96.61%，较上年同期提高0.73个百分点，弃水状况得到进一步缓解。

2023年8月24日，国家能源局在给政协第十四届全国委员会第一次会议第00384号（资源环境类024号）提案答复时指出，我国将持续推动新型储能技术与产业快速发展。通过印发《"十四五"新型储能发展实施方案》等政策文件，加强新型储能行业顶层设计，明确新型储能发展目标、主要原则和任务。同时，加强新型储能科学配置，编制《新能源基地送电配置新型储能规划技术导则》，以大型风电光伏基地等重大工程建设为重点，支持各地因地制宜、科学合理配置新型储能，促进大规模新能源外送消纳，提升输电通道利用率和可再生能源电量占比。强化新型储能调度运用，出台《关于进一步推动新型储能参与电力市场和调度运用的通知》，通过电力市场、价格、调度等多种手段，推动发挥新型储能作用与价值，引导新型储能多元化、产业化、市场化发展。

2023年，我国新型储能新技术不断涌现，技术路线"百花齐放"，新型储能得到迅速发展，已投运装机超3 000万kW。截至2023年12月底，我国已建成投运新型储能项目累计装机规模达到3 139万kW，发电量达到6 687万kW·h，平均储能时长2.1 h。仅2023年就新增装机规模约2 260万kW，发电量约4 870万kW·h，较2022年增长超过260%，近10倍于"十三五"末装机规模。

2024年，我国新型储能持续快速发展。截至2024年9月底，我国已建成投入运行的新型储能达到5 852万kW/1.28亿kW·h，较2023年增长约86%。2024年1—8月，我国新型储能累计充电放电量约260亿kW·h，等效利用小时数约620 h。

储能技术主要是突出"储"这一概念，通过物理、化学等方法将能量储存起来，在生产生活需用时释放。目前，储能的主要方式为电储能、热储能和氢储能。其中，电储能是最主要的储能方式。

13.2 电储能

电储能的功能就是调节电网供需平衡，确保电力系统稳定运行。当发电设备的容量超过负荷需求时，可以将多余的电能储存起来；当负荷高峰或发电设备出现故障时，则可以释放储存的能量，以满足供电需求。

电储能分为机械储能和电化学储能。机械储能主要是抽水蓄能和新型储能——飞轮储能、压缩空气储能和超级电容储能；电化学储能主要是铅碳电池、锂离子电池、钠离子电池、钠硫电池、钒液流电池和燃料电池等。

13.2.1 抽水蓄能

抽水蓄能和飞轮储能、压缩空气储能、超级电容储能都属于机械储能范畴。

抽水蓄能是指抽水蓄能电站，是水力发电的一种，其发电原理和水力发电原理类似，不同之处在于水力发电是通过自然径流，而抽水蓄能电站是利用水泵将地势低的水抽至地势高的水库里储存，当需要发电时地势较高的水库放水发电，其运行原理见图13-1。抽水蓄能电站的主要作用就是对电网进行"削峰填谷"。

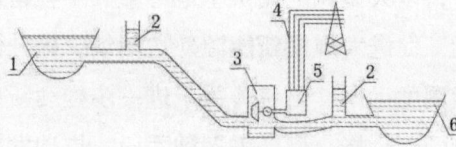

图中，1——上游水库；2——调压井；3——水电站；4——输电线；5——变压器；6——下游水库。

图 13-1　抽水蓄能电站简易运行图

13.2.1.1　抽水蓄能电站的运行方式

抽水蓄能电站的运行方式是抽水的水泵在"谷电"时段运行，将地势较低水库中的水，抽至地势较高的水库中储存起来，消纳了电网"谷电"时段的过剩电力。白天用电"尖峰"时，将蓄在地势较高水库的水放下，将水的势能转化为机械能、机械能转化为电能，填补白天的高用电量，减少火力发电厂的化石能源消耗，减轻电厂发电压力。

13.2.1.2　抽水蓄能电站的类型及发电设备

抽水蓄能电站类型多样，常见的抽水蓄能电站按照有无天然径流可分为纯抽水蓄能电站和混合式抽水蓄能电站。按照水库调节性能，还可分为季、周、日调节抽水蓄能电站。

抽水蓄能电站的发电电动机作为核心设备之一，起到了关键性的作用，其既可当作发电机使用，又能当作电动机使用。常见的发电电动机按照其主轴位置可分为立式和卧式两种。

在发电电动机的选型设计上，要考虑三个方面的因素：其一，电力系统条件，主要评估参数有电抗、启动功率、电压降、稳定性、工况转换次数、符合频率控制等；其二，电机设计要求，主要评估参数有电压等级、绝缘等级、允许温升、设计尺寸限制等；其三，水力机械条件，主要评估参数有转速、转向、转动惯量和安装条件等。

抽水蓄能电站发电电动机的主要特点应根据抽水蓄能电站机组运行的工况要求，相较于常规水电发电机其在设计和制造等方面提出了更高的要求，其主要特点是：

（1）根据抽水蓄能电站的特点，其运行机制每天启停和工况转换频次多达3次以上，这就要求发电电动机必须适应这样的工作机制，才能在电力系统中承担起调峰、调频、调相等任务。

（2）在抽水工况环境下，机组在电网低谷时吸收电网多余的功，将电能转化为势能；在发电工况环境下，在电网高峰期将以上势能转化为电能，这两种工况的转向正好相反。发电电动机需要符合以上双向运转来设计，其轴承结构和通风冷却系统设计也需要考虑双向旋转。

（3）为了确保发电电动机在抽水工况下启动电流平稳，必须要制定专门的启动措施。其相较于传统的水轮发电机组具有尺寸小、磁极对数少、通风冷却难度高等特点。

（4）发电电动机的起动。常见的启动方式有异步启动、同步启动和静止变频启动等方式，一般根据总装机容量来确定。根据国际上目前使用情况来看，静止变频启动方式能较好地配合抽水蓄能电站的运行模式而成为主流的启动方式。

13.2.1.3 抽水蓄能电站的运行

抽水蓄能电站的运行是一个系统性工程，需要各种零部件的高效、无缝紧密配合。其中，发电电动机的选型设计尤为重要，主要从以下方面来考虑和评估：

（1）额定容量。为了适配抽水蓄能电站抽水和发电的两种工况，发电电动机的容量参数包括发电机容量和电动机容量两方面，其选型设计参数需要考虑发电工况时与水轮机工况在额定水头下的额定出力匹配；而电动工况时的输出轴功率则与水泵工况在最小扬程下的最大输入轴功率匹配。

（2）功率因素。为了适配抽水蓄能电站抽水和发电的两种工况，发电电动机的功率参数也包括抽水和发电两种工况的功率因素。发电电动机的额定功率参数与接入系统方式和输电距离的远近以及系统中无功功率的配置和平衡有关，对发电电动机主体造价、电站相关电气装备的选型都有一定的影响。为了获得最高的经济效益，发电机和电动机视在功率也应大致相等。具体的参数选择应根据抽水蓄能电站的总体情况综合考虑。若选择较高的额定功率参数，其可适当地减轻发电电动机重量，降低成本。但是，太高的参数设置对系统的稳定性会有一定的影响；而选择较低的额定功率参数，则会相应增加发电电动机视在功率，从而引起材料成本的增加。

（3）额定转速。其主要根据水泵水轮机额定转速来进行参数的选择，同时还需要结合水轮机工作水头、转轮直径、转轮类型等。为了符合发电电动机的电磁设计要求，需要对几种可能的额定转速进行综合分析比较。

（4）额定电压及其调节范围。其主要反映发电电动机的绝缘水平，必须考虑到发电电动机回路电压配电装置、主变压器等设备的选型。其与定子绕组的并联支路数关系最为密切，为了选择适合的槽电流，需对其进行适配调整。

综上所述，抽水蓄能电站是储能及水电行业发展的大势所趋，有其存在的必要性，而且也确实发挥了越来越重要的作用。

13.2.2 飞轮储能

飞轮储能是利用电能驱动飞轮高速旋转，将电能转换为机械能，以机械能的形式储存在飞轮上。当需要释放电能时，通过飞轮的惯性拖动电机发电，将机械能转变为电能输出。

13.2.2.1 飞轮储能的主要设备

飞轮储能是一种电能与机械能相互转化的储能技术，其主要设备是由飞轮本体、电机、轴承、真空室等部件组成。

（1）飞轮本体。飞轮本体是飞轮储能的核心装置，其运行状态将直接影响整套系统的平稳和安全。

当飞轮储能系统需要向外输出电能时，是依靠飞轮本体的转动惯性持续带动电机做功从而输出电能，因此飞轮在旋转时所具有的能量与其重量、速度有关。

$$E=\frac{1}{2}I\omega^2 \tag{13-1}$$

式中，E——飞轮本体动能，J；I——飞轮本体的转动惯量，kg·m^2；ω——飞轮本体的角速度，rad/s。

由公式可以看出，飞轮本体所具备动能的大小，与其转动惯量和角速度的平方成正比。

转动惯量是一个物体的固有属性。当飞轮被生产制造、安装好之后，其转动惯量就是定值，与飞轮的重量成正比，质量越大，飞轮本体的转动惯量越大，其储存的能量越大。但是，在公式中飞轮本体储存能量的多少，还与飞轮角速度的平方成正比。基于飞轮本体动能公式，导致业内对飞轮的设计出现两种路线。一是提高飞轮本体的重量增加飞轮储能能量的能力，二是提高飞轮的转速增加其储存能量的能力。在电机功率不变的前提下，提高飞轮本体的重量，意味着飞轮的转速较低；而提高飞轮本体的转速，则意味着飞轮本体的重量要轻。

$$P=\frac{TN}{9\,500} \tag{13-2}$$

式中，P——飞轮的输出功率，W；T——飞轮的转矩，N·m；N——飞轮的转速，r/min。

通过公式可知，飞轮的转速越高，输出功率越高。结合飞轮的动能公式，飞轮本体动能与角速度呈二次方正比，与输出功率成正比，因此提高飞轮的转速会比提高飞轮的质量使飞轮储存的能量提升更多。但是，飞轮的转速受材料的限制，不可能无限升高，寻找适合的材料是飞轮储能技术发展的重要方向之一。

飞轮储存能量的能力还与飞轮的储能密度有关。飞轮的储能密度，根据飞轮本体材料不同差异较大，同样大小的飞轮尺寸，储能密度越高的飞轮，其储存的能量就越多。反之，则储能越少。飞轮本体材料主要由材料密度、材料抗拉强度决定。

$$e=2.72Ks\times\frac{\sigma}{\rho} \tag{13-3}$$

式中，e——储能密度；Ks——飞轮本体形状系数；ρ——飞轮本体材料的密度 kg/m^3；σ——飞轮材料的许用应力，MPa。

根据上述公式可以看出，飞轮本体材料的密度越小、许用应力越大，则储能密度越高。

表 13-1 各种材料密度和抗拉强度表

材料	抗拉强度/MPa	密度/（kg/m³）
铝合金	600	2 800
高强度铝合金	1 300	2 700
高强度钢	2 800	7 800
E玻璃纤维/树脂	3 500	2 540
S玻璃纤维/树脂	4 800	2 520
碳纤维T-300/树脂	3 500	1 780
碳纤维T-700/树脂	7 000	1 780

表13-1对部分材料的抗拉强度和密度做了汇总。从表13-1中可以看出，碳纤维的抗拉强度最高、密度最低，具有重量轻、抗拉强度高的特点，因而在同一储能系统中，使用碳纤维材料制作飞轮本体可以获得更高的转速，储能效果更好，电机可以输出更多的能量。

（2）电机。飞轮储能系统中的电机，既是电动机也是发电机，是飞轮能量转换的关键设备。

在充电时，作为电动机加速飞轮的运转；放电时，作为发电机向外输出电能。当飞轮空载时，电机也要以最低损耗运行。

飞轮储能系统中电机的转速非常高，为了减小电机运行时的阻力，一般在真空中工作，在这种环境中没有热对流，只有热传导和热辐射，因此电机在真空中散热较为困难，这对电机的性能要求较高，必须耐受高温。

常用的电机种类较多，比如，永磁无刷电机、三项无刷直流电机、磁阻电机和感应电机等。在转速3万r/min以上的飞轮储能系统中，电机通常采用永磁无刷电机。永磁无刷电机结构简单，成本相对较低，在功率恒定时其调整范围较宽，适用场景限制较少，电机效率较高。目前，永磁无刷电机的转子可以满足20万r/min的飞轮储能系统，调速平滑、运行十分平稳。

（3）轴承。轴承是承载飞轮工作时的重要部件。飞轮储能系统在相当长的时间里，都会保持高速旋转，使飞轮储能系统一直处于最大转速以随时满足输出能量的需要。然而，飞轮在这种长时间高速旋转的工况下，轴承的损耗会直接影响飞轮持续高速旋转的运行状态。

①机械轴承。机械轴承为传统轴承。它包括滚动轴承、滑动轴承、挤压油膜阻尼轴承、陶瓷轴承等。虽然机械轴承价格较为便宜，采购十分方便，结构简单紧凑。但是，机械轴承摩擦系数较大，承载能力较弱，无法长时间满足飞轮高速旋转的运行工况，对整套飞轮储能系统的损耗较大，因此机械轴承可以作为紧急备用轴承，用于紧急状态下的检修处理。

②磁轴承。磁轴承是一种新型的高性能轴承，具有机械磨损小、能耗低、噪声小、寿命长、无需润滑等特点。与传统轴承相比，磁轴承不存在机械接触，可以使转子在高速旋转时轴承产生的摩擦损耗小，特别适用于高速、真空等特殊环境，在飞轮储能技术中，具有极大

的发展潜力，被公认为最有前途的新型轴承。

磁轴承是利用电场力、磁场力使轴悬浮的滑动轴承。磁轴承按其工作原理可分为主动磁力轴承、被动磁力轴承和混合磁力轴承。

A. 主动磁力轴承。主动磁力轴承主要由转子、电磁铁、传感器、控制器和功率放大器等部件组成，结构见图13-2，其原理是利用电磁力将轴悬浮起来，通过传感器和控制器，不断调整电磁铁的电流，使轴在稳定且平衡的状态下旋转。当传感器检测出转子偏离设计位置时，会将偏离位移传递给控制器，控制器随机将接收到的位移变换成控制信号，通过功率放大器将控制器传递的信号转换成控制电流，通过改变电磁铁上流通的电流，使轴回到设计位置，维持其稳定悬浮位置不变。

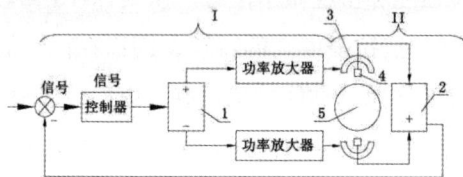

图中，1——差动输出；2——差动检测；3——定子；4——传感器；5——转子；I——电子控制部分；II——机械部分。

图 13-2　主动磁力轴承示意图

B. 被动磁力轴承。被动磁力轴承没有传感器、控制器和功率放大器等部件，因此与主动磁力轴承相比，具有体积小、无功耗、结构简单等特点。由于被动磁力轴承没有主动电子控制系统，因而只能利用磁场本身的特性将转轴悬浮起来。目前，在被动磁力轴承的应用中，采用最多的是由永久磁体构成的永磁轴承。永磁轴承根据磁环吸力和斥力布置的不同，分为斥力型和吸力型两种；又根据磁环径向和轴向布置的不同，分为径向轴承和推力轴承。但是，不论其如何布置，最基本的结构有两种，如图13-3所示。

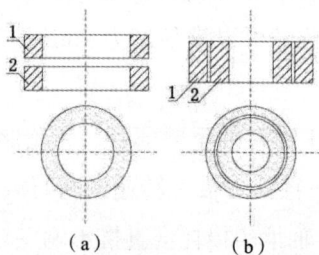

（a）　　　　　（b）

图 13-3　永磁轴承基本结构类型

如图13-3（a）所示，当磁环1和磁环2采用轴向充磁且极性相同装配时，构成吸力型径向轴承；当按极性相对装配时，则构成斥力型轴向轴承。

如图13-3（b）所示，当磁环轴向充磁且按极性相同装配时，构成斥力型径向轴承；当按极性相对装配时，则构成吸力型轴向轴承。

被动永磁轴承的承载力通过增加磁环的叠加或减少实现系统的匹配。

另一种被动永磁轴承为超导磁轴承，其结构见图13-4。超导体是指在某一温度下，电阻为零的导体。电阻是物体本身的一种性质，任何一种物体都具有一定的电阻。所谓电阻为零的导体，是在实验中在某一温度下测得物体的电阻低于10Ω，即可认为其电阻是零。超导体除了零电阻的特性外，还具有完全抗磁性。超导体在磁场中时，超导体内部的磁场恒为零，表面产生无损感应电流，同时形成了一个和原磁场大小相等、方向相反的镜像磁场，使得超导磁轴承稳定悬浮。

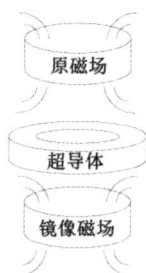

图 13-4 超导磁轴承示意图

C. 混合磁力轴承。主动磁力轴承和被动磁力轴承的优缺点较为明显，因此混合磁力轴承是结合主动磁力轴承和被动磁力轴承基础上形成的一种综合应用的组合式磁力轴承。

混合式磁力轴承是利用被动磁力轴承的布置方式，在永磁环外部布置主动磁力轴承的电磁铁、传感器、控制器和功率放大器等部件。这种方式不仅避免被动磁力轴承必须依靠增加磁环，以及外力作用才能是轴承处于设计位置的弊端，还减少了主动磁力轴承功率放大器的功率损耗。在同一系统中，采用混合磁力轴承比单纯的主动磁力轴承，电磁铁的安装匝数可减小一半。

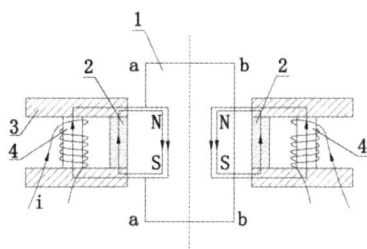

图中，1——转子；2——永久磁铁；3——定子；4——线圈。

图 13-5 径向永磁偏置混合式磁力轴承原理图

图13-5为径向永磁偏置混合式磁力轴承，其工作原理是转子1在永磁环2产生的磁场力作用下，处于设计的中间位置，因此转子周围的气隙都是一样的。当转子位置向左偏移，左边气隙变大，右边气隙变小，此时传感器检测出转子偏离位移，将偏离位移数据传递给控制器，控制器随即将接收到的位移变换成控制信号，通过功率放大器将控制器传递的信号转换成控制电流，通过改变电磁铁上流通的电流，使电磁铁的磁力发生变化，进而使永磁环的磁

场力发生变化，将转子重新回到设计的中间位置上。

混合磁力轴承兼具主动磁力轴承和被动磁力轴承的特性，具有体积小、质量轻、效率高、功耗低等优点，适合于微型化、体积小的应用场景。

（4）真空室。由于飞轮在储存能量时，通过电机带动飞轮高速旋转，因此系统的损耗除了轴承的机械摩擦外，风阻的损耗同样不可小觑。

为使飞轮高速旋转时减少与空气的摩擦，设置了真空室，这样可使飞轮转子在真空中旋转以减少风阻损耗。目前，飞轮储能系统真空室的核心技术是使真空室保持长时间且稳定的真空度，这对真空室的密封要求较高。

飞轮储能系统的真空度可达到10^{-5} Pa级。真空室的作用主要是减少飞轮储能系统运行时的风阻损耗，理论上在材料强度允许的情况下，真空室内的真空度越高飞轮转子的风阻损耗越小。但是，电机在真空环境中的散热效果较差，真空越高散热效果越低，飞轮整体温度上升，材料性能和系统效率又会下降，因此真空室内的真空度要与电机性能等因素综合设计。

目前，在对真空室的技术研究中，氦气逐步成为真空室介质的优化选择。在压力一定的情况下，氦气的导热能力是空气的7倍左右，风阻仅为空气的1/7，并且相比于抽真空，充入氦气的工艺更为简单，在氦气环境中可以很好地平衡电机的散热性能和风阻损耗。

13.2.2.2 飞轮系统的运行

飞轮系统的运行大致可分为三个阶段，分别是储能阶段、能量转移阶段和控制阶段。飞轮储能装置结构见图13-6。

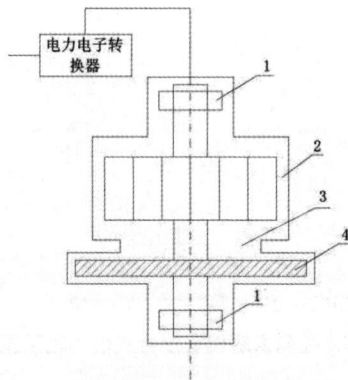

图中，1——轴承；2——电机；3——真空室；4——飞轮。

图 13-6 飞轮储能装置结构图

（1）储能阶段。储能阶段电机接收电能使飞轮高速旋转，电能以机械能的形式储存起来，此时电机以电动机的形式工作。

（2）能量转移阶段。能量转移阶段飞轮高速旋转的惯性带动电机运转，此时电机由电动机转变为发电机，将机械能转化为电能输出。

（3）控制阶段。控制阶段贯穿整个储能阶段和能量转移阶段，用于控制飞轮的提速和减速，使飞轮在升速过程中稳定在安全范围内，并在能量转移阶段控制飞轮的减速，使系统的能量输出稳定、平滑。

13.2.2.3 飞轮储能技术的研究及应用

国外对飞轮储能的研究较早。在20世纪60—70年代，美国宇航局研究中心就已经在飞轮储能的研究上取得了进展，并成功地将飞轮储能应用在卫星上，这一进展证明了飞轮储能技术可以取代化学电池。日本已经制造出在世界上容量最大的变频调速飞轮储能发电系统，该系统输出容量为26.5 MVA，电压为1 100 V，转速为510 690 r/min。欧洲的法国国家科研中心、德国的物理高技术研究所、意大利的SISE也都针对高温超导磁悬浮轴承的飞轮储能系统展开了研究。

20世纪80年代，我国飞轮储能技术开始研发，清华大学、华北电力大学、中国科学院工程热物理研究所、北京协同创新研究院、北京航空航天大学、中国科学院长春光学精密机械与物理研究所、华中科技大学、海军工程大学等单位都对飞轮储能技术进行了深入研究，取得了重大突破。

2016年11月，中国石油化工集团有限公司中原石油工程公司与清华大学联合研制的我国首台兆瓦级飞轮储能新型能源石油钻机在中原钻井三公司投入使用，填补了我国钻井行业绿色储能的空白。据测算，该钻机月节约柴油40 t左右，节能效果达到30%以上，可减少二氧化碳等排放40%。

在飞轮储能和电化学储能的复合储能领域，我国也取得了重大突破。2023年，我国首个飞轮储能和锂电池储能复合调频项目——中国华电集团有限公司朔州热电复合调频项目正式投入运行，填补了国内飞轮储能与电化学复合储能领域的空白。该项目是由4台全球单体容量最大、拥有自主知识产权的飞轮装置和10组锂电池组成复合储能系统，单个飞轮系统是全球单体储电量最大、单体功率最大的飞轮储能，突破了500 kW级大功率飞轮单体的技术瓶颈。

这项技术主要利用真空磁悬浮条件下飞轮转子的高速旋转来实现电能与动能之间的转换，并与现有两台火电机组联合为电网提供调频服务，可有效满足电网对储能调频的大容量、高频次的需求。该项目的设计可充电放电次数比纯锂电池系统高出2 000倍，同生命周期内可节省3批锂电池组的更换费用约2 400万元，每年预计可减少排放二氧化硫11 t、氮氧化物25.4 t、二氧化碳22万t。

飞轮储能在能量回收、启动加速功率领域具有非常巨大的优势，尤其在UPS系统、轨道交通等场景应用较多。UPS系统是交流不间断电源系统，在发电厂的运行中十分重要。发电厂安装的备用蓄电池作为应急供电系统，就是UPS系统。在核电站，也会布置多台柴油发电机以备不时之需。

蓄电池对环境温度有一定的要求，寿命一般在5年左右，传统的铅酸电池对环境具有一定的污染风险，锂电池也有一定的着火风险。柴油发电机启动后，输出负荷具有一定的延迟性，且排放的尾气也会对环境造成污染。飞轮储能装置作为UPS系统，具有响应快、瞬时功率大、对工作环境要求低、负荷控制宽度大、循环次数多、设备寿命长等特点，在未来UPS领域中必定会逐步取代蓄电池等电化学储能设备。

飞轮储能系统在轨道交通中的能量回收能力也较强，尤其在地铁的应用中具有较大的优势。地铁列车的刹车方式主要是依靠电气制动，当列车需要制动时，列车的牵引电机将转变为发电机，通过消耗列车的动能进行发电，将动能转换为电能回馈至直流牵引电网，供其他列车使用。而当电网电压达到上限时，列车制动发出的电力无法输送至牵引电网，只能通过列车的制动电阻进行消耗。飞轮储能系统可以与地铁列车的电制动完美配合，飞轮通过高速旋转将列车电制动产生的电能以机械能的形式储存起来，当列车再次启动时，飞轮储存的机械能又再次转化为电能为列车启动提供能量，这样不仅能缓解牵引电网的压力，避免列车使用电阻制动造成能量损失，还可为地铁列车的启动减少电能消耗，是一种一举多得的储能利用技术。

13.2.3 压缩空气储能

压缩空气储能被认为是目前与抽水蓄能电站同样可以进行大规模应用的储能技术。

抽水蓄能电站对地质要求较高，所建设区域水资源必须丰富，且必须具有可修建大型上游水库的地理位置。而压缩空气储能对地质要求相对较低，对电网峰谷电量消纳也较为平滑和理想。

13.2.3.1 压缩空气储能的运行方式

压缩空气储能是基于燃气轮机原理提出的一种储能方式，在发电厂调峰中应用较多。其运行方式是，当电网电量处于低谷时段时，压缩机启动消耗电网剩余电能，将环境中的空气进行高压压缩并储存起来。当电网用电高峰时段时，储存的压缩空气被释放出来进入透平做功，产生电能并输入电网中。

燃气轮机的透平和压气机的转子同轴，当燃气轮机工作时，必须带动压气机将周围空气压缩后送入燃烧室与燃料成一定比例混合燃烧，形成的高温烟气进入透平做功发电。压气机所消耗的功率约占透平总输出功率的2/3。因此说，透平输出的功率大部分被压气机所消耗，这极大地限制了燃气轮机输出负荷的能力。

压缩空气储能与燃气轮机配合应用可以将透平与压气机通过离合器分开运行，在电网需要削谷时电动机带动压气机将空气进行压缩后储存，被压缩的空气以一定比例进入燃烧室与燃料混合燃烧推动透平做功发电。

压缩空气可以储存较高的能量。根据热力学第二定律，在一定压力和温度下单位质量空气的做功能力为：

$$W = \Delta U - T_0 \Delta S \tag{13-4}$$

式中，ΔU——内能的变化量；T_0——环境温度，K；ΔS——熵的变化量。

根据热力学第二定律，内能的变化只与温度有关。当空气温度升高时，内能的变化量、熵的变化量增加，因此升高空气的温度可以增加空气的做功能力。当空气的压力变大，空气的熵变小，$-T_0 \Delta S$ 增大，空气内能不变，空气的做功能力变大。

通过公式（13-4）可以看出，增加空气的温度或增加空气的压力都可使单位质量空气的做功能力提高。然而，当空气温度降低至沸点温度以下时，空气内分子热运动减弱，空气的内能和熵大幅减小，外界对空气做功增大，使空气的做功能力大幅提高。

据相关资料显示，在环境温度下，当压缩空气压力为100倍大气压，1 m³空气内部可转化的电量为12.9 kW·h；当压力增至200倍大气压时，1 m³空气内部可转化的电量为28.3 kW·h。如果进一步将空气升温，加热至300 ℃时，可释放的电能为54.4 kW·h。

在压缩机工作时，环境空气被压缩，空气温度升高并向外释放热量，此时需要将空气释放的热量进行冷却，以保证压缩机的运行正常；当压缩空气释放时，空气膨胀做功，温度下降吸收外界的热量，此时就需要将释放的压缩空气进行预热或进行补燃升温，以保证压缩空气做功的效率。

13.2.3.2 压缩空气储能的分类

压缩空气储能在实际应用中，如何保证空气在压缩或释放的过程中温度的变化是其应用的一个重要课题之一，因此依据对热量处理方式的不同，压缩空气储能可分为非绝热式压缩空气储能、绝热式压缩空气储能、等温压缩空气储能和液态压缩空气储能等。

（1）非绝热式压缩空气储能。非绝热式压缩空气储能是指空气被压缩机压缩成高压空气后，储存在密闭空间内，在压缩过程中产生的热能不进行回收，热量散发到大气中。当放电时，利用天然气等其他能源进行补燃加热后进入透平做功。这种方式结构较为简单，是一种传统的压缩空气储能技术的应用方式。但是，这种方式会造成能量的浪费，额外增加能源的消耗。

（2）绝热式压缩空气储能。绝热式压缩空气储能是一种先进的压缩空气储能技术，在压缩空气的过程中，产生的热能通过储热装置储存起来，并在释放压缩空气做功时将储存起来的热能传递至压缩空气中。这种方式的压缩过程近似绝热过程，不仅回收了压缩空气时产生的热能，而且还利用储存的热能继续用于系统中，既避免了热能的浪费，又节约了能源的消耗，在增加系统效率的同时，又实现了零排放的要求。但是，由于增加了储热装置，该系统的造价相对较高，相比传统压缩空气储能技术，其初投资要高20%~30%。

（3）等温压缩空气储能。等温压缩空气储能是指在压缩过程中，为压缩提供一个近似恒温的环境，降低热量损失提高系统效率。等温压缩空气储能无需非绝热式压缩空气储能和绝热式压缩空气储能的透平装置，整套系统主要由电动机、液压泵、液气共容仓、液压马达、发电机等部件组成。储能时，电动机消耗电网剩余电力，带动液压泵将比热容较大的液体送入液气共容仓，空气不断被压缩，压缩过程中产生的热能被热体吸收。由于液体的比热容较大，因此在整个压缩过程中液体的温度近似恒定。当系统需要发电时，压缩空气膨胀吸热，将液体挤出液气共容仓进入液压马达发电。该方式的效率高于绝热式压缩空气储能。但是，该系统体积是液体和空气体积之和，与绝热式压缩空气储能相比，在同等体积的高压容器下，等温压缩空气储能的造价较为昂贵。此外，在空气压缩过程中，也会不可避免出现空气溶解于液体中，从而损失一部分能量。

（4）液态压缩空气储能。液态压缩空气储能是指空气被压缩机压缩后被主机冷却降温，使空气温度低于空气的饱和蒸汽压，此时空气中的水分会凝结成液态水，从而使空气从气态变为液态。参照液化天然气，是将天然气经过压缩并冷却至-161.5 ℃后变为液态，而空气在-196 ℃会从气态变为液态，因此液态压缩空气在技术上具有一定的可行性。

液态压缩空气相比气态压缩空气其分子间距较小，分子在低温液态下可以紧密地堆积在一起，这就使得统一体积下的分子数量更多，其储能密度更大。再者，低温液态空气的密度比相同体积的气态空气密度要大，这也会使液态压缩空气的储能密度高于气态压缩空气。对于高压气体来说，分子间距较大，即使经过高压压缩，也无法使分子在单位体积内向液体那样紧密堆叠，因此同一体积下的分子数量较少，储能密度较低。

压缩空气冷却至液态时，体积减小密度增大，分子间距变小，分子间相互作用力变大，将空气压缩至液态需要的能量较为庞大。液态压缩空气具有较高的储能密度，压缩空气的体积和压力都得到了较大的提高，虽然液态压缩空气储能空间相对较小，但其压力却较高，因此液态压缩空气的储存容器需要具备高强度和高密封性，以确保储存和使用安全。

13.2.3.3 先进技术与传统技术的比较

先进的压缩空气储能技术与传统压缩空气储能技术相比，主要有三点进步：

（1）通过系统优化和过程耦合[耦合在这里是指将上一级的动力（能量）传递到下一级的过程]匹配以及系统中热能的高效回收利用，来提高整个储能系统的效率。据资料显示，德国和美国的压缩空气储能电站系统效率从40%~50%提高到70%。

（2）通过对压缩过程的热进行回收，用压缩热来替代燃料燃烧，不使用天然气等化石燃料。

（3）在没有储气洞穴条件的地方，通过研发新型储气装置，比如，压力容器、压力管道、液态空气装置等，提高系统选址的灵活性。

13.2.3.4 压缩空气储能的缺点

压缩空气储能的缺点主要有三个方面：压缩空气储能的效率约为70%，与效率85%~90%

较高的电池相比相对较低；响应速度没有电化学储能快，负荷从0到100%的正常响应时间需要3~9 min，而电化学储能为秒级到毫秒级。压缩空气储能系统只有作为旋转备用时才可以达到秒级；一般情况下，不适合太小规模的应用场景，规模太小，系统效率会下降，单位成本增加。

13.2.4　超级电容储能

超级电容储能的主要部件是超级电容器，是20世纪60年代研发出来的一种新型储能元件，具有功率密度高、寿命长、无需维护及充电放电迅速等特性。

13.2.4.1　电容器

古人云："海纳百川，有容乃大。"这句话，对电容器来说确实是最为形象的比喻。电容器，是一种将电能储存在电场中的电子元器件，几乎存在于所有的电子设备中。

为让电容器能够储存更多的电能，科学家们绞尽了脑汁，先后尝试了包括更换不同的电介质，或又把电容做成堆叠的薄片等各种方法。但是，最终都没能使电容器的电容值实现量级上的突破。

超级电容的诞生可以追溯到140余年前。1879年，德国物理学家亥姆霍兹（Helmholtz）发现了电化学界面的双电层电容的性质，提出了一种具有高法拉第电容器。1957年，美国的贝克（Becker）申请了第一个由高比表面积活性炭作为电极材料的电化学电容器方面的专利，这可以算是第一个超级电容的雏形。

非常可惜的是，当时的科学家们并没有找到适用超级电容的应用场景。1962年，标准石油公司（SOHIO）生产了一种工作电压为6 V、以碳材料作为电极的电容器。之后，这项专利技术被转让给了日本电气股份有限公司（简称NEC）。1979年，日本电气股份有限公司开始大规模商业化生产超级电容。从此，超级电容开始走进人们的生活。

13.2.4.2　超级电容

超级电容技术的出现，解决了将更多电能储存于电容器的这一难题。与传统电容相比，超级电容最"超级"之处就在于能在保持较小体积的同时，储存相当于普通电容器数万倍的电能。人们常见的电容器，其电容单位是皮法（pF，$1\ pF=10^{-12}F$）或微法（μF，$1\ pF=10^{-6}μF$）。然而，一块超级电容就是5 F，如果外加两个常用的7号电池的电压（3 V），那么，这个超级电容储存的电荷量就是15 C，相当于一道闪电。因此说，超级电容储存的电容量十分巨大。

超级电容器按储能原理可以分为双电层电容器和法拉第准电容器。

（1）双电层电容器。双电层电容器又称界面双电层，是利用电极和电解质之间形成的界面双电层来存储能量的一种新型电子元件。当电极和电解液接触时，由于库仑力、分子间力或者原子间力的作用，使固液界面出现稳定的、符号相反的两层电荷。这种电容器的储能是通过使电解质溶液进行电化学极化来实现的，并没有产生电化学反应，其储能过程是可逆的。

（2）法拉第准电容器。法拉第准电容器简称准电容，是继双电层电容器之后开发出来的。法拉第准电容器是在电极表面或体相中的二维或准二维空间上，电活性物质进行欠电位沉积，发生高度的化学吸脱附或氧化还原反应，产生与电极充电电位有关的电容。法拉第准电容储存电能的过程不仅包括双电层上的存储，而且还包括电解液中离子在电极活性物质中由于氧化还原反应而将电能储存于电极中。

超级电容器的工作原理与锂离子电池等其他电池的工作原理不同，其储能过程并不发生化学反应，储能过程是可逆的。超级电容器是在其极板之间使用电介质或绝缘体来分离在每一侧极板上积聚的正（+ve）电荷和负（−ve）电荷。正是这种分离使其能够存储能量并快速释放能量。这种方式最显著的优势是电容器不会衰退，就是现在的3 V电容器在15~20年后还是3 V电容器，而锂离子电池可能会随着时间的推移和重复使用而失去电压容量。因此说，超级电容器是介于传统物理电容器和电池之间的一种较佳的储能元件，有着巨大的优越性表现。

①功率密度高。超级电容器的内阻很小，而且在电极/溶液界面和电极材料本体内均能实现电荷的快速储存和释放。

②循环寿命长。超级电容器在充电放电过程中，没有发生电化学反应，反复充电放电可以达到数十万次，且不会造成环境污染。

③充电时间短。充电速度快且模式简单，可以采用大电流充电，能在几十秒到数分钟完成充电过程，无需检测是否充满，过充无危险，是真正意义上的快速充电。

④具有高比功率和高比能量输出。

⑤储存寿命长。

⑥可靠性高。超级电容器工作时，没有运动部件，维护工作极少。

⑦环境温度范围大。在使用时，环境温度对其影响不大，正常工作温度范围在–35~75 ℃。

⑧任意并联使用。并联使用可以增加电容量，如若采取均压还可串联使用，提高电压等级。

在各类电池中，应用最多且常见的是锂离子电池，其循环充电寿命最长只有1 000~2 000次。然而，超级电容的循环寿命却达到了50万~100万次，使用年限可以达到10年以上，是真正的"沧海桑田，不改英雄本色"。

13.2.4.3 超级电容器的电压

超级电容器单体电压较低，一般为2.3 V、2.5 V或2.7 V，其模块化的也不超过100 V，不能直接用于电力系统，因此需要对其串联以提高超级电容器组的电压等级。

提高电压等级可以采用两种方式：第一种将超级电容器直接串联提高电压等级；第二种将超级电容器模块连接BoostDC/DC变换器，然后再经过逆变器与电网连接。为了实现更高的电压等级，还可以在逆变器与电网间加入升压变压器。

第一种方式存在均压的问题，升压范围有限，通常情况下都是采用第二种方式实现储能和供电。

超级电容器串联实现电压均衡的方法有两种：一是通过阻性器件消耗能量的方式来实现，可以采用稳压管法或开关电阻法；二是通过储能器件进行能量转移的方式来实现，可以采用DC/DC变换器法。

稳压管法或开关电阻法是通过消耗能量达到电容器的电压平衡，这样必然会降低超级电容器储能系统的效率，而且当超级电容器的充电电流较大时，如果采用这种方法将很难达到电压均衡的要求，其主要是一方面大功率的阻性器件增大了体积不便安装，另一方面消耗的能量增加，温度过高将给储能系统带来安全隐患，降低了系统的可靠性。目前，从应用实践看，能量转移型电压均衡方法采用储能器件进行电压均衡，是超级电容器串联电压均衡技术的发展方向。

13.2.4.4　超级电容器的分类

超级电容器的分类是根据电极选择的不同可以分为碳基超级电容器、金属氧化物超级电容器和聚合物超级电容器等。其中，应用最为广泛的是碳基超级电容器。为此，现仅对碳基超级电容器做以简单介绍。

碳基超级电容器的电极材料是由碳材料构成，使用有机电解液作为介质，活性炭与电解液之间形成离子双电层，通过极化电解液来储能，能量储存于双电层和电极内部。当为超级电容器单体充电时，电解质中的正离子、负离子聚集到固体电极表面，形成"电极/溶液"双电层，用以储存电荷。双电层厚度的形成，依赖于电解质的浓度和离子的尺寸，其容量正比于电极表面积，而与"电极/溶液"双电层的厚度成反比，其储存的能量受电极材料表面积、多孔电极孔隙率和电解质活度等因素的影响。

13.2.4.5　超级电容器的应用

超级电容器作为大功率物理二次电源，在各个领域的用途十分广泛，世界各国都把超级电容器的研究列为国家重点战略研究项目。

1996年，欧洲共同体（欧盟）制订了超级电容器发展计划；日本在"新阳光计划"中列出了超级电容器的研制目标；美国能源部和国防部也制订了发展超级电容器的研究计划。

我国在"863"计划中，确定了电动汽车重大专项（2001）超级电容器课题。因此，超级电容器被广泛地应用于电动车船、风光发电储能、电力系统电能质量调节、脉冲电源和军事等领域。

（1）电动车船领域的应用。由于超级电容器具有非常高的功率密度，能很好地满足电动车在起动、加速、爬坡时的功率需求。因此，既可以作为纯电动车的动力源，又可以作为混合型电动车的加速或起动电源。

美国通用汽车公司已将Maxwell Tech-nologies公司生产的Power Cache超级电容器组成并

联混合电源系统和串联电源系统应用在电动车上。其结果表明，利用超级电容器与电池并联作为电源可以减少电池的尺寸、重量，并延长电池的使用寿命。

2004年7月，我国首辆超级电容器公交车及其快速充电候车站系统在上海市投入试运行。该系统解决了无轨电车带来的视觉污染、机动性差和规划难等问题，以零排放、低噪声的性能，改善了公共汽车尾气排放给城市带来的空气污染，并避免了传统电池的二次污染，延长了使用寿命。

纯电动汽车大都是采用可充电的锂离子电池等作为动力源，其充电30 min电池才能充到70%~80%。然而，超级电容却能实现快速充电，仅需10 s~10 min即可完成充电。

超级电容非常适合应用于短期靠站停车和固定线路等公共交通电动车上。2020年，上海市种子中心城区的5条主要公交线路新增了89辆新型公交车，这些公交车采用上海奥威科技开发有限公司生产的超级电容，可以一次性存储电能40kW·h，能量密度突破100 W/kg。由于其超级快的充电速度，公交车完全可以在中途到站停车的短时间内完成充电，并且可以行驶到下一站。其充电3 min就能行驶10 km，满电状态下的续航里程可以达到30 km。

2022年9月，世界首艘纯超级电容动力轮渡"新生态"号抵达上海市崇明区，于当年10月航行于长兴岛至横沙岛间的航线上。由于使用了超级电容，该轮渡实现了充电15 min可航行1 h的超高性能。

"新生态"号轮渡船是由中国船舶上海船舶研究设计院开发设计，总长65 m，型宽14.5 m，型深4.3 m，是目前为止世界上最大的配有全回转推进器和超级电容动力的车客渡船，输出功率为2 000 kW，航速12节，可同时容纳165名乘客和30辆家用轿车（或14辆5 t标准车），每年节省燃油500 t左右，相比普通柴油船纯超级电容动力轮渡船无噪音。

（2）风光发电储能领域的应用。目前，风光发电普遍采用电池作为储能或缓冲装置，其存在的最大问题就是运行与维护费较大、使用寿命短。

超级电容器因其具有数十万次以上的充电放电循环寿命，以及完全免维护、高可靠性等特点，使其在未来替代蓄电池将成为一种必然趋势。超级电容器可以在白天阳光充足或风力强劲的条件下吸收能量，在夜晚、阴天、多云天气或风力较弱时放电，以维持系统平衡。

超级电容器应用在光伏发电中，还可以在其漏电流状态下充电，这一特性即使在阴天光伏电池也能对超级电容器进行充电，提高了光伏发电和微弱电流充电的有效性。

2005年，由中国科学院电工研究所承担的"863"项目"可再生能源发电用超级电容器储能系统关键技术研究"通过专家验收。该项目完成了用于光伏发电系统的300 W·h/1kW超级电容器储能系统的研究开发。

（3）电力系统的应用。超级电容储能系统在电力系统的作用主要是调节电能质量。在供电系统中，由于非线性负载的广泛应用以及大型电机的突然启停，电网谐波增加，出现波形畸变、电压瞬间跌落等问题，这对高质量需要的供电设备会造成伤害。为提高供电质量，超级电容储能系统通过不间断电源（uninterruptible power system，UPS）、静止同步补偿器

（STATCOM）等优化电网系统供电质量。

不间断电源，是一种含有储能的装置，是以逆变器为主要组成部分的恒压恒频的不间断电源，主要为电力设备系统提供不间断的电力供应。当电流输入正常时，UPS将电流稳压后供应给负载使用，此时的UPS就是一台交流稳压器，并向机内电池充电；当电流中断（事故停电）时，UPS立即将机内电池的电能通过逆变转换的方法向负载继续供应220 V交流电，使负载维持正常工作并保护负载软件、硬件不受损坏。通常情况下，UPS对电压过大或电压太低都会提供保护。

UPS是在电网断电或电网电压瞬时跌落的最初几秒、几分钟起决定作用，其机内电池在这段时间提供电能。由于其电池自身的缺点（需定期维护、寿命短），使UPS在运行中需要时刻注意电池的状态。然而，超级电容的优势这时就尤为明显，其输出电流可以几乎没有延时地上升到数百安培，在数分钟内实现能量存储，在下次电源故障时又可以启用。尽管超级电容器的储能所能维持的时间较短，但是当储能时间约在1 min时，其有着无可比拟的优势，循环50万次和10年不需要护理，使UPS真正实现免维护。

双电层电容器储能的静止同步补偿器（STATCOM），可以用来改善分布式系统的电压质量，特别是在300~500 kW的功率等级，将逐渐替代传统的超导储能。在经济方面，同等容量的双电层电容器储能同超导储能装置费用几乎相差无几。但是，双电层电容器却不需要运行费用，而超导储能则需要相当的制冷费用。

变频调速器对电压十分敏感。由于各种故障和操作，电网会随时出现瞬时低电压现象，利用超级电容器快速充电放电的特性，就可以实现变频器低电压的跨越，保证变频调速器的正常运行。

目前，超级电容器大多用于高峰值功率、低容量的场合，随着超级电容器材料的研发，功率密度和能量密度的不断提升，在电力系统中的应用范围将更加广阔。

（4）调峰调频领域的应用。目前，我国电力生产系统的调峰调频任务主要是由发电机组承担，其不足是响应速度慢、控制精度低等问题。超级电容在安全性和循环寿命方面性能更优，更适合于辅助火电机组调频。如果将超级电容器储能与火电机组自动发电控制相结合，就可以大大提高机组的调频性能，并在一定程度上延长火电机组的寿命，有效降低机组煤耗，提高机组调频灵活性。

2023年4月17日，世界最大容量5 MW超级电容储能系统在福建省福州市罗源县的中国华能集团有限公司罗源发电公司完成电网调度联合调试，各项调节指标满足电网要求，系统正式转入商业运行。据了解，该项目由华能集团指定华能罗源发电公司作为建设方出资建设，华能西安热工研究院牵头，联合南通江海电容器股份有限公司等单位协助研究开发。

该超级电容储能系统采用"5 MW超级电容+15 MW锂电池"的混合储能模式，既发挥了超级电容储能快的优势，又拥有了锂电池储能时间长的特点，实现性能互补。在参与调频时，以超级电容为主，锂电池为辅。具体表现为，以秒为计时单位的小指令全部由超级电容参与，以分钟级的大指令则由超级电容全功率响应，锂电池作为补充响应。这种方式，显著提升了现有储能调频系统综合性能。

该系统投入运行后，罗源发电公司机组的调频响应时间提高了14倍以上，调节速率提升了4倍以上，调节精度提升了3倍以上，机组整体调节性能实现了全面跃升。据了解，这是2022年以来超级电容在国内首次应用于火储一体化调峰调频、首次应用于一次调频、首次应用于岸储一体化项目，这使超级电容行业迎来加速发展的拐点。

（5）脉冲电源领域的应用。脉冲电源领域的应用主要是采用超级电容器为不能直接由公共电网供电，且需要配置发电设备或储能装置的移动通信基站、卫星通信系统、无线电通信系统等提供大功率电能。

在移动通信基站电源的应用上，主要用超级电容器与其他电源混合组成电源，用于短时功率后备，保护存储器数据。卫星上使用的电源是由太阳能与电池组成的混合电源，安装超级电容器后，卫星的脉冲通讯能力得到了极大地改善。此外，超级电容器既可以作为光电功能电子手表和计算机存储器等小型装置的电源，还可以作为可植入医疗器械的救急电源，替代传统电池。

（6）军事领域的应用。军事领域的应用主要是应用在军用装备上，尤其是野战装备，以及激光武器、粒子束武器、微波武器、电磁炮等新概念武器的脉冲功率系统，通过充电系统从电网吸收能量。比如，中等能量激光器和高功率微波武器需要100~500 kW的脉冲电功率，并在毫秒数量级以内大功率释放脉冲电能。

脉冲功率技术的研究方向，往往是在追求如何产生更高的瞬时输出功率，以提高效能。高功率电源的核心技术问题是研究高储能密度（kJ/kg）和高功率密度（kW/kg）的脉冲功率储能系统。超级电容器的高功率密度输出的特性，可以满足这些系统对功率的要求。

13.2.5 铅碳电池

铅碳电池和锂离子电池、钠离子电池、钠硫电池、钒液流电池和燃料电池等都属于电化学储能范畴。电化学储能实际上就是电池，是通过氧化还原反应使电子定向移动，从而形成电流。

铅碳电池是铅酸电池的升级版。铅酸电池的正极（阳极）为二氧化铅，负极（阴极）为海绵状铅。正极的二氧化铅一般由细粒构成，这样可以增大二氧化铅与电解液的接触面积，减小电池的内阻。一块铅酸电池是由多个单格铅酸电池组成，每个单格铅酸电池的标准电压为2 V。在实际应用中，经常将多个单格铅酸电池串联起来，形成12 V、24 V、36 V、48 V等不同型号的铅酸电池组，其电池原理见图13-7。

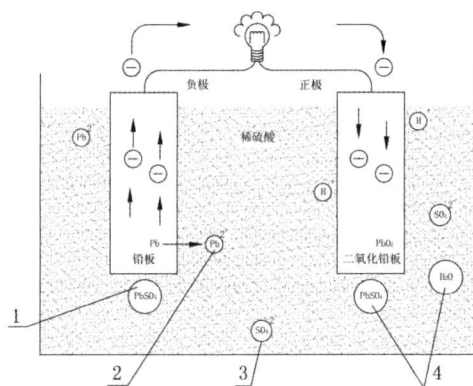

图中，1——硫酸铅，铅离子和硫酸根离子发生化学反应，生成硫酸铅；

2——铅离子，铅板释放电子后，溶解为铅离子；3——硫酸根离子，硫酸电离后变成了硫酸根离子；

4——硫酸铅、水，二氧化铅吸收电子后和氢离子、硫酸根离子发生化学反应，生成硫酸铅和水。

图 13-7　铅酸电池原理图

铅酸电池是用稀硫酸作为电解液，其密度根据铅酸电池生产的不同略有变化，一般在15 ℃时，电解液的密度为1.200~1.300 g/cm³。电解液必须保持纯净，不能含有杂质。否则，会引发电池短路等现象发生，对电池的正常使用造成危害。

电解液的作用是与正极、负极发生氧化还原反应，使离子有流动的介质。电解液的相对密度对电池的工作影响较大，相对密度过大电解液黏度增加，会降低电池容量缩短使用寿命，因此铅酸电池要根据具体使用环境，选择使用适合要求密度的电解液。

13.2.5.1 铅酸电池的放电充电

（1）放电过程。放电过程是电池向外电路输出电能的过程。放电时，正极板发生还原反应，二氧化铅得到电子与稀硫酸发生反应生成硫酸铅和水。负极板发生氧化反应，铅失去电子与稀硫酸发生反应生成硫酸铅，因此铅酸电池在放电时，正极、负极板上的Pb都与稀硫酸反应生成硫酸铅，并附着在正极、负极板上。在这个过程中，稀硫酸不断减少，电解液密度不断下降。在理想状态下，放电过程可以持续到极板上的物质被耗尽为止。但是，由于生成的硫酸铅附着于极板表面，会阻碍极板上的物质继续与稀硫酸发生反应，影响电池的电容量。其放电过程的反应方程式为：

$$正极：PbO_2+4H^++SO_4^{2-}+2e^-=PbSO_4+2H_2O \tag{13-5}$$

$$负极：Pb+SO_4^{2-}-2e^-=PbSO_4 \tag{13-6}$$

$$总反应：Pb+PbO_2+2H_2SO_4=2PbSO_4+2H_2O \tag{13-7}$$

（2）充电过程。充电过程是外电路向电池输入电能的过程，其反应与放电过程的反应相反。充电时，正极发生氧化反应硫酸铅失去电子生成二氧化铅。而负极发生还原反应，硫酸铅得到电子生成铅。随着充电的持续进行，电解液密度不断上升。当充电完成后继续充电，那么过剩的充电电流将会将电解液中的水电解，使正极板附近产生氧气，负极板附近产生氢气，此时电解液液面高度会持续降低，也正因如此，铅酸电池需要定期加蒸馏水。其充电过程反应方程式为：

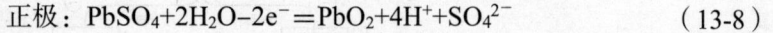

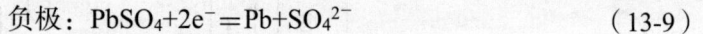

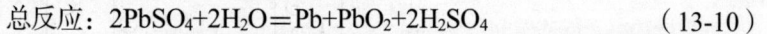

$$正极：PbSO_4+2H_2O-2e^-=PbO_2+4H^++SO_4^{2-} \qquad （13-8）$$

$$负极：PbSO_4+2e^-=Pb+SO_4^{2-} \qquad （13-9）$$

$$总反应：2PbSO_4+2H_2O=Pb+PbO_2+2H_2SO_4 \qquad （13-10）$$

铅酸电池是工业化最早的二次电池，已有150多年的历史，其技术非常成熟，性能稳定、可靠、适用性好，成本较低。由于电解液采用稀硫酸，电池本身不具备可燃性，使用起来十分方便。但是，在铅酸电池快速放电的情况下，电流密度会大幅增加，电池内部氧化还原反应速度变快，负极的海绵状铅与硫酸根离子快速反应生成硫酸铅，而因为在反应速度加快的过程中，导致硫酸铅生成速率太快，大量的硫酸铅附着在负极表面，这使得负极与电解液有效的反应面积迅速减少，使后续的反应更为困难。而在充电时，因为附着在负极表面的硫酸铅阻碍铅酸电池本体反应的发生，此时负极的电位只好将电池中的水电解成氢气，进一步导致电池性能的恶化。这种显现，与铅酸电池需要平稳、均匀的反应环境相反，会极大衰减电池的使用寿命。

现在，在电动车功率越来越大的情况下，铅酸电池充电放电流不断加大，而铅酸电池在大电流、长时间工作后，就会出现负极附着大量阻碍反应的硫酸铅，导致电池衰减十分严重，使用寿命较短。虽然铅酸电池的缺点较为明显，但其独有的可靠性和稳定性是任何电池所不能相比。由于铅酸电池技术成熟，电解液为水基体系，发生爆炸、热失控的概率极低。基于这种优良特性，科学家们在铅酸电池的负极中加入碳，从此一款铅酸电池的升级版——铅碳电池诞生了。

铅碳电池是在铅酸电池的基础上，在负极板中加入碳元素，从而使铅酸电池变成一种电容型电池。电容是电气领域中经常用到的一种电器元件，它的特点是可以储存电能，并且具有优良的快速充电放电能力，而这种能力恰恰是铅酸电池所缺少的。因此，将铅酸电池优良的可靠性与电容优良的快速充电放电能力相结合，可以使铅酸电池在保留自身优势的同时，还解决了其大电流放电时产生的硫酸铅效应，可谓是一举多得。

在负极板中加入碳元素的方式多种多样，比如，活性碳、碳黑、石墨等。当然，碳元素的加入并不是越多越好，每一种碳材料都需要一种合适的比例，否则，容易出现碳材料脱落、电池容量降低、电池内阻增大等现象。

铅碳电池在工作时，负极板中加入的碳材料会起到一定的缓冲作用。当电池在瞬时大电流充电放电时，具电容性的碳材料会将瞬时大电流接收或释放，减少电流对负极板的冲击，使负极板与电解液的反应可以均匀、平稳地进行，避免铅碳电池负极板因大电流工作时，产生大量的难溶的硫酸铅附着在极板表面，阻碍电池与电解液的充分反应。

铅碳电池不仅价格低廉，其回收也较为容易。回收铅碳电池生产再生铅的成本低于原生铅。虽然铅碳电池在铅酸电池的基础上，对其负极添加碳元素，但并未使铅碳电池的成本增高多少。

铅碳电池与铅酸电池价格相近，且铅碳电池成熟的制造技术，使铅碳电池在大规模储能应用中受到越来越多的关注。经过多年的探索研究，我国在铅碳电池领域取得了长足的进步。

13.2.5.2 铅碳电池的应用

天能电池集团股份有限公司是国内最早研发推广铅碳储能技术的企业之一。2020年5月28日，由天能电池集团股份有限公司承接、国家电网浙江综合能源服务有限公司设计建设的我国首座铅碳电池电网侧储能电站在浙江省湖州市长兴县雉城镇倒送电成功。该电站储能功率为12 MW，调度储能电量24 MW·h，采用功率控制运营模式，配备20 160个铅碳电池，最大化地发挥铅碳电池在功率型应用的优良性能。

随着铅碳电池在储能领域的大规模应用，我国铅碳储能电厂建设步伐加快。2022年12月31日，由国家电力投资集团有限公司携手天能电池集团股份有限公司打造的世界规模最大铅碳智慧电厂"和平共储"项目——湖州综合智慧零碳电厂（一期）正式并网投入运行。

"和平共储"项目位于浙江省湖州市长兴县和平镇城南工业区，是由国家电投浙江新能源有限公司、安徽吉电新能源有限公司、长兴太湖能谷科技有限公司按照50%、40%、10%共同出资建设运营。该项目由储能单元构成，每个储能单元由升压变、储能变流器（PCS）、铅碳电池簇、电池管理系统（BMS）等组成，装机容量规模为100 MW/1 000 MW·h，含铅碳电池约300万个，一次充满可存100万kW·h，以城镇居民每户用电量12.5 kW·h/d计算，可满足8万户居民一天的普通用电。

按照统一规划、分步实施的原则，"和平共储"项目分两期建设。其中，一期规划建设容量为45.36 MW/477.757 MW·h，布置电池舱144个；二期110 kV变电站建设完成后，规划设计容量为583.93 MW·h，布置电池舱176个。一期、二期全面建成投产后，一次放电可达100万kW·h，年调峰电量可超过3亿kW·h，可为多家用能大户及电网提供削峰填谷、调峰调频等服务，真正实现储能资源的共享共用。

13.2.6 锂离子电池

锂离子电池是由锂电池发展而来的。锂电池是20世纪七八十年代研制出来的一种新型电池，相较传统的铅酸电池其能量密度更高，在同样容量下具有更轻的质量、更长的循环次数、更短的充电时间以及更高的效率等特点，几乎替代了传统铅酸电池的应用。

1970年，英国科学家迈克尔·斯坦利·惠廷汉姆（Michael Stanley Whittingham）研制出了首块锂电池，其采用的是硫化钛作为正极材料，金属锂作为负极材料。之后，美国科学家约翰·古迪纳夫（John Goodenough）发现了使用钴酸锂作为正极材料可以使锂电池具有更好的性能。

1980年，约翰·古迪纳夫发布了钴酸锂的相关研究成果。自此以后，又陆续发现锰酸锂、磷酸铁锂等正极材料，这些发现已经广泛应用于现代锂电池的研发和应用中。

可以说，迈克尔·斯坦利·惠廷汉姆发现了锂电池的原理，约翰·古迪纳夫发现了锂电池更佳的正极材料。

日本科学家吉野彰（Akira Yoshino）根据锂电池的原理，积极寻找可以与正极材料相匹配的负极材料。经过无数次筛选和科学试验，最终吉野彰选用石墨作为锂电池的负极材料。

1991年，吉野彰与约翰·古迪纳夫合作发明了以钴酸锂作为正极材料、石墨作为负极材料的锂离子电池，构建了现代锂离子电池的雏形，开启了锂离子电池商业化之路。

迈克尔·斯坦利·惠廷汉姆、约翰·古迪纳夫、吉野彰三位科学家对锂电池的研制做出了巨大贡献，使人类对电池的认知和使用产生了巨大的、积极的影响，为先进的电子设备发展提供了一种有力的支持。因此，三位科学家被誉为"锂离子电池之父"。

锂电池可分为锂金属电池和锂离子电池。

锂金属电池是以金属锂作为电池负极，正极一般采用金属氧化物，在电池组装完成后，电池会立即产生电压。传统的锂金属电池为一次性电池，电池用完之后无法充电。

锂金属电池具有能量高、寿命长、耐漏液等优点，主要用于照相机、计算器等小型电器中。在传统的锂金属电池中，纽扣式锂—二氧化锰电池是应用最广泛的，其放电反应如下：

$$Li+MnO_2=LiMnO_2 \qquad (13\text{-}11)$$

由于锂金属电池是一次性电池，用完后只能报废，在应用过程中存在诸多不便。由此，可充电的锂离子电池在锂金属电池的基础上诞生。

锂离子电池与锂金属电池在正极负极材料上有着明显的区别。锂离子电池的正极材料有钴酸锂、锰酸锂、磷酸铁锂、镍钴锰酸锂等，导电集流体一般为铝箔；负极材料主要是由石墨组成，导电集流体一般为铜箔。锂离子电池外壳一般分为硬壳和软壳两种，在电动汽车、电动自行车上使用的一般为硬壳，如钢壳、铝壳等。

13.2.6.1 锂离子电池的工作原理

锂离子电池工作原理是锂离子在正极、负极之间分离与结合的过程。锂离子在正极来去称嵌入和脱嵌，在负极的来去称插入和脱插。

当锂离子电池充电时，锂离子从正极中脱嵌，穿过隔膜，在负极中插入，与外部电路中的电子结合形成锂原子，插入负极中的锂离子越多，则电池的充电容量越高；当锂离子电池放电时，负极中的锂原子失去电子变成锂离子脱插进入电解液，电子进入外电路中，与锂离子同时流向正极；锂离子在正极得到电子嵌入正极材料中，正极嵌入的锂离子越多，则电池的放电容量越大。因此，正极为钴酸锂等材料的锂离子电池，在电池组装完成后，是不带有任何电量的，必须要进行充电后电池才能正常工作。这与传统的锂金属电池不同，这种设计可以说是电池领域一种突破性、革命性的理念。约翰·古迪纳夫对钴酸锂正极材料的发现，从根本上改变了电池的设计思维和逻辑。

13.2.6.2 锂离子电池的分类

锂离子电池发展至今已衍生出钴酸锂、锰酸锂、磷酸铁锂、镍钴锰酸锂等多种正极材料体系电池，但石墨类负极材料体系一直沿用至今。这些电池均是以正极材料的名称来命名。

由于各种正极材料的不同，造成各材料本身的晶体结构不同，各晶体本身可承受的温度、电压也不同，在保证材料晶体稳定性的同时，各晶体中锂离子脱嵌的数量不同也就导致每种锂离子电池容量、性能各有优点和缺点。

（1）钴酸锂电池。科研人员在钴酸锂电池研究中发现，层状结构的钴酸锂具有较好的电化学性能，其结构为六方晶体，氧原子分别与最近的锂原子、钴原子以离子键、共价键的形式，形成六氧化钴和六氧化锂，均为八面体形状。因此，层状钴酸锂晶体结构为锂原子、钴原子、氧原子交替排布，锂离子可以看作是嵌入在整体结构中。所以，锂离子的嵌入和脱嵌不会影响晶体的整体稳定。但是，钴酸锂电池在充电时，钴酸锂中的锂离子不能全部脱嵌，随着锂离子脱嵌的越来越多，钴酸锂晶体结构将发生不可逆的相变，严重地影响电池的性能。

为保证钴酸锂晶体的稳定，只能脱嵌部分锂离子。相关研究资料表明，当钴酸锂晶体中的锂离子数量小于0.5时，晶体结构将发生不可逆的相变，也就是说钴酸锂电池在正常工作中，锂离子最多只能有一半的数量从正极材料中脱嵌。在正极材料中脱嵌的锂离子当通过电解液、穿过隔膜来到负极时，与电子结合形成单质锂，被负极材料中的石墨束缚。钴酸锂电池充电、放电反应方程式为：

充电过程：

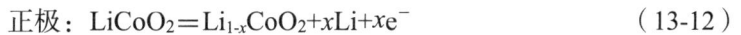

$$正极：LiCoO_2 = Li_{1-x}CoO_2 + xLi + xe^- \tag{13-12}$$

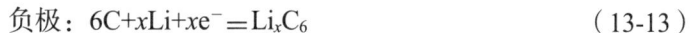

$$负极：6C + xLi + xe^- = Li_xC_6 \tag{13-13}$$

$$总反应：LiCoO_2 + 6C = Li_{1-x}CoO_2 + Li_xC_6 \tag{13-14}$$

放电过程：

$$正极：Li_{1-x}CoO_2 + xLi + xe^- = LiCoO_2 \tag{13-15}$$

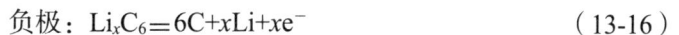

$$负极：Li_xC_6 = 6C + xLi + xe^- \tag{13-16}$$

$$总反应：Li_{1-x}CoO_2 + Li_xC_6 = LiCoO_2 + 6C \tag{13-17}$$

为保证钴酸锂电池具有较好的工作性能，其电压一般不能超过4.2 V，因为一但超过4.2 V钴酸锂需要脱嵌的锂离子将超过50%，其六方晶体结构将发生不可逆相变。

随着市场对电池性能的要求越来越高，电池所需要的能量密度也越来越大。从理论上看，要提高钴酸锂电池的能量密度就需要提高钴酸锂电池的工作电压。因此，针对如何稳定钴酸锂晶体结构，科学家们进行了一系列的研究和试验，总结出包覆法和掺杂法，并对电解液进行了进一步的研究。

包覆法是指在钴酸锂表面包裹一层其他材料，提高钴酸锂晶体结构的稳定性，从而提升电池的性能。在包覆材料的研究过程中，包覆材料大部分为氧化物。例如，采用三氧化二铝包覆钴酸锂可以大幅度改善钴酸锂电池在高压情况下晶体不稳定的问题，使电池可以适应4.7 V的高压运行工况而保持稳定。除此之外，二氧化钛、氧化锆、氧化石墨烯、导电材料等多种包覆材料都表现出良好的保持钴酸锂晶体稳定的作用，使电池的容量及性能大幅度提升。

掺杂法是指在钴酸锂材料中掺入其他元素，在锂离子大量脱嵌时，仍能保持钴酸锂晶体的稳定抑制晶体发生不可逆相变，从根本上改善钴酸锂晶体的电化学性能。不过目前掺杂的元素含量均较低，避免因掺杂元素过多而破坏钴酸锂晶体的层状结构。

目前，镁元素、磷元素、铝元素、铁元素均对钴酸锂晶体的电化学性能具有较好地提升。但是，单一元素对钴酸锂晶体电化学性质的提升较为有限。然而，采用多种元素掺杂法，可以通过其相互作用，能更好地提升钴酸锂的电化学性能。

电解液同样也是锂离子电池最为重要的组成之一。电解液是制约钴酸锂电池的关键性因素，因此改善电解液同样可以提升电池的性能。例如，在电解液中添加一定比例的噻吩类物质就可以大大地改善钴酸锂电池在高电压下的循环性能。

（2）锰酸锂电池。锰酸锂电池的正极材料为锰酸锂，负极材料为石墨。锰酸锂晶体的结构有尖晶石型，也有层状结构。但是，锰酸锂电池与钴酸锂电池不同的是，锰酸锂的尖晶石型结构更具有稳定性，对电池的性能可以起到更好的支撑。锰酸锂电池充电、放电反应方程式为：

充电过程：

$$正极：LiMn_2O_4 = Li_{1-x}Mn_2O_4 + xLi + xe^- \tag{13-18}$$

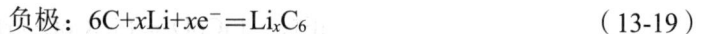
$$负极：6C + xLi + xe^- = Li_xC_6 \tag{13-19}$$

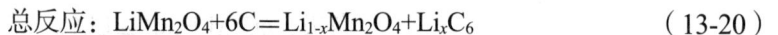
$$总反应：LiMn_2O_4 + 6C = Li_{1-x}Mn_2O_4 + Li_xC_6 \tag{13-20}$$

放电过程：

$$正极：Li_{1-x}Mn_2O_4 + xLi + xe^- = LiMn_2O_4 \tag{13-21}$$

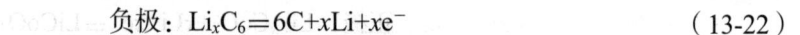
$$负极：Li_xC_6 = 6C + xLi + xe^- \tag{13-22}$$

$$总反应：Li_{1-x}Mn_2O_4 + Li_xC_6 = LiMn_2O_4 + 6C \tag{13-23}$$

相关资料表明，锰酸锂中的锂离子数量小于1时，锰酸锂的尖晶石型结构具有良好的稳定性，当锂离子数量大于1小于2时，则会出现尖晶石型结构的姜—泰勒效应（Jahn-Teller effect）。当锰酸锂发生姜—泰勒效应时，原来的$LiMn_2O_4$立方晶结构体系将变成$Li_2Mn_2O_4$四方晶结构体系，从而使锰酸锂的结构体系发生不可逆的相变，严重地影响电池性能。因此，锰酸锂电池的放电电压不能低于2.5 V。

其实，即使在常温下保证锰酸锂电池的放电电压不低于2.5 V，电池的容量仍会慢慢降低。其主要原因是，正极材料在电解液中的溶解以及放电末端形成的姜—泰勒效应。

锰酸锂电池的电解液一般为含有六氟磷酸锂（$LiPF_6$）的有机溶液，其正极材料在电解液中的溶解，一是酸的作用，二是三价锰离子的歧化反应。

酸的作用是氢氟酸与二价锰离子的相互作用。电解液中的六氟磷酸锂不管是在酸性溶液中还是碱性溶液中都会发生分解反应，产生氟化锂和五氟化磷，五氟化磷及其反应生成物不断地与水反应生成氢氟酸，氢氟酸中的氢离子和氟离子与锰酸锂反应，使锰酸锂中的锰离子持续溶解在电解液中。其反应方程式为：

生成氢氟酸反应过程：

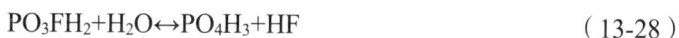

$$LiPF_6 \leftrightarrow LiF(s)+PF_5 \tag{13-24}$$

$$PF_5+H_2O \leftrightarrow POF_3+2HF \tag{13-25}$$

$$POF_3+H_2O \leftrightarrow PO_2F_2H+HF \tag{13-26}$$

$$PO_2F_2H+H_2O \leftrightarrow PO_3FH_2+HF \tag{13-27}$$

$$PO_3FH_2+H_2O \leftrightarrow PO_4H_3+HF \tag{13-28}$$

氢氟酸与锰酸锂反应过程：

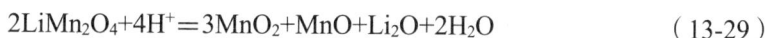

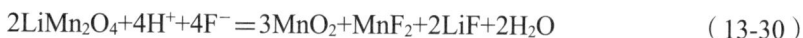

$$2LiMn_2O_4+4H^+=3MnO_2+MnO+Li_2O+2H_2O \tag{13-29}$$

$$2LiMn_2O_4+4H^++4F^-=3MnO_2+MnF_2+2LiF+2H_2O \tag{13-30}$$

六氟磷酸锂三价锰离子的歧化反应就是两个三价锰离子变为一个四价锰离子和一个二价锰离子。其中，二价锰离子溶解在溶液中，而四价锰离子则留在晶体中。其反应方程式为：

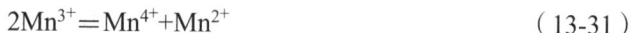

$$2Mn^{3+}=Mn^{4+}+Mn^{2+} \tag{13-31}$$

锰离子歧化反应生成二价锰离子溶解在电解液中的过程是不可逆的，这种不可逆的溶解将破坏锰酸锂的尖晶石结构，造成锰酸锂电池性能下降。

锰酸锂中的锰离子既有四价锰离子，也有三价锰离子，因此锰酸锂中，锰离子是以+3.5的平均价态存在。在放电初期，四价锰离子逐渐被还原成三价锰离子，随着放电的持续进行，三价锰离子的数量越来越多。当电池进入放电末期或是过度放电时，由于三价锰离子的数量偏多，使得锰离子的平均价态小于+3.5，将会发生姜—泰勒效应，使锰酸锂的结构体系发生不可逆的相变。

锰酸锂电化学特性的改善，与钴酸锂的方式是一样的，既有包裹法也有掺杂法。包裹法是对锰酸锂晶体进行包裹，其包裹的材料主要以氧化物、氟化物、磷酸盐等为主，最主要的作用是防止锰离子的溶解。在这些包裹材料中，磷酸盐对锰酸锂晶体高温下的稳定状态比氧化物的效果要更好。例如，磷酸铝（一种磷酸盐）具有良好的导电率和稳定的结构，可以有效避免锰离子与电解液的接触，从而提升锰酸锂晶体的电化学性质。

掺杂法可分为阳离子掺杂法和阴离子掺杂法两种。阳离子掺杂法在相关试验的研究中，三价铝离子（Al^{3+}）不会改变锰酸锂晶体的原有结构。由于三价铝离子的半径小于三价锰离子的半径，随着三价铝离子掺杂数量的增多，三价铝离子将替代部分三价锰离子减少三价锰离子的含量，从而抑制姜—泰勒效应；阴离子掺杂法主要是替代锰酸锂中的氧离子（O^{2-}），因为当氧离子减少时，锰离子的平均化合价会相应升高，从而抑制姜—泰勒效应。例如，硫离子（S^{2-}）、氯离子（Cl^-）取代氧离子后，不会破坏锰酸锂晶体的结构，并且由于硫离子、氯离子的半径均比氧原子大，取代氧离子后晶体的参数变大，锂离子进出通道变大，对锂离子的嵌入和脱嵌不会造成影响。

（3）磷酸铁锂电池。磷酸铁锂（$LiFePO_4$）的结构为正交晶系橄榄石型结构。在其晶体结构中，氧原子（O）以稍微扭曲的六方密堆排列，一个六氧合铁（FeO_6）八面体与两个LiO_6和一个PO_4四面体共棱，由于P-O键键能非常大，所以PO_4四面体很稳定，在充电放电过程中起到结构支撑作用。

由于磷酸铁锂和完全脱锂状态下的磷酸铁（$FePO_4$）的结构很相近，磷酸铁锂有很好的抗高温和抗过充电性能，电池的循环性能也很好，因此磷酸铁锂是一种十分理想的锂离子电池的正极材料。

正是由于在磷酸铁锂的橄榄石型结构中相邻的六氧合铁（FeO_6）八面体通过共顶点连接，使电子导电率低；PO_4四面体又位于上、下六氧合铁（FeO_6）八面体之间，其稳定的PO_4四面体使锂离子移动的速率和自由体积小，导致磷酸铁锂电池的性能不如其他锂离子电池。磷酸铁锂电池的反应方程式为：

充电过程：

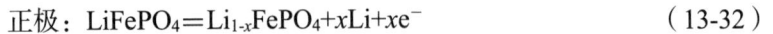

$$正极：LiFePO_4=Li_{1-x}FePO_4+xLi+xe^- \tag{13-32}$$

$$负极：6C+xLi+xe^-=Li_xC_6 \tag{13-33}$$

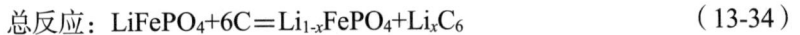

$$总反应：LiFePO_4+6C=Li_{1-x}FePO_4+Li_xC_6 \tag{13-34}$$

放电过程：

$$正极：Li_{1-x}FePO_4+xLi+xe^-=LiFePO_4 \tag{13-35}$$

$$负极：Li_xC_6=6C+xLi+xe^- \tag{13-36}$$

$$总反应：Li_{1-x}FePO_4+Li_xC_6=LiFePO_4+6C \tag{13-37}$$

磷酸铁锂晶体结构的本身，导致其作为正极材料的导电率和锂离子扩散率非常低。相比于钴酸锂的10^{-3} S/cm、锰酸锂的10^{-5} S/cm，磷酸铁锂在常温下的量级仅有10^{-9} S/cm左右，锂离子的扩散率仅有$10^{-14}\sim10^{-11}$ cm^2/S，故电池无法具有较高的能量密度，电池的电压也为3.4 V左右，尤其在低温环境下，磷酸铁锂材料的导电性和锂离子扩散率进一步下降，使磷酸铁锂在动力电池应用需求中无法具有较大的市场竞争力。但是，由于磷酸铁锂晶体的结构又是一种十分理想的正极材料，因此如何提高导电性、锂离子扩散速率、电池工作电压，均成为磷酸铁锂电池在实际应用中的重要因素。根据相关研究表明，目前，包裹法和掺杂法均可以改善磷酸铁锂电池的性能。

磷酸铁锂晶体的包裹法是通过利用碳材料、金属单质、金属氧化物、离子导电材料等改善磷酸铁锂晶体中电子的导电率，减小锂离子进、出过程中的阻力。其中，利用碳材料包裹磷酸铁锂晶体是一种最为便宜、最为简单的一种方法。同时，碳材料也可以和金属单质、金属氧化物形成复合碳材料对磷酸铁锂晶体进行包裹。通过许多试验表明，复合碳材料可以更好地提高磷酸铁锂晶体的导电性，扩大锂离子的扩散系数，提升电池在低温状态下的性能。

在磷酸铁锂电池充电放电的过程中，锂离子和电子要相互保持平衡，任何一方的传输速率变慢，会直接降低另一方的传输速率。然而，离子导电材料在具有较好的导电率的同时，还能储存锂离子，使电池在充电放电的过程中，储存或提供锂离子，使锂离子和电子的传输速率保持平衡，提高磷酸铁锂电池的性能。

磷酸铁锂的掺杂法，是在其晶体结构中的锂元素、铁元素和氧元素所在的位置利用单一元素、双元素或多种元素进行掺杂取代，使磷酸铁锂具有更高的导电性和更快的锂离子扩散速率。目前，这是优化磷酸铁锂电化学性能的主流方法。根据研究表明，铁元素和氧元素位置的掺杂取代是由锂元素位置的掺杂取代，因为锂元素位置的掺杂取代，不能使掺杂离子完全进入晶体中，未进入晶体的掺杂离子会阻碍锂离子的扩散通道，这使锂元素位置的掺杂取代对掺杂元素的种类和含量要求较高。当然，无论那种掺杂方法，都需要进行精准的计算和试验，使磷酸铁锂晶体的电化学性能得到最大的提升。

（4）镍钴锰酸锂电池又称三元锂电池。三元锂电池是当前锂离子电池一个重要的分支，在电动汽车等领域发挥着重要的作用。

锂离子电池的命名，均是以正极材料的名称来命名。三元锂电池也不例外，其正极材料是以镍、钴、锰三种过渡金属聚合而成，故称为三元锂电池或镍钴锰酸锂电池。之所以被人们称为三元锂电池，是对三元聚合物的简称。

三元锂电池正极材料的元素组成一般采用镍、钴、锰三种元素，其晶体结构与钴酸锂晶体结构相似，为层状六方晶系。由于三元锂电池正极材料中是以镍、钴、锰三种过渡金属氧化物与锂离子结合，因此三元锂电池保留了钴酸锂良好的循环性能、镍酸锂的高比容量、锰酸锂的安全性和相对较低的成本。

三元锂电池正极材料的结构式为$LiNi_{1-x-y}Co_xMnO_2$。其中，镍、钴、锰三种元素的比例不同，对三元聚合物的电化学性质影响很大。市场上常见的三元锂电池有111型号、523型号、622型号和811型号等，均表示三元聚合物镍、钴、锰三种元素的比例。例如，111型号的三元锂电池，正极材料的结构式为$LiNi_{1/3}Co_{1/3}Mn_{1/3}$；811型号的三元锂电池，正极材料的结构式为$LiNi_{0.8}Co_{0.1}Mn_{0.1}$。镍钴锰酸锂三元聚合物锂电池的反应方程式为：

充电过程：

$$正极：Li(Ni_xCo_yMn_z)O_2 = Li_{1-x}(Ni_xCo_yMn_z)O_2 + xLi + xe^- \qquad (13-38)$$

$$负极：6C + xLi + xe^- = Li_xC_6 \qquad (13-39)$$

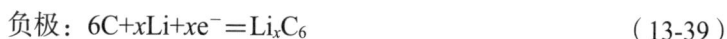

$$总反应：Li(Ni_xCo_yMn_z)O_2 + 6C = Li_{1-x}(Ni_xCo_yMn_z)O_2 + Li_xC_6 \qquad (13-40)$$

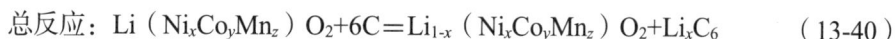

放电过程：

$$正极：Li_{1-x}（Ni_xCo_yMn_z）O_2+xLi+xe^-=Li（Ni_xCo_yMn_z）O_2 \quad （13-41）$$

$$负极：Li_xC_6=6C+xLi+xe^- \quad （13-42）$$

$$总反应：Li_{1-x}（Ni_xCo_yMn_z）O_2+Li_xC_6=Li（Ni_xCo_yMn_z）O_2+6C \quad （13-43）$$

式中，$x+y+z=1$。

镍钴锰酸锂三元聚合物中，镍元素的存在有助于提高材料的可逆嵌锂容量，钴元素的存在可以有效稳定聚合物的层状结构和抑制阳离子的混排，锰元素的存在能大幅度降低正极材料的成本。但是，镍、钴、锰三种元素各自的比例不能过高，因为镍元素过多会导致部分镍元素以Ni^{2+}的形式存在，其半径与Li^+相近。所以，部分Ni^{2+}会迁移到Li^+位点，阻碍锂离子的嵌入和脱嵌。同时，过多的镍元素容易被氧化为具有一定催化功能的Ni^{4+}，加快材料与电解液的界面反应，使材料不可逆地溶解在电解液中；钴元素过多会导致聚合物晶胞体积变小，降低材料的可逆嵌锂容量；锰元素过多将会被氧化成Mn^{4+}，使聚合物的晶体结构向尖晶石结构发生不可逆的相变，因此针对不同配比的三元聚合物的缺点，应采用相应的包裹法和掺杂法使材料的电化学性能改良，使三元聚合物锂电池的性能得到大幅度提升。

13.2.6.3 锂离子电池的特点

锂离子电池有其存在的优势以及适用的场景。但是，由于其正极材料的晶体结构不同，锂离子电池的各类电池其性能相差较大，因此要根据不同的使用环境和使用方式，来选择不同的电池，这样可以最大程度地发挥锂离子电池在储能领域的重要作用。

锂离子电池的正极材料决定了电池的性能，因此现对上述介绍的锂离子电池各类电池在电压、比容量、循环性能、安全性、充电放电倍率和使用场景进行一下总结。

（1）电压。锂离子电池中的钴酸锂电池、锰酸锂电池、镍钴锰酸锂电池充电的标称电压一般为3.6~3.7 V，应用范围一般为3.0~4.2 V，即充电电压不能超过4.2 V，因为钴酸锂、锰酸锂、镍钴锰酸锂材料的结构决定了电池放电时，锂离子不能完全从材料中脱嵌。例如，钴酸锂材料的锂离子最大脱嵌量不能高于50%，这是因为锂离子的过多脱嵌将导致正极材料发生不可逆的相变，大幅度降低电池的性能，严重时将导致电池报废。

然而，磷酸铁锂电池充电的标称电压最低，最大充电电压不能高于3.65 V。虽然磷酸铁锂的晶体结构非常稳定，但由于其结构的特性，使材料的导电性、锂离子迁移速率较差，因而磷酸铁锂充电电压的使用范围较低。

锂离子电池的放电截止电压一般为3.0 V，最低不能低于2.5 V，因为电池在放电时，不能让锂离子全部从负极迁移到正极，负极中必须保留一部分锂离子，以保证在下一次充电时锂离子的嵌入通道顺畅，提高电池的使用寿命。锂离子电池充电标称电压和放电截止电压见表13-2。

表 13-2 锂离子电池充电标称电压和放电截止电压

充电标称电压			
钴酸锂电池	锰酸锂电池	磷酸铁锂电池	镍钴锰酸锂电池
3.6 V	3.7 V	3.3 V	3.7 V
放电截止电压			
钴酸锂电池	锰酸锂电池	磷酸铁锂电池	镍钴锰酸锂电池
2.5 V	2.5 V	2.5 V	2.5 V

（2）比容量。锂离子电池的容量是在一定的放电条件下，可以从电池获得的电量。一块锂离子电池的实际容量通常是在20±5 ℃环境温度中，先以1 C恒流充电至4.2 V，再以4.2 V恒压充电至终止电流充满，然后以1 C恒流放电至2.75 V，所测得的放电实际容量。

锂离子电池的实际容量是由含有活性物质较少的电极决定。在锂离子电池制备时，负极的容量通常是过剩的，这是因为在锂离子电池过充电的时候，若负极吸收不了过多的锂离子，锂离子会在负极表面与电子结合，生成具有树枝形状的锂元素，通常将其称为锂枝晶。随着锂枝晶的不断生成，将有可能刺破隔膜，使电池内部发生短路，从而引发电池使用过程中的安全问题。负极容量过剩主要是为了防止析出锂枝晶，因此锂离子电池的实际容量是由正极容量来决定。

比容量是指单位质量或单位体积电池所获得的容量，锂离子电池的比容量见表13-3。电极中单位质量或单位体积活性物质所获得的电量，称为活性物质的质量比容量或体积比容量。在实际应用中，一块锂离子电池的比容量不可能无限的高，因为锂离子电池的比容量越高电池就越大。实际上，许多锂离子电池的应用场景，对锂离子电池的要求均为体积小、重量轻、容量大。再者，锂离子电池因受正极材料的电化学性质和晶体结构的制约，尚无法彻底突破锂离子的局限性，想要从根本上突破锂离子电池的技术壁垒，其研发的主要方向是探索合成新的正极材料。

目前，提升锂离子电池的比容量，其做法一般为增加电池单位质量或单位体积的能量密度。例如，比亚迪电动汽车钟爱磷酸铁锂电池，这是因为磷酸铁锂电池的正极材料非常稳定，是一种非常理想的锂离子电池正极材料。但是，磷酸铁锂电池的比容量较低，因此比亚迪的刀片电池采用了叠片的工艺，将一组组正极材料、高分子隔膜、负极材料叠放在一起，充分利用电池壳体的空间增加电池单位体积的能量密度，实现大幅度提升磷酸铁锂电池的性能。

表 13-3 锂离子电池比容量

钴酸锂电池	锰酸锂电池	磷酸铁锂电池	镍钴锰酸锂电池
150~200 W · h/kg	100~150 W · h/kg	90~120 W · h/kg	150~220 W · h/kg

（3）循环性能。锂离子电池的循环次数与电池的寿命之间有着密不可分的关系。锂离子电池每完成一个循环次数，其容量就会相应地减少，电池寿命也会随着容量的减少而缩短。

当前，电动汽车应用的锂离子电池，一般当电池的容量减低至80%时，就会视为电池完成了使用寿命。但是，这并不代表电池就达到了报废状态，从电动汽车上退役的锂离子电池（动力电池）也会根据电池的状态，进行拆分重组或粉碎，使电池可以继续梯次利用或回收其中的各金属或金属化合物用于生产新的锂离子电池。

锂离子电池的一个充电放电循环是指电池完成一次100%的放电与充电的过程，因此一次充电并不是一次充电放电的循环。例如，电池第一次使用时电量为100%，用完后的电量为50%，此时开始充电，将电量充至100%；电池第二次使用时电量用至70%，然后充电至100%；电池第三次使用时电量用至80%，然后充满100%。所以，电池在第一次使用时放电50%；电池在第二次使用时放电30%；电池第三次使用时放电20%。当三次使用后，电池总放电量为100%。同理，三次使用后，电池总充电电量也为100%，这样才是电池完成了一个充电放电循环。锂离子电池循环次数见表13-4。

锂离子电池的容量与负极材料的嵌锂量有着巨大的关系。在锂离子电池的实际使用中，电池的每一次充电放电都会使部分锂离子包裹在负极表面，阻碍锂离子的正常嵌入。因此，电池每完成一次充电放电，电池的容量都会随之下降，寿命也会降低。当然，正极材料在充电过程中被氧化分解、电池的自放电、惰性物质的产生破坏电极之间的容量平衡等因素，也会导致电池容量的下降，使电池的使用寿命缩减。

表 13-4　锂离子电池循环次数

钴酸锂电池	锰酸锂电池	磷酸铁锂电池	镍钴锰酸锂电池
500~1 000	300~700	1 000~2 000	1 000~2 000

（4）安全性。锂离子电池的安全性能中，热失控现象是其在实际应用时不安全性的一个十分重要的方面。

热失控是指锂离子电池电流和内部温升发生一种累积的互相增强的用途而导致电池损坏的现象。热失控现象主要为三个阶段：第一阶段是自生热阶段，主要是SEI膜的溶解；第二阶段是热失控阶段，主要是隔膜融化，正极负极直接连通，形成大量的热；第三阶段是热失控终止阶段，其反应物全部燃尽，热失控终止。

在锂离子电池首次充电时，电极材料与电解液在固、液两相界面上发生反应，生成一种钝化层覆盖在电极材料上，主要以负极为主，这种钝化层具有一定的固体电解液的特性，对电子起到绝缘性能，对锂离子起到导体性能，这种钝化层称为"固体电解质界面膜"，简称SEI膜。

SEI膜的形成，可以提高锂离子电池的性能，因为在锂离子电池充电放电的过程中，主要是锂离子在正极嵌入和脱嵌、在负极插入和脱插。因此，锂离子必然会经过负极的SEI膜，而稳定的SEI膜可以保证锂离子运动的稳定，有利于增加锂离子电池的循环次数和使用寿命。

SEI膜的性能与锂离子电池的实际使用有着极大的关系。当电池温度升高，或是充电时达到了SEI膜分解电压等情况时，均会引起SEI膜的分解。当SEI膜分解时，会持续释放热量，随着SEI膜的持续分解，负极逐渐暴露在电解液中与电解液反应放出大量的热，这些热又进一步加剧SEI膜的分解，此时若没有及时处理，这个过程会持续进行，直至SEI膜完全分解。例如，钴酸锂电池，当SEI膜分解时在电池内部释放出热量，而在充电放电的过程中形成的$Li_{1-x}CoO_2$受热会释放氧气，负极的Li_xC_6遇到氧气则会燃烧，产生大量的热，产生的热又会继续分解SEI膜，形成恶性循环。

当SEI膜完全分解后，正极、负极完全与电解液反应，释放出大量的热，当温度达到一定的区间后，隔膜开始融化，此时正极、负极在电池内部直接接通，形成短路，热失控已无法停止，反应生成大量的热和气体，冲破电池喷射而出，热失控将达到最高的程度。在热失控的过程中，消防手段无法将其终止，只有当反应物完全燃烧殆尽后，热失控现象才会终止。锂离子电池安全性对比见表3-15。

表 13-5　锂离子电池安全性

钴酸锂电池	锰酸锂电池	磷酸铁锂电池	镍钴锰酸锂电池
差	较好	好	较差

锂离子电池各类电池热失控温度及原因大同小异。下面，表13-6对四种锂离子电池热失控温度进行汇总。

表 13-6　锂离子电池热失控温度

钴酸锂电池	锰酸锂电池	磷酸铁锂电池	镍钴锰酸锂电池
150℃	250℃	270℃	210℃
满充状态易热失控	高电荷易热失控	满充及高电荷均不易热失控	高电荷易热失控

（5）充电放电倍率。锂离子电池充电放电倍率是指电池在规定的时间内，放出其额定容量时所需要的电流值。

充电放电倍率的数值等于电池额定容量的倍数，用字母"C"表示。例如，一块10 Ah的电池，0.5 C放电电流为5 A，1 C放电电流为10 A，2 C放电电流为20 A。在表13-7中，1 C放电倍率表示电池所用容量在1 h内放电完毕；0.7 C充电倍率表示电池充满电量所用时间为1/0.7 h。

锂离子电池在充电、放电过程中的电流，通常采用充电、放电倍率表示，其计算公式为：

$$充电、放电倍率＝充电、放电电流/额定容量 \tag{13-44}$$

比方说，额定容量10 Ah的电池用10 A电流放电时，其放电倍率为1 C；用20 A电流放电时，其放电倍率为2 C。一般来说，1 C倍率的锂离子电池为标准电池，2~10 C为小倍率电池，超过10 C的为大倍率电池。

实际上，锂离子电池的充电放电倍率是对电池将一定能量储存起来的速度的一种体现，放电倍率越大电池在单位时间内放出的电流越大；充电倍率越大电池在单位时间内充电的速度越快。但是，并不是说锂离子电池的充电、放电倍率越大越好，适合的充电、放电倍率用在合适的应用场景中，才能发挥出电池的最佳性能。这就像将一块大放电倍率的电池安装在数码相机、电脑、手机等设备时，不仅浪费了电池大放电倍率的性能，大电流还可能会对设备造成损坏。如果将一块大放电倍率的电池应用在电动汽车、无人机等需要大电流大功率的设备时，电池才能得到最好的应用。

影响电池充电、放电倍率的因素较多，但其主要因素是与锂离子在电池内部的迁移能力、电池的散热性能有着极大的关联。电极材料和集流体的制造工艺以及电解质的离子导电率，均对提升锂离子在电池内部的迁移能力起到重要的作用。锂离子在电极材料中脱嵌、嵌入的速率是影响电池倍率的重要因素，因此提高锂离子在电极材料脱嵌、嵌入的速度，有利于提高电池的倍率。要得到这样的效果，需要对电极材料的制造工艺提出一定的要求。其要求要有较薄的厚度和较多的孔隙。较薄的厚度可以减少锂离子在电极材料中移动的路径，较多的孔隙可以提高锂离子移动的通道。但是，二者不可兼得，较薄的厚度要求电极材料要压实紧密，而压实紧密又会减少材料中的孔隙。所以，电极材料的制造工艺，要找到厚度与孔隙的平衡点，达到锂离子迁移的最佳速度。

集流体是锂离子电池与外界传递能量的载体，其本身具有一定的阻值，这种阻值也会影响到电池的倍率，因此对集流体材质的选用，形状、大小的设计，以及连接的方式等都需要合适，这样才能改善电池的倍率，增加电池的循环寿命。

电解质是连接正极、负极的桥梁，锂离子之所以能在正极、负极之间来回移动，依靠的就是电解质。电解质直接影响着锂离子导电性能的好坏，同时也影响着电池的倍率性能，这就好比是一辆汽车，在平坦的公路上行驶与在崎岖的山路上行驶，其速度不能一样。因此，电解质对锂离子的导电性能、对电池的倍率有着重要的影响。此外，电解质也要具有稳定的化学性能和热稳定性能，减少在大倍率充电放电时，电解质在电极表面氧化分解，影响其对锂离子的导电性能。

在锂离子电池大倍率放电的模式下，电池内部的温度将会升高，电池内部过高的温度对SEI膜、电解液、正极负极材料都有着极大的负面影响，这些都会导致锂离子迁移速度的降低，因此锂离子电池稳定的散热性能，不仅使电池的工作性能保持最佳，还可以保证电池维持良好的倍率性能。锂离子电池充电放电倍率见表13-7。

表 13-7　锂离子电池充电放电倍率

放电充电倍率	电池名称			
	钴酸锂电池	锰酸锂电池	磷酸铁锂电池	镍钴锰酸锂电池
放电倍率	1 C	1 C	1 C	1 C
充电倍率	0.7~1.0 C	0.7~1 C 最大3 C	1 C	0.7~1.0 C

（6）应用领域。锂离子电池面世以来，以其能量密度高、充电时间短、放电效率大、环境污染小等良好特性，已经快速地形成了庞大的市场需求，被广泛应用到生产、生活、医疗、交

通、储能、军事、航空航天等各个领域，见表13-8。

目前，锂离子电池应用的主要领域有以下几个方面：

①消费类电子产品，比如：智能手机、平板电脑、笔记本电脑、数码照相机、摄像机、智能穿戴等；

②工业类电子产品，比如：电子仪器、无线电台、工业装备、智能化系统、物联网系统等；

③特种装备类产品，比如：电动工具、机器人、医疗设备、植入医疗器具等；

④电动车类产品，比如：纯电动汽车、插电式混合动力汽车、电动自行车、电动三轮车等；

⑤发电侧储能应用电站和用户侧储能电站类，比如：光储电站、风储电站、AGC 调频电站、家庭储能、备用电源等；

⑥电网储能系统类，比如：变电站储能、虚拟发电厂、调峰/调频等；

⑦军事装备类产品，比如：无人装备、舰艇船舶、野外供电、单兵电源、高能武器电源等；

⑧航空航天类产品，比如：飞行器、卫星导航、飞机应急照明、驾驶舱语音记录仪、飞行数据记录仪等。

表 13-8 锂离子电池各类电池对应的部分应用领域（设备）

钴酸锂电池	锰酸锂电池	磷酸铁锂电池	镍钴锰酸锂电池
智能手机 平板电脑 笔记本电脑 数码照相机 摄像机	电动工具 医疗设备	电动汽车 高负载电流 耐久性设备 侧储能电站	电动汽车 电动自行车 工业装备 医疗设备 侧储能电站

13.2.6.4 锂离子电池新型电解液将实现快充

锂离子电池凭借其高能量密度、长寿命、无记忆效应和低自放电率等优势，使其需求激增，呈现出指数级增长。尤其是在电动汽车领域，锂离子电池已成为绿色出行的新时尚标志。但是，不可否认，锂离子电池的充电速度、工作温度、安全性依旧是制约电动汽车进一步发展的瓶颈。

长期致力于锂离子电池研究的浙江大学材料科学与工程学院范修林研究员团队设计出一款新型电解液，既能支持高比能锂离子电池在−70~60 ℃的超宽温区进行可逆地充电放电，还可以使高能量密度锂离子电池在10 min内完成快速充电放电。

锂离子电池要实现快充，其意味着在整个体系中锂离子都要实现快速地迁移。目前认为，锂离子在电解液及电解液—电极界面膜中的迁移为整个过程中的速度控制步骤。而界面膜又是电解液原位生成的，与电解液的性质密切相关，因此锂离子电池要实现快充的突破，电解液的特性至关重要。

要让锂离子电池电解液同时具备有效的电解液—电极界面膜、宽温域内高离子电导率和快速离子传输动力学，这对于此前已有研究的电解液来说都是不可能实现的。这是因为电解液的高离子电导率需要溶剂具备高锂离子溶剂化能，而生成无机的电解液—电极界面膜需要电解液溶剂具有低锂离子溶剂化能。所以，目前的电解液不可能同时实现高离子电导率和阴离子衍生的电解液—电极界面膜。

面对几万种溶剂，该研究团队建立了一套溶剂筛选原则，用于筛选宽温域内快速锂离子动力学的潜在溶剂，进而将23种目标材料制作成电解液并应用于锂离子电池，展开实证研究。在一次次实验中，研究人员提出并验证了一种"配体通道促进传输"机制，建立了离子在电解液和固态电解质中传输的统一框架，最终确定了电解液的最佳配方。

相关测试数据表明，新型电解液在25 ℃室温下的离子电导率是商用电解液的4倍；在−70 ℃时高于商用电解液3个数量级以上。在同等条件下，其设计的锂离子电池能够实现充电10 min，展现出超快的离子传输行为。快充性能优异，也意味着低温充电放电性能优异。2024年2月29日，这项研究成果在国际顶级期刊《自然》发表。

13.2.6.5 锂资源和钴资源对动力电池的影响

锂离子电池又被行业称为动力电池。在动力电池生产中，锂元素和钴元素都是极其重要的原料，其资源的拥有量直接影响动力电池的产能、生产成本和市场价格。同时，还会影响动力电池的回收再利用。

锂离子电池回收再利用，既符合环境保护要求，又能使原料得以循环利用，节约原料资源，还能促进动力电池产业良性循环发展。

（1）锂矿的形成和储量。锂被称为第四次工业革命的"白色石油"，我国将锂列为战略性金属。可以说，锂对于国家的发展具有及其重要的作用。

我国锂矿的储量较为丰富。据自然资源部发布的《中国矿产资源报告（2023）》显示，到2022年底，我国锂矿折合成氧化物的储量为635.27万t，世界排名第四，占全球储量的约8.9%，占全球产量的约13%。根据预测，到2030年，我国锂的需求量将高达70万t。其中，约45万t需要进口，对外依存度达到65%~70%。虽然我国锂矿储量较为丰富，但依然无法满足我国对锂的消费需求。出现这种状况，是因为锂的开采难度较大，其成本较高，制约了我国锂矿的开采产能。

锂主要分布在盐湖、岩石和沉积盆地的黏土中。锂矿的类型是以其分布地的不同分别称为盐湖锂矿、硬岩锂矿和沉积锂矿三种。在这三种锂矿中，盐湖锂矿、硬岩锂矿构成了全球锂资源的90%，是最主要的锂矿开采种类。其中，盐湖锂矿的开采成本相对更低，对环境的污染也更小。所以，盐湖锂矿地位格外重要。

盐湖锂矿形成在地质运动较为活跃的地带。在我国主要分布在青藏高原的中部、西部和北部。其中，富锂盐湖就有80多个，具有极高的品质。但是，青藏高原海拔较高，生态较为脆弱，一但开发不慎就会破坏生态环境，这种破坏是很难恢复。再者，青藏高原交通不便，富锂盐湖四周都是高山峻岭，运输成本较高。而且在富锂盐湖还含有大量的镁元素，镁元素和锂元素的离子半径相近,化学性质也相差不多。如果要在富锂盐湖提取锂,就需要采用各种办法将镁元素分离出去,镁元素的含量越高分离成本越高,这就进一步增加了提取锂的难度和成本。硬岩锂矿主要分布在各个时代的造山带中。在硬岩锂矿中,以花岗伟晶岩型锂矿的品质较好,开采也较为容易。例如,横贯我国东西的昆仑山—天山—祁连山—秦岭—大别山造山带和横断山脉造山带具有较为丰富的花岗伟晶岩型锂矿。但是,目前已勘探的矿点较少,部分矿点海拔较高。

我国最大的伟晶岩型锂矿床是位于四川省甘孜藏族自治州的康定市、雅江县和道孚县三地交界处的甲基卡矿床,海拔4 300~4 500 m,距离G318国道川藏公路塔公站25 km,开采出来的锂需要翻山越岭,运输条件十分艰难。但是,相比于盐湖锂矿,硬岩锂矿的投资周期较短、增产较快,具有很大的发展空间。

可喜的是,在2025年初自然资源部中国地质调查局发布的消息显示,在四川省、新疆维吾尔自治区、青海省、江西省、内蒙古自治区等地找矿取得了重大突破,锂辉石型、盐湖型、锂云母型锂矿新增资源量均超千万吨,使我国锂矿储量全球占比跃升至16.5%,排名跃升至第二。

新发现的世界级锂辉石型锂矿成矿带为西昆仑—松潘—甘孜,长达2 800 km,累计探明储量约650万t,资源潜力超3 000万t,极大丰富了我国锂矿种类。同时,经过调查评价,我国盐湖型锂矿新增资源量约1 400万t,跃居仅次于南美锂三角和美国西部的全球第三大盐湖型锂资源基地。此外,我国还攻克了江西等地锂云母型锂矿提锂技术难题,新增资源量超1 000万t。

锂矿的开采既要考虑运输、提取等开发成本,还要考虑生态环境的保护,因此我国锂矿开发必须要有序递进,不能为了发展而不顾生态环境。

(2)钴的储量和需求。当前,应用最为广泛的镍钴锰酸锂电池(三元锂电池),其价格相对较贵。在三元锂电池的构成中,除了大部分依赖进口的锂元素外,钴元素的成本对电池的价格有着极其重要的影响。

根据《全球钴矿资源现状及开发利用趋势》记载,陆地钴矿主要分布在刚果、赞比亚、古巴和俄罗斯等国家。其中,刚果的钴资源储量约占全球储量的50%。

钴矿资源的结构较为特殊,全球纯钴矿的储量非常少,仅有8%是原生钴矿。钴的原子序数是27,在铁和镍之间,靠近铜的原子序数,因此绝大部分的钴是与铜、镍元素伴生的副产品,镍钴伴生占比约51%,铜钴伴生占比约41%。根据标普全球数据,2020年,全球生产的钴约有61%来自铜钴伴生,约29%来自镍钴伴生。

我国钴矿储量较少。到2022年底,我国已探明的钴矿储量为15.87万t。然而,我国又是全球最大的钴加工国和消费国,其储量导致我国对钴的进口需求日益增加。

13.2.6.6 锂离子电池的回收利用

锂离子电池的回收再利用可以使锂资源、钴资源得到更有效、更充分、更经济的利用,极大地缓解锂离子电池对锂元素、钴元素的需求，降低动力电池的生产制造成本，更好地推进动力电池循环产业的良性发展。

在电动汽车中，镍钴锰酸锂（三元锂电池）和磷酸铁锂电池是应用最为广泛的动力电池。动力电池的使用是有一定的寿命期，当电动汽车的电池容量降至80%时，就视为动力电池达到寿命期需要退役。但是，退役下来的动力电池并不是电池本身寿命的终点，即使不能应用于电动汽车，还可以应用在储能等其他场景，仍然具有极大的回收价值。

我国第一批电动汽车的爆发式投入市场是在2015年，按照动力电池8年的使用寿命，第一批动力电池的退役时间是在2023年。预计到2030年，我国退役动力电池将达到237.7万t。随着第一批电动汽车动力电池进入退役期，退役电池的回收处理也成为社会各界关注的焦点。目前，市场上已出现了很多回收动力电池的小作坊，将回收的动力电池拆解破碎，回收其中可用的金属或金属化合物。这种简单粗暴的处理方式，不仅会对拆解过程中的安全造成隐患，还有可能对环境造成污染。

2019年12月16日，工业和信息化部发布了《新能源汽车废旧动力蓄电池综合利用行业规范条件（2019年本）》（简称《规范条件》）和《新能源汽车废旧动力蓄电池综合利用行业规范公告管理暂行办法（2019年本）》（简称《暂行办法》），要求动力电池再生利用企业必须获得回收资质（"白名单"）才有资格进行动力电池回收以及再生利用生产。要获得这样的资质，需要各级层层审批。资质的审批流程是：由动力电池回收再利用企业报当地工业和信息化局，工业和信息化局转报省工业和信息化厅进行初审，省工业和信息化厅提出修改意见，企业完善申请材料后再由省工业和信息化厅报送工业和信息化部复审核准。同时还要求，资质申请必须在厂区整体建成后进行，每年1次，一般为每年3—4月提报申请材料，6月进行专家现场核实，8—9月名单公示及公告发布。《规范条件》和《暂行办法》进一步加强了动力电池回收再利用行业的管理，规范了动力电池回收再利用行为，确保动力电池回收再利用行业健康发展。

"白名单"要求，动力电池回收再利用企业需要具有动力电池梯次利用或再生利用的能力。

（1）动力电池梯次利用。动力电池梯次利用是将废旧锂离子电池组拆解为单电池，对单电池进行容量测试、分类，将容量高于60%的单电池进行重组安装。重组后的锂离子电池组可投放到低速电动汽车、电动自行车和储能等应用领域。

（2）动力电池再生利用。动力电池再生利用是由破碎工艺和湿法回收工艺组成，是将废旧锂离子电池组进行粉碎，回收电池中还可以重复利用的金属单质和金属化合物。其中，破碎工艺主要是回收电池中的铜粒、铝粒、铝壳和黑粉；湿法回收工艺则是提取黑粉中的锂、钴、镍等金属化合物以及石墨。整套工艺回收的所有产品均可以再投入到新动力电池的生产制造中。

根据《国家危险废物名录（2021年版）》所示，废弃的铅酸电池、镉镍电池、氧化汞电池属于危险废物。然而，退役的锂离子电池却不在《国家危险废物名录（2021年版）》上。同时，《关于废旧锂电池收集处置有关问题的复函》也明确指出，废旧锂离子电池不属于危险废物。

《规范条件》还对厂区选址做了明确要求。要求厂区必须具有土地征租手续，且土地征用或土地租用不少于15年，作业场地应满足硬化、防渗漏、耐腐蚀等要求，面积与企业综合利用能力相适应，满足新能源汽车动力电池回收利用溯源管理的有关要求，具备信息化溯源能力。目前，动力电池回收再利用行业，大多数企业选择动力电池的再生利用。

动力电池中的铜、铝、碳酸锂等回收物质，其价格随市场行情波动较大，尤其是碳酸锂的价格波动更大。碳酸锂是锂离子电池正极的主要材料之一，碳酸锂的价格对锂离子电池的造价有着重要的影响。国产动力电池碳酸锂的价格在2020年10月为4万元/t，2022年11月价格涨至57万元/t，期间的最大涨幅超过13倍。然而，到了2023年3月，碳酸锂的价格跌至29万元/t，跌幅高达约50%。

2024年1月11日，公安部公布的统计数据显示，截至2023年底，我国新能源汽车保有量达到2 041万辆。其中，纯电动汽车保有量达到了1 552万辆，占比76.04%。

2009年1月23日，财政部、科技部联合下发《关于开展节能与新能源汽车示范推广工作试点工作的通知》，决定在北京、上海、长沙等13个城市开展节能与新能源汽车示范推广试点，在公共服务领域推广使用节能与新能源汽车。同时，还公布了《节能与新能源汽车示范推广财政补助资金管理暂行办法》。两个文件发布后，我国开始实施新能源汽车补贴政策。此后，我国对新能源汽车补贴政策进行了多次修改和完善。

2024年3月7日，国务院印发了《推动大规模设备更新和消费品以旧换新行动方案》的通知，其中明确提出促进汽车梯次消费、更新消费，严格执行机动车强制报废标准规定和车辆安全环保检验标准，依法依规淘汰符合强制报废标准的老旧汽车。

2024年4月24日，商务部、财政部、国家发展和改革委员会、工业和信息化部、公安部、生态环境部、国家税务总局7部门联合印发了《汽车以旧换新补贴实施细则》，明确了汽车以旧换新资金补贴范围和标准。其提出自细则印发之日至2024年12月31日期间，报废国三及以下排放标准燃油乘用车或2018年4月30日前注册登记的新能源乘用车，并购买符合节能要求乘用车新车的个人消费者，可享受一次性定额补贴。其中，对报废上述两类旧乘用车并购买符合条件的新能源乘用车的补贴1万元；对报废国三及以下排放标准燃油乘用车并购买2.0 L及以下排量燃油乘用车的补贴7 000元。

2024年11月7日，工业和信息化部办公厅、国家发展和改革委员会办公厅、农业农村部办公厅、商务部办公厅、国家能源局综合司发布了《2024年新能源汽车下乡车型目录（第二批）的通知》，要求加快补齐农村地区新能源汽车消费使用短板，赋能美丽乡村建设和乡村振兴，推动大规模设备更新和消费品以旧换新行动工作。

实施新一轮汽车以旧换新补贴政策，特别是提高购买新能源乘用车补贴额度以及开展新能源汽车下乡活动，极大地促进了新能源乘用车产业的快速发展。2024年11月14日，中国汽车工业协会发布消息称，截至11月14日，我国新能源汽车年产量首次突破了1 000万辆，是全球首个新能源汽车年度达产1 000万辆的国家。到2024年底，我国新能源汽车产销分别完成1 288.8万辆和1 286.6万辆，同比分别增长34.4%和35.5%，占汽车新车总销量40.9%，产量比2023年958.7万辆增加330.1万辆。

我国如此巨大的新能源汽车保有量和生产量，在锂资源供给量相对稳定的情形下，在阶段性消费市场需求的刚性拉动下，碳酸锂价格在波动中持续走低。2024年11月，电池级碳酸锂市场均价达到7.87万元/t，比2023年3月碳酸锂29万元/t下降了约21.13万元/t。

动力电池的成本，在新能源汽车总造价中的占比可达到50%。碳酸锂价格的回落，既可以降低新能源汽车的生产成本，提高新能源汽车在市场上的竞争力，还可以提升动力电池的质量，更好地实现电池更大的里程续航，提高新能源汽车的性价比。

13.2.7 钠离子电池

钠离子电池的工作原理与锂离子电池相似。钠离子电池的正极材料为含钠离子的金属氧化物或化合物，负极材料为碳基材料。充电时钠离子（Na^+）从正极材料脱嵌进入电解液中，穿过隔膜嵌入到负极；放电时与充电过程相反。

目前，由于锂离子电池的生产制造成本仍然较高，为了降低动力电池的生产成本，国内许多动力电池生产厂家打破资源的限制开始研究生产钠离子电池。

钠元素与锂元素属于同一主族元素，其化学特性较为相似。

中科海钠科技有限责任公司和宁德时代新能源科技股份有限公司都是专注于钠离子电池研发与生产的高新技术型企业，拥有多项钠离子电池的核心专利。在钠离子电池正极材料的研究中，中科海钠科技有限责任公司的层状过渡金属氧化物和宁德时代新能源科技股份有限公司的普鲁士类化合物最具代表性。

层状过渡金属氧化物的分子式为Na_xMO_2。其中，M为过渡金属。例如，锰元素（Mn）、镍元素（Ni）、铬元素（Cr）、铁元素（Fe）等。层状过渡金属氧化物的晶体结构与镍钴锰酸锂（三元锂电池）正极材料类似，可以兼顾能量密度和循环寿命。但是，其材料的稳定性略差。目前，层状氧化物的比容量通常在100~145 W·h/kg，循环次数2 000~3 000次。中科海钠采用Cu-Fe-Mn三元锂电池层状氧化物正极材料，电池的能量密度可以达到135 W·h/kg。

普鲁士类化合物是过渡金属的六氰基铁酸盐，分子式为$Na_xMa[Mb（CN）_6]$。其中，Ma为铁元素（Fe）、锰元素（Mn）、镍元素（Ni）等，Mb为铁元素（Fe）、锰元素（Mn）等。普鲁士类化合物具有开放框架结构，有利于钠离子的快速迁移，具有较高的理论容量，较好的倍率性能，晶体结构稳定性较强。同时，合成方法相对简单，成本较低。但是，由于生产方式多采用共沉淀法，晶体骨架中存在较多的空位和大量结晶水，结晶水容易占据晶体中的储钠位点及钠离子脱嵌通道，导致材料中的钠离子含量以及钠离子迁移速率降低，影响了材料实际比容量和循环性能。目前，普鲁士蓝（白）化合物实际的比容量在70~160 W·h/kg，循环性能为1 000~2 000次。宁德时代开发的普鲁士白化合物采用锰元素（Mn）和铁元素（Fe），分子式为$Na_xMn[Fe(CN)_6]$。该化合物可以较好地控制结晶水的形成，钠电样品的能量密度可以达到160 W·h/kg。

除了层状过渡金属氧化物和普鲁士类化合物之外，聚阴离子类化合物也是钠离子电池正极材料的研究方向之一。聚阴离子类化合物的分子式为$Na_xM_y[(XO_m)^{n-}]_z$。其中，M为可变价态的金属离子，例如，铁元素（Fe）、钒元素（V）等，X为磷元素（P）、硫元素（S）等。晶体结构具有三维立体结构，且晶体结构较为稳定，与磷酸铁锂的橄榄石型晶体结构类似居多，循环稳定性好，大多在4 000次以上，安全性较高，并具有工作电压高和循环性能好的优点。但是，该化合物的比容量较低且导电性偏低，比容量在100 W·h/kg上下。

目前，在钠离子电池的研究中，层状过渡金属氧化物和普鲁士类化合物的产业实践相对较多，而聚阴离子类化合物相对较少，详见表13-9。

表 13-9 层状氧化物和普鲁士类化合物及聚阴离子类化合物比较

	层状过渡金属氧化物	普鲁士类化合物	聚阴离子类化合物
分子式	Na_xMO_2。其中，M为过渡金属，例如，锰元素（Mn）、镍元素（Ni）、铬元素（Cr）、铁元素（Fe）等	$Na_xMa[Mb(CN)_6]$。其中，Ma为铁元素（Fe）、锰元素（Mn）镍元素（Ni）等，Mb为铁元素（Fe）、锰元素（Mn）等	$Na_xM_y[(XO_m)^{n-}]_z$。其中，M为可变价态的金属离子，例如，铁元素（Fe）、钒元素（V）等，X为磷元素（P）、硫元素（S）等
比容量	100~145 W·h/kg	70~160 W·h/kg	100 W·h/kg上下
循环次数	2 000~3 000次	1 000~2 000次	4 000次以上
产业实践	中科海纳采用Cu-Fe-Mn三元锂电池层状氧化物	宁德时代普鲁士白采用锰元素（Mn）和铁元素（Fe）	法国Tiamat和中国的鹏辉能源
优点	兼具能量密度和循环寿命	钠离子的迁移速度快，具有较高的理论容量，较好的倍率性能，晶体结构稳定性较强，同时合成方法相对简单，成本较低	晶体结构较为稳定，循环稳定性好，安全性高，工作电压高，循环性能好
缺点	材料稳定性较差	晶体骨架中存在较多的空位和大量结晶水，导致材料中的钠离子含量以及钠离子迁移速率降低，影响了材料实际比容量和循环性能	比容量较低且导电性偏低

钠离子电池工作时是依靠钠离子在正极、负极的迁移来实现电池的充电和放电。在化学元素周期表的第一主族中，钠离子的半径要大于锂离子，因此钠离子在正极材料的脱嵌和嵌入过程中，对正极材料稳定性等性能的要求较高，这也是限制钠离子电池能量密度的重要因素之一。正是由于钠离子半径较大，无法嵌入石墨材料，故钠离子电池的负极材料一般使用碳基材料。

钠离子电池相较于锂离子电池的制造成本更低。钠元素在生活中处处可见，地壳中钠的储量达2.74%，大约是锂储量的420倍。同时，还可以通过海水制备钠盐，其制备工艺简单、成熟。

我国的钠资源储量占据全球储量的22%，全球钠资源的价格更是远远低于锂资源，仅为锂价格的1.33%。钠离子电池中负极的集流体可以用铝箔代替铜箔，虽然使用铜箔的性能会更好，但就其经济性而言，使用铝箔替代无疑会大幅度降低钠离子电池的制造成本。由于钠离子电池中不含有昂贵的钴元素，其生产线可以由锂离子电池生产线做简单改造后即可用于生产，这又进一步降低了钠离子电池的制造成本。

钠离子电池的安全性能相较于锂离子电池更好。钠离子电池内阻较锂离子电池高，电池在短路的瞬间发热量较少，热失控温度高于锂离子电池，其高温安全性和稳定性优于锂离子电池。

钠离子电池的快充性能优于锂离子电池。钠离子电池在高温或低温环境下其性能更优异，可在$-40℃$低温下容量保持率达到70%，在高温$80\ ℃$时还可以循环充电放电使用。据相关数据显示，钠离子电池80%电量的充电时间约为15 min，而三元锂电池将电量从20%充至80%通常需要30 min左右的时间，磷酸铁锂电池则需要45 min。

目前，钠离子电池仍无法商业化应用，其主要原因是能量密度低和循环次数少。钠离子电池对正极材料的稳定性和动力性具有较高的要求，而钠离子脱嵌和嵌入正极材料的限制造成了钠离子电池能量密度较低的现象。钠离子电池的能量密度一般在$70\sim200\ W\cdot h/kg$，能够投入量产的钠离子电池能量密度尚未突破$160\ W\cdot h/kg$。2021年7月29日，宁德时代召开了钠离子电池发布会，其研发的第一代钠离子电池的电芯单体能量密度已达到$160\ W\cdot h/kg$，是当时全球最高水平。宁德时代第二代钠离子电池的目标是能量密度突破$200\ W\cdot h/kg$，预计于2025年面世，2027年大规模生产。

钠离子电池比锂离子电池发展晚，就目前而言，其价格没有表现出明显的优势，这说明钠离子电池的产业链还不够成熟，正极材料的研究缺少多年的实验积累，仍存在许多劣势和缺陷。但是，随着对钠离子电池的持续深入研究，钠离子电池一定会以更好的性价比在储能等领域迎来更大的应用。

13.2.8 钠硫电池

钠硫电池的正极、负极材料和电解质较为特别，是由熔融电极和固体电解质组成。正极材料为液态硫和多硫化钠熔盐，负极材料为熔融金属钠，电极均为液态。固体电解质一般为Bata氧化铝（Al_2O_3）陶瓷材料，这种陶瓷材料既是电解质又是隔断正极和负极的隔膜。

钠硫电池在放电时负极不断产生钠离子（Na^+）和电子，其电子在外电路从负极流向正极，钠离子（Na^+）在电池内部由负极通过电解质迁移到正极，与硫离子（S^{2-}）结合形成多硫化钠。充电时正好相反，正极的多硫化钠释放钠离子（Na^+）和电子，电子从外电路由正极流向负极，钠离子在电池内部从正极经过电解质迁移到负极，在负极与电子结合形成金属钠。钠硫电池的反应方程式为：

充电过程：

$$正极：Na_2S_x = 2Na^+ + xS + 2e^- \tag{13-45}$$

$$负极：2Na^+ + 2e^- = 2Na \tag{13-46}$$

$$总反应：Na_2S_x = 2Na + xS \tag{13-47}$$

放电过程：

$$正极：2Na^+ + xS + 2e^- = Na_2S_x \tag{13-48}$$

$$负极：2Na = 2Na^+ + 2e^- \tag{13-49}$$

$$总反应：2Na + xS = Na_2S_x \tag{13-50}$$

钠和硫的化学性质都比较活跃，尤其是钠在常温下就可以与水发生激烈的化学反应并释放大量的热。钠和硫的反应过程也较为剧烈，两种反应物之间必须用固体电解质隔开。与液体电解质相比，离子在固体电解质的迁移速度要慢于液体电解质，而且离子的重量相比于电子要重很多，在同样的状态下，离子的迁移速度本身就要低于电子的迁移速度，因此电池充电、放电的快慢，往往被离子的迁移速度所限制。

通过对钠硫电池工作原理的简单介绍，可以得出一个结论，这就是钠硫电池中的固体电解质既要有较高的稳定性，又要有较好的离子导电性。

在稳定性方面，陶瓷材料具有比较突出的优势。但是，陶瓷材料对钠离子（Na^+）的导电性较差。然而，在温度升高时，可以提高离子的运动速度。钠硫电池正常工作时的温度较高，一般情况下要达到300~350 ℃。

一种电池的电压，在电极材料确定的情况下就已经被限制。钠硫电池的电压与正极材料液态的多硫化钠（Na_2S_x）的成分有关，通常为1.74 ~2.08 V。新安装好的钠硫电池一般为完全电荷的初始状态，正极材料中的多硫化钠为Na_2S_5，初始电压约为2.08 V。随着电池的不断放电，钠离子（Na^+）持续迁移到正极中，多硫化钠经历了从Na_2S_5变成Na_2S_4（1.97 V）到Na_2S_3（1.74 V）的变化过程。

钠硫电池在电网调峰方面具有很好的适用性。目前，随着新能源发电技术的不断发展，大量新能源电力并入电网，使电网的调峰能力受到越来越大的挑战。新能源发电具有天气和季节性等特点，其发电具有不确定性，是电网调峰最为主要的难点。

电网调峰的主要目的是通过调整发电厂（站）的发电负荷来保持电网电能的平稳输出，保证用电机构的用电需求。火力发电厂要实现具有深度调峰的能力，不得不对发电机组进行改造，以保证机组在深度调峰时的安全、平稳运行。钠硫电池则可以很好地解决这些难题。

钠硫电池以Na_2S_3作为最终放电产物，在350 ℃工作温度下的理论能量密度高达

760 W·h/kg，而且对大功率、大电流的接受能力较强，即使是超出额定功率的5~10倍，也能安稳接受，并以稳定的功率将电能释放到电网中，对保障电网的平稳安全运行发挥着十分重要的作用。但是，钠硫电池的弊端也较为明显。目前，可以商业应用的钠硫电池的工作温度需要保证在300~350 ℃，这对电池正常运行时的保温增加了难度。钠和硫都是比较活跃的元素，在高温下均是熔融状态，多硫化钠是具有腐蚀性的化合物。所以，钠硫电池对固体电解质的要求很高，一但固体电解质发生破裂，正极和负极将会直接接触发生短路，并伴有剧烈的放热反应，产生高达2 000 ℃的高温，造成严重的安全风险。

1966年，美国福特汽车公司的韦伯、库莫尔等人以及陶氏化学公司的鲍勃·海茨、威廉·布朗、查尔斯·莱文等人分别发明了钠硫电池。当时，福特汽车公司的钠硫电池采用β-氧化铝作为固体电解质，而陶氏公司采用的是玻璃电解质。

查尔斯·莱文曾描述在陶氏公司发现钠硫电池的经历。当时正在用超细中空纤维电解质做氢气燃料电池，在一个类似于多管锅炉的结构中，直径在100~200 μm的中空纤维缠在一起，纤维的内壁有金属覆盖，外壁是塑料化的。氢气从管中流过，空气从管外流过。但是，当最终决定电极中铂催化剂的使用量时，发现这个电池成本太高，在太空和军事领域都没有用。于是，研究人员想这个技术中间还有什么是有用的呢？研究主管鲍勃·海茨提出能不能把这个纤维中间填满钠作为钠电极呢？1964年的圣诞清晨，研究人员用Cu^+-Cu^{2+}作为阴极组装出了第一个钠电池。之后，又开始寻找合适的阴极材料来实现电池的可逆。这时，威廉·布朗提出用硫，却当即遭到质疑，因为硫是一个近乎绝缘的材料，用它作为电极材料有些不可思议。然而，1965年1月末的一天，研究人员所做的钠硫电池实现了可逆充电放电，就这样人类有了钠硫电池。一个看起来没用的工作，却给其他领域带来了启发。

钠硫电池面世后，最初的设想是将电池应用在电动汽车领域。但是，因技术原因和安全性考虑，钠硫电池在电动汽车领域的应用受到了限制。之后，钠硫电池所具有的高能量密度、低原料成本和无自放电的特点，在储能领域的应用开始受到越来越多的重视。

2003年，日本NGK公司实现了高温钠硫电池的商业化。2012年，该公司在美国加利福利亚州建设了2 MW的钠硫电池储能电站；2015年，又在日本建设了4.2 MW钠硫电池储能电站；2016年，在日本建设的50 MW大型储能电站投入运行，这是目前全球规模最大的钠硫电池储能电站。据不完全统计，该公司建设的193个钠硫电池工程项目，总容量达到3 670 MW·h。

目前，全球运行着超200座钠硫电池储能电站。据中关村储能产业技术联盟（CNESA）数据显示，截至2021年，在全球已投入运行的新型储能项目累计装机25.4 GW中，钠硫电池占据2%，大约达到0.508 GW的规模。

我国在钠硫电池的研制中，也取得了较大的成绩。1968年，上海硅酸研究所就对电动汽车应用的钠硫电池开始了研究，并于1977年成功组装并运行了我国第一辆钠硫电动汽车，功率为6 kW。2006年，上海市电力公司与上海硅酸研究所合作研发钠硫电池，于2007年成功研制出650 Ah的大容量单体钠硫电池，使我国成为国际上第二个掌握大容量钠硫单体电池核心技术的国家。

钠硫电池在常温下运行的技术理论取得了进展。常温钠硫电池与高温钠硫电池略有不同，首先正极、负极材料不是熔融状态和液态，正极为硫材料，负极为纳金属，电解质为液态不是固态。相较于高温钠硫电池，常温钠硫电池具有更高的理论能量密度。但是，与锂离子电池一样，在电池充电时金属钠在负极也会形成枝晶，随着钠枝晶的越积越多，最终可能刺破隔膜造成电池内部短路，在瞬间形成剧烈的放热反应。

纳硫电池的隔膜主要作用是只允许离子通过，而硫可以溶解在电解液中，也会通过隔膜造成电池容量的快速下降。在电池放电过程中，负极的纳金属释放电子和钠离子（Na^+），钠离子通过隔膜迁移到正极，最终的放电产物为硫化钠（Na_2S）。但是，随着硫化钠（Na_2S）的生成，也使得正极材料大幅膨胀，有脱落的风险。

在常温钠硫电池的研究中，针对电池稳定性的研究有着许多的理论。例如，利用硫化钠（Na_2S）作为电池的正极材料，既可以避免正极材料的脱落风险又可以提供钠离子；负极材料可以利用碳、锡金属，规避金属钠作为负极时生成钠枝晶的安全风险。但是，硫化钠（Na_2S）作为电池的正极材料虽然具有能量密度高、资源来源丰富的特点，但其导电性能较差等因素限制了电池的使用寿命和容量。所以，常温钠硫电池仍然具有极大的发展空间和提升潜力。

13.2.9　钒液流电池

钒液流电池在传统的二次电池中是一个"异类"。传统的二次电池其结构是电池壳体包裹着电解液、隔膜和正极、负极。然而，钒液流电池的电解液和电堆是分开的，相比于传统的二次电池，其循环寿命、储能的灵活程度、安全性能更高，其结构见图13-8。

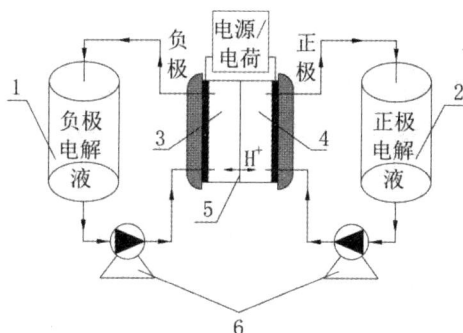

图中，1——负极V^{3+}/V^{2+}电解液；2——正极VO^{2+}/VO_2^+电解液；3——电芯内部负极，$V^{3+} \Leftrightarrow V^{2+}$；
4——电芯内部正极，$VO^{2+} \Leftrightarrow VO_2^+$；5——离子传导膜；6——泵。

图 13-8　钒液流电池结构图

钒液流电池由正极电解液罐、负极电解液罐、电堆和泵组成。正极电解液罐中为含有VO^{2+}/VO_2^+的电解液，负极电解液罐中为含有V^{3+}/V^{2+}的电解液，电堆由短板、集液板、电极、离子传导膜组成。

钒液流电池工作时泵将正极、负极电解液罐中的含有不同价态钒离子的电解液输送至电堆中，发生氧化还原反应，反应后的电解液流回各自的罐体中。钒液流电池的反应方程式为：

充电过程：

$$正极：VO^{2+}+H_2O-e^-=VO_2^++2H^+ \tag{13-51}$$

$$负极：V^{3+}+e^-=V^{2+} \tag{13-52}$$

$$总反应：VO^{2+}+H_2O+V^{3+}=VO_2^++2H^++V^{2+} \tag{13-53}$$

放电过程：

$$正极：VO_2^++2H^+=VO^{2+}+H_2O-e^- \tag{13-54}$$

$$负极：V^{2+}=V^{3+}+e^- \tag{13-55}$$

$$总反应：VO_2^++2H^++V^{2+}=VO^{2+}+H_2O+V^{3+} \tag{13-56}$$

钒液流电池的独特结构，使其具有功率和容量互为独立的特性。钒液流电池的功率是由电堆决定，通过增加多个电堆或改变电极的表面积来调整电池的功率。钒液流电池的容量是由正极和负极电解液罐体的体积或钒离子的浓度所决定。随着电池正常工作，电解液不断地循环，电池容量会随着电池充电放电次数的增加而发生衰减。

钒液流电池容量衰减的原因，主要是副反应和正极、负极钒离子通过离子传导膜迁移。这些因素导致正极、负极电解液的综合价态发生偏移致使电池容量发生衰减。但是，钒液流电池优势在于电池的电解液是以独立的形式存在，通过向电解液中加入恢复剂，调节电解液的综合价态，就可以使电池的容量回复正常。这是传统的二次电池无法做到的十分独特的特性。

任何一种电池在工作时内部均会产生一定的温度。传统的二次电池对散热系统要求较高，必须保证电池在合适的温度空间运行。然而，钒液流电池的电解液是以流动的状态通过电堆，这种方式可以将电堆的热量通过电解液的流动带走，并且还可以在电解液输送管道上配置换热器，保证电解液的适合温度，极大程度上缓解了电池热失控的风险。虽然钒液流电池具有离子传导膜破裂使正极和负极电解液直接接触导致电池内部短路的风险，但是根据实证结果表明，在理论满充状态下，便将正极和负极电解液直接互混，温度由32 ℃升至70 ℃，钒液流电池系统也不会产生燃烧、起火等现象。因此说，钒液流电池具有非常好的安全性。

在电极方面，钒液流电池的电极采用惰性电极，电池在充电和放电的过程中，电极材料不参与电化学反应，反应过程仅为钒离子的价态变化，不涉及液固相变，电极表面形态可以保持长期稳定。因此说，钒液流电池的稳定性和循环寿命都具有较好的性能。

在传统的二次电池应用中，一般都会出现某块电池容量衰减较为严重的现象，破坏了整套系统的均一性，导致系统的电化学性能下降。如果单一更换电池，不仅成本较高，而且也不能完全恢复系统的均一性。钒液流电池的电解液则采用流动循环的方式，电解液会均匀地流入每个电堆中，使每一个电堆的电化学性能可以基本达到一致。因此，钒液流电池系统运行具有良好的均一性。

钒具有良好的耐腐蚀性，无论是在酸性溶液中还是碱性溶液中，均可以保持稳定的化学性能。

13.2.9.1 钒资源的存在形式

在自然界中，钒（V_2O_5）很难以单一体存在，主要是与其他矿物形成共生矿或复合矿。目前，已发现的含钒矿物有70多种。但是，主要的矿物只有钒钛磁铁矿、钾钒铀矿、石油伴生矿三种。在已探明的钒资源储量中，98%赋存于钒钛磁铁矿中，V_2O_5含量可达到1.8%。

13.2.9.2 钒矿资源的储量

钒是一种金属元素，其踪迹遍布全世界，丰度排名第22位，在大陆地壳中钒的平均丰度约为60×10^{-6}单位。

2022年，全球钒矿储量约为2 600万t，主要分布在中国、俄罗斯和南非。其中，中国储量占比39.3%，居世界第一。目前，国际市场上钒的主要供应国为中国、南非和俄罗斯。

我国钒资源虽然分布于19个省市（区），但主要还是集中在四川省攀枝花地区和河北省承德地区，尤其是攀枝花地区的钒资源最为丰富。据自然资源部发布的《中国矿产资源报告（2023）》和《中国矿产资源报告（2024）》显示，2022年，我国钒矿储量为734.39万t。2023年，我国钒矿储量达到1 029.82万t。

13.2.9.3 钒制品的产量

2021年，全球钒产量约（以V_2O_5计）21万t，我国的钒产量约13.6万t，占全球产量约65%；2022年，全球钒产量22.4万t，较2021年增长约6.7%。我国的钒产量约14.2万t，较2021年增长约4.4%，占全球产量约63.4%。

从产量来看，我国钒制品产量逐年提高，而世界其他国家钒产品生产消费量基本保持稳定。从2007年开始，我国已经成为世界第一产钒大国。2011年，我国钒制品的年产量约占全球年总产量的48%。2012年，我国钒产量就已经接近7万t，占全球产量的50%以上。2012年，仅攀钢集团钒钛资源股份有限公司（简称"攀钢钒钛"）的钒制品产量就达到了1.65万t（攀钢集团钒钛资源股份有限公司2012年度报告）。

从生产方式来看，我国87%的钒来自于钒钛磁铁矿经钢铁冶金加工得到的钒渣，12.7%的钒是由二次回收的含钒副产品（含钒燃油灰渣、废化学催化剂等）和含钒石煤生产，而来自于钒钛磁铁矿的产量仅占0.3%。

从行业竞争来看，我国企业钒生产能力全球领先。根据数据显示，目前，全球钒产品年产量为6 000 t以上的企业共11家。其中，我国企业就达6家，这6家企业产能见表13-10。

表 13-10 我国6家钒制品企业产能情况表

企业名称	产能/t	产品	原料
攀钢钒钛	44 200	钒铁、氧化钒、钒铝合金	钒渣
承德钒钛	25 000	氮化钒、氧化钒、钒铝合金	钒渣
北京建龙重工	20 000	氧化钒、氮化钒	钒渣
成渝钒钛	18 000	五氧化二钒	钒渣
四川德胜	20 000	五氧化二钒	钒渣
达州钢铁	9 000	五氧化二钒	钒渣

目前，攀钢钒钛已具备年产钒制品（以V_2O_5计）4.42万t的生产能力，是世界主要的钒制品供应商，是我国钒制品行业龙头企业，其产能居全球第一。据钒钛股份《2022年年度报告》显示，2022年累计完成钒制品（以V_2O_5计）4.69万t，同比增长8.25%。其发布的《2023年年度报告》显示，2023年累计完成钒制品（以V_2O_5计）4.98万t，同比增长6.09%。

目前，我国钒液流电池商业化应用进展较为缓慢，尚还不具备大规模应用的条件，主要原因是投资成本较高。造成成本较高的部件是电解液和电堆，两者的成本就占到钒液流电池成本的70%左右。以一个5 kW钒液流电池为例，电解液成本约17万元，控制系统成本约10万元，电堆成本约12.9万元，泵成本约0.7万元。其中，电解液成本就约占总成本的41.6%，电堆成本约占总成本的31.8%。此外，钒液流电池的能量密度较低，仅有20~50 W·h/kg，不足磷酸铁锂电池的1/3，导致在同样的应用场景中，钒液流电池需要更大的体积和重量。根据市场价格，钒液流电池的单价在3.8~6.0元/W·h，是锂离子电池储能的2倍多。

13.2.9.4 钒液流电池的应用

液流电池的研制历程已有50多年。液流电池最初是由日本科学家Miyake和Ashimura在1971年首次提出，是将正极和负极活性物质溶解在电解液中，通过氧化还原反应，实现电能和化学能的有效转换，为现代液流电池提供了重要理论基础。

随着液流电池研究的不断深入，2001年后，钒液流电池研制成功，开始了商业化尝试。2005年，日本在北海道苫前町建设了4 MW/6 MW·h钒液流电池储能系统，作为36 MW风电站的调频调幅配套设施，这是当时全球最大的钒液流电池储能电站示范工程项目。

1995年，中国工程物理研究院承担了我国钒液流电池的研制工作，成功研制出了500 W和1 000 W的电池样机。2016年4月，国家能源局批准建设大连钒液流电池储能调峰电站，这是我国首个国家级大型化学储能示范项目。该电站总建设规模为200 MW/800 kW·h，一期工程建设100 MW/400 MW·h，由我国自主研发、完全具有自主知识产权，全部建成后将成为全球最大的钒液流电池储能电站。2022年10月30日，一期工程正式并网发电，这标志着我国在钒液流电池领域的研究迈入国际先进行列。

我国虽然在钒液流电池的研制中处于国际先进行列，电池的制造成本也低于国际平均水平。但是，钒液流电池的电极、电解液、离子传导膜等关键材料的成本依然较高，大大限制了钒液流电池的商业化进程。未来随着技术的不断升级和进步，以及运行控制系统的不断优化改善，钒液流电池关键材料的制造成本、运行成本也会进一步下降，在大规模储能领域必定会发挥着十分重要的作用。

13.2.10　钙—氧气电池

2024年2月7日，复旦大学纤维电子材料与器件研究院、高分子科学系、先进材料实验室、聚合物分子工程国家重点实验室彭慧胜/王兵杰团队，联合王永刚、周豪慎、陆俊等合作者，创建出一种新型钙—氧气电池，其成果以《室温下可充钙—氧气电池》为题在线发表在《自然》主刊上。

钙—氧气电池可以在室温条件下进行电化学充电放电，可以稳定运行700次循环，展现出了高安全性和较低成本等优势。

钙金属具有低氧化还原电位和多价性等特性，结合我国丰富的钙资源，基于金属钙的电池体系在未来的能源应用中具有十分广阔的前景。据有关科研人员介绍，在基于金属钙的电池中，钙—氧气电池具有最高的理论能量密度。但是，钙—氧气电池一直不能在室温下稳定充电放电。其中，最具挑战的关键问题是钙金属负极具有高电化学活性，容易导致电解液被还原分解，并在电极表面形成钝化层，使钙金属负极失效。同时，空气正极具有高电极电势，容易导致电解液氧化分解，正极电化学性能迅速衰退。而且，目前仍难以找到一种能与钙金属负极相匹配，且能适应高电极电势空气正极的电解质，严重制约了钙—氧气电池的发展。

为解决这些挑战难题，研究团队通过系统设计溶剂、电解质盐以及电解质配比，成功制备出一种基于二甲基亚砜/离子液体的新型电解质，有效满足了电池正极、负极的高要求，构建了可以在室温工作的新型钙—氧气电池。

该团队研究出的钙—氧气电池主要是由金属钙负极、碳纳米管空气正极和有机电解质三个部分构成。

13.2.10.1　金属钙负极

金属钙负极不仅成本较低，而且还具有较高的理论容量，有利于电池实现较高的能量密度。同时，还可进一步将金属钙负载到柔性基底上，得到柔性的金属钙负极，为实现柔性钙—氧气电池奠定基础。

13.2.10.2　碳纳米管空气正极

碳纳米管空气正极是采用了较为环保的碳材料，不含昂贵的贵金属催化剂，并利用空气中的氧气作为反应物，有助于降低电池的制造成本。

13.2.10.3 有机电解质

有机电解质是采用基于二甲基亚砜/离子液体体系，这种电解质在室温下不仅表现出了高离子导率，还展示了稳定的电化学特性，显著提升了电池的整体安全性。

这种结构的钙—氧气电池不仅优化了性能、降低了成本，而且也兼顾了环境的可持续性与在柔性电子设备中的应用要求，在室温条件下能够实现放电产物的可逆生成和分解，支持长达700次的充电放电循环寿命。在此基础上，该研究团队还成功构建出同时具有高柔性和高安全性的钙—氧气电池，为柔性电池发展提供了新思路，可用于制备下一代可穿戴电池织物。

13.2.11 燃料电池

燃料电池说是一种电池，其实是一种将储存在燃料中的化学能直接转化为电能的发电装置，只要有源源不断的燃料，就能连续不断地发电。因此，燃料电池被誉为是继水力、火力、核电之后的第四代发电技术。

1839年，英国的格罗夫教授在电解水实验过程中，发现吸附H_2和O_2的Pt电极能够释放出电能，进而提出了燃料电池的概念。

在人们所熟知的二次电池内部是没有燃料的，其产生的电能是电极材料的氧化还原反应。然而，燃料电池的燃料是一种可燃烧的物质，比如，煤、石油、天然气、沼气、氢气等，其发电原理是将燃料的化学能转化为电能。这种能量转化的过程是单向的，这是燃料电池和二次电池一个重要的区别。

燃料电池可以分为两个部分，一部分是燃料，一部分是电池。燃料电池属于氢能利用技术，具备高效、洁净等多种优点，已成为当今新能源领域的开发热点。在其工作过程中，当氢气或含氢燃料被输入到燃料电池的正极、氧气或空气作为氧化剂被送入其负极时，两者就会在燃料电池内部的电极与电解质界面上发生电化学反应，直接产生电能。

氢能是未来的一种重要的能源，氢燃料电池在某种意义上也称之为二次电池。氢燃料电池的部件较为繁杂，它包括电堆、燃料供给、散热系统、储氢部件等。电堆是氢燃料电池的核心部件。其中，最重要的是膜电极组件，其结构见图13-9。

膜电极组件是集质子交换膜、催化层、扩散层为一体的组件，也是电化学反应的核心场所。质子交换膜既是隔膜也是电解质，其作用是可以让质子通过、绝缘电子，并且分隔正极、负极直接接触。质子交换膜的好坏直接影响氢燃料电池的性能。根据含氟进行分类，质子交换膜可分为全氟磺酸膜、部分氟化聚合物质子交换膜、复合质子交换膜和非氟化聚合物质子交换膜。其中，全氟磺酸膜是当前最为商业化的质子交换膜。由于质子交换膜的制造成本非常高，其高昂的造价严重制约了氢燃料电池的应用。

2021年12月5日，由国家电投集团氢能科技发展有限公司投资建设的国内首条全自主可控氢燃料电池质子交换膜生产线在武汉投产，年产能可达到30万m²，制造的质子交换膜为8~20 μm，质子电导率、气体渗透率、机械强度等方面均相当或优于国外同类产品，其价格只有国外同类产品的50%。此前，我国质子交换膜99%需要从国外进口。

随着氢燃料电池关键材料的优化升级，其制造成本必将缩减，氢燃料电池也将迎来更大的发展空间。

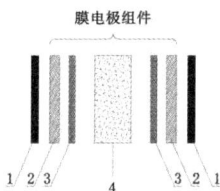

图中，1——极板；2——扩散层；3——催化层；
4——质子交换膜；2、3、4——组成膜电极组件。

图 13-9　质子交换燃料电池结构简图

氢气是一种很难被氧化的燃料，氢气的还原性比氧化性更强，在不燃烧的情况下，氢气很难与氧气发生反应，因此在氢燃料电池工作时必须要降低其氧化反应的活化能，这样氢燃料电池才能够正常工作。

催化剂是氢燃料电池必不可少的物质。目前，氢燃料电池大多以铂碳颗粒作为催化剂。铂为过渡金属，其d轨道的电子不满，容易在气相中吸附气体使其活化。在燃料电池的内部反应中，铂碳颗粒吸附氢气，使其解离为原子参与反应。

氢燃料电池的工作原理是氢气和氧气发生反应生成水的过程。其中，负极通入氢气，正极通入氧气。负极中的氢气经铂碳颗粒的催化，形成氢离子和电子，氢离子通过质子交换膜迁移到正极。由于电子无法通过质子交换膜，所以只能从外电路流向正极，从而在外电路形成电流。氢离子迁移到正极后，与氧原子反应生成水。通过氢燃料电池的反应原理可以看出，最终的反应产物是水，反应过程没有其他污染物，因此氢燃料电池是一种零污染的环保电池。其反应方程式为：

$$正极：2H^+ + \frac{1}{2}O_2 + 2e^- = H_2O \tag{13-57}$$

$$负极：H_2 = 2H^+ + 2e^- \tag{13-58}$$

$$总反应：H_2 + \frac{1}{2}O_2 = H_2O \tag{13-59}$$

13.3 热储能

热储能是以储热材料为介质，将太阳能光热、地热、工业余热、低品位废热或电能等以"热"的形式储存起来，在需要的时候释放出来，以解决由于时间、空间或强度上的热能供给与需求之间不匹配所带来的问题，最大限度地提高能源利用率。

在众多储能技术中，热储能是最具有应用前景的规模储能技术之一。相较于电储能中的机械储能、电化学储能等其他储能技术路线，在装机规模、占地面积、储能密度、技术成本、使用寿命、环境影响、条件限制等诸多方面具有明显的优势。

在现实生活中，我们所见到的热，可以分为显热和潜热。根据热储能的工作原理，热储能技术可以分为显热储热、潜热储热和热化学储热三种类型。

13.3.1 显热储热

显热储热是基于介质比热容，通过升温、降温过程完成热能存储和释放，不会发生任何相变。

显热储热是最早开始研究并应用的储热技术，其技术最为成熟，原理最为简单，应用最为广泛，运行最易掌控，且无化学反应和相态变化，使用的介质来源广泛、成本低廉，便于规模化应用。但是，存在储能密度低、体积庞大、长时间储存热损失大和输出温度波动等不足。

显热储热的热能存储方式是基于液体或固体存储介质的温度上升或下降变化。由于存储过程不发生任何相变，其存储的热量可以用公式来计算：

$$Q = M c \Delta T \qquad (13\text{-}60)$$

式中，M——质量；c——物质的比热容；ΔT——温度变化量；Q——存储的能量。

13.3.1.1 显热储热介质

显热储热介质的选择上，其能量密度、市场价格、稳定性和适配环境等都是重要因素。通常情况下，显热储热介质都是在液体材料和固体材料中筛选。

（1）液体介质。液体介质可以是水、导热油、熔盐和液态金属等，与固体储热介质相比，其比热容更大、传热性能更好。但是，液体介质成本高，难以实现高温热量长期稳定储存。

液体介质中的水，安全稳定，储热温度一般不超过100 ℃，被广泛应用于太阳能生活热水系统和空间供热。

（2）固体介质。固体介质可以是岩石、金属、混凝土和耐火砖等，与液体储热介质相比，其工作温度更高，相同体积储热量增加，所需介质材料减少、成本降低。这类介质在较大的温度范围内都不会发生相变，适合更多应用场景。

固体介质材料储热装置按照储热介质和传热流体是否直接接触还可分为直接接触式和间接接触式两种。

①直接接触式储热装置。直接接触式储热装置的传热流体多为空气，储热环节利用电能或太阳能加热固体，放热环节空气流经多孔介质或固体颗粒的空隙使其自身温度升高，然后用于供热、布雷顿循环发电、作物和木材烘干等。

②间接接触式储热装置。间接接触式储热装置的传热介质为水、导热油和熔盐等，是通过浸没在固体中的换热管束传递热量。这项技术因性能优越而受到了广泛关注，使其得到了快速发展。目前，已开发出的高温混凝土材料其工作温度可达390 ℃，其热膨胀系数与钢材相当，能够与换热管良好匹配，已在槽式聚光太阳能热发电领域进行了应用。

13.3.1.2 显热储热介质的应用

随着大容量斜温层储热水罐技术的成熟，水储热技术开始应用在消纳需求低谷的冗余电力和火电机组热电联产联供领域。目前，中国华能集团有限公司丹东电厂已建设最大储热量为5 040 GJ的超大容量斜温层储热水罐，增强燃煤热电联产机组的电网调峰能力和供热能力。然而，水储热仅能满足低温需求，且利用电能和中高温抽汽生产热水会造成较大㶲损失，能量转换效率降低。

导热油以其良好的传热性能和较宽的工作温度范围，很早就被应用到中高温热储能领域。1982年，美国首个采用导热油作为储热介质和传热流体的10 MWe聚光太阳能热发电试验电站建成。由于导热油易燃，该电站需要在封闭系统中运行。在运行中，由于较高的蒸汽侧压力又给电站带来了严重的安全隐患，因此在中高温显热储能领域，导热油逐渐被熔盐所替代。

熔盐在主流蒸汽参数对应的温度下，具有低饱和蒸汽压、低黏度、高热导率、不易燃和无毒性等特点，且成本较低，被视为太阳能热发电的理想储热介质。然而，熔盐在高温下会腐蚀管道和循环输送设备，甚至会发生高温分解，因此优化高温下熔盐与不锈钢材料的相容性和热稳定性是技术突破的重点。

液态金属介质以其超高的导热系数，可以在约600 ℃的温度下工作。但是，液态金属极不稳定的化学性质，在使用时需要引入额外的安全措施，再加之材料成本较高，造成经济性较差。

固体储热介质大部分都具有热传导率低、传热性能受限等缺点。但是，在固体储热介质中唯有沙颗粒能够在1 100 ℃高温下保持热稳定，通过气、固流动可以有效提高传热系数。然而，目前，沙颗粒储热系统应用较少。

由于固体介质与传热流体不可避免的存在传热温度差，一方面传热流体无法升高到最高的储热工作温度，另一方面传热流体与环境发生导热和对流的传热损失也会降低储热/放热循环的能量利用效率，因此优化储热/放热过程、降低长期储热散耗、减小㶲损失，是当前各种固体显热储热技术需要解决的主要问题。

13.3.2 潜热储热

潜热储热又称相变储热，是利用介质相变过程吸收或放出潜热来存储与释放热量，其具有储能密度高、储热/放热过程温度恒定等特点。

13.3.2.1 潜热储热方式

潜热储热主要是通过相变材料（介质）在吸热或放热过程中的物理变化来实现，与显热储热系统相比，潜热储热可以达到更高的储能密度，在传热优化、热点温度控制等方面展现出一定的优势。潜热储热的热量公式为：

$$Q_{PCM} = \int_{T_i}^{T_m} mC_p dT + ma_m \Delta h_m + \int_{T_m}^{T_f} mc_p dT \tag{13-61}$$

式中，T_i、T_f——分别为储热过程的初始温度以及终了温度；m——储热介质的质量；a_m——熔化分数；c_p——比热容；Δh_m——单位质量的潜热量；T_m——介质的熔点。

13.3.2.2 潜热储热相变材料

潜热储热根据相态其相变材料可以分为固—固、液—气、固—液三种。这三种相变材料都具有优点和缺点。

（1）固—固相变材料存在相变潜热小和塑晶现象严重等缺点。

（2）液—气相变材料在恒压和恒容系统中分别存在体积和压力波动剧烈的问题。

（3）固—液相变材料具有相变潜热大、运行稳定等优势，是目前主要的应用介质。固—液相变材料还可以分为无机相变材料和有机相变材料。

①无机相变材料。无机相变材料主要为水合盐、熔盐和金属合金，这些材料均具有潜热大、不易燃等优点。

水合盐适用于中低温储热领域，具有相变温度恒定、价格低廉等优势，其缺点是存在相分离和过冷等问题。相分离会使系统储热能力降低甚至失效。在实际应用中，可以采取加入增稠剂、胶囊封装和化学改性等方法缓解相分离现象。

在实际储热放热过程中，无机相变材料很难在理论熔点下立即凝固，需要在低于熔点的某个温度下才开始结晶，极易发生过冷现象，严重降低相变材料的放热量，而且放热温度会出现波动，使系统丧失近似恒温热输出的优势。

水合盐的过冷现象，可以通过主动成核和被动成核来缓解甚至防止。主动成核基于振动、超声波和搅拌等措施产生凝结核心，被动成核则通过添加成核剂、多孔基体吸附和微胶囊封装等降低液相与固相之间的界面能，促进自发结晶。

熔盐和金属合金可以应用在中高温储热场景，具有相变焓较大、密度较高等优势。但是，其具有腐蚀性、含毒性和高成本等缺点，限制了规模化应用。

②有机相变材料。有机相变材料最常用的是石蜡，是直链烷烃的混合物，物化性能较为稳定。

有机相变材料由于熔点较低，在低温储热领域稳定性好、无腐蚀性、过冷度小，且几乎无相分离现象。但是，其体积储热密度较小、热导率低，传热性能有限。同时，有机相变材料还存在泄露隐患。目前，采用多孔矿物材料封装，成为解决泄露问题的普遍方案。如果将石墨掺混能够使相变材料的导热系数大幅增加，有效提高了储热系统的传热性能。

13.3.3 热化学储热

热化学储热是依靠可逆化学反应或吸附/脱附过程中的反应焓来实现储热放热，其储热密度远高于显热储热和潜热储热，不仅可以对热能进行长期储存且几乎无热量损失，还可以实现冷热的复合储存，因而在余热/废热回收以及太阳能利用等方面都具有广阔的应用前景。

热化学储热技术在国内外都尚在研发阶段，长期来看，热化学储热技术是对现有储热技术的重大革新，我国及美国等多个国家相关科研机构都在开展技术研究，以抢占热化学储热技术应用的制高点。

13.3.3.1 热化学储热的分类

热化学储热的单位体积储能密度可以高达每立方米吉焦级，是显热储热的8~10倍，是潜热储热的2倍以上，被认为是最有前景的大规模长期储热技术。按照其储热过程，热化学储热可以分为浓度差储热、化学吸附储热和化学反应储热三种。

（1）浓度差储热。浓度差储热是由酸碱盐类水溶液的浓度变化时，利用物理化学势的差别，即浓度差能量或浓度能量的存在，对余热/废热进行统一回收、储存和利用。

典型的是利用硫酸浓度差循环的太阳能集热系统、氢氧化钠—水以及溴化锂—水的吸收式系统。

（2）化学吸附储热。化学吸附储热是利用吸附剂与吸附质在解吸/吸附过程中伴随有大量的热能吸收/释放进行能量的储存与释放，主要是以水为吸附质的水合盐和以氨为吸附质的氨络合物，这种方式主要适用于低温场景。

（3）化学反应储热。化学反应储热是利用可逆化学反应中分子键的破坏与重组来实现热能的存储与释放，其储热量是由化学反应的程度、储热材料的质量和化学反应热所决定。

在化学反应储热中，主要有七种形式：

①甲烷重整化学储热。甲烷重整反应是强吸热反应，可分为甲烷与水蒸气的重整反应和甲烷与二氧化碳的重整反应。

甲烷重整反应具有高吸热的特性，可用于储存太阳能、核能和工业生产产生的高温废热。此外，甲烷重整反应还可以对温室气体进行循环利用，且反应的热效应较大。

1975—1985年，德国率先将甲烷与水蒸气重整反应用于储存核能余热，实现了核能余热的远距离输送。这种强吸热反应可以达到800 ℃左右，在催化剂的条件下进行，可为用户提供400~700 ℃的热能。

②氨合成/分解化学储热。氨合成/分解化学储热主要优点是反应的可逆性好、无副反应，其系统结构紧凑、相对简单，储热效率高、储热密度大、供热连续性好，反应物为流体便于输送，使用的催化剂价廉，便于小型化应用，在太阳能中高温热利用上具有广阔的应用前

景。由于反应生成气体，故必须考虑气体的储存和系统的严密性以及材料的耐腐蚀性等问题。

澳大利亚国立大学建设的氨化学储热电站将太阳热能储存并将其与蒸汽动力循环相结合进行发电获得成功。该电站采用氨化学反应方式，使用400个单碟400 m^2 的集热技术，投资1.57亿澳元建成了一座全天候负荷为10 MW的太阳能氨化学储热系统，日合成氨1 500 t，热电转换效率为18%，平均电价低于0.24澳元/（kW·h）。

③异丙醇合成/分解化学储热。在催化剂存在的条件下，异丙醇吸热分解的液气反应温度可以达到80~90 ℃，其放热的合成反应在150~210 ℃。

④金属氢化物化学储热。这种储热的反应物是氢化镁或氢化铁镁。氢化镁具有储热密度大（3 060 kJ/kg）、反应可逆性好、价格低廉等优点，较适用大规模化学储热系统的储热材料，是化学反应储热的研究和应用重点之一。

氢化铁镁也是极具潜力的化学反应储热材料。氢化铁镁的体积储热密度要比氢化镁高，采用合适的催化剂可使氢化铁镁的分解温度较氢化镁有所下降。

⑤碳酸盐合成/分解化学储热。碳酸盐具有较高的反应焓和化学稳定性。但是，此方式需要解决二氧化碳的储存问题。为此，可采取三种方法储存二氧化碳：A.将二氧化碳压缩；B.用另一种金属氧化物与二氧化碳进行碳酸化；C.用合适的吸附剂对二氧化碳进行吸附。上述三种中的后两种，其优点在于无需压缩功，设计、运行简单，且成本较低。

⑥金属氧化物合成/分解化学储热。这种方式就是利用金属氧化物直接分解进行储热。由于其温度在900~1 000 ℃，温度太高而不便于实际应用，仅有极少数金属氧化物可以用于聚光集热器实现太阳能的高温利用。

⑦氢氧化物合成/分解化学储热。有关氢氧化物的化学反应储热研究主要集中在氢氧化钙和氢氧化镁。

Ca(OH)$_2$/CaO释放速度快、稳定安全、价格低廉、便于管理，被认为是最具潜力的中高温热化学储能方式之一。

Mg(OH)$_2$/MgO分解温度约为250 ℃，反应界面上水的存在，极大地迟滞分解反应的进行。由于采用多孔材料将反应物限制在孔内，可以避免材料颗粒。这种方式可以用于中温余热和废热的储存。

13.3.3.2 热化学储热与其他储热的比较及应用前景

相较于其他储热方式，热化学储热具有以下优势：体积和重量储能密度远高于显热储热和潜热储热，大约是17.3倍；储热载体为固体，可在常温下长期无热损储存；正—逆反应可在350~600 ℃高温下进行，可获得高品位热能；安全、无毒、价格低廉，且便于处理；不存在过冷和相分离等问题，热能的瞬间释放功率很大。

热化学储热适用的温区较广，在工业余热、废热的利用和太阳能储热以及化学热泵等方面都具有极大的应用价值。由于热化学储热系统较为复杂、辅助设备较多，加之化学反应复杂，速率难以精准调控，因此热化学储热技术仍需解决许多应用中的问题。

13.3.4 热储能应用

热储能技术作为一种能量高密度化、转换高效化、应用成本化的大容量规模化储能方式，在构建清洁低碳安全高效的能源体系、构建以新能源为主体的新型电力系统、保障电力系统安全稳定运行等方面发挥着十分重要的作用，因此热储能技术可以广泛地应用于电源侧、电网侧和用户侧。

13.3.4.1 具有削峰填谷的优势

热储能的应用推动了火电厂、热电厂的灵活性改造，在深度调峰时通过热储能发电技术可将机组变负荷运行出现的过剩蒸汽热量转化为储热介质的热能存储起来，当需要时将热能释放出来，既增加了机组调峰深度也增加了峰负荷能力，其投资和运行成本相对较低，具有十分明显的优势。

在我国北方地区冬季，燃煤热电机组的首要任务是满足供热需求。由于热电机组灵活性受限，无法参与电网深度调峰，造成了严重的弃风弃光现象，因此亟需高效的热储能技术促进消纳更多的可再生能源电力。热储能技术就可以较好地解决这一问题，有效存储汽轮机抽汽及风光弃电制热，并根据负荷需求进行调控放电放热，增加热电联产机组运行的灵活性，提高能量利用效率。

目前，电力系统呈现出高比例可再生能源、高比例电力电子设备的"双高"特征，系统转动惯量持续下降，调频、调压能力不足，电网安全面临严峻挑战。

太阳光热储能发电是通过汽轮发电机组的转动惯量可以有效实现调频。太阳能分布广，极易获取。但是，太阳能受地理、昼夜和季节等规律性变化的影响以及阴晴云雨等随机因素的制约较大，能流密度较低，通常不到 1 kW/m²，具有不稳定性和不连续性，这就需要储热装置把太阳能储存起来，在太阳能不足时再释放出来，以确保能量的连续性和稳定性。

太阳能热储存技术是一项复杂的技术。目前，显热储存技术较为成熟。但是，由于显热储热密度低，且储热装置体积庞大，有一定的局限性。化学反应储热虽然具有很多优点，但其过程复杂，需要催化剂，有一定的安全性要求和一次性投资较大及整体效率仍较低等问题。

热储能技术可以为电网消纳风电、光伏发电等间歇性新能源出力，对区域电网起到削峰填谷、双向调节的作用，是电网平衡峰谷差的最佳解决方案。

现在，我国的太阳光热储能发电核心技术非常成熟，形成了具有完全自主知识产权的产业链，其关键设备部件已经全部实现国产化。在服务用户上，热储能技术可以根据用户需求，实现多种能源品位的联供，给予用户用冷、用热、用电、用汽等综合能源服务，还可以应用在海水淡化等场景。

13.3.4.2 推动光热发电项目建设

光热发电是无污染的清洁能源，其借助热储能系统可以实现24 h稳定连续发电，与火电、核电一样平稳可控，能够帮助电网调峰，属于电网友好型电力。

欧美、中东和北非等国家光热发电产业较为成熟。目前，我国光热发电产业仍处于发展的初级阶段。行业人士认为，光热发电上下游产业链较长，需要经历一个较长的市场培育过程，因此光热发电产业亟待更多的政策支持和金融扶持。

2016年9月13日，国家能源局印发了《关于建设太阳能热发电示范项目的通知》，启动首批20个太阳能热发电示范项目建设，总装机容量达到134.9万kW。当年12月8日，国家能源局又印发了《太阳能发展"十三五"规划》，明确提出到2020年建成500万kW规模的太阳能热发电装机目标。

2018年5月18日，国家能源局发布了《关于推进太阳能热发电示范项目建设有关事项的通知》，重申了光热发电在未来的发展定位，并指出，首批太阳能热发电示范项目是我国首次大规模开展的太阳能热发电利用示范工程，是推动太阳能热发电技术进步和产业发展的重要举措，项目顺利建设运营对于示范引领产业发展意义重大。

2021年10月24日，国务院印发的《2030年前碳达峰行动方案》指出，积极发展太阳能光热发电，推动建立太阳能光热发电与光伏发电、风电互补调节的风光热综合可再生能源发电基地，推进熔盐储能供热和发电示范应用。该方案对推进太阳能光热发电产业和熔盐储能供热规模化发展提供了政策指导和保障。

进入新时代，我国太阳能光热储能发电得到了快速发展。截至2021年12月，我国已建设太阳能光热储能发电实验电站3座、并网发电商业化电站9座，总装机容量达到521 MW。此外，我国相关企业还在国外总承包建成或在建光热储能电站装机容量超过1 000 MW。

中国广核集团德令哈50 MW储热9 h的槽式电站是我国首座大型商业化光热示范电站，2021年9月19日至2022年1月4日连续运行107 d，刷新了2020年最长连续运行32.2 d的纪录。

2018年12月28日，首航高科能源技术股份有限公司在甘肃省酒泉市敦煌市建成了国内首座、全球聚光规模最大、吸热塔最高、储热罐最大、建设周期最短，装机容量100 MW的熔盐塔式电站，配置了11 h的熔盐双罐储热系统，可实现24 h连续运行，年发电量可达到3.9亿kW·h。这标志着我国成为世界上少数掌握百兆瓦级光热电站技术的国家。2016年9月，该项目入选首批"太阳能热发电示范项目"，被形象地誉为"超级镜子发电站"。

2019年12月31日，由兰州大成科技股份有限公司投资建设的50 MW世界第一座商业化熔盐线性菲涅尔式光热发电项目成功并网发电。该光热发电项目也是2016年9月入选我国首批"太阳能热发电示范项目"。

该项目位于甘肃省酒泉市敦煌市七里镇光电产业园区，项目采用兰州大成具有自主知识产权的线性菲涅尔聚光集热技术，以熔盐作为集热、传热和储热的统一介质，储热时长可达15 h，具备24 h持续发电能力。

2020年12月16日，由中国船舶重工集团新能源有限责任公司设计、建设、调试和运维的内蒙古自治区乌拉特中旗100 MW槽式导热油10 h光热储能发电项目实现满负荷发电。该项目2018年6月开工建设，也是我国首批"太阳能热发电示范项目"。2019年11月，最关键光学指标——拦截率经过欧洲第三方权威实验室检测，拦截率达到98%（目前国际水平为97%）；12月31日，汽轮机一次冲转成功。2020年1月8日，首次实现并网发电，年发电量约3.92亿kW·h，年节省标准煤12万t、减排二氧化碳30万t、减少硫氧化物排放9 000 t、减少氮氧化物排放4 500 t。据蒙西电网统计，2021年1—11月，该项目累积上网电量2.05亿kW·h，占全国同时段光热发电总量的30.48%。

13.4　氢储能

氢储能（Hydrogen energy storage）是一种应用在特定环境下的储能技术，其本质是储氢，是将易燃易爆的氢气以稳定的形式储存，以更少的总质量蕴藏更多的能量。

13.4.1　氢储能原理

氢储能的原理就是将水电解获得氢气和氧气，将其中的氢气储存起来，当需要电能时将储存的氢气通过不同方式转换为电能输送上网，其过程是电→氢→电。

13.4.2　氢储能的能量转化过程

在可再生能源发电中，新能源发电的间歇性和传输被限的现象时常发生，利用富余、非高峰或低质量的电能进行制氢，可以将电能转化为氢能储存起来，在电网需要调峰或电力输出不足时，利用储存的氢气通过燃料电池或其他转换方式，转换为电能输送上网，以满足工农业生产和居民用户对电力能源的需求。

13.4.3　氢储能优点及缺点

氢储能作为一种清洁、高效、可持续的无碳新能源存储技术，具有其他储能技术无法比拟的优势。

13.4.3.1　原料丰富

氢的原料非常简单，可以通过电能直接电解地球上的水获得氢气，不存在资源紧缺的问题。

13.4.3.2 储存电能

氢可以作为有效媒介将弃水弃风弃光或其他富余电能资源储存起来，解决新能源发电间歇性、随机性导致的电能废弃问题。

13.4.3.3 时空维度

水电、风电、光伏发电等新型能源发电均存在季节性波动和空间分布不均的问题，氢储能具备极强的时间和空间跨越维度，具有更长的储能时长以及极高的储存容量，可以成为长时间、跨区域储能的有效解决方案。

13.4.3.4 密度热值

氢储能具有极大的能量密度和热值，其能量密度可以达到140 MJ/kg，是锂离子电池等电化学储能的100多倍，可以以更小的体积存储更多的能量，有效避免能量浪费现象的发生。据测算，氢气的热值可以达到140 MJ/kg，是煤炭、天然气、石油等传统化石能源的3~4倍。

氢储能虽然具有众多优势，但其缺点也不容忽视，其主要是仍未脱碳。目前，制取氢气的过程还没有完全实现零碳目标；成本过高。在电解水制氢的过程中，通常情况下电费占制取成本的约80%；效率偏低。氢储能在能量转换过程中，其整体电→氢→电的能量效率仅为30%左右，能量损失往往高于其他常用的储能技术。尽管氢储能存在一些缺点和不足，但无论是储能时长还是储存容量等方面，氢储能都具有绝对的优势。各类不同储能形式的对比见图13-10。

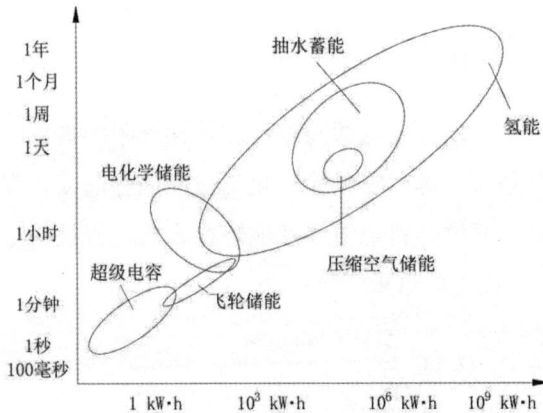

图 13-10　不同储能形式的对比

13.5　储能供热

储能供热是最清洁的供热方式，是通过各种方式将热能储存起来，在需要的时候再释放出来，是未来供热方式的发展方向。

13.5.1 储能供热政策支持力度加大

2017年9月6日，住房和城乡建设部、国家发展和改革委员会、财政部、国家能源局发布了《关于推进北方采暖地区城镇清洁供暖的指导意见》，重点推进京津冀及周边地区"2+26"城市"煤改气""煤改电"及可再生能源供热工作，减少散煤供热，加快推进"禁煤区"建设，因地制宜开展清洁集中供热，加快替代散烧煤供热，提高清洁供热水平。

2017年12月5日，国家发展和改革委员会、国家能源局、财政部等10部门制定了《北方地区冬季清洁取暖规划（2017—2021年）》（简称《规划》），以提高北方地区供热清洁化水平，减少大气污染物排放。《规划》指出，积极鼓励各地区采用地热供热、太阳能供热、电供热、工业余热供热等清洁供热方式，到2019年，北方地区清洁供热率达到50%，替代散烧煤（含低效小锅炉用煤）7 400万t。到2021年，北方地区清洁供热率达到70%，替代散烧煤1.5亿t。供热系统平均综合能耗降低至标准煤15 kg/m²以下，力争用5年左右时间，基本实现雾霾严重城市化地区的散煤供热清洁化。

2018年6月27日，国务院印发了《打赢蓝天保卫战三年行动计划》的通知，要求经过3年努力，大幅度减少主要大气污染物排放总量，协同减少温室气体排放，进一步明显降低细颗粒物PM2.5的浓度，明显减少重污染天数，明显改善环境空气质量。到2020年，二氧化硫、氮氧化物排放总量分别比2015年下降15%以上；PM2.5未达标地级及以上城市浓度比2015年下降18%以上，地级及以上城市空气质量优良天数比率达到80%，重度及以上污染天数比率比2015年下降25%以上。

2022年2月22日，财政部办公厅、住房和城乡建设部办公厅、生态环境部办公厅、国家能源局综合司印发了《关于组织申报2022年北方地区冬季清洁取暖项目的通知》，对进行电力、燃气、地热能、生物质能、太阳能、工业余热、热电联产等方式清洁供热改造、加快推进既有建筑节能改造的地区给予资金支持，要求各地区坚持宜电则电、宜气则气、宜煤则煤、宜热则热推进建筑节能改造，实现城区、县城清洁供热率达到100%，农村具备条件的平原地区应基本完成冬季供热散煤替代。

2023年8月14日，国家能源局在给政协第十四届全国委员会第一次会议第03371号（工交邮电类463号）《关于大力发展热储能电能智慧供热，实现供热电能化的提案》答复时说，将充分利用热储能方式将电能存储，实现绿电、谷电的存储和转化利用，有效解决电网削峰填谷和可再生能源电力并网消纳问题，对推动清洁供热、改善大气环境具有重要意义。

13.5.1.1 加强热储能电能供热技术研究

（1）会同科技部等共同推进热储能技术攻关和应用，研制出宽负荷多级离心压缩机、高负荷多级组合式透平膨胀机、高效紧凑式超临界空气储冷换热器和储热换热器等关键样机以及控制系统，部署"宽液体温域高温熔盐储热技术"科研项目。

（2）支持电力企业开展高效电转热、相变储热站优化运行与协同控制、电网—热网耦合的市政供热、电采热负荷参与电网互动响应等技术研究和示范应用，助力可再生能源消纳。

（3）会同有关部门继续搞好热储能在内的新型储能技术研究开发，凝聚各方合力集中解决制约储能技术应用与发展的瓶颈问题，深化热储能电能智慧供热综合能源服务系统建设。

13.5.1.2 推动热储能电能智慧供热技术应用

近年来，国家能源局等部门先后印发了《关于促进北方地区清洁取暖持续向好发展的意见》等多部文件，鼓励在电力资源充足地区，综合运用各类热泵、高效电锅炉等多种方式推进电供热，积极发展电供热与储热相结合供热模式，鼓励建设具备储热功能的电供热设施，促进风电和光伏发电等可再生能源电力消纳。

13.5.1.3 发挥典型示范引领作用

（1）会同有关部门积极推进示范项目建设，鼓励支持安全高效、先进可靠的清洁供热节能技术应用，明确中央财政资金支持电力、燃气、地热能、生物质能、太阳能等多种方式清洁取热改造。

（2）开展新型城市基础设施建设专项试点工作，确定在河北省承德市、吉林省长春市开展供热设施智能化建设试点，探索可复制、可推广的智慧供热经验。

（3）支持电力企业探索开展大功率电蒸汽储热储能在工业园区的系统应用，解决现有园区供热网架不足与供热需求旺盛之间的矛盾，服务针织、印染和制药等企业。

13.5.1.4 建设实验室和大数据中心

通过建设热储能电能智慧供热实验室和大数据中心，可以有效开展热储能电能智慧供热技术研究和应用，减少供热消耗，提高供热效率。

（1）中国电力科学研究院有限公司建设了可再生能源并网等全国重点实验室，开展规模化储能系统集成方法、可再生能源并网等研究，为储能领域科技创新发展提供重要支撑。

（2）支持电力企业建立电能替代技术联合实验室，开展多种能源系统耦合仿真、综合能源系统优化利用、数据中心余热回收利用和精准供冷等技术研究，提升综合应用水平。

13.5.1.5 编制国家标准

积极推动可再生能源领域的标准化建设，将标准作为引领产业发展、加强行业管理的重要手段，明确建立完善可再生能源标准体系的重点任务和落实举措，将风电、光伏、光热和各类可再生能源综合利用等领域标准列入立项指南予以重点推动。

从密集出台的政策看，储能供热等清洁供热得到了国家层面的高度重视，必将迎来快速发展的新时代。

13.5.2 储能供热技术

储能供热技术是利用储热体储存/释放热能而进行供热的技术，以解决能量供求在时间和空间上不匹配的矛盾，有效提高能源的利用效率。目前，储能供热技术主要有水储能供热技术、高温固体储能供热技术、熔盐储能供热技术、工业余热储能供热技术、热泵+储能供热技术等。

13.5.2.1 水储能供热技术

水储能供热系统是以水为介质的储热技术，运行原理是电—热转换，主要设备有电锅炉或加热器、热水储罐两部分组成。其中，电锅炉负责将电能转化成热能作为供热热源，热水储罐负责将电锅炉产生的热水储存起来，待电锅炉停运或加热器停止时替代对外释放热能，由供热管网按需将热量输送至用户。

这种方式的热水储罐，斜温层的温度分布是影响储能放热效率的重要因素，通过设计新型布水器、改良挡板形状和结构、优化入口装置和引入低热导率内衬材料等减弱混合效应，实现热水储罐热分层性能的改善。

（1）水储热+电锅炉方式。这种方式是利用电网低谷时段电力通过电锅炉将水加热，储存在具有保温功能的热水储罐里，在峰电、平电时段以热水的形式输出，其热水温度通常为35~85 ℃。这项技术具有热效率高、运行费用低、运行安全稳定、维护便捷等优点，在国内外都有较多应用实例。在这套系统中，因需要增设体积较大的热水储罐，其与固体储热相比占地空间较大，受到了一些限制。

水储热+电锅炉供热系统由于具有消纳电网谷电的特性，可以在水电、风电、光伏发电及火电灵活性改造以及清洁能源发电供热等多个领域应用，其经济性较好，特别是在清洁能源电力消纳等方面适用性最佳。

2021年，由国家电力投资集团有限公司中央研究院研发的高性能斜温层水储热/储冷技术在吉林电力股份有限公司松花江第一热电分公司储热调峰项目成功应用。该项目配置5 000 m³斜温层热水储罐，按照设计值每年可节约标准煤5万t以上，增加机组调峰能力120 MW，在冬季同等负荷条件下供热面积增加200万m²。2022年，该公司火电参与电力调峰时长超过3 200 h，带来收益7 000万元。

（2）水储热单体方式。这种方式不需要配置电锅炉，而是将电加热器与相变储热装置构置在一个结构中，就是将储热材料封装在柱形或球形的容器里，形成能量柱或能量球，并将多根能量柱（球）置于相变储热的储水箱里，储水箱装有电加热器，其储热方式见图13-11。

在低谷电或新能源富电时段，电加热水将热储存在装置的相变材料中，此过程为储热模式。峰电时段电加热器停止工作，需要用热时通过供热水回路放热，这时相变储热装置中储存在相变材料中的热加热供热水回路的水，供热水回路的水通过用户暖气片为室内供热，此过程为放热模式。这种储热供热装置由于加热器集成在储热装置内，成本低、节省空间，适合储热容量不大的储热供热系统。

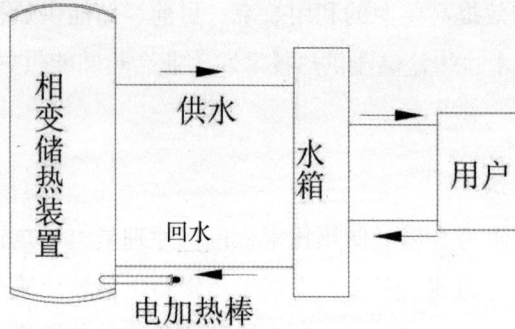

图 13-11　水储热单体方式

（3）水储热+太阳能供热方式。太阳能水储热供热是最典型的显热储热供热方式，最常用的就是太阳能热水器，在白天晴天状态下吸收太阳的热量，将水加热至80~100 ℃储存起来，可以随时为用户供热或提供热水。

①太阳能+水储罐采热模式。这种模式是在太阳能采热系统上配置大容量的热水储罐，以实现高效供热。但是，较大体积的热水储罐会增加投资成本。如果采用多罐模块化水储罐装置，其造价较低、占地较小、改造升级极为方便，其热效率更高。多罐模块化就是将数个小体积的热水储罐相互连接，形成串联储热—串联放热、并联储热—并联放热和串联储热—并联放热三种不同配置模式。其中，并联储热—并联放热能够获得较高的太阳能利用率，与其他相同容积和相同性能的单储罐相比，太阳能利用率可以达到97.7%。

②太阳能+电加热采热模式。这种模式是用热企业或用热用户在电网低谷时段，利用较低电价和新能源发电的电能，采用电锅炉、电加热器、热泵或燃气锅炉等加热设备，将太阳能加热后的水再加热至适合温度在热水储罐储存起来，在需要用热或室外温度较低或用电高峰时段将热水释放出来供热，这样可以极大地降低企业的用热成本。

综上所述，以水为介质的储热技术是常用的季节性储热解决方案，包括大型水体储热技术、地埋管式储热技术、含水层储热技术和水—砾石储热技术。然而，水储热较低的储热密度和储热/放热过程时的温度波动，会导致能量利用效率降低，这就需要进一步提高储热放热效率，以减小热量损失。

相变材料能够在恒定温度下吸收或释放大量潜热，将相变材料添加到热水储罐可显著增大蓄热量和储能密度，有效提高太阳能供热系统的性能。

13.5.2.2 高温固体储能供热技术

高温固体储能供热技术是将固体材料置放于固体储热器中，在电网谷值电价时利用电加热设备直接将电能转化为热能储存于固体储热器，在峰值电价时与供热系统热水进行换热，进而为用户提供热能。

高温固体储能供热工作原理见图13-12，其与水储能供热大致相同，不同之处是储热体为高温固体材料，其材料采用固体镁砖、固体合金、页岩砖、混凝土等，储热温度可以达到750 ℃左右。

高温固体储热不仅具有储热密度大、储热温度高、储热体积小等优点，还具有环保、高效、节能、安全等优势。该储热系统可以实现夜间储热、日间用热，实现错峰利用，具有更好的经济性和灵活性。

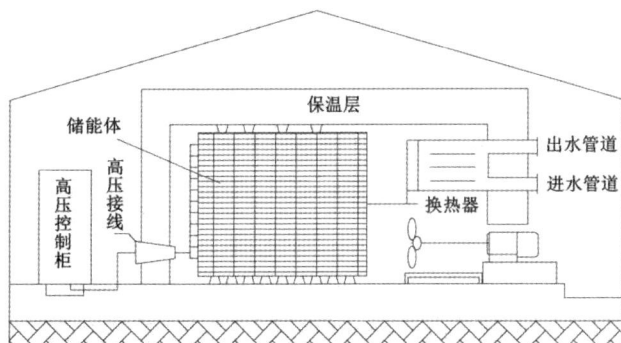

图 13-12 高温固体储能系统工作原理

高温固体储能技术在调峰阶段，利用电加热装置将固体储热材料加热到700~800 ℃高温储热。放热时循环风在风机的带动下经过高温固体储热材料后变成高温热风，高温热风经过换热器将热量传递给换热器内的水，换热器内的水吸收热量后输出高温热水，以此往复循环。

2022年10月，由国家电力投资集团有限公司黄河上游水电开发有限责任公司青南分公司建设的青海省海南藏族自治州贵南县清洁供热源网荷储一体化项目投入运行，这是我国海拔最高、单体容量最大的固体储热式电锅炉储热电站。该项目采用3台8.5 MW储热式电锅炉+空气源热泵，将新能源电能就地消纳转化为热能，实现了由"绿电"带动"绿热"的清洁供热新模式。

2022年11月，中国华能集团有限公司营口热电厂12万kW电锅炉储热调峰项目投产，这是华能集团首个独立投资建设的电储热调峰项目，建设电调峰锅炉120 MW，分别为2台40 MW电极热水锅炉和4台10 MW固体电储热热水锅炉。该项目投入运行后，实现了两台火电机组调峰"零"负荷运行，进一步提升了供热的安全性。

13.5.2.3 熔盐储能供热技术

熔盐储能供热是利用熔盐在升温或降温过程中的温度变化实现热能存储。由于具有温度极高、能量密度高、能量品质高等特点，被广泛应用在供热、供蒸汽等领域，应用前景十分广阔。

熔盐储能供热系统一般采用双罐熔盐储热技术，以混合熔盐作为储热工质，利用低谷电加热熔盐储能，其运行方式见图13-13。该方式是在谷电时段，通过熔盐泵将冷盐罐内的熔盐抽出输送到熔盐电加热器将熔盐加热至约500 ℃高温后输入热熔盐罐储存，然后根据用热需求再利用熔盐泵将热熔盐罐内储存的高温熔盐抽出输送到熔盐—水换热器，在换热器换热成热水或蒸汽后输入供热供汽管网。此项技术只需要将集中供热系统的燃煤锅炉改造成熔盐储热电加热系统即可，供热管网及供热用户末端设备均不需要进行改造，最大限度地降低了改造成本，实现了电网移峰填谷的目的。

如果建设450 t熔盐供热系统，采用罐体尺寸直径为8 m×高4.5 m、蓄热容量37 MW·h的两个熔盐罐，电加热器最大功率为6 343 MW·h，可以为7.5万m²、700多户居民供热。根据测算，供热成本约为19元/m²。

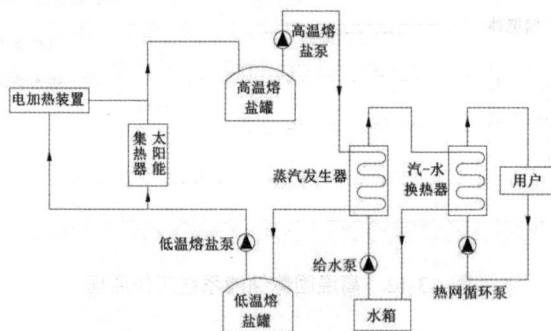

图 13-13　熔盐储能供热系统

13.5.2.4 工业余热储能供热技术

工业余热储能供热技术是将工业生产过程中产生的余热再次回收重新利用，是通过采用工业余热+储热系统的方式进行储热/放热。在工业余热回收中，热电企业和火力发电厂的余热回收则是重点。

我国工业余热资源较为丰富，占其燃料消耗总量的17%~67%，其可回收率达到60%。因此，工业余热回收利用提升的空间较大，被认为是一种"新能源"。

工业余热具有间歇性、不稳定的特点，能量密度随时间、季节而变化。业界按照温度不同将工业余热分为高温余热、中温余热和低温余热。其中，600 ℃以上的为高温余热，300~600 ℃为中温余热，300 ℃以下的为低温余热。按照工业余热来源又被分为烟气余热、冷却介质余热、废汽废水余热、化学反应余热和炉渣余热等。目前，工业余热储能供热技术主要分为热交换技术和余热制热技术等。

（1）热交换技术。热交换技术就是利用换热器将余热回收，再通过换热器生成过热水或过热蒸汽，这是工业余热回收最直接、最经济的方法。

换热器按其原理可以分为间壁式换热器、储热式换热器和混合式换热器。其中，间壁式换热器和储热式换热器是工业余热回收的常用设备。下面将重点介绍这两种换热器。

①间壁式换热器。间壁式换热器主要有管式、板式和同流换热器。管式换热器虽然热效率较低，平均在26%~30%，但其具有结构坚固、适用灵活和材料范围广等特点，是工业余热回收中应用最多的热交换设备；板式换热器热效率较高、结构紧凑、材料节省，其还可以分为翅片板式、螺旋板式、板壳式等，与管式换热器相比，传热系数约为管式的2倍，但由于板式换热器使用温度、压力比管式换热器的限制较多，其应用范围缩减；同流换热器属于气—气热交换器，主要有辐射式和对流式两种，多用在均热炉、加热炉等设备上回收烟气余热，但其热回收率较低，平均在26%~35%。

②储热式换热器。储热式换热器是冷热流体交替流过储热元件进行热量交换，属于间歇操作的换热设备，适宜回收间歇排放的余热资源，多用于高温气体介质间的热交换，如加热空气或物料等。

根据储热介质和热能储存形式不同，储热式交换器可以分为显热储能和相变潜热储能。显热储能在工业余热回收中应用较长，其常见的设备有回转式换热器、储热式热风炉等。由于显热储热交换设备储能密度低、体积庞大、储热不能恒温等缺点，在工业余热回收中有着局限性。然而，相变潜热储能换热设备则利用相变储热材料传递能量的特性，具有储能密度高、热量温度恒定、输出稳定可靠等特点，应用较为广泛。

（2）余热制热技术。余热制热技术是通过热泵以消耗谷电的方式，利用制热力原理，将余热源的热量"泵送"到高温储热媒介来实现供热。

据测算，工业冲渣水、冷却废水、火电厂循环水、油田废水、低温烟气、水汽等余热源，温度在30~60 ℃，其温度较低但余热量较大。如果将热泵技术广泛应用于工业余热的回收领域，可以实现火电厂/核电厂循环水余热、印染余热、轮胎制造余热、油田余热、制药余热等行业的余热回收。比如，发电厂以循环水或工艺产热水作为热源水，通过热泵机组提升锅炉给水的品位，使原有的锅炉给水由15 ℃（或20 ℃、25 ℃）提升到50 ℃，以减少锅炉对燃煤的需求量，达到节能降耗的目的。

13.5.2.5 热泵+储能供热技术

热泵+储能供热技术就是空气源热泵+储热供热技术，运行方式见图13-14。该方式是将空气源热泵和储热技术结合起来，利用空气源热泵替代电锅炉作为热源，在低谷电价时段运行，制取热量储存在储热装置中，在高峰电价时段由储热装置供热，其运行成本较低、经济性较好，增强了热泵系统的调峰能力。

近年来，"热泵+储能"供热系统的应用项目建成不少，一些地方正在积极推动"热泵+储能"的应用。比如，在山东省烟台市福山区高疃镇，政府、医院、学校已全部由空气源热泵+低谷电储热系统替代原来的燃煤供热。

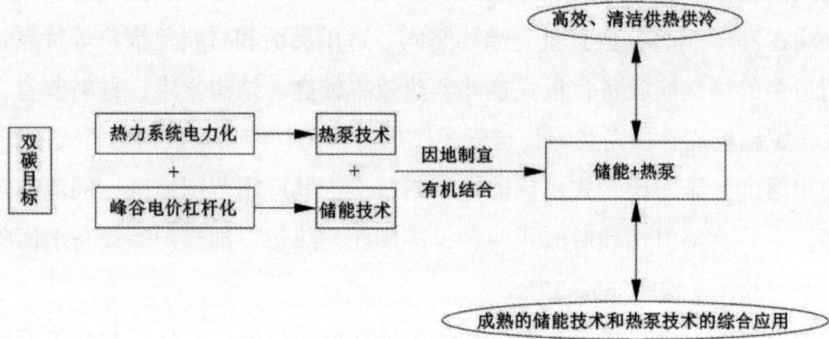

图 13-14 热泵+储能供热系统

空气源热泵+储能供热技术在应用时，应根据不同的应用场景，依据储热水箱对空气源热泵进行改进，以提高空气源热泵在低温地区的制热性能和除霜性能等。目前，国内外对相变储热装置与热泵系统结合方面的研究较少，只在相变储热除霜、利用低谷电价储能供热等方面有所研究，其研究较为充分的系统形式有以下几种：

（1）双级耦合热泵系统。双级耦合热泵系统在普通风冷式空气源热泵系统供热过程中，其最低温度一般不低于–7 ℃，如果低于最低温度则会出现结霜或者压缩比过大等问题，从而降低系统效率。如果想更加妥善地解决传统空气源热泵在寒冷地区效率不高的问题，还需要对双级耦合热泵进行深入研究。

双级耦合热泵作为传统空气源热泵系统的升级版，是低温侧空气源热泵机组、高温侧水源热泵机组的结合版本。它是将封闭水系统安装在两个系统间，低温侧机组能为高温侧机组提供15 ℃左右的水，再由高温侧机组向末端用户供应热源，或者结合室外真实温度，随时切换单级、双级，实现供热效率的大幅度提升。

与单级热泵系统相比，双级热泵系统能有效减少压缩机的压缩比，即使是在寒冷地区也能有效改善空气源热泵性能，促进该系统的高效、持续运行。此外，双级耦合热泵需要分别在低温和高温环境下同时运行，这就需要采用不同的制冷剂。

（2）储能除霜系统。从储能的方式、空气源热泵的应用环境来看，空气源热泵+储能技术的组合方式有很多种。目前，根据相变储能装置的特点，具有相变储能装置的空气源热泵系统已经面世，其实践验证表明，该系统虽然解决了传统除霜方法系统稳定性差、室内舒适度低等缺点，可仍然存在储能除霜时压缩机输入功率偏大等问题。但是，输入功率的增加，使储能除霜的时间缩短了1/3以上，与传统除霜方式相比具有节能性。

（3）储能式空气源热泵热水机组系统。空气源热泵热水器与传统热水器相比具有较好的节能特性，其热水供应的热泵系统通常以空调运行为主，为保证热水供应的可靠性需要设置辅助电加热器。当空调停止运行时热水供应由电加热器来承担，但这种方式不节能。为解决这一问题，一种大型储能式空气源热泵热水机组被提出，其通过储能进行移峰填谷和除霜，改善系统运行工况，同时能够在夏季和过渡季节免费供冷。

这种储能式空气源热泵热水机组利用两个相变储能装置，在为用户提供热水的同时还能提供免费供冷。工作方式是夜间低谷电时储能，实现电网削峰填谷，但该系统比较复杂，实现末端用户需求需要满足供热量与制冷量的平衡，而末端对两者的需求通常不一致。

13.5.3 相变储能供热技术得到广泛应用

相变储能供热技术是以相变储热材料为储热介质的储能供热技术，其主要方式是潜热储热。与显热储热相比，相变储热的储热密度是显热储热的5~10倍。由于其具有温度恒定和储热密度大等优点，得到了社会各界的广泛关注，是最具有发展前景的储能技术之一。

目前，我国相变储能供热技术的研究取得了积极进展，研发生产的相变储能材料和相变储能设备都具有较好的应用效果。以山西省天帅智能科技股份有限公司和陕西省运维电力股份有限公司为代表的相变储能材料及相变储能设备研发生产企业走在了前列，开展了多项工程实践建设，得到了业内专家和用户的肯定。

山西省天帅智能科技股份有限公司是一家专注于从事相变储能设备研发的高新技术企业，拥有自主知识产权专利技术14项。该公司研制生产的"智能相变储能设备"——天帅智慧相变储能热水系统，已进入商业化运营阶段。该设备由保温水箱、智能相变电储能模块、板式换热器和电控系统组成，以固—液相变潜热大的无机相变储能材料为介质，单位体积有效储热密度≥120 kW·h/m³，循环次数≥1万次不衰减，保温承压水箱寿命≥15年，电加热管寿命≥3万h，其有效储热密度是水储能的5倍，实现热能的小温差储存/释放。当热源温度高于63 ℃时，无机相变储能材料通过内部小温差换热结构吸收热量并储存；当热源温度低于63 ℃时，无机相变储能材料通过内部小温差换热结构释放出恒定在55~60 ℃的热量。

该设备只需晚间在谷电时段启动电加热储热，充电7 h可以持续24 h清洁供热，相比于电采热运行费用节省达到50%以上，有效地节约了运行成本，降低了能耗。

天帅智慧相变储能热水系统对基础设施的依赖度较低，在商业和办公建筑中基本无需对电力进行增容改造，可以覆盖大型楼宇储能供热、城镇小区储能供热、工业园区储能供热、清洁燃煤供热机组储能供热、大型可再生能源基地储能供热等多种类型的储能供热，且具有占地面积小、单位体积储热容量大、模块化安装、供热水温恒定、运行安全可靠等特点，可为用户提供分布式清洁供热、供热水服务，用户无需更换原有末端供热和供热水设施。

陕西省运维电力股份有限公司是一家承担各类发电机组安装建设、机组调试、性能试验、运行承包、检修维护、岗位培训、电站规程编制等一站式服务的电力运维企业。该公司研发团队经过三次技术迭代开发出了相变电储热单元产品、储能热泵技术及产品和固体储热技术及产品等一系列储热装置和新材料，申请发明专利20多项，完全掌握了分布式清洁供热最先进的相变储热核心技术和大型集中式清洁供热最先进的固体储热技术，为煤改电、气改电、电供热等提供最先进的技术和产品。

目前，该公司的储热供热产品主要有三种：

（1）电储热储能单元。电储热储能单元适用于建筑工程供热项目的标准化模块式应用。

（2）热泵+相变储热单元。热泵+相变储热单元在夜间谷电时间将热泵的热量存储于储热单元，白天释放热量供热，实现冷/热双模式联供。

（3）相变地暖单元。相变地暖单元是将相变材料布置于地暖水暖层中储热，可以有效改善室内供热舒适性，其运行费用节省可以达到50%以上。

该公司的相变储热技术为中低温储热、放热技术，是以谷电为热源，广泛应用于分布式储热供热场景，30~130 ℃的热量存储、热量释放全过程可控，存储/释放效率高达96%，极大地降低了运行费用。此外，该公司研发的具有自主知识产权的高密度固体复合储热材料，储热能力达到国际领先水平。

2018年12月17日，西安国家民用航天产业基地运维国际总部大厦供热面积3.7万m²的专属供热机组调试成功，这标志着陕西省西安市首座采用相变储能技术供热的清洁供热机组建成投入使用。

该机组采用陕西运维电力股份有限公司自主研发的新一代相变电储热储能单元技术，直接接入大厦原有供热管网系统，通过相变储热单元储热/放热，实现了2 MW以上大容量谷电转换及储能清洁供热技术的突破，在室外温度−5℃时，室内温度达到了22 ℃。据测算，该系统供热费用比西安市市政集中供热收费降低了40%以上。

第14章 供热方式及现状

目前，我国供热的主要方式是以集中供热和分散供热为主。

20世纪50年代，我国借鉴了苏联的集中供热模式，以秦岭—淮河划分了供热线，供热线以北以集中供热为主，以南则为分散供热。

14.1 常规供热方式

锅炉是"供热之源"，常规的供热方式均是以锅炉作为燃烧设备，通过在定压条件下燃烧化石能源，使化石能源的化学能转化为热能，将水加热蒸发形成具有高热量的过热蒸汽，过热蒸汽经过换热成热水后输送到供热管网至用户。

基于我国的能源结构，传统的供热方式，燃煤锅炉或燃气蒸汽锅炉是被大量应用于供热的主要设备。根据锅炉的应用地点，常规的供热方式可以分为自供热、集中供热和分散供热。

14.1.1 自供热

自供热是指用户按照自己的用热需求自行建设供热系统，用于生产和生活供热。根据自供热的特征可以分为工业自供热和居民自供热。

工业自供热一般为自建小型燃煤蒸汽锅炉或燃气蒸汽锅炉，通过燃烧煤或天然气产生所需蒸汽或电能，这种方式还被称之为自备电厂。

14.1.1.1 工业自供热

工业自供热一般是以建设自备电厂的方式供热。20世纪80年代末到90年代初，我国经济处于高速发展阶段，由于电力体系建设相对薄弱，大部分地区经常拉闸限电，严重影响了工、农、商等生产经营的正常进行。1985年5月23日，国务院颁布了《关于鼓励集资办电和实行多种电价的暂行规定》。该规定指出，为了加快电力建设，搞活电力工业，用经济办法管理发电供电工作，将国家统一建设电力和统一电价的办法改为鼓励地方、部门和企业投资建设电厂，实行"谁投资、谁用电、谁得利"的政策，可以通过集资扩建和新建的方式，允许投资单位自建、自管、自用电厂。在政策的鼓励下，各地工业企业纷纷建设自备电厂，为当时的工商业发展、城乡居民供热做出了非常重要的贡献。

自备电厂由于位于或靠近电力负荷中心，发出的电力就地消纳无需投入较大资金进行电网建设，降低了配电成本，而且电厂余热还可以向氧化铝、化肥、化工、纺织、造纸等生产企业供热，这样不仅解决了企业用电不稳定的问题，而且还可以使企业的生产成本大大降低。此外，有的自备电厂还将余热、余压、余汽收集利用起来，实现能源的综合利用，既提高了能源利用率也降低了能耗水平。

14.1.1.2 居民自供热

在我国北方地区的城市和农村，居民自供热的历史由来已久，直至现在北方地区的冬季，许多农村居民还在使用传统的火墙、火炕、火龙或炉式小锅炉（也称土暖气）进行自供热。

（1）火墙火炕火龙。火墙、火炕、火龙是人类使用时间最长且最古老的自供热方式，一直被沿用至今。其方式是利用生火做饭的高温烟气余热，烤热火墙、火炕、火龙，再将火墙、火炕、火龙采集的热量，散热到居住的屋子里，以提高屋内的温度。

火墙、火炕、火龙砌筑所用材料一般是以黏土、页岩、煤矸石等为原料烧制成规格240 mm×115 mm×53 mm的红砖。这三种自供热的方法是：

①垒炉灶。垒砌的炉灶大致有两种：

A.在厨房或灶房用烧制的红砖或土坯垒成方形或长方形的炉灶，将生铁铸制的方形或长方形炉盖砌在炉灶上，炉盖上有一个或两个直径不等的圆形口，圆形口可以放置做饭的铁锅或炒勺。

B.在厨房或灶房用烧制的红砖或土坯垒成方形的炉灶，把铁锅直接砌在炉灶上。

②砌火墙。火墙位于炉灶的侧面或正前，与炉灶烟道相通，是用烧制的红砖两边立砖砌成，中间空心为走烟通道，相隔一段用横立砖砌成隔烟堵，隔烟堵上方或下方留有通烟口，使高温烟气按照设置的S形烟道走行，以保证火墙受热均匀。隔烟堵除引导高温烟气走向外，还会对立砖砌成的火墙两个面起到拉固作用。

火墙一般为隔墙，用于分隔两个屋子。高温烟气将热量传给火墙后，两个屋子都可以受热。火墙一般高1.8~2.0 m，宽240 mm（一块砖的长度），其长度根据屋内长度需要确定。此外，还有一种火墙，是砌在屋子中间的，高度约1 m，宽度和长度都是根据需要确定。这种火墙一般是砌在食堂、服务大厅或会议室等公共场所。

③盘火炕。火炕是用烧制的红砖盘成，形状可分为方形或长方形，长度（炕里到炕沿）约2 m，宽度根据屋子两侧墙的距离和居住的人口确定。火炕的外沿用红砖砌成，再用一根扁方形木方镶成炕沿。炕的底部用土填至约2/3（至炕顶留有约240 mm），然后在土至炕顶预留的距离上，用约三四块砖一组码成用于托住炕顶平砖的砖垛，并用砖垛形成S形走烟通道，以保证火炕受热均匀。炕顶红砖平铺在砖垛上，然后将麻经或草剁成长约10 cm的短麻、短草加在黄土里加水搅拌和成黄泥，再将黄泥铲到炕面上抹平。

炉灶的烟道与火墙和火炕的烟道相连，其连通方式有三种：

A.建有炉灶、火墙、火炕的，烟道的连通方式是炉灶→火墙→火炕，高温烟气先走火墙然后走火炕，再从烟囱排出；

B.建有炉灶、火炕的，烟道的连通方式是炉灶→火炕，高温烟气从炉灶出来直接进入火炕，再从烟囱排出；

C.建有炉灶、火墙的，烟道的连通方式是炉灶→火墙，高温烟气从炉灶出来直接进入火墙，再从烟囱排出。

这三种方式第一种方式采热效果要比其他两种好，热量转换过程长，烟气热能利用率高。

④盘火龙。火龙又称地火龙，是从炉灶通向烟囱的孔道，像烟囱平砌，更像卧在地上的龙。但是，与烟囱不同的是，火龙的走烟通道和面的盘砌与火炕盘法相同。火龙也是用烧制的红砖盘成，两侧和上侧的三个面用掺麻或草的黄泥抹平，其高度、宽度和长度根据需要确定，可以盘成直线形也可以盘成U形或S形。火龙的炉灶（龙头）一般为长方形，垒砌在屋外的半地下，炉灶的正前是燃料口、正后是与火龙连接的烟道口。火龙的烟囱（龙尾）也是垒在屋外，但不是很高。

20世纪50年代以来，在野外作业的单位，一般都会在人员居住的帐篷或板房的大通铺下盘有火龙，以保证作业人员晚上睡觉被窝暖和不会挨冻。

火墙、火炕、火龙的燃料多以柈子、枝丫、树叶、树皮、锯末、秸秆、柴草等柴火为主，少量的是煤和炭。柴火的热值较低，大约是3 000 kcal/kg。因此，这种自供热方式燃料用量较大。

自人们开始使用燃煤或煤厂加工的蜂窝煤以后，特别是在生活物质极度匮乏的时代，每家每户的门前和院子里都堆满了煤垛。到了冬天气温低的时候，林林立立的烟囱，冒出的烟气不能及时扩散，导致整个城市雾霾严重。

（2）自制安装土暖气。20世纪80年代，人们觉得炉灶燃烧燃料炒菜做饭烧开水后，高温烟气只烤热了火墙、火炕，余热利用还不够充分彻底，觉得火墙、火炕散发的热量还不能满足热量需求，而且火墙、火炕散发热量后屋内空气干燥。长期在这样的屋子里居住，人们的鼻子和眼角发干极易上火。因此，人们时常要在屋子里放盆水或往地面上洒点水，以减少室内空气干燥。"土暖气"发明后，较好地解决了这些问题。

在没有实行集中供热之前，北方地区特别是东北等地的居民，非常流行采用自制的炉式小锅炉自供热，这种供热设备被人们称为"土暖气"。

①自制土暖气锅炉。土暖气锅炉的形态有很多种，一般是用内径2.54 cm、外径3.34 cm（过去老百姓称为一寸管）的铁管或厚度三四毫米的铁板，焊成略小于家里红砖垒成做饭炉灶样的长方形或方形的四面受热体锅炉，锅炉不论是铁管焊成还是铁板焊成，其内部都是相连相通。在锅炉顶端上部焊有热水出水管（管上有外丝），热水出水管用内丝与一根长约1.5 m的直立管连接，直立管上端安有一个三通，下通与锅炉的热水出水管连接，上通与一定尺寸（根据屋内高度）的上敞口小水箱（水箱尺寸不固定但要有一定的高度，水箱上部敞口是注

水口也是排气口）下部焊接的直立管外丝连接，侧通与暖气片热水进水管路连接，为热水输出管道；在锅炉的底部一侧（两侧皆可，根据炉子的位置设置）焊有一个10~20 cm的回水管（管上有外丝），回水管通过内丝与暖气片回水管路相连形成回路。出水管、回水管全部接通后，暖气片与锅炉就形成了一个完整的热水循环系统。

②安装土暖气。土暖气锅炉自制好后先是用红砖将土锅炉垒在家里做饭的炉灶里，再用相同尺寸的铁管将土锅炉热水出水管、回水管与暖气片进水管、回水管相连。全部连接好后，用黄泥将炉灶的炉膛泥成光滑的椭圆形，使锅炉与灶砖成为一体。待炉膛的黄泥阴干后，开始往小水箱注水（将锅炉和暖气片里全部加满水），然后点火烧炉，水被炉火加热后开始自循环。土暖气的工作原理是镶嵌在炉膛里的锅炉四壁受热后，锅炉里的水体积增大、密度减小，热水自行往上流动，推动低温水往回循环，形成了热水的自然循环流动。随着锅炉的不断加热，循环也在加快，房间的温度随之上升。

土暖气大规模应用后煤炭的需求增加。为了满足人们的用煤需要，国家曾要求"500 m一个煤店"，小煤厂要负责周边1 800人的用煤，大煤厂则要满足周边6 000人左右的用煤。据测算，蜂窝煤的热值约为4 700 kcal/kg，是柴火热值的约1.6倍。因此，蜂窝煤即便较贵，也一度出现了供不应求的现象。

为了减少买煤的开销，人们开始自制煤球或煤饼，用煤末子掺入一定比例的黄土加水搅拌，然后攥成球形或摊成饼状晒干，作为自供热燃料。

随着社会的不断进步和经济、科学技术的发展，居民的自供热方式也在悄然发生着变化。现在，人们已经不再自制土暖气锅炉，而是采购正规厂家生产的各式具有暖气功能的采暖炉进行自供热。同时，一些地方也逐步开始实行集中供热，或使用空调等方式进行电供热。

14.1.2 集中供热

集中供热是指以热水或过热蒸汽作为热媒，由一个或多个热源通过供热管网向城市、镇域用热居民或用热、用汽企业供应热能的一种方式。目前，集中供热设施建设已经成为现代化城镇的重要基础设施之一，是城镇公共事业的重要组成部分。

14.1.2.1 集中供热方式

常见的集中供热方式有热电联产、区域燃煤锅炉、燃气锅炉、工业余热利用和生物质供热等。其中，热电联产是集中供热最主要的方式。

集中供热一般是由三个部分组成：热源、热网和热用户。

（1）热源。热源又称热媒，是指热电厂或供热公司等热能生产企业，生产或制备具有一定压力和温度参数的热水或蒸汽。

（2）热网。热网是指输送热媒厂外和室外的供热管路系统，是热源与用热户连接的纽带，起着输送和分配热能的作用。

（3）热用户。热用户是指直接使用消耗热能的终端客户，其客户既有居民用户也有企业用户。

14.1.2.2 集中供热的热媒来源

集中供热的热媒主要是热水和蒸汽，是集中供热的常用媒介。由于蒸汽供热受到外界因素影响较多，相对于热水供热，不论是在供热能力还是在供热稳定性上都处于下风。因此，北方地区广泛使用热水供热，以实现热能资源的充分利用。

热电厂的蒸汽和热水是集中供热的最大来源。仅2020年，在蒸汽供热中，热电厂的蒸汽供热占比达到了89%，而锅炉房的蒸汽供热占比却只有10%，其他蒸汽供热占比也只有1%；在热水供热中，热电厂的热水供热占到了56.64%，而锅炉房的热水供热占到35.02%，其他热水供热只占8.34%。

有关数据显示，2016年底，燃煤供热为77%，燃气供热为18%，电锅炉、热泵、工业余热、生物质、燃油和太阳能等占比为5%。

据清华大学建筑节能研究中心测算，2018年，北方城镇供热能耗为标准煤2.12亿t。随着清洁供热及老旧小区改造等工作的推进，各地区拆除燃煤锅炉，依照"宜电则电、宜气则气"原则进行清洁改造，北方城镇供热煤炭实物量消耗由2016年的2.04亿t降至2020年的1.86亿t，呈现出平缓下降的趋势，煤炭使用比例约每年下降4%。到2020年，全国清洁能源供热率已经达到55%，相比2016年提高了16.8个百分点。

14.1.2.3 集中供热能力大幅提升

新中国成立初期，作为供热热源的发电厂，在回到人民手中时已是满目沧桑。由于设备陈旧、长年失修，一些电厂每发出一度电就要消耗1 731 g标准煤，基本上是能耗大、出力少、发电低，产出的热媒不能满足供热需求。

随着国家建设的逐步展开，电力供需、热能供需的矛盾日趋突出。为了满足生产建设用电、用热需要，我国在从苏联引进汽轮机等发电设备的同时，也积极开始研发我国自己生产的发电装备。

1952年，我国决定引进火电汽轮发电制造技术，发展、振兴我国的电厂设备制造业。1953年3月19日，上海汽轮机厂开始研制我国第一台6 000 kW汽轮机，在经历了2年多的曲折研制历程后，于1955年4月9日试车成功。1956年4月26日，6 000 kW汽轮发电机组在中国大唐集团公司安徽电力股份有限公司淮南市田家庵发电厂投产并网发电。该发电机组设计电压6 300 V，转速为3 000 r/min，开创了我国制造汽轮发电机组的先河，改变了之前电力生产完全依赖进口国外发电机组的历史。

自上海汽轮机厂制造出第一台6 000 kW汽轮机之后，1964年，哈尔滨汽轮机厂制造的第一台10万kW机组在位于北京市石景山区的大唐国际发电股份有限公司高井电厂投入运行。

在我国集中供热分界线划定之后，由于当时工业体系落后，再加之后来的十年文化大革命，国家建设资金严重不足，集中供热装备和集中供热能力建设十分缓慢。到1978年，我国北方城市集中供热普及率仅为1%。

改革开放以后，国家和地方各个层面开始重视集中供热设施和能力建设，都给予了许多优惠政策和资金支持。到1999年，集中供热普及率约为29.1%。然而，一些地方的集中供热设施和能力建设依然较慢。

进入21世纪以来，在市场需求和相关政策的推动下，我国集中供热设施和能力建设迎来了大规模发展的新时期，特别是《中国制造2025》"制造强国"战略的实施，为我国集中供热能力提升提供了高效能的热电装备，使集中供热呈现出较快增长的态势。

（1）集中供热能力明显增强。要全面实现集中供热，其最重要的是要加强热电厂建设。热电厂不仅可以供给工业、居民热能，还可以源源不断地发出电能，满足工、农、商等行业发展的用电需求，实现热电联产。

据住房和城乡建设部历年发布的《中国城市建设状况公报》显示，我国城市集中供热总量呈稳步增长趋势。2020年，全国城市蒸汽供热能力达到10.35万t/h，同比增长2.50%；城市热水供热能力达到56.62万MW，同比增长2.84%。2021年，全国城市蒸汽供热能力达到11.88万t/h，同比增长14.80%；城市热水供热能力达到59.32万MW，同比增长4.78%。2022年，全国城市蒸汽供热能力达到12.55万t/h，同比增长5.69%；城市热水供热能力达到60.02万MW，同比增长1.17%。2023年，全国城市蒸汽供热能力为12.39万t/h，同比下降1.3%；热水供热能力达到63.12万MW，同比增长5.17%。目前，山东省热水供热能力与供热总量始终保持增长势头，蒸汽供热比例仍高于全国水平，预计未来热水供热量还将继续增长。

（2）集中供热管道逐年延长。随着我国城市化进程的不断加快，全国城市地下供热管道规模不断扩大。据住房和城乡建设部发布的历年《城乡建设统计年鉴》显示，2013—2023年，我国集中供热管道里程呈逐年延长态势，到2023年达到了52.37万km，增速达到了6.13%。

（3）集中供热面积快速增长。2000年，我国集中供热面积为11亿m²；2004年，集中供热面积为20.5亿m²；2017年，集中供热面积为83.09亿m²；2020年，集中供热面积为98.82亿m²；2021年，集中供热面积为106.03亿m²。

据住房和城乡建设部发布的《2023年中国城市建设状况公报》显示，2022年，全国城市集中供热面积已经达到了111.25亿m²，同比增长4.92%。2023年，全国城市集中供热面积达到了115.49亿m²，同比增长3.81%。其中，2022年和2023年山东省集中供热面积达到了19.23亿m²和20.66亿m²，在全国遥遥领先，增长势头强劲，高于全国水平。

从省份看，山东省和辽宁省2个省份城市集中供热面积超过10亿m²，其主要因素是区域工业企业、城乡居民供热需求量不断增大，供热设施较为齐全完善。河北省、黑龙江省、山西省、吉林省、北京市、内蒙古自治区、河南省、天津市和陕西省9个省（自治区、直辖市）集中供热面积超过5亿m²。

（4）集中供热总量波动增长。2020年，我国集中供热蒸汽供热总量为65 054万GJ，比2019年减少13万GJ，同比下降0.02%；热水供热总量达到345 004万GJ，同比增长5.35%。2021年，我国集中供热蒸汽供热总量达到68 164万GJ，增长4.78%；热水供热总量达到357 715万GJ，增长3.68%。2022年，我国集中供热蒸汽供热总量为67 113万GJ，减少1 051万GJ，同比下降1.54%；热水供热总量达到361 226万GJ，增长0.98%。2023年，我国集中供热蒸汽供热总量达到65 489万GJ，减少1 624万GJ，同比下降2.42%；热水供热总量达到362 974万GJ，增长0.48%。全国历年城市集中供热总量，见表14-1。

表 14-1 全国历年城市集中供热总量情况表

年份	供热总量	
	蒸汽/（万GJ）	热水/（万GJ）
2013	53 242	266 462
2014	55 614	276 546
2015	49 703	302 110
2016	41 501	318 044
2017	57 985	310 300
2018	57 731	323 665
2019	65 067	327 475
2020	65 054	345 004
2021	68 164	357 715
2022	67 113	361 226
2023	65 489	362 974

注：数据来自住房和城乡建设部《2023年城乡建设统计年鉴》。

14.1.2.4 集中供热的优势

集中供热作为现代化城市的文明标志和发展方向，具有显著的经济效益和社会效益，不仅能为城市提供稳定、可靠的优质热源，而且对于节约能源、改善大气环境、减少城市粉尘污染、有效利用城市空间等方面都具有十分重要作用。

（1）热效率提高。集中供热能够有效提高能源的利用率，其热电联产供热机组的综合热效率可以达到85%，而大型汽轮机组的发电热效率一般不超过40%。同时，区域锅炉房的大型供热锅炉的热效率可以达到80%~90%，而分散的小型锅炉的热效率只有50%~60%。

热电厂和区域锅炉房一般采用循环流化床锅炉，但由于小型锅炉的配风等系统设计不够合理，其对能源的利用率较低，排烟量较大，锅炉的热效率较低。集中供热采用大型锅炉后，因其结构设计相对合理，对能源的燃烧较为充分，排烟量较低，锅炉的热效率较高。因此，从节约能源和提高能源利用率的角度看，选择大型锅炉进行集中供热较好。

（2）运行费用降低。集中供热能够有效降低供热企业人力、物力、运输等资源的消耗，减少司炉人员，降低燃料和灰渣运输过程中的散落量，有效改善环境卫生。

（3）自动化程度提高。集中供热可以通过物联网技术实现城市供热数字化系统动态监控。在供热过程中，采用DCS系统对一次管网、二次管网的供水和回水温度、压力、流量及循环泵、补水泵状态时时自动监控，及时获得启停控制、转速、故障以及水量、水温等参数，并能够随室外温度变化调节供热参数，以满足热用户的用热需求，减少热能不必要的浪费。同时，还可以通过智慧供热云平台完成人工算法远程控制，实现交换站无人值守，减轻工作人员的劳动强度。

（4）城市空间扩大。集中供热的热电厂或区域大型锅炉房热源替代了分散的中小型锅炉房热源，改变多热源和多污染的局面，这样不仅可以腾出城市宝贵的土地资源，拓宽城市发展空间，减少供热设施占用的建设用地，而且还有利于建设城市其他基础设施，促进城市经济社会协调发展。从另外一个角度来看，热电厂一般都建设在市郊，离人口集中区域相对较远，有利于城市规划建设的合理布局。这对城市建设的合理性、精致性、长远性都起到十分积极的促进作用。

（5）环境质量得到改善。集中供热企业大都采用高效脱硫除尘设备，高烟囱排放烟气使之能够有效扩散，可以明显消减硫化物、氮氧化物、粉尘等大气污染，改善环境空气质量。

从集中供热的实践来看，其最明显的成果就是城市环境质量大为改善。可以试想一下，如果每个工业生产企业、每个居民小区都配套建有供热的中小型锅炉房，不仅增加能源消耗，还会排放出大量的烟气和粉尘，既污染大气环境又影响市容市貌。

14.1.3 分散供热

分散供热是指以小型锅炉房划定供热区域进行局部供热或采用热泵、燃气炉、电采暖等对楼宇、单户进行单独供热。

14.1.3.1 小型锅炉房供热

小型锅炉房供热就是在一个城镇或城市局部区域根据用户用热需求，分别建设若干个热源点进行单独供热。目前，小型锅炉房供热使用的锅炉型号、功率和燃烧的燃料都不相同，常用的有燃煤锅炉、生物质锅炉、天然气锅炉和垃圾焚烧锅炉等，这些锅炉必须是环保高效锅炉。这种供热方式与热电厂供热方式基本相同，就是锅炉通过燃料燃烧产生热水，再经过换热站将热水输入供热管网，其优点是管网缩短、热耗降低。

14.1.3.2 热泵供热

热泵供热就是在一个区域或某个楼宇以采用热泵的方式进行单独供热。热泵供热的方式主要有空气源热泵供热、水源热泵供热、地源热泵供热等。

14.1.3.3 空调供热

空调供热就是以楼宇或单户采用安装空调的方式进行供热，这是南方地区最常见的一种供热方式，应用较为广泛。

空调就是运用热泵的原理进行制热。因此，空调也称之为户用热泵式分体空调器。

14.1.3.4 燃气壁挂炉和电采暖供热

燃气壁挂炉和电采暖就是以户为单位进行分户独立供热的方式供热。这种方式是以燃烧管道燃气或消耗电能的方式进行供热，供热量和供热时间可以自行控制。目前，市场上这类产品技术成熟，品牌较多。

由于分散供热方式所涉及的热媒、设备、供热原理等，已经在前面各章节中做过介绍，故不在此复述。

14.1.4 集中供热与分散供热效能分析

集中供热具有节能环保、热效率高等特点，在当下及未来一直都会是城镇供热的主要方式。现以某市为例对集中供热与分散供热进行能效分析。该市的集中供热是从1987年开始，在集中供热之前，居民冬季供热几乎都是以火墙、火炕进行自供热，仅有部分居住在工业用汽单位周边的居民住宅可以享受到集中供热。政府及企事业单位、服务性单位的冬季供热大都采用1蒸吨及以下的小型锅炉供热。当时，由于大多开发的楼盘都独自建有0.5~2.0蒸吨不等的供热小锅炉房，其锅炉的运行维护又交由小区自行管理，导致分散的供热锅炉房较多，而且这些自建的锅炉房基本没有除尘、脱硝、脱硫等环境保护措施，不仅能源利用效率低，而且对环境造成了较大的污染。

1998—2000年，该市投入大量资金进行市区集中供热设施改造，开始利用汽轮机乏汽进行低真空循环水供热，逐步替代原有各个分散的小锅炉房供热。随着集中供热的快速发展，2010年，该市整合多家供热公司，成立大型热电公司。当时，由于集中供热没有形成统一的运行和管理办法，住宅暖气也是间歇性供给，且分散锅炉本身蒸发量低，小锅炉效率不及大型锅炉，导致锅炉运行效率较低，平均效率约为55%。

1998年11月，该市规定居民供热期为每年的11月下旬至次年的3月下旬，供热时间约为120 d。具体供热起止时间，由市集中供热主管部门根据气候变化情况确定。每日供热时间为4—22时。供热期内，在用户房屋正常保温情况下，室温应不低于16 ℃，停水、停电、停蒸汽时除外。

按照1蒸吨小锅炉供热计算，锅炉产汽参数一般为1 MPa(a)/184 ℃，其各项能耗指标根据室外温度计算供热每小时实际热量需求的公式：

$$Q_实 = Q_设计 \frac{(t_n - t_w)}{t_n - t_{wj}} \text{W/m}^2 \tag{14-1}$$

式中，t_n——为室内温度，℃；t_w——为室外温度，℃；t_{wj}——为室外计算温度，℃；$Q_设计$——建筑设计热负荷，W/m²。

通过查询GB/T 50736《民用建筑供暖通风与空气调节设计规范》，1971—2000年，该市统计的供热室外计算温度为–5.4 ℃。由于当时居民建筑都为非节能建筑，建筑散热和所需供热负荷较大。因此，根据供热单位多年供热数据，结合乡镇老旧住宅供热负荷，在该计算中将建筑设计热负荷取50 W/m²。公式中供热期室外温度，依据GB/T 50736《民用建筑供暖通风与空气调节设计规范》中统计的供热期平均温度小于等于+5 ℃期间内的平均温度1.2 ℃进行计算。

将相关数值带入公式，求得建筑每小时实际的热量需求为：

$$Q_实 = 50 \times \frac{(16-1.2)}{[16-(-5.4)]} \approx 34.6 \text{W/m}^2 \tag{14-2}$$

根据锅炉产汽参数，经查询焓熵表，锅炉每小时产汽的焓值为2 787.94 kJ/kg。则1蒸吨锅炉每小时可覆盖的供热面积为：

$$S = \frac{2.787\,94 \times 10^6}{3.6 \times 34.6} \approx 22\,382 \text{m}^2 \tag{14-3}$$

而由于锅炉运行效率较低，平均为55%，供热时长为2 160 h，则1蒸吨锅炉一个供热季的标准煤耗量为：

$$M = \frac{34.6 \times 3.6 \times 2\,160 \times 10^{-3}}{0.55 \times 7\,000 \times 4.184} \times 22\,382 \approx 374\text{t} \tag{14-4}$$

因此，1蒸吨锅炉供热单耗约为16.71 kg/m²。

这些分散小锅炉既没有除尘、脱硝、脱硫等降低污染物排放措施，而且运行管理较为松散，对大气环境造成了较大的污染压力。煤的化学成分由碳、氢、氧、氮、硫和水分、灰分组成，其在燃烧过程中会产生二氧化碳、二氧化硫、氮氧化物以及烟尘等有害物质。煤的含硫量一般不超过2%，在燃烧过程中硫与氧气发生反应生成二氧化硫，按照含硫量2%计算，1 kg煤完全燃烧产生的二氧化硫量为：

$$1 \times 0.02 \times \frac{64}{32} = 0.04\text{kg} \tag{14-5}$$

按照含碳量60%计算，1 kg煤完全燃烧产生的二氧化碳量为：

$$1 \times 0.6 \times \frac{44}{12} = 2.2\text{kg} \tag{14-6}$$

因此，当1蒸吨锅炉燃煤烟气直接排放后，一个供热季排放的二氧化硫约为14.96 t，排放的二氧化碳约为822 t。

通过上述计算可以看出，在盛行分散小锅炉供热的年代，一个城市约建有近千台这样的效率低、污染高的小锅炉，每年向大气排放的二氧化硫、二氧化碳数量相当巨大，对环境造成的污染相当严重。

14.2 热电联产

热电联产可追溯至100年前。100年前，美国纽约市建立了世界上第一个热电联产企业。1953年，我国学习苏联社会主义建设和电力工业发展经验，开始建设热电联产供热体系，推行热电联产供热。之后，虽然我国热电联产的发展道路较为曲折，但其对我国工业发展特别是电力工业的发展和供热模式的建立都起到了非常积极的促进作用。

热电联产就是热能和电能同时生产，既要供出热能又要输出电能，它是集中供热最主要的方式之一。

热电厂热电联产最重要的设备是汽轮机。汽轮机通过抽汽或锅炉定压蒸发产生含有大量热能的过热蒸汽。因此，热电厂热电联产供热的主要方式是汽轮机抽汽供热、锅炉直供蒸汽供热及热水锅炉热水供热、低真空循环水供热。

14.2.1 汽轮机抽汽供热

汽轮机供出的过热蒸汽具有热容量大、热量可以逐级降压释放的特点，方便在供热过程中的调节和控制。但是，工业用户或居民供热所用蒸汽参数一般较低，若采用锅炉直接供热则需要将锅炉出口的过热蒸汽进行减温减压，这将会造成热能的浪费。

现以某热电公司一台次高温、次高压25 MW汽轮机为例，对以汽轮机抽汽供热方式进行简单分析。根据该汽轮机组的热力特性曲线，在纯冷凝额定功率运行下，进汽量为100.5 t/h，发电功率为25.05 MW；在额定抽汽70 t/h、蒸汽参数1.27 MPa(a)/294.8 ℃的工况下，当进汽量为176 t/h时，其发电功率为30.18 MW。由此数据可以看出，当70 t/h的过热蒸汽由汽轮机抽汽口抽出时，蒸汽对汽轮机转子做了部分功，将少量的热能转换为电能，使机组多发5 130 kW·h。机组的抽汽参数为1.27 MPa(a)/294.8 ℃，焓值为3 095 kJ/kg，若按标准煤热值7 000 kcal计算，锅炉效率约为90%，则可求得70 t/h的抽汽所消耗的燃煤量为：

$$\frac{70 \times 3\,095}{7\,000 \times 4.184 \times 0.9} = 8.22t \tag{14-7}$$

根据有关生产经营用热汽价格的规定要求，7 000 kcal热值的标准煤加权平均到厂价格为1 336~1 400元/t。按照煤炭热汽联动办法的规定，供热企业1.1 MPa（汽轮机出口表压）热汽价格258元/t。依据煤价及供汽价格，可以计算出汽轮机每小时抽汽供热的售汽利润为（只考虑原料成本，其他成本不考虑）：

$$70 \times 258 - 1\,336 \times 8.22 = 7\,078.08元 \tag{14-8}$$

此外，抽汽消耗部分热能转化为电能，还可使机组多发5 130 kW·h电能，按照上网基准电价0.394 9元/（kW·h），则每小时多发电量上网可获得收益为2 026元。

14.2.2 锅炉直供蒸汽供热

锅炉直供蒸汽供热的蒸汽拥有较高的压力和温度，这种供热方式可以看做是从主蒸汽管道中引出的分支管道。因此，可近似视为与汽轮机进汽参数一致（实际上比汽轮机进汽参数略高）。

现还是以一台25 MW汽轮机为例，对热电联产以锅炉直供蒸汽供热方式进行简单分析。该台次高温、次高压25 MW汽轮机主蒸汽参数为4.9 MPa(a)/470 ℃，蒸汽焓值为3 365.5 kJ/kg。锅炉直供蒸汽参数较高，要达到蒸汽用户使用条件，需要加装减温减压器，将蒸汽减温减压至1.27 MPa(a)/294.8 ℃。因此，在减温减压过程中，将会造成热能的浪费。当对外供汽量为70 t/h时，计算求出锅炉直供蒸汽供热所消耗的标准煤量为：

$$\frac{70 \times 3\,365.5}{7\,000 \times 4.184 \times 0.9} = 8.9t \tag{14-9}$$

则锅炉直供蒸汽供热的售汽利润为（只考虑原料成本，其他成本不考虑）：

$$70 \times 258 - 8.9 \times 1\,336 = 6\,169.6元 \tag{14-10}$$

经过简单的分析计算，热电公司对外蒸汽供热，所供出蒸汽应为汽轮机抽汽，可以最大程度地实现能量的梯级利用，减少热量不必要的损失。然而，锅炉直供蒸汽，只有当汽轮机组抽汽量无法满足蒸汽用户用汽量时方可以直供蒸汽作为补充。

当然，热电公司对外供出的热能不仅仅是以蒸汽的形式，蒸汽供于生产制造的工业用户居多，在供热管网还没有普及覆盖时，许多办公楼、住宅楼会使用蒸汽进行冬季供热。然而，在供热管网建设越来越完善的今天，城镇的供热管道大多都铺设到办公区域和住宅小区的居民楼下。所以，现在冬季热电公司为居民供热则使用的是更经济的热水。

热电公司供出的热水，通常是用汽—水换热器来实现热量转换。一般来讲，汽—水换热器所用的蒸汽参数通常较低，相比于电锅炉在节省部分设备投资的情况下，也避免了蒸汽与电能之间的转换损失，更为便利地将水加热成供热热媒。

14.2.3 热水锅炉热水供热

热水锅炉供热是热电公司供热的另外一种重要的方式，它是利用热水锅炉产出热水。热水锅炉通过燃烧燃料将燃料的化学能转化为热能将水加热，但其与蒸汽锅炉不同的是，热水锅炉加热热量只控制在显热，且由于生产的是热水，必须使用循环水泵强制循环热水。供热管网采用的是高温水设计，热水锅炉加热的水温度高于常压下水的饱和温度。因此，锅炉中的压力必须高于供水温度下的饱和压力，否则热水将会汽化，严重影响热水锅炉的安全运行。为了防止锅炉内部压力变化而导致水汽化或膨胀的现象，必须保证系统压力相对稳定。热水锅炉的定压方法，可采用高位水箱定压方式或补给水泵定压方式。

14.2.3.1 高位水箱定压方式

高位水箱定压方式是指在热水锅炉上方较高的地方布置水箱，其高度必须满足供水温度下的饱和压力，水箱出水管道连接在热水循环泵入口或回水管道上。这种方式结构简单，运行稳定可靠，既可以较好地稳定系统压力，还可以满足供热管网的补水要求。但是，高位水箱的安装位置通常较高，水箱的容量相对较小。因此，这种定压方式只适用于供热范围不大的供热系统。

14.2.3.2 补给水泵定压方式

补给水泵定压方式是指当供热系统压力较高时采用高位水箱已远不能满足锅炉定压的需求，此时可采用补给水泵定压方式。补给水泵定压有连续补水定压和间断补水定压两种形式，热电公司可根据厂区以及供热情况综合设计选择适合的补给水泵定压。

连续补水定压由补给水箱、补给水泵、压力调节器等装置组成，当热水锅炉运行时补给水泵经压力调节器连续进行补水，通过压力调节器的调节，补水与供热管网的泄漏量相适应，从而维持系统压力的稳定；当循环水泵停运时关闭压力调节器前的截止阀，补给水泵仍将连续为锅炉补水，以维持系统所需的静压。

间断补水定压是通过电接点压力表的控制来实现补给水泵运行和停止，使循环水泵入口压力维持在安全范围内。当压力低于安全值时电接点压力表动作并接通补给水泵电源，此时补给水泵运行并对热网系统补水；当热水循环泵入口压力升高并超过运行设计值时热水锅炉的压力表动作并切断补给水泵电源，使补给水泵停止。

综上所述，热电公司的供热热媒概括起来就是两种：一种是蒸汽，另一种是热水。蒸汽供热的方式较为单一，热水供热的方式则多种多样。其实，热水的生成无非是通过蒸汽或通过锅炉燃烧燃料将热能传递至水中。其中，用于换热的蒸汽是由汽轮机抽汽口抽出的蒸汽，这部分蒸汽还没有完全做功发电，因此这种方式也存在着一定的能源浪费。

在前面的章节中，已经对汽轮机的发电原理做了介绍。过热蒸汽在进入汽轮机做功发电后会将剩余的乏汽排至凝汽器中，通过冷却塔的循环冷却水将热量带走并散发至大气中。这就是人们会看到热电公司有大量的"白气"冒出，这个"白气"就是散发至大气中的乏汽热量。

做功发电后的乏汽，依然还会有大量的潜热，将其排入大气中造成了热源的极大浪费。这种现象被业界称之为冷源损失。正是有冷源损失的存在，极大地降低了机组的效率。如果将乏汽的热量采集应用制取需要的热产品，消除冷源损失热电公司的供热效率就会得到进一步的提高。为此，自20世纪90年代开始，热电公司又兴起了一种供热方式——低真空循环水供热。

14.2.4 低真空循环水供热

汽轮机组运行过程中的冷源损失不仅会造成机组效率降低，而且还会造成热源的极大浪费。那么，该如何避免冷源损失，将这部分热能回收利用呢？通过汽轮机的工作原理可以看出，要避免冷源损失，汽轮机乏汽的热量就不能由循环水带走散发至大气中，也就是说过热蒸汽进入汽轮机做功，不仅仅用于发电，还要将剩余的热能回收并提供给有用热需求的地方。因此，这种乏汽热量利用，被称之为低真空循环水供热。

汽轮机低真空循环水供热是一种独特的热电联产方式，这种运行方式提高了能源的利用率，将冷源损失回收用于供热，进一步实现了能源的梯级利用。

在冬季供热期间，进入凝汽器的水不再是冷却塔的循环冷却水，而是供热循环水，即用户的供热回水进入凝汽器，吸收汽轮机乏汽的热量，将供热水温度升高，然后再通过循环水泵送入供热的供水管网中。这种运行方式，极大地提高了能源的利用效率，具有非常大的节能效益。

低真空循环水供热的基本运行方式，其关键是在凝汽器中两种循环水之间的切换。凝汽器中有两种介质互相换热，其一是乏汽，其二是循环水。当乏汽的热量被循环水带走时其状态由蒸汽凝结成水，内部压力下降形成真空状态。就像我们在一个水瓶中倒入热水，将盖子拧紧，此时瓶中既有水又有水蒸气。当瓶中的热水与大气换热变凉后，拧开盖子时比较费力，其原因就是瓶中原本充满水蒸气，此时瓶内外压力相等。但是，由于与外界大气换热，瓶内原本充满的水蒸气凝结成水，此时瓶内压力下降，低于外界大气压，形成了负压状态。

汽轮机组运行时凝汽器内部压力为真空状态，其真空度的高低取决于循环水与乏汽之间的换热程度。循环水的温度低吸收乏汽的热量多，更多的乏汽热量被循环水吸收，凝汽器真空就高。反之，循环水温度高吸收乏汽的热量相对较少，凝汽器的真空度就相对较低。在冬季供热时进入凝汽器的供热回水温度一般为40~45 ℃，冷却塔循环水温度一般为15~20 ℃。所以，当供热循环水进入凝汽器后，对乏汽的换热效果要低于冷却塔循环水的换热效果。因此，当供热季汽轮机组切换至循环水供热后凝汽器的真空会相应地下降。

在机组低真空循环水供热时会使凝汽器真空下降，机组乏汽温度相对较高，这将导致蒸汽可用焓降低，造成机组出力下降，且会对汽轮机转子的末级叶片产生水蚀等危害。因此，这种供热方式必须严格控制汽轮机的排汽温度以及排汽流量，一般控制在汽轮机厂家设计的运行参数范围之内即可。

14.2.5 热电联产能耗计算及效能分析

热电公司供出的能量有两种，分别为电能和热能。电能和热能在形式上不同，在质量上也不等价。然而，热电公司消耗能源的总量是一定的，就比如汽轮机抽汽供热，在进汽量不变的情况下蒸汽从抽汽口被抽出供热，这就意味着发电量要相应减少。因此，在热电公司的运行系统中，热与电是相互牵制，多供热就意味着少发电，而多发电就意味着少供热。正是热电公司存在这样的运行特点，在供热和发电上就要找到适合的配比。

热电公司的主要能耗指标有发电标准煤耗率、供电标准煤耗率、供热标准煤耗率、发电厂用电率和供热厂用电率等。其中，供热标准煤耗率和供电标准煤耗率则是热电公司进行能耗计算的核心指标。计算热电公司的各项能耗指标，有很多不同的计算方法，其常用的是热量法、实际焓降法和做功能力法等。热量法和实际焓降法均是基于热力学第一定律，通过能量转换的关系来评价供热经济性，在理想的热力循环下计算热电公司各能耗指标；做功能力法是基于热力学第一定律、热力学第二定律，同时考虑了热能的数量和质量的差别。表14-2以某热电公司一台25 MW次高温、次高压汽轮机组为例，分别以热量法和实际焓降法对热电公司的各能耗指标进行计算。

表 14-2　一台25 MW次高温、次高压汽轮机组额定抽汽运行参数

额定进汽流量/（t/h）	额定进汽焓值/（kJ/kg）	排汽流量/（t/h）	排汽焓值/（kJ/kg）
152	3 365.5	56.989	2 320
给水焓值/（kJ/kg）	额定抽汽流量/（t/h）	额定抽汽焓值/（kJ/kg）	额定进汽熵/（kJ/kg·K）
650.41	70	3 065	6.892 9
额定抽汽熵/（kJ/kg·K）	环境温度/℃		
7.144	25		

14.2.5.1 能耗指标计算方法

（1）热量法。热量法是我国法定的热电分摊方法。该方法只考虑热和电数量上的区别，而不考虑两种能量在品质上的区别，按照热和电的数量所占总热耗量的比例进行分配。在热力循环过程中，总热耗量是指从锅炉产出的过热蒸汽所消耗的煤的总热量。因此，总热耗量的计算公式为：

$$Q = \frac{T_1 \times (h_1 - h_2)}{\eta_{锅炉} \times \eta_{管道}} \tag{14-11}$$

式中，T_1——进汽流量，t/h；h_1——进汽焓值，kJ/kg；h_2——给水焓值，kJ/kg；$\eta_{锅炉}$——锅炉效率，取90%（下同）；$\eta_{管道}$——管道效率，%，此处取1（视为管道理想状态，下同）。

将表14-2相关数值带入公式中，计算得出该台汽轮机组在热电联产时的总热耗量为：

$$Q = \frac{0.152 \times (3\ 365.5 - 650.41)}{0.9} \approx 459 \text{GJ/h} \qquad (14\text{-}12)$$

其中，热电联产供热所消耗的热量为：

$$Q_h = \frac{Q_1}{\eta_{\text{锅炉}} \times \eta_{\text{管道}}} \qquad (14\text{-}13)$$

式中，Q_1——供热量，kJ。

无论是工业供汽还是低真空循环水供热，热电公司的供热都是以蒸汽的热量为基础向外供出。因此，在热量法中，热电公司的供热量就是抽汽的能量。但是，需要注意的是热网回水也蕴含部分热能，在计算热电公司供热量时需要将热网回水的焓值减去，这才是蒸汽实际向外供出的热量。

$$Q_1 = T_2 \times (h_3 - h_4) \qquad (14\text{-}14)$$

式中，T_2——抽汽流量，t/h；h_3——抽汽焓值，kJ/kg；h_4——热网回水焓值。

在实际运行中，假设热网回水压力维持在0.385 MPa(a)，回水温度为45 ℃，热网回水焓值为188 kJ/kg。将表14-2相关数值带入公式中，计算得出该台汽轮机组热电联产时供热所消耗的热量为：

$$Q_h = \frac{0.07 \times (3\ 065 - 188)}{0.9} \approx 224 \text{GJ/h} \qquad (14\text{-}15)$$

根据热量法的定义来看，总热耗量分为两部分，即供热所消耗的热量以及供电所消耗的热量，且只考虑两种能量在数量上的区别。因此，用总热耗量减去供热所消耗的热量，即为发电所消耗的热量。

$$Q_e = Q - Q_h \qquad (14\text{-}16)$$

将表14-2相关数值带入公式中，计算得出该台汽轮机组在热电联产时发电所消耗的热量为：

$$Q_e = 459 - 224 = 235 \text{GJ/h} \qquad (14\text{-}17)$$

则通过热量法计算得出的热电分摊比为：

$$a = \frac{T_2 \times (h_3 - h_4)}{T_1 \times (h_1 - h_2)} \qquad (14\text{-}18)$$

将上述计算数值带入，得出该25 MW汽轮机组按热量法计算的热电分摊比为：

$$a = \frac{0.07 \times (3\ 065 - 188)}{0.152 \times (3\ 365.5 - 650.41)} \times 100\% = 48.8\% \qquad (14\text{-}19)$$

①供热的热经济能耗指标。供热的热经济能耗指标包括供热热效率η_1和供热标准煤耗率。

A. 供热热效率η_1。机组实际供出蒸汽的参数为70 t/h、3 065 kJ/kg的蒸汽，热量为：

$$Q_{\text{用户}} = 70 \times 3\ 065 \times 10^{-3} = 214.55 \text{GJ/h} \qquad (14\text{-}20)$$

因供出的热量大于热量法中分配给供热的热量，在考虑管道效率均在理想状态下，供热热效率为锅炉效率的90%。

B. 供热标准煤耗率。供热标准煤耗率是指每供出一份热量所消耗的煤炭量。在标准煤7 000 kcal的热值下，每供出1 GJ的热量消耗的标准煤量为：

$$\frac{1}{7\,000 \times 4.184 \times 10^{-6}} \approx 34.14\text{kg} / \text{GJ} \tag{14-21}$$

因供热热效率为90%，则供热标准煤耗率为：

$$供热标准煤耗率 = \frac{34.14}{0.9} \approx 38\text{kg} / \text{GJ} \tag{14-22}$$

②供电的经济能耗指标。供电的经济能耗指标包括发电热效率η_2和发电热耗率、发电标准煤耗率。

A. 发电热效率η_2。发电热效率η_2为：

$$\eta_2 = \frac{3\,600 \times p}{Q_e} = \frac{3\,600 \times 25\,000}{235 \times 10^6} \times 100\% \approx 38.3\% \tag{14-23}$$

式中，p——机组发电量，$\text{kW} \cdot \text{h}$。

B. 发电热耗率。发电热耗率为：

$$发电热耗率 = \frac{3\,600}{\eta_2} = \frac{3\,600}{0.383} = 9\,399.48\text{kJ/}（\text{kW} \cdot \text{h}） \tag{14-24}$$

C. 发电标准煤耗率。发电标准煤耗率是指汽轮发电机组每发出1 $\text{kW} \cdot \text{h}$所消耗的煤炭量。根据其定义，计算公式为：

$$发电标准煤耗率 = \frac{Q_e}{Q_{标煤} \times P} = \frac{3\,600}{Q_{标煤} \times \eta_2} \tag{14-25}$$

将各数值带入，得出发电标准煤耗率为：

$$发电标准煤耗率 = \frac{3\,600}{7\,000 \times 4.184 \times 0.383} = 0.321\text{kg/}（\text{kW} \cdot \text{h}） \tag{14-26}$$

（2）实际焓降法。实际焓降法的原理也是基于热力学第一定律。但是，与热量法不同的是实际焓降法不仅考虑热和电在数量上的不同，也考虑了热和电在质量上的不同，这种分配方法是通过进入汽轮机的主蒸汽可利用的焓降以及抽汽部分未能做功的焓降进行分配。因此，实际焓降法的热电分摊计算公式为：

$$a = \frac{T_2 \times (h_3 - h_5)}{T_1 \times (h_1 - h_5)} \tag{14-27}$$

式中，h_5——排汽焓值，kJ/kg。

将表14-2相关数值带入公式中，得出该台25 MW汽轮机组按热量法计算的热电分摊比为：

$$a=\frac{0.07\times(3\,065-2\,320)}{0.152\times(3\,365.5-2\,320)}\times100\%=32.82\% \qquad (14-28)$$

通过热量法已求出系统总耗热量为459 GJ/h。因此，实际焓降法分配给供热的热量为：

$$Q_h=459\times0.328\,2=150.643\,8GJ/h \qquad (14-29)$$

分配给发电的热量为：

$$Q_e=459-150.643\,8=308.356\,2GJ/h \qquad (14-30)$$

①供热的热经济能耗指标。供热的热经济能耗指标包括供热热效率η_1和供热标准煤耗率。

A. 供热热效率η_1。供热热效率η_1为：

$$\eta_1=\frac{Q_{用户}}{Q_h}=\frac{214.55}{150.643\,8}=1.424 \qquad (14-31)$$

B. 供热标准煤耗率。供热热效率为1.424，则供热标准煤耗率为：

$$供热标准煤耗率=\frac{34.14}{1.424}\approx23.97kg/GJ \qquad (14-32)$$

②供电的经济能耗指标。供电的经济能耗指标包括发电热效率η_2和发电热耗率、发电标准煤耗率。

A. 发电热效率η_2。发电热效率η_2为：

$$\eta_2=\frac{3\,600\times p}{Q_e}=\frac{3\,600\times25\,000}{308.356\,2\times10^6}\times100\%\approx23.19\% \qquad (14-33)$$

式中，p——机组发电量，$kW\cdot h$。

B. 发电热耗率。发电热耗率为：

$$发电热耗率=\frac{3\,600}{\eta_2}=\frac{3\,600}{0.291\,9}=12\,333kJ/(kW\cdot h) \qquad (14-34)$$

C. 发电标准煤耗率。发电标准煤耗率为：

$$发电标准煤耗率=\frac{Q_e}{Q_{标准}\times p}=\frac{3\,600}{Q_{标准}\times\eta_2} \qquad (14-35)$$

将各数值带入，得出发电标准煤耗率为：

$$发电标准煤耗率=\frac{3\,600}{7\,000\times4.184\times0.291\,9}=0.421\,1kg/(kW\cdot h) \qquad (14-36)$$

（3）做功能力法。做功能力法具有较为完善的热力学理论基础，同时考虑了热能在数量上和质量上的差别，供热的耗热量是通过抽汽的最大做功能力与主蒸汽的最大做功能力的比值来进行分摊。其公式为：

$$a=\frac{T_2\times(h_3-T\times S_2)}{T_1\times(h_1-T\times S_1)} \qquad (14-37)$$

式中，T——环境温度25 ℃下的开尔文温度，298.15K；S_1——主蒸汽的熵，kJ/（kg·K）；S_2——抽汽的熵，kJ/（kg·K）。

将表14-2相关数值带入公式，计算出做功能力法的热电分摊比为：

$$a=\frac{0.07\times(3\,065-298.15\times7.144)}{0.152\times(3\,365.5-298.15\times6.892\,9)}\times100=32.86\% \tag{14-38}$$

做功能力法分配给供热的热量为：

$$Q_h=459\times0.328\,6=150.83\text{GJ/h} \tag{14-39}$$

分配给发电的热量为：

$$Q_h=459-150.83=308.17\text{GJ/h} \tag{14-40}$$

①供热的热经济能耗指标。供热的热经济能耗指标包括供热热效率η_1和供热标准煤耗率。

A. 供热热效率η_1。供热热效率η_1为：

$$\eta_1=\frac{Q_{用户}}{Q_h}=\frac{214.55}{150.83}=1.422 \tag{14-41}$$

B. 供热标准煤耗率。供热热效率为1.422，则供热标准煤耗率为：

$$供热标准煤耗率=\frac{34.14}{1.422}\approx24\text{kg/GJ} \tag{14-42}$$

②供电的经济能耗指标。供电的经济能耗指标包括发电热效率η_2和发电热耗率、发电标准煤耗率。

A. 发电热效率η_2。发电热效率η_2为：

$$\eta_2=\frac{3\,600\times p}{Q_e}=\frac{3\,600\times25\,000}{308.17\times10^6}\times100\%\approx29.2\% \tag{14-43}$$

式中，P——机组发电量，kW·h。

B. 发电热耗率。发电热耗率为：

$$发电热耗率=\frac{3\,600}{\eta_2}=\frac{3\,600}{0.292}=12\,328.77\text{kJ/（kW·h）} \tag{14-44}$$

C. 发电标准煤耗率。电发标准煤耗率为：

$$发电标准煤耗率=\frac{Q_e}{Q_{标煤}\times p}=\frac{3\,600}{Q_{标煤}\times\eta_2} \tag{14-45}$$

将各数值带入，得出发电标准煤耗率为：

$$发电标准煤耗率=\frac{3\,600}{7\,000\times4.184\times0.292}=0.420\,9\text{kg/（kW·h）} \tag{14-46}$$

（4）三种计算方法对比。根据热量法、实际焓降法和做功能力法的各项计算，现通过表14-3对比各能效指标。

表 14-3　三种方法的计算对比

各能耗指标	热量法	实际焓降法	做功能力法
热电分摊比	0.488	0.328 2	0.328 6
分摊供热热量/（GJ/h）	224	150.643 8	150.83
供热热效率 η_1/%	0.9	1.424	1.422
供热标准煤耗率/（kg/GJ）	38	23.97	24
分摊发电热量/（GJ/h）	235	308.356 2	308.17
发电热效率 η_2	0.383	0.291 9	0.292
发电热耗率/[kJ/（kW·h）]	9 399.48	12 333	12 328.77
发电标准煤耗率/[kg/（kW·h）]	0.321	0.421 1	0.420 9

从表14-3中的三种方法计算各能耗指标结果对比可以清楚地看到，使用热量法计算的热电分摊比最高。

通过数据可以直观地看出，热量法计算的供热分摊热量、供热热耗量与锅炉直供蒸汽是相同的。换句话说，热量法所计算的热电分摊与热电分产供热是一样的。所以，当机组热电联产时，由于供热蒸汽是从汽轮机抽汽口抽出，在抽出前已经在汽轮机内做了部分功，相当于减少了机组的冷源损失。但是，热量法的计算并没有将减少的冷源损失的经济效益分摊在供热方面，而是将热电联产的节能效益全部归于发电。因此，热量法所计算的发电热效率是三种方法最高的，发电热耗率是低的。通过公式来看，热量法所计算的热电分摊仅能体现高效率锅炉取代低效率锅炉的集中供热的好处。所以，热量法也称为好处归电法。

由于热量法计算的热电分摊比是三种方法最高的，可以看成是热电联产中热电分摊比的上限。热量法的计算较为直观，被广泛应用于热电公司能耗计算中。但是，该方法计算的供热参数较高，用户用热也需要使用参数较高的蒸汽用于生产，不利于能量的梯级利用。

实际焓降法考虑到了供热部分的蒸汽品质问题，将抽汽未能利用的焓降全部用于供热，而汽轮机组的冷源损失全部归于发电。因此，在数据计算中，采用实际焓降法计算的分摊供热热量、供热标准煤耗是三种方法最低的，供热热效率是三种方法最高的。所以，实际焓降法也称为好处归热法。

由于实际焓降法计算的热电分摊比是三种方法最低的，可以看成是热电联产中热电分摊比的下限。实际焓降法由于考虑了热量的梯级利用，考虑了供热蒸汽的品质问题，因此对热用户的用热工艺改进、降低用汽参数起到了良好的促进作用。但是，由于将冷源损失全部归于发电，使得热电公司在发电方面不仅没有得到任何好处，反而使发电的煤耗增多，降低了经济效益。

热量法和实际焓降法可以看成是热电分摊比的两个边界，虽然有着鲜明的特色和优势，但其不利因素也是显而易见。因此，为了能够找出更加平衡的热电分摊比，采用做功能力法计算的热电分摊比是介于热量法与实际焓降法之间。因为，做功能力法是以热力学第一定律、第二定律为理论依据，同时考虑了热能的数量和质量上的差别，使热电联产的节能收益更加合理地分配给供热和发电。

14.2.5.2 低真空循环水供热的能耗计算方法

低真空循环水运行时汽轮机组的乏汽不与冷却塔循环水进行换热，而是将这部分冷源损失回收并利用于供热。因此，凝汽器可以看成普通汽—水换热器，其机组整套热力系统可看成是背压机组。表14-4以一台50 MW高温、高压汽轮机组为例，首先采用做功能力法进行能耗计算。

表 14-4　一台50 MW高温、高压汽轮机组低真空循环水运行参数

额定进汽流量/（t/h）	额定进汽焓值/（kJ/kg）	排汽流量/（t/h）	排汽焓值/（kJ/kg）
197	3 475	151.121	2 481
给水焓值/（kJ/kg）	凝结水焓值/（kJ/kg）	机组发电功率/MW	
879.1	268.4	46.46	

（1）低真空循环水供热能耗计算。在低真空循环水供热运行方式下，热电公司供出的热量即为有效回收的乏汽热量。但是，乏汽的热量其实并不能全部被回收，这是因为乏汽与供热循环水换热后凝结成水，部分显热仍存在于凝结水中最终进入锅炉循环产生蒸汽，因此汽轮机组实际供热量应等于乏汽的热量减去凝结水的热量。

根据热量法对热电分摊比计算公式，将表14-4相关数值带入，计算得出热电分摊比为：

$$a=\frac{0.151\,121\times(2\,481-268.4)}{0.197\times(3\,475-879.1)}\times100\%=65.38\%\qquad(14\text{-}47)$$

汽轮机组每小时的总热耗量为：

$$Q=\frac{0.197\times(3\,475-879.1)}{0.9}\approx568\text{GJ/h}\qquad(14\text{-}48)$$

则热电分摊后分配给发电的热量为：

$$Q_e=568\times(1-0.653\,8)\approx197\text{GJ/h}\qquad(14\text{-}49)$$

发电热效率η_2为：

$$\eta_2=\frac{3\,600\times50\,000}{197\times10^6}\times100\%\approx91.37\%\qquad(14\text{-}50)$$

发电标准煤耗率为：

$$发电标准煤耗率=\frac{3\,600}{7\,000\times4.184\times0.913\,7}=0.135\text{kg/（kW·h）}\qquad(14\text{-}51)$$

供热标准煤耗率为：

$$供热标准煤耗率=\frac{34.14}{0.9}\approx38\text{kg/GJ}\qquad(14\text{-}52)$$

（2）低真空循环水供热时全厂效率计算。热电公司的效率是指总的输出能量与总的输入能量的比值。将热电公司作为一个整体，效率越高说明能源的利用率越高、能耗越低。热电公司的产出能力包括电能和热能，输入的能量为标准煤的发热量。因此，热电公司的全厂效率则为一段时间输出的电能和热能的总和与这段时间输入的标准煤的热量，其公式为：

$$\eta = \frac{E_h + E_e}{E_c} \times 100\% \quad (14\text{-}53)$$

式中，E_h——每小时输出的热能，GJ；E_e——每小时输出的电能，GJ；E_c——每小时消耗标准煤的热能，GJ。

$$E_h = 0.151\,21 \times (2\,481 - 268.4) \approx 334.4\text{GJ/h} \quad (14\text{-}54)$$

$$E_e = 3.6 \times 46.46 = 167.256\text{GJ/h} \quad (14\text{-}55)$$

$$E_c = \frac{0.197 \times (3\,475 - 879.1)}{0.9} \approx 568\text{GJ/h} \quad (14\text{-}56)$$

$$\eta = \frac{334.4 + 167.256}{568} \times 100\% \approx 88.32\% \quad (14\text{-}57)$$

上述计算中，并未考虑各种热量损失，是处于理想状况下的全厂效率。

（3）低真空循环水供热与纯冷凝发电运行比较计算，见表14-5。

表 14-5　一台50 MW高温、高压汽轮机组纯冷凝运行参数

额定进汽流量/（t/h）	额定进汽焓值/（kJ/kg）	排汽流量/（t/h）	排汽焓值/（kJ/kg）
197	3 475	146.117	2 374
给水焓值/（kJ/kg）	机组发电功率/（MW）	凝结水压力/MPa(a)	
880.3	50.35	1.47	

在汽轮机组纯冷凝运行时热电公司只输出电能。因此，全厂效率为输出电能与输入标准煤热能的比值：

$$\eta = \frac{E_e}{E_c} \times 100\% \quad (14\text{-}58)$$

$$E_c = 3.6 \times 50.35 = 181.26\text{GJ/h} \quad (14\text{-}59)$$

$$E_c = \frac{0.197 \times (3\,475 - 880.3)}{0.9} = 567.951\text{GJ/h} \quad (14\text{-}60)$$

$$\eta = \frac{181.26}{567.951} \times 100\% \approx 32\% \quad (14\text{-}61)$$

通过汽轮机组低真空循环水供热与纯冷凝运行之间的计算对比，能够更为直观地看到热电联产为热电公司带来的节能效益。在纯冷凝运行时全厂效率仅为32%，大部分能量损失在大气中。然而，低真空循环水供热因回收了冷源损失的热量，使全厂效率有了大幅度提升。

14.2.5.3 低真空循环水供热的节能及经济性

汽轮机低真空循环水供热实现了能源的梯级利用。蒸汽进入汽轮机做功的过程就是内能转换为机械能的过程。在做功的过程中蒸汽的内能降低，因此可以用焓降来表达蒸汽做功发电的能力。

低真空循环水供热使凝汽器真空降低乏汽温度升高，这种工况下蒸汽的可用焓降也会相应地降低，做功发电能力减弱，发电收益减少。但是，该方式又将乏汽的大量潜热回收，虽然减少了部分的发电收益，但却得到了更大的热能收益。

山东省作为首批电力改革试点，不断深化推进电力改革。2021年10月22日，山东省发展和改革委员会、山东省能源局、国家能源局山东监管办公室印发了《关于全面放开燃煤发电上网电价有序推进销售电价市场化改革的通知》（简称《通知》）。《通知》要求，山东省燃煤发电基准价保持稳定，继续按照0.394 9元/（kW·h）（含税）标准执行，最高价格调整为0.473 9元（上浮20%），最低价格调整为0.315 9元（下浮20%）。

2022年11月14日，山东省发展和改革委员会、山东省能源局、国家能源局山东监管办公室又印发了《关于做好2023年全省电力中长期和零售合同签订工作的通知》。其规定，燃煤发电企业2023年度中长期合同签约电量不低于上一年实际发电量的80%。这就是说，燃煤机组发电量要有80%以上合约电价上网，其余电量参与电力市场现货交易。为方便计算，现以汽轮机组发电量均以合约电价中最高价格进行计算。

汽轮机组的发电量在纯冷凝运行时一部分为发电厂用电，剩余电量上网；当供热时一部分为发电厂用电，一部分为供热厂用电，剩余电量上网。表14-6通过对一台50 MW高温、高压汽轮机及锅炉各辅机功率统计，凝结水泵、真空泵、锅炉给水泵、锅炉一次风机、锅炉二次风机、锅炉引风机、锅炉高压风机的总耗电功率为6 385 kW。

表 14-6 一台50 MW高温、高压汽轮机及锅炉各辅机功率

设备	耗电功率 / kW
凝结水泵（2台）	75
真空泵	75
锅炉给水泵	1 600
锅炉一次风机	1 250
锅炉二次风机	710
锅炉引风机	1 800
锅炉高压风机（3台）	95

表14-6统计的各辅机耗电功率中，并未包括冷却塔循环水泵功率，因为在机组运行方式切换时循环水泵的运行策略也需要做相应的调整。

（1）低真空循环水供热减少的发电收益。汽轮机组在纯冷凝运行时冷却塔循环泵的耗电功率为800 kW，因此汽轮机组纯冷凝运行时的每小时上网电量为：

$$[50\ 350-(5\ 870+800)]\times 1=43\ 680\text{kW}\cdot\text{h} \tag{14-62}$$

当汽轮机组切换低真空循环水供热后冷却塔循环泵停运，启动冷却水泵为冷油器、空冷器提供冷却水，冷却水泵的耗电功率为264 kW。供热时还需启动供热循环泵。供热循环泵运行功率计算方式为：

根据前面的计算结果，供热循环水每小时可吸收乏汽的热量为334.4 GJ。由于总耗能量是不变的，但供热水的循环需要增加循环水泵。因此，在不考虑其他耗电、耗水以及管网铺设等因素的情况下，供热成本仅考虑因循环泵增加的耗电成本。根据热量公式：

$$T_3=\frac{Q_1}{C\times\Delta t}\times10^6 \tag{14-63}$$

式中，T_3——循环水流量，t/h；C——水的比热容，J/（kg·℃）；Δt——供热循环水供水、回水温差，取10 ℃。

将参数带入公式中，计算得出当每小时吸收334.4 GJ热量时，需要的供热循环水量为（理想状况下，换热效率看作1）：

$$T_3=\frac{334.4}{4\ 200\times10}\times10^6=7\ 962\text{t/h} \tag{14-64}$$

即当进入凝汽器的供热循环水量为7 962 t/h 时，可将乏汽的热量全部带走。根据水泵理论功率公式：

$$P=\frac{T_3\times H\times\rho\times g}{\eta_3\times\eta_4} \tag{14-65}$$

式中，T_3——循环水流量，m³/s；P——水泵理论功率，kW；H——水泵扬程，取90 m；g——重力加速度，m/s²；ρ——水的密度，g/m³；η_3——水泵效率，取0.85；η_4——电机效率，取0.85。

将参数带入公式中，可计算得出当供热循环水流量为7 962 t/h、扬程为90 m时，所需的水泵理论功率为：

$$P=\frac{7\ 962\times90\times1\times9.8}{3\ 600\times0.85\times0.85}\approx 2\ 700\text{kW} \tag{14-66}$$

即水泵每小时耗电量为2 700 kW·h。因此，当汽轮机组低真空冷却水供热时每小时上网电量为：

$$46\ 460-(5\ 870+264+2\ 700)=37\ 626\text{kW}\cdot\text{h} \tag{14-67}$$

则根据厂用电的变化，计算机组上网电量的变化为：

$$43\ 680-37\ 626=6\ 054 \tag{14-68}$$

若以平均上网电价0.42元/（kW·h）进行计算，汽轮机组在低真空循环水供热运行工况下每小时减少的发电收益为：

$$6\ 054\times0.42\approx 2\ 542.68\text{元} \tag{14-69}$$

（2）低真空循环水供热的经济性分析。低真空循环水供热的节能效益主要是指冷源损失回收用来供热的效益。在热电联产中，分配给发电的热量为每小时195 GJ，发电功率46.46 MW，则计算出发电需要消耗的标准煤量约为143 g/（kW·h），在标准煤价格为600元/t时，每发1 kW·h的成本约为0.085 8元。现以某市集中供热情况分析：居民供热费收取为25元/m²，整个供热期的平均单位耗热量为0.4 GJ/m²。供热循环水吸取热量为334.4 GJ/h，供热天数150 d，则共收取供热费7 524万元；供热循环水泵耗电功率2 700 kW，供热季消耗的用电成本约为83.397 6万元；供热季减少的发电收益约为915.364 8万元。综合对比，采用循环水供热的经济性十分可观。然而在实际运行中，虽然吸收乏汽获得了较大的收益，但由于汽轮机凝汽器真空的限制，吸收乏汽后的水温一般不会超过60 ℃，但一级管网通常要求高温供水，因此当供热循环水吸收乏汽后仍要进入蒸汽换热器继续升温。假设，一级管网需要的水温为75 ℃，蒸汽换热器需要继续提升20 ℃的水温，则供热季所需要的燃煤成本约为4 109万元；补水、人工、管损、管网铺设、检修等都需要额外的费用，约占供热价格的30%，扣除所有成本后，还可剩余159万元。

通过上面的分析，热电联产是一种具有极大节能潜力的供热方式，其带来的节能经济效益也较为可观。但是，随着煤价的不断上涨，热电公司供电、供热的成本也在持续升高。尤其是在"3060"目标下，煤炭指标逐年递减，热电公司供热负荷却逐年递增，这对热电企业来说是一个巨大的挑战。

14.2.5.4 纯冷凝运行其他能耗指标计算

（1）发电标准煤耗率。发电标准煤耗率是指汽轮发电机组每发出1 kW·h所消耗的标准煤量。根据发电标准煤耗率的定义，其计算公式为：

$$发电标准煤耗率 = \frac{发电消耗标准煤量}{机组发电量} \tag{14-70}$$

将计算数值带入公式，得出汽轮机组纯冷凝运行时机组的发电标准煤耗率为：

$$\frac{567.951 \times 10^6}{7\ 000 \times 4.184 \times 50\ 350} \approx 0.385 \text{kg/（kW·h）} \tag{14-71}$$

（2）供电标准煤耗率。供电标准煤耗率是指汽轮发电机组发出的电量减去发电消耗的厂用电量后消耗的煤炭量。根据供电煤耗率的定义，其计算公式为：

$$供电标准煤耗率 = \frac{发电用标准煤量}{机组发电量 - 纯发电厂用电量} \tag{14-72}$$

将计算数值带入公式，得出汽轮机组纯冷凝运行时机组的供电标准煤耗率为：

$$\frac{567.951 \times 10^6}{7\ 000 \times 4.184 \times (50\ 350 - 5\ 870 - 800)} \approx 0.444 \text{kg/（kW·h）} \tag{14-73}$$

（3）发电厂用电率。发电厂用电率是指汽轮机组纯发电设备用电所消耗的电量占机组总发电量的比例。根据发电厂用电率的定义，其计算公式为：

$$发电厂用电率 = \frac{纯发电厂用电量}{机组发电量} \times 100\% \qquad (14-74)$$

将计算数值带入公式，得出汽轮机组纯冷凝运行时机组的发电厂用电率为：

$$\frac{(5\,870 + 800)}{50\,350} \times 100\% \approx 13.2\% \qquad (14-75)$$

14.2.6 热水锅炉

我国北方地区的集中供热均是以热电联产供热为主，即建设大型热电公司以满足城市用电、用热的用能需求。但是，随着城市的不断发展，用热需求的快速增长，城镇区域内热电公司的建设也越来越受到一定的限制。

2016年3月22日，国家发展和改革委员会、国家能源局、财政部、住房和城乡建设部、环境保护部印发了《热电联产管理办法》（简称《办法》）。《办法》指出，支持热电联产项目投资主体配套建设或兼并、重组、收购大型供热锅炉作为调峰锅炉，调峰锅炉供热能力可按供热区最大热负荷的25%~40%考虑。热电联产机组承担基本热负荷，调峰锅炉承担尖峰热负荷，积极推进热电联产机组与供热锅炉协调规划、联合运行。

《办法》指出了热水锅炉在热电联产中的重要性，为热电企业的经济性供热提供了一个解决思路。

通过上面对热电联产方式的阐述，我们知道了低真空循环水供热是一种经济、节能的供热方式。但是，汽轮机低真空运行时乏汽提供的热能是一定的，凝汽器的循环水量也是一定的。因此，在供热初末期，由汽轮机组低真空循环水供热是可以满足供热需求。当进入供热中期的极寒天气时供水、回水的温差大幅增加，仅依靠汽轮机组乏汽的热量已无法满足供热需求的温度。此时，一般会选择蒸汽作为补充热源进行补充。

参照上面低真空循环水供热的计算结果，乏汽每小时可提供的热量为334.4 GJ，当供水、回水温差为10 ℃时凝汽器的循环水量为7 962 t/h。在机组实际运行中，10 ℃温差热量基本可视为基础负荷，在极寒天气供水、回水温差将增至20 ℃。此时，汽轮机组乏汽仅能提供50%的供热需求，剩余所需供热负荷将由蒸汽来提供。通常情况下，汽轮机组在额定工况运行时这部分调峰供热负荷往往需要锅炉直供通过减温减压后进入水—水换热器将水温加热至供热水要求的温度。这种方式的经济性较差，因为汽轮机进汽量不可能无限增大，当机组在最大进汽量时乏汽所能提供的热能是一定的，不足部分只能通过锅炉直供蒸汽来提供。然而，锅炉直供的蒸汽参数较高，远超过汽—水换热器承受的极限。因此，锅炉直供蒸汽必须经过减温减压后才可进入汽—水换热器提供热量，这将直接造成热能的浪费。

14.2.6.1 蒸汽锅炉

蒸汽锅炉的工作原理是将水进行加热，热量由显热向潜热持续递进，在产出的过热蒸汽中绝大多数热量是以潜热的形式存在。因此，需要消耗的能源量较大。

在当前能源紧张的情况下，合理高效的利用能源是实现节能减排的关键所在。现今，基于我国的能源结构，煤的利用仍然占据着主导地位，大部分热电公司的供热依然主要依靠燃煤。因此，对于热电企业而言，合理地分配各机组的负荷、最大程度合理燃煤，才是降低供热成本、减少供热亏损的主要方式。

14.2.6.2 热水锅炉

热水锅炉的热量是以热水的形式输出，全部热量均以显热的形式存在，出水温度在110~150 ℃，完全可以满足供热需求。因此，热水锅炉在供热尖峰具有巨大的调峰能力和节能潜力。

按照50 MW高温、高压汽轮机组运行参数，以上述调峰负荷计算，汽轮机组进汽参数近似锅炉产汽参数，其焓值为3 475 kJ/kg，一台汽—水换热器壳程工作压力1.2 MPa，工作温度320 ℃。因此，锅炉直供蒸汽需要进行减温减压，将过热蒸汽焓值降至3 088.28 kJ/kg时才能进入汽—水换热器加热供热循环水。那么，进入汽—水换热器的过热蒸汽量为：

$$\frac{334.4}{3\,088.28\times10^{-3}}=108.3t \tag{14-76}$$

每吨过热蒸汽减温减压损失0.39 GJ热量，则当锅炉效率为90%，进行供热尖峰调峰时每小时损失的标准煤量为：

$$\frac{108.3\times0.39}{0.9\times7\,000\times4.184\times10^{-3}}=1.6t \tag{14-77}$$

上述计算中，过热蒸汽的热量全部交换至供热水中。然而，实际运行时凝结水将会带走部分热量，蒸汽管道和汽—水换热器存在部分散热损失。假若使用热水锅炉进行调峰，则避免了蒸汽锅炉直供蒸汽经减温减压的热量损失，也避免管道和汽—水换热器散热损失，相比于热电联产机组节约能源消耗20%~40%。

随着城市化进程的加快，城市变得越来越繁华，各种商业体层出不穷，多年以前的偏僻区域也已成为商业中心。这就导致一些工业生产企业需要随着城市的发展和新的规划布局搬离中心城区。热电公司在设计建设之初，是以满足工业负荷为主要任务。但是，随着工业企业的不断搬迁，热电公司的工业负荷越来越少，逐步转变以服务居民供热为主的生产方式。因此，许多热电企业面临着供热期机组运行、非供热期机组停运的局面，造成设备全年运行小时数低，机组、设备利用率低，热电企业整体经济性较差。

随着城镇居住人口的逐年增加，导致热电企业供热期的供热负荷越来越大，在燃煤、运输、材料、人力等价格不断上涨的情况下，因供热收费价格是在政府指导下定价，热电企业无法自主根据成本提高用热收费价格，只能被动地执行供热收费价格。为完成好政府交给的供热期居民供热任务，热电企业需要规划更加合理的运行方式，增加厂内供热配置设备，启动厂内更加复杂的供热系统，合理匹配机组供热负荷，最大限度地优化能源利用方式，在供需矛盾中找出合理的解决办法。

14.2.7 传统供热对环境的影响

传统供热一般是采用燃煤的方式。煤因含有碳、硫等元素，燃烧后会产生二氧化碳、二氧化硫等有害气体，二氧化碳、二氧化硫都是造成温室效应的主推手。

在环境问题日益突出的今天，人们谈到温室效应就会觉得很可怕。其实不然，温室效应对于保持自然环境是非常重要的，因为温室效应的存在，使得地球表面的平均温度由很早以前的–18 ℃上升到现在的15 ℃。可以说，温室效应为人类提供舒适的生存环境起到了十分关键的作用。

随着工业的发展，化石燃料的大量燃烧，排放到大气中的温室气体越来越多，导致全球气候变暖、冰川融化，洪涝、干旱等自然灾害频繁发生，这些都是人类发展过程中对化石能源的过度依赖和粗放使用导致的环境问题。

一说到温室气体，人们的第一反应就是二氧化碳。二氧化碳虽然在众多温室气体中的温室效应不是最强，但由于其在空气中的含量较多，因此二氧化碳仍然是主要的温室气体。在温室气体中，还有甲烷、氧化亚氮、一氧化氮、二氧化硫、氢氟碳化物、全氟化碳、六氟化硫等。

大气中温室气体的激增导致大气环境出现较大的改变，其较为主要的改变就是全球气候变暖。温室气体浓度的上升会减少红外线向太空辐射，使地球的气候发生转变。政府间气候变化专门委员会在第三份评估报告中指出，全球的地面平均温度将在2100年上升1.4~5.8 ℃，这个温度将是20世纪的2~10倍，可能是近万年以来温升最快的。相比于地面温度，海洋表层温度升幅更快，海水受热膨胀使海平面上升，再加上南极和北极的冰川融化使得海洋水量增加，导致海平面上升。全球大部分人口都居住在沿海地区，海平面的显著上升会对沿海地区人类生存、财产和经济社会发展造成严重的威胁。

既然二氧化碳是温室效应的主要"帮凶"，那么，又是什么导致大气中二氧化碳激增呢？其最主要的原因就是化石燃料的大量燃烧，在化石燃料中煤又是主要的燃烧燃料。根据测算，1 t标准煤燃烧后排放二氧化碳约2.5 t。在传统供热中，热电企业所负担的供热面积至少有1 000万m²，按照平均供热负荷40 W/m²计算，所需要的供热负荷为400 MW/h，折合热量为1 440 GJ。以供热天数150 d计算，一个供热期所需要的热量为518.4万GJ，1 t标准煤的热值为29.3 GJ，以锅炉效率90%考虑，一个供热期所需消耗标准煤约20万t，排放二氧化碳约50万t。在北方地区，一座城市的供热面积可能有五六个1 000万m²，每年供热期排放的二氧化碳就有

250万~300万t。根据相关资料显示，全国约有166个城市实行集中供热，每年仅供热就要排放二氧化碳4.15亿~4.98亿t。这还没有计算汽车尾气、火力发电厂、自备电厂等二氧化碳排放量。

这种情况下，对于环境的治理已经刻不容缓。首先，要提高能源的利用效率，对废热、余热进行有效回收利用；其次，要积极进行新能源技术应用，加大对风能、太阳能、空气能、水能、核能、地热能的利用；再次，要对大气中的或烟气中的二氧化碳进行捕捉，将捕捉的二氧化碳封存在地下或利用二氧化碳进行发电。通过各种技术手段，将废热、废气、余热转化利用，以实现无害化排放。

14.3 城市供热跨越式蝶变

经过75年不同阶段的发展，我国城市供热实现了自供热到分散供热再到集中供热的跨越式蝶变，供热区域也从城市延伸到乡镇农村，越来越多的城乡居民享受到了热量更好、服务更优、价格更合理的供热服务。

据住房和城乡建设部发布的《2023年中国城市建设状况公报》显示，到2023年末，我国城市建成区面积达到6.45万km²，同比增长1.24%；我国城市城区人口达到5.65亿人，同比增长1%。我国城市建成区面积和城市城区人口两组数字表明，我国城市化步伐加快，城市人口在不断增长，城镇供热服务目标人群也在不断增长和扩大。

14.3.1 城市供热发展历程

新中国成立后我国的城市供热经历了五个发展阶段，从工业企业单独供热逐步走向城市集中供热。目前，我国的城市集中供热已经步入加速发展的新阶段。

1950—1970年为第一阶段。这一时期，我国城市基础设施建设和供热装备较为落后，以发电厂为主力的供热企业主要向工业生产企业提供生产用热和蒸汽。行政机关和医院、宾馆、电影院、车站、托儿所等服务行业均采用分散的小型燃煤锅炉房供热，居民供热较少。

1980—2002年为第二阶段。这一时期，我国热电厂数量相对增加，其主要还是向周边工业生产企业供热。期间，一些地方政府在城镇大规模建设小型分散的燃煤锅炉房开始为居住楼房的居民以福利的形式免费供热。经过这一阶段20多年的发展，我国城市集中供热能力得到较快提升，城镇集中供热得到快速普及，从开始的楼房供热普及到平房供热，其增速远远超过工业生产企业用热。但是，这一时期的供热仍为免费的福利型供热。

2002—2016年为第三阶段。这一时期，以实行用热商品化、货币化为标志点，结束了福利供热的历史。2005年12月6日，建设部、国家发展和改革委员会、财政部、人事部、民政部、劳动和社会保障部、国家税务总局、国家环境保护总局印发了《关于城镇供热体制改革试点工作的指导意见》的通知，决定在我国东北、华北、西北及山东、河南等地区开展城镇供热体制改革试点，正式启动城镇供热市场化运行模式。

2016—2020年为第四阶段。这一时期，随着我国城市化进程的不断加快，城市人口数量上升带来了供热需求的不断增长，推动了城市供热企业快速培育和发展，国有、股份、民营等各类体制的供热企业相继成立，形成了城镇集中供热市场多元化发展格局，其供热质量得到全面提升，收费在政府的指导下形成了稳定的计费机制。

2021年至今为第五阶段。这一时期，可以称之为智慧供热阶段。2021年2月2日，国务院印发的《关于加快建立健全绿色低碳循环发展经济体系的指导意见》指出，以节能环保、清洁生产、清洁能源等为重点要率先突破，推动能源体系绿色低碳转型，促进燃煤清洁高效开发转化利用。目前，随着政策实施力度的不断加大，我国城市集中供热正朝着运营智能化、热力商品化、供热清洁化方向发展。

运营智能化就是智慧供热，是指以物联网技术为支撑构建无线物联网，在供热管道和用热场景加装各类无线传感器，对各个热源站点实时数据采集，并将这些数据发送至控制中心或云平台，实现供热全过程时时监控，可以显著提高供热效率，减少热能损耗，降低供热及维护成本，更好地满足用户用热需求。

热力商品化是城市集中供热体制改革的一项重要内容。随着改革的不断深入，未来将逐步取消按面积计算用热收费的旧办法，推行按用热量分户计量收费的新办法，这将有效推进节能减排和环境保护工作，提高城镇集中供热质量。

供热清洁化就是优化能源结构，加大新能源在供热领域的应用力度。近年来，在国家出台的城市集中供热若干政策中，都要求提升清洁能源的利用率，特别是生物质能凭借着其可再生、低污染等特点，越来越受到供热行业的重视。同时，再加之核能、储能、地热能、热泵、垃圾焚烧等新能源技术的开发与利用，都将促进城市集中供热能源结构的调整，实现集中供热清洁化。

环保、节能、适宜、有利于城市可持续发展的供热方式，将成为未来供热行业的发展方向。预计2022—2027年，我国城市集中供热行业将继续保持年均3%的平稳增长态势，到2027年，我国城市集中供热需求总量将达到50亿GJ。

14.3.2 城镇供热服务标准发布实施

2017年5月31日，国家质量监督检验检疫总局、国家标准化管理委员会发布了我国首个GB/T 338833-2017《城镇供热服务》标准。该标准已于2018年4月1日起开始实施。

《城镇供热服务》标准是由中国城市建设研究院有限公司、中国城镇供热协会、北京市热力集团有限责任公司等单位起草编写，共分为范围、规范性引用文件、术语和定义、总则、供热质量、运行与维护、业务与信息、文明施工、保险与理赔、服务质量评价。

该标准适用于以热水为介质供应民用建筑的供热系统，参与供热过程各方应达到的服务要求，包括城镇供热经营企业向热用户提供的供热服务、热用户合理用热和相关管理部门及机构对供热服务质量的评价。标准在制定时，参考了GB 5749《生活饮用水卫生标准》、GB 12523《建筑施工场界环境噪声排放标准》、GB/T 19001《质量管理体系要求》、GB 50736-2012《民用建筑供暖通风与空气调节设计规范》、GB/T 50893《供热系统节能改造技术规范》、CJ 343《污水排入城镇下水道水质标准》、CJJ 34《城镇供热管网设计规范》、CJJ 88《城镇供热系统运行维护技术规程》和CJJ 203《城镇供热系统抢修技术规程》等文件。

该标准对供热质量及供热温度做了明确规定，要求在正常天气条件下，且供热系统正常运行时，供热经营企业应确保热用户的卧室、起居室内的供热温度不低于18 ℃。正常天气条件是指各地建筑物供热系统设计时限定的室外平均气温，具体依据GB 50736-2012中附录A"室外空气计算温度"的规定执行。室外日平均气温以专业气象部门发布的数据为准。对已实行热计量计费的热用户，则按已签订的供热合同约定执行。同时，还对供热时间也做了明确要求，要求供热期应按GB 50736的规定执行，各地方政府可根据当地气象情况调整供热期时间。其中，生活热水供应时间应按各供热经营企业与热用户签订的合同约定执行。

在运行与维护上，标准规定供热经营企业应按CJJ 88《城镇供热系统运行维护技术规程》的规定对供热系统进行管理，指导热用户科学安全用热，并向热用户发放供热安全使用手册。供热安全使用手册内容应包括：安全用热的基本知识；供热使用的安全条件；热用户用热的权力、责任和义务；供热经营企业的责任和义务等。

《城镇供热服务》标准是由住房和城乡建设部提出，由全国城镇供热标准化技术委员会归口。

2023年12月15日，住房和城乡建设部发布消息，对《城镇供热服务》标准进行第一次修订公开征求意见。意见反馈截止时间为2023年12月31日。

修订后的《城镇供热服务》标准再次明确供热经营企业要建立与其供热规模和热用户数量相适应的服务体系，并应能满足热用户的合理需求，其供热服务应遵循安全第一、诚信为本、文明规范、用户至上的原则。此次修订的部分主要内容是：

14.3.2.1 供热温度

在正常天气条件下且供热系统正常运行时，供热经营企业应确保热用户室内供热温度不低于表14-7的规定。其他有特殊室温需求的建筑应与供热经营企业协商确定。

表 14-7 热用户室内供热温度

建筑类型	供热温度/℃
住宅、办公室	18
养老院	22
托幼儿机构	20

14.3.2.2 供热时间

供热期应按GB 50736的规定执行，各地方政府可根据当地气象情况调整供热期开始和结束时间。供热企业可依据提前供热或延长供热时间消耗的实际成本进行单独成本核算。

14.3.2.3 运行管理

供热经营企业应采用安全、环保、节能、高效、经济的供热技术和工艺设备，制订合理的供热系统运行方案，并保证正常、稳定、连续供热。在当地法定供热期内供热经营企业不得随意延迟、中断或提前结束供热。

供热经营企业应建立健全供热运行管理制度和安全操作规程，并采取有效措施降低运行事故率。在供热期前供热经营企业应进行供热系统注水、试压、排气、试运行等工作，并提前进行公告。

14.3.2.4 供热安全

供热经营企业应按照GB 55010、CJJ 88、CJJ 203的有关规定，对供热系统进行安全管理，制定安全技术操作规程及相关的安全管理制度，并定期更新。

供热经营企业应对室温不达标的热用户建立档案。热用户在供热期前应对室内自用供热设施进行检查，对存在隐患的室内自用供热设施及时进行整改，并应配合供热经营企业进行供热期前试水、检查等准备工作，如发现室内自用供热设施异常或出现泄漏时应及时进行报修。热用户不应擅自改动户内采热设施，如确实需要改动，应经供热经营企业同意。任何单位和个人不应实施危害供热设施安全的行为。

供热室内温度达不到规定的温度时，供热经营企业与热用户应分别对各自产权范围内的设施进行必要改造。供热经营企业可根据热用户实际需求提出合理的改造方案。

14.3.2.5 热用户入网程序

供热经营企业受理入网申请时应当场核验申请资料，符合要求的入网申请应当场受理，不符合要求的应书面告知原因。

自受理入网申请之日起，供热经营企业应在15 d内完成现场踏勘、方案论证。现场踏勘、方案论证完成后，供热经营企业应在2 d内书面通知热用户，并应符合下列规定：

（1）具备入网条件的应告知热用户入网方案和相关要求，开展设计和施工后续工作。工程验收合格后3 d内，应通知热用户办理供用热合同签订事宜；

（2）对不具备入网条件的应告知原因。

14.3.2.6 室温检测

供热期内热用户进行室温投诉时，供热经营企业应对热用户室温进行检测。

室温检测应按下列要求进行：应在正常供热时进行；应记录测量环境的即时状态；应在

关闭户门和外窗30 min后进行；检测时散热装置应无覆盖物；传感器应避免阳光直射或其他冷、热源干扰；读数时检测员不应走动。测温结果应由检测员和热用户当场签字确认。

14.3.2.7 有关责任

对有下列情况之一的供热经营企业不承担赔偿责任：热用户自行拆改或不当操作供热设施造成的财产损失；开发建设单位建设的用热设施在建筑维保期间发生的事故。

14.3.2.8 社会评价

社会评价包括以下内容：服务态度、供热效果、办理过程、办理结果、媒体公布供热服务质量评价结果。

14.3.3 城镇清洁供热和供热工程智能化标准

2024年11月13日，住房和城乡建设部办公厅发布了关于国家标准《城镇清洁供热技术标准（征求意见稿）》和关于行业标准《城镇供热工程智能化技术标准（征求意见稿）》公开征求意见的通知。意见反馈截止时间为2024年12月13日。

《城镇清洁供热技术标准》由住房和城乡建设部主编批准，由中国城镇供热协会联合20家单位起草，批准后由住房和城乡建设部和国家市场监督管理总局联合发布，其主要内容为：总则、术语、清洁供热方式与能源选择、清洁供热系统设计、清洁供热指标、清洁供热评价。

《城镇供热工程智能化技术标准》由北京市煤气热力工程设计院有限责任公司主编，由住房和城乡建设部发布，其主要内容为：总则、术语、基本规定、架构与分级、功能要求、数据融合、通信、信息安全、施工及验收、运行维护。

这两个标准批准发布后，城镇清洁供热有了真正意义上的国家统一标准，城镇集中供热也将逐步实现智能化，将有力推动城镇集中供热实现由化石能源为主向高效清洁的新能源转变，提升经济社会发展质量和人们生活环境质量，其意义重大而深远。

第15章 热电企业节能与减排

节能减排有广义和狭义定义之分。广义而言，节能减排是指节约物质资源和能量资源，减少废弃物和环境有害物排放；狭义而言，节能减排是指节约能源和减少环境有害物排放。

简而言之，节能减排就是节约能源、降低能源消耗、减少污染物排放。节能减排分为节能和减排两大技术领域，二者有联系又有区别。一般来讲，节能必定减排，而减排却未必节能。所以，减排必须加强节能技术的应用，以避免因片面追求减排结果而造成能耗激增或浪费，其过程应注重社会效益和环境效益的均衡。

节能减排是"十一五"提出的，目标是这一时期单位国内生产总值能耗降低20%左右、主要污染物排放总量减少10%。

15.1 利用热能与动力工程实现热电企业节能减排

2024年10月31日，国家能源局发布的消息称，到2024年9月底，我国可再生能源装机达到17.3亿kW，约占我国电力总装机容量的54.7%，新能源装机超过化石能源。但是，2024年前三季度，我国可再生能源发电量2.51万亿kW·h，约占全部发电量的35.5%。就新能源发电量来看，虽然我国新能源装机超过一半以上，但电能供给仍然以消耗化石能源为主。

化石能源的消耗会带来一定的环境污染。然而，热能与动力工程相关技术的应用，不仅能够让电能转化效率更高，减少电力生产过程中的电能损耗，而且还能减少电力行业在生产经营中的环境污染，以达到节约能源提升效益的目的。

能源与动力工程学科是20世纪进入我国学术领域，在20世纪中叶完成初步的学科建设，由此产生了众多相关行业与产业。能源与动力工程也涵盖了数量繁多的分支领域，如暖通工程和空调工程、水电工程等。

热能与动力工程技术在电厂的应用中，其主要方向是推进电力生产过程中热能与动能的传递效率提升，减少能量的无效损耗，减缓因发电对自然生态环境产生的影响。目前，我国该专业的相关技术发展趋势良好，不断推出优秀的研究成果，但还依然存在一些难以解决的瓶颈问题。针对这些问题，业内和相关领域的专家、学者都在积极思考和寻找有效的解决方案，尽可能实现电厂电力生产节能降耗的目标。

15.1.1 电力行业在热能与动力工程中存在的问题

15.1.1.1 系统节流调节时出现失控情况

在电力生产中，需要相关工作人员根据电力的生产实际情况，对生产电力的相关设备仪器进行功率控制，要求工作人员在确保电力生产不受影响的前提下，尽可能以增加电力输出的形式提升系统整体效率。

据调查文献显示，系统节流调节技术的合理使用能够有效降低生产中的能源消耗。但是，在实际应用中，由于进行节流调节所需要消耗的电能相对较大，经常会出现能源流失、节能调节失去控制等情况。目前，在我国大多数热电企业中，整个电力生产流程中涉及的各个系统大多由一个完整的系统进行控制，而其节流调节则主要依靠专业技术人员。若在生产流程中出现节流调节失控，势必会对节能降耗的目标实现造成影响。

15.1.1.2 生产流程中出现热能的大量损耗问题

在电力生产中，极易出现热能损耗的情况，使得最终消耗的能源总量快速上升。热能损耗问题是造成节能降耗目标难以实现的关键因素之一。热消耗问题若未能及时得到有效地解决，可能会导致能量失衡现象的发生，甚至会引发重热现象，使热电企业遭受巨大的经济损失。

在实际工作中，热能与其他能量不同，由于其是电力生产能源转换中的关键，因此出现损耗对后续工作的顺利进行也会产生影响。

15.1.1.3 生产中出现湿气造成能量损耗的问题

湿气造成的能量损耗是电力生产流程中热转化环节的延伸问题。在实际生产过程中，有大量的热量会通过汽轮机发生转化。因此，想要实现节能降耗，解决湿气损耗问题是重点。

电力生产产生的热量在与空气进行反应后，就会产生部分水蒸气。这些蒸汽会导致电力生产在安全评定时出现问题，影响工作人员安全性。同时，这些蒸汽还会造成能量的损耗，需要进行科学化调控。

15.1.2 电力行业中热能与动力工程的应用策略

15.1.2.1 电力生产中选择适宜的变频设备

电力的长期储存一直是困扰学者们的问题之一。在电力生产中，电力生产总量的变化与其所负电荷息息相关。因此，在进行热能与动力工程应用的相关研究时，应对相应设备进行科学合理地调整，根据设备本身的造价及功能等展开更加综合地判断。

变频设备的主要作用是在电力生产时促使其中各种设备的转速发生改变，之后通过这种转速的改变引发电功率的变化，最后维持设备在生产中的作用。同时，还能促使设备消耗的能源更少，更具有经济性。电力生产设备的安装需要科学合理地将设备安装到位，能够减少泵与风气的损耗，使设备的使用年限延长、生产效率增加。在电力生产过程中，选择适宜的变频设备能够节省更多的热能，降低设备耗电，实现节能降耗的目标。

15.1.2.2 电力生产中调配选择及工况变动法

电力的生产过程本身就是不断变化的，其具有明显的动态化特性使得电力生产的实际情况往往会受到季节、负荷等多个因素的影响。

在电力生产过程中，对生产场所进行调整使电力生产生成的热能能够更高效高质地转化为电能。例如，对生产场所真空的最佳状态的调整，冬季温度相对较低，在调整水流量及压力时只需将风机的转速进行一定的基本调整即可；夏季温度开始上升，设备的负荷也发生一定的变化，循环中的水量开始增多，受此影响只需要调整风机叶片的运转角度并改变运转速度就能够获得符合需求的循环水温度，使真空环境更加合理，进而减少资源的消耗。相关工作人员应灵活应用工况变动法和调配选择方法。这两种方法在电力生产流程中的合理应用，能够通过提升电厂设备数量降低每台设备的每日使用频率。例如，在电厂增加或安装低压凝气装置，降低电力生产系统的工作压力，从而引导负荷调节的效率变快，减少系统的能耗。

15.1.2.3 电力生产中缩减能耗及湿气损失

结合电力生产中难以避免的湿气损失对能耗的影响，在实际生产中会出现较为明显的能耗增加。这一情况的出现与电力生产的重要设备汽轮机有关。

汽轮机在运行中会产生部分湿蒸汽，这些湿蒸汽在冷凝反应下变为水滴。水滴聚集一定数量后就会落到汽轮机上，影响了汽轮机蒸汽波的平稳性，对汽轮机本身的运行也会形成不良影响，导致汽轮机出现震动幅度突然增大或汽轮机叶片被水滴长时间侵蚀等现象，严重时可能会出现水冲击现象，在缩短设备工作年限的同时，还可能威胁工作人员的安全。因此，在电力生产过程中，相关工作人员应时刻注意生产中的热力循环是否存在问题，以调整汽轮机相关参数的形式使湿蒸汽的产量降低，这样既可以减少在蒸汽生成时的热量损失，还可以降低蒸汽波被打乱的可能性，自然减少湿气损失，使生产产生的热能能够被灵活应用。

15.1.2.4 电力生产中重视调节系统节流损失

电力生产的相关机组若长期处于平稳运行状态，可能会在节流方面损耗了部分能源，这些损耗积累后所造成的损失不容小觑。

热电企业的相关工作人员应详细学习和掌握相关知识，并以科学合理的方法进行改善与调整，减少其对企业造成的损失。目前，就热电企业而言，其每日电力生产流程中出现的节流损耗所导致的企业经济效益损失应控制在5%以下。当电力生产相关机组在运行时，若机组所承担的负荷较以往较低时，则电机组的温度也会受影响出现降低的现象，此时电机组对电力生产流程的适应性更强。因此，在实际生产中，相关工作人员应合理选择功率相对较小的电机组装置，并适当增加电机组数量，以减小发电流程中每台电机组的负荷，减少电机组升温，使电机组能够快速适应电力生产的状态，减少节流损耗的经济损失。

15.1.2.5 电力生产中分析多级汽轮机重热现象

当电力生产的工作量相对较大时，热电企业会使用多个发电机组同时进行电力生产。这种方法确实能够在短时间内提升发电厂的电力生产效率。但是，这样也会造成重热现象，使单个电机组的电力生产效率降低，对电机组本身机械也会产生一定的损伤，且还会增加生产过程中热量的回收难度。

当热电企业相关工作人员需要在原有设备的基础上增加电机组数量以满足电力生产需求时，首先需要全面地分析电厂的电力生产条件，以调整新机组位置的方式尽量减少重热现象的出现；其次应完善安装新机组的具体环境，对各个机组的位置布置进行调整与改善，促使电厂的重热利用率被有效控制。若在安装新机组后电力生产时出现较为明显的热损耗现象，则应及时将其回收，并调整其位置，将热能以热能与动力工程进行收集与利用，使电厂的热能回收利用效率得到提升，减少资源的浪费。

实现电力生产的节能降耗是提升我国生态环境保护的重要措施，也是促进我国新时代电力经济长远健康发展的必经之路。因此，热电企业应注重对节能降耗相关方案的研究和制订，积极优化热能与动力工程技术，在电力生产中引入新技术与新理念，在不影响电力生产质量与产量的同时，为我国环境保护贡献力量。

15.2 利用新能源技术实现热电企业节能减排

热电企业的传统供热方式是以燃煤为主，燃煤不仅热值高且较为稳定，直至现在也是热电企业最依赖的供热方式。在以往煤价较低，绝大多数热电企业发电、供热效益较好。因此，热电企业对热能的回收利用关注度较低，即使是在环保提出超低排放的要求使发电、供热成本增加的情况下，由于煤价的偏低也能有较好的收益。但是，随着环境问题的日益关注，"双碳"目标的持续推进，煤价走势持续攀高，靠以往燃煤发电、供热的方式已无法获得良好的收益，部分热电企业已经出现政策性亏损。

"双碳"目标实际就是对大气环境中的二氧化碳实现控制和中和，这就要求工业企业大幅度减少对化石能源的利用和依赖，加大新能源技术的开发和应用。然而，新能源技术又是一种综合性的、多能互补的能源利用方式，在目前新旧能源转换的时代中，热电企业要不断探索各种新能源技术的综合开发和利用，结合企业优势，以化石能源作为基础，以新能源技术作为补充，降低企业污染物排放，节省企业生产成本。随着热电企业新能源技术的不断开发和应用，逐步形成以新能源为主、传统化石能源辅助调峰的新型发电、供热体系。

每一种新能源应用技术都有着其不可比拟的优势。比如，空气源热泵具有应用限制小的特点，在超低温空气源热泵技术不断成熟的今天，就算是北方零下30 ℃也可以使用空气源热泵供热；光伏发电具有较为灵活的运用空间，其自发自用、余电上网的运行模式，可以极大地降低企业的生产成本；水源热泵具有机组效率高的特点，单机COP一般都可达到7以上，在低温热源温度较高时单机COP可高达10以上。但是，任何一种新能源技术都不可能做到十全十美，单个新能源技术也有本身的限制条件。比如，空气源热泵在环境温度过低时极易发生结霜现象，在供热负荷一定的情况下耗电功率大幅增加，使机组本身能效比下降较大；光伏板占地面积较大，1 MW的光伏发电需要面积约1万m²，且光伏板的安装位置要适合阳光照射，周边建筑物对其的光照影响、光污染影响较大，其在小型企业或市区建筑物密集区域经济性较差；水源热泵必须建设在有稳定水源的地域，这种对热源的要求使其应用场景受限较大。因此，在利用新能源技术时，我们要根据不同的应用场景、不同的能源分布，选择适宜的新能源技术，扬长避短，充分发挥新能源技术在余热回收、节能减排中的优势。

笔者在从事新能源工作中，深知热电企业和工业企业具有巨大的新能源技术发展潜力，通过利用新能源技术可以大幅度降低企业的生产成本，扭转随着化石能源价格上涨所形成的亏损局面。下面将对一些工程实例做简单介绍，可以更直观地了解新能源技术在节能减排中的重要作用，并提出一些新能源技术未来发展的设想，以期和读者共同学习和推动。

15.2.1 热电企业的余热回收

15.2.1.1 采用水源热泵进行余热回收

在热电企业或发电厂工作的同事对中水都不会陌生。中水是城市的生活污水、工业废水通过城市污水管网输送至污水处理厂后，经过特定的工艺处理后可以再次利用的水。中水也称软化水或再生水，可用于工业生产，其生产成本和腐蚀性均比自来水低，因此在电厂生产中中水的应用较多。

一般来说，中水的处理工艺使用反渗透较多，反渗透工艺的标准运行温度为25 ℃，其温度每降低1 ℃，产水率将下降3%左右。夏季温度较高，依靠自然温度就可满足反渗透的理想工作温度。但是，春秋冬三季，环境温度低于25 ℃的天数较多，此时则需要外部热源对反渗透温度进行补充。在实际生产中，为了降低产水成本，当环境温度高于20 ℃时一般不会使用外部热源补充反渗透工作温度，这会降低反渗透产水率或增加部分系统能耗。在反渗透工作时会同时产出两种水，一是再生水，二是浓水。再生水用于企业生产，而浓水则会返回污水处理厂进行再次处理后排放。这种方式相当于在外部热源补热时一部分水用于生产，而另一部分水则被排放，这就造成了热量的浪费。如果通过利用水源热泵将浓水的热量进行回收，可将回收的热量用于水处理系统，减少外部热源的使用，这样就会收到节能减排的效果。

某热电公司的一中水处理厂其中水处理流程是原水→沉淀→过滤→换热器加热→超滤→反渗透。厂区共建设安装多组反渗透系统，每组反渗透系统分别对应一组超滤，换热器安装在超滤前，加热热源采用热水或蒸汽。为降低产水能耗，前期先针对部分反渗透的浓水进行余热回收，并将回收的热量用于水处理系统。

该系统的设计参数浓水排水量为105 m³/h，浓水排水温度为23 ℃，换热器前进水为675 m³/h，换热器前进水温度为12 ℃，供热期平均供热天数为150 d，在该参数下节能系统的整体能效比不低于10.5。

为达到整体能效比的技术要求，该系统采用二次换热方式的混水方式，即整套系统由板式换热器、水源热泵、水泵等组成，将换热器前进水分为两路，一路流量105 m³/h，其余作为节能系统的旁路。等量的浓水和换热器前进水先经过板式换热器进行初步换热，然后进入水源热泵机组进行二次提温，最终将一路的105 m³/h换热器前进水加热至25 ℃后与旁路水混合，再进入换热器将混合后的水加热至25 ℃。

通过节能系统回收热量，大幅度减少供热季中水处理系统对外部热源的消耗量，按照供热季平均供热天数150 d计算，每年供热季可回收热量约3万GJ，节省标准煤1 023 t，减排二氧化碳2 601 t。

该系统因中水处理厂具有稳定且良好的低温热源，采用板式换热器配合水源热泵可以将系统的整体能效达到10.5以上，节能系统不仅能耗较低，降低供热季对外部热源的使用量，而且非供热季回收热量也可以降低各高压水泵的能耗，最终达到节能减排的效果。

热电企业的供热方式一般为低真空循环水供热，冬季可以充分利用机组的乏汽，而到了夏季由于热电企业周边有用汽负荷，仍需机组抽汽运行对外供汽，但乏汽无法利用，因而汽轮机夏季运行时存在冷源损失，极大地降低了机组的效率，此时可以将汽轮机冷却水送入水源热泵机组，将提取的热量用于加热锅炉上水。参照50 MW高温高压汽轮机组凝结水流量109.77 t/h、34.47 ℃，选用一台水源热泵热水机组，制热能力2 695.5 kW，每小时可回收热量9.703 8 GJ，可将109.77 t/h凝结水提高21 ℃。按照非供热季215 d计算，可回收热量共约5万GJ，节省标准煤1 709 t，减排二氧化碳4 345 t。该台水源热泵热水机组成本约108万元，按照1 000元/t标准煤计算，热值为38元/GJ，每年节省标准煤成本170.9万元，投资回收周期1年左右。

15.2.1.2 采用喷淋+热泵进行烟气余热回收

电厂在电力生产中，最大的热量损失是烟气的热量损失。电厂的脱硫工艺一般采用湿法脱硫，进入烟囱的烟气温度大概在55 ℃。55 ℃的烟温其含有大量的潜热。烟气余热回收一般会采用喷淋塔和吸收式热泵对烟气的潜热和显热进行较为充分地回收，用于锅炉上水或供热补水，同时会产生大量的烟气冷凝水。烟气冷凝水可以作为脱硫补水，也可用于厂区喷淋，既提高了锅炉效率也降低了厂区用水成本。以一台260 t/h循环流化床锅炉为例，烟气量为36.85万m³/h，设计参数为烟囱入口烟温50 ℃，热量回收后的烟温25 ℃，锅炉上水量100 t/h，锅炉上水要求加热至40 ℃，供热回收温度47 ℃，供水温度62 ℃。

该系统主要包括烟气系统、吸收系统、热泵系统、锅炉补给水换热系统等。其中，吸收系统主要由喷淋塔组成，喷淋塔分为高温换热喷淋段和低温换热喷淋段。高温换热喷淋段主要为锅炉上水进行加热。经过脱硫后的烟气进入喷淋塔，先通过高温换热段喷淋层，喷淋后的循环水收集在喷淋塔底部，再由高温换热循环泵送入板式换热器与100 t/h的锅炉上水进行热量交换，使锅炉上水出口温度提升到40 ℃，之后循环水回到高温换热段喷淋层进行循环换热；低温换热喷淋段主要为吸收式热泵提供低温热源。经过高温换热段后的烟气进入低温换热段喷淋层，喷淋后的循环水由集液器收集后输送到塔外储水箱，从而进入热泵机组进行热量回收，之后再回到低温换热段喷淋层进行循环换热。

整套系统的总体运行逻辑为，在供热季，高温、低温换热段喷淋层均投用，同时加热供热水和锅炉上水；非供热季仅投用高温换热段喷淋层，用于加热锅炉补给水，关停热泵机组及低温换热段喷淋层。

按照每年供热季平均天数150 d计算，每年供热季可回收热量200 880 GJ，回收烟气凝结水7.2万t；非供热季回收热量51 840 GJ，回收烟气凝结水1.92万t。全年累计回收锅炉烟气余热量252 720 GJ，回收烟气凝结水9.12万。按照标准煤热值29.3 GJ/t计算，每年节省标准煤量8 625 t，减排二氧化碳21 929 t。按照工业用水单价4.7元/t计算，每年节省用水成本42.9万元。但是，由于"双碳"目标的持续推进，一些地方对燃煤机组进行整合关停，部分电厂的机组面临关停的局面。因此，现在很多电厂受政策因素，对厂内的余热回收均保持观望状态。维持原来的成产模式，随着煤价的居高不下，生产成本持续偏高，对企业来说，成产压力较大。在这种情况下，电厂可以考虑部分烟气余热回收，虽然每年节省的生产成本没有完全烟气余热回收多，但其投资少、回收快，十分适合电厂目前的现状。

例如，某热电公司面临机组关停整合的问题，并且政策风向尚不明朗，因此针对这一情况，在不影响项目因政策性关停而流产，为了缓解供热端的供需矛盾，降低机组生产能耗，针对某一锅炉进行了脱硫浆液的余热回收。厂内脱硫采用湿法工艺，脱硫浆液温度52 ℃，排烟温度由52 ℃降低至45 ℃，回收的热量用于加热供热回水及供热补水。供热回水设计流量900 t/h，温升5 ℃；供热补水设计流量180 t/h，温升25 ℃。该节能系统采用换热器进行换热，供热回水换热器两台，供热补水换热器两台，布设在两台锅炉脱硫塔上层浆液循环泵的入口管道。通过降低上层浆液温度，使冷却后的浆液与烟气逆流接触换热使排烟温度降低，烟气蒸发的水量减少，降低脱硫系统水耗。

通过这种方式改造后，可回收热量75.6 GJ/h，按照平均供热季150 d计算，每年供热季可回收热量27.216万GJ，节省标准煤9 288 t，减排二氧化碳23 615 t。在该节能系统运行中，脱硫塔内浆液温度降低约1 ℃，对于石膏的结晶没有影响，不影响脱硫系统正常运行，且额外产生70 t/d的凝结水，通过投入脱硫废水处理方式处理利用。该项目总投资525万元，按照标准煤1 000元/t计算，每年供热季可节约生产成本928.8万元，不到一个供热季即可回收投资成本。

15.2.1.3 采用溴化锂吸收式热泵进行余热回收

采用溴化锂吸收式热泵回收余热既可以节省冬季供热成本还可以提高电厂的供热能力。溴化锂热泵在电厂的应用一般选用蒸汽型机组，该机组分为三路循环，一路为驱动热源的蒸汽，一路为低温余热热源，一路为供热循环水（需要被加热的水）。单效蒸汽型溴化锂机组的综合效率保证值为1.7。其中，60%热量来源于蒸汽，40%热量来源于低温余热。例如，某热源厂内供热水量4 000 t/h，供水/回水温度65 ℃/45 ℃，厂内供热水加热方式为汽轮机组低真空运行，供热回水进入凝汽器，吸收机组乏汽，水温由45 ℃提高至51 ℃；随后供热水进入汽—水换热器，将水温由51 ℃提高至65 ℃后进入供热管网。汽—水换热器进汽参数为1.3 MPa、300 ℃，壳侧流量蒸汽100 t/h，管侧流量4 000 t/h，换热效率约80%，低温热源温度约35 ℃。因此，可以考虑将机组出水中的1 000 t/h供热水引入溴化锂机组，将水温加热至80 ℃，随后与其余3 000 t/h供热水混合，最终形成4 000 t/h、58.25 ℃的水进入汽—水换热器，继续将水温提升至65 ℃。

1 000 t水由51 ℃加热至80 ℃需要的热量为121.8 GJ，其中，蒸汽提供热量73.08 GJ，加热蒸汽焓值为3.042 GJ/t，需要蒸汽24 t。冷却塔循环水提供热量48.72 GJ。由此计算单效溴化锂机组消耗蒸汽的量为24 t/h。冷却塔循环水提取20 ℃温差，其水温由35 ℃降至15 ℃，其水量计算为580 t/h。

4 000 t/h、58.25 ℃的水进入汽—水换热器，继续将水温提升至65 ℃，所需热量约113.4 GJ，所需蒸汽约46.6 t/h。而采用该热源厂原加热方式，将4 000 t水从51 ℃加热至65 ℃，需要蒸汽的量为96.7 t/h。因此，采用溴化锂机组供热，在输出同等热量的情况下，节省蒸汽26.1 t/h，可增加供热面积约20万m²。节省的蒸汽即可提高热源厂的供热能力，又可缓解用热供需矛盾。在收益方面，采用溴化锂机组回收冷却塔循环水低温余热，总供热成本约42.83元/GJ，而直接采用汽—水换热器供热成本约58元/GJ，单位吉焦供热成本减少约15.17元，预计两年之内即可收回项目投资。

15.2.2 热电企业配合调峰推进储能技术应用

目前，热电企业或发电厂基本都要参与电力市场现货交易，而且需要具有深度调峰的能力。深度调峰对于火电机组而言，过低的负荷对机组的平稳运行和安全有着一定的隐患。然而，一旦电网调度命令下达后，电厂又必须按照要求调整机组发电负荷参与深度调峰，因此热电企业或火力发电厂就需要进行灵活性改造，以满足电网调峰需要。

热电企业大都是以热定电，在冬季供热负荷较大且需要保持热负荷平稳输出时其发电负荷不能出现较大波动，因此许多热电企业只能被动参与现货市场，尤其是在每天用电低谷时段上网电价较低，造成热电企业发电赔钱的局面。针对这种不利情况，热电企业或火力发电厂则需要考虑采用储能技术配合电网调峰，增强系统的灵活性，在保证系统运行平稳、安全的情况下，实现参与辅助调峰的最大经济性。

在储能技术辅助电厂调峰的应用中，往往采用响应快、容量高、循环次数多、经济性好的储能技术。电化学储能技术具有响应快的特点，但受其容量衰减的特性制约，在每天两充两放运行时会以每年2.5%的比例容量衰减，使用10年其容量即衰减至80%，因此电化学储能的使用寿命较短。在压缩空气储能技术方面，东方电气集团研发的二氧化碳储能技术在具备压缩空气储能特性的基础上，其投资更少、对选址要求较低，储能系统没有容量衰减，使用寿命可长达30年，十分适合电厂深度调峰，但是其占地较大。在高温熔盐储能技术方面，其占地小、容量大，无循环次数限制，十分适合电厂深度调峰，但是熔盐需要一直循环运行，否则会有熔盐在管道凝固的风险。下面，就上述三种储能技术配合电厂辅助调峰进行简单的经济性分析。分析均以100 MW·h容量的储能系统配合600 MW发电机组进行计算，找出最具有经济性的调峰方式。

15.2.2.1 电化学储能系统配合电厂辅助调峰

（1）电化学储能系统配合电厂辅助调峰的运行成本由以下几方面组成：

①投资成本。投资成本以磷酸铁锂电池为例。目前，较大容量储能系统的综合投资成本约1.2元/W·h。其中，建设成本约占20%，设备成本约占80%。

②容量衰减成本。市场上磷酸铁锂电池每天完成一次充电、放电循环的运行工况下，每年的容量衰减比例约为1.25%，当容量减至80%时则需要更换电池。目前，磷酸铁锂电池全生命周期充电、放电次数至少可达6 000次。

③电化学储能系统综合效率。电化学储能系统在充电、放电过程中均具有一定的效率，一般均为95%，即100 MW·h容量的磷酸铁锂电池充满后的电量只有95 MW·h，而放电时最多只有90.25 MW·h的电量释放到电网中，再加上系统控制、保温等耗电，电化学储能系统的综合效率约为85%。

④电池放电深度。为保证电池处于较为安全、平稳的运行工况下，电池的放电深度要保持在80%，即在电池充满电后只能放出80%的电量。

⑤电池使用寿命。电池使用寿命是每年以1.25%的比例产生容量衰减，但达到这个比例是当年的最低容量。为使计算较为准确，应按照电池每年的平均容量衰减来测算电池的使用寿命。电池每年的平均容量衰减比例为0.625%，按照电池容量衰减至80%的退役条件，其使用寿命可以达到16年。

⑥年运行时长。电化学储能系统年运行时长按照电厂600 h/年（全年300次，每次2 h）调峰次数进行计算。

⑦年运维成本。电化学储能系统的运维成本包括人员、维修、系统维护等费用，其年运维成本约占总投资的2%。

（2）电化学储能系统的每年收益由以下几方面组成：

①额外增加电厂发电机组调峰能力的收益。发电机组出厂前都经过精密、严格的设计，尤

其是锅炉运行不能低于其稳定燃烧的最低工况，调峰能力受到较大限制。而电化学储能系统配合机组调峰可以使机组获得更大的深度调峰能力，机组多出的这部分调峰能力实际上是电化学储能系统所带来，因此这部分收益应为电化学储能系统的运行收益。

根据某省电力辅助服务市场运营规则的规定，直调公用机组有偿调峰起始基准为机组申报最大可调出力的70%，每减少10%为一档，至机组深度调峰最小可调出力档。试运行初期，设置直调公用机组有偿调峰出清价最高上限，降出力调峰第一档至第二档暂按100元/（MW·h）执行，第三档至第四档暂按600元/（MW·h）执行，第五档至第七档暂按800元/（MW·h）执行。电化学储能各档位负荷率见表15-1。

表 15-1　电化学储能各档位负荷率

报价档位	负荷率	报价档位	负荷率
第一档	60%≤负荷率<70%	第五档	20%≤负荷率<30%
第二档	50%≤负荷率<60%	第六档	10%≤负荷率<20%
第三档	40%≤负荷率<50%	第七档	0%≤负荷率<10%
第四档	30%≤负荷率<40%		

②电化学储能系统额外发电收益。在用电高峰时段发电机组需要满负荷发电，此时电化学储能系统已经储存了满容量的电量，可以向电网释放电能，这部分收益应当作为电化学储能系统的运行收益。电化学储能系统放电时依据当前现货市场节点电价进行结算。2022年，电力现货交易平均2 h最高电价0.624 357 021元/（kW·h），平均2 h最低电价0.101 066 301元/（kW·h）。

（3）经济性测算。经济性测算主要有以下几个方面：

①总投资。100 MW·h电化学储能系统总投资约为1.2亿元。其中，设备投资约为9 600万元，建设及其他投资约为2 400万元。

②年运行收益。按照600 MW汽轮机组最低连续运行工况为额定负荷率的30%，处于第四档调峰区间。100 MW·h电化学储能系统约占600 MW机组额定发电量的17%，因此机组多出的调峰电量在第五档的10%和第六档的7%，则电化学储能系统配合电厂调峰的调峰补偿收入为：

$$100\,000 \times 0.8 \times 300 \div 10^4 = 2\,400万元 \tag{15-1}$$

电化学储能系统向电网放电也可以产生运行收益，每年放电收入见表15-2，其运行寿命约为16年。

表 15-2　电化学储能系统1~16年放电收入　　　　　　/万元

第1年	第2年	第3年	第4年	第5年
1 025	1 012	999	986	973
第6年	第7年	第8年	第9年	第10年
960	947	934	922	909

续表

第11年	第12年	第13年	第14年	第15年
896	883	870	857	844

第16年				
831				

电厂调峰补偿收入与电化学储能系统向电网放电产生运行收入，两项收益相加之后获得的收入为每年总收入，见表15-3。

表 15-3　1~16年电化学储能系统每年的总收入　　　　　　　　　　　　　/万元

第1年	第2年	第3年	第4年	第5年
3 425	3 412	3 399	3 386	3 373
第6年	第7年	第8年	第9年	第10年
3 360	3 347	3 334	3 322	3 309
第11年	第12年	第13年	第14年	第15年
3 296	3 283	3 270	3 257	3 244
第16年				
3 231				

③年运维成本。电化学储能系统年运维成本约为200万元，其电化学储能系统每年总收益见表15-4。

表 15-4　电化学储能系统每年总收益　　　　　　　　　　　　　　　　/万元

第1年	第2年	第3年	第4年	第5年
3 225	3 212	3 199	3 186	3 173
第6年	第7年	第8年	第9年	第10年
3 160	3 147	3 134	3 122	3 109
第11年	第12年	第13年	第14年	第15年
3 096	3 083	3 070	3 057	3 044
第16年				
3 031				

15.2.2.2　二氧化碳储能系统配合电厂辅助调峰

二氧化碳储能系统是基于压缩空气储能技术的原理并结合透平实现充电、放电。在储能过程中，二氧化碳相当于电化学储能系统的电堆，通过其物态的变化实现电能、热能和压力能的相互转化。二氧化碳储能技术路线较多，有低压液态二氧化碳储能技术、超临界二氧化碳储能技术和二氧化碳气液相变储能技术等。

低压液态二氧化碳储能技术需要将二氧化碳维持在液态状态下，这就需要时刻保持高压、低温的条件才能满足技术要求，且液态二氧化碳释放能量时需要吸热汽化膨胀，因此在该技术路线中，系统冷却与降温单元的耗能较高，且保持系统低温运行工况难度较大，其应用场景的普适性较低。

超临界二氧化碳技术二氧化碳既不是气体也不是液体，是一种特殊的超临界流体。这种工质的储能系统能耗低，能量转换效率高，储能密度大，但是超临界状态下的二氧化碳腐蚀性较强，对储存材料的耐腐蚀性要求较高，且维持二氧化碳的超临界状态需要极其复杂且精密的热性与换热控制，稍有失衡，二氧化碳的物理状态就会发生转变，影响系统运行。该技术可应用于一些特殊的场景，对于商业化而言，其技术难度较大，投入和产出价值不对等，商业化前景较为一般。

二氧化碳气液储能技术是通过二氧化碳的气、液两相变化实现能量储存，利用压缩机对常压、常温的气态二氧化碳进行多级压缩、级间冷却，形成高压、低温的液态二氧化碳，并通过导热介质将压缩过程中的热量储存起来，此时完成储能过程。在释能过程中，高压、低温的液态二氧化碳通过多级吸热膨胀进入透平做功发电，最终变成常温、常压的气态二氧化碳。该技术是目前可以实现商业化且经济性较好的二氧化碳储能技术。

二氧化碳储能系统的成本和收益组成与电化学储能系统基本一致，不同的是二氧化碳储能系统不存在容量衰减的问题，设计使用寿命可长达30年，在非补燃的情况下，充电、放电综合效率约为65%。

（1）投资成本。二氧化碳储能系统综合投资单价约为3元/（W·h），100 MW·h二氧化碳储能系统综合投资约为3亿元。

（2）年运行收入。二氧化碳储能系统配合电厂辅助调峰的年运行收入中，在增加机组调峰能力这部分的收入与电化学储能系统相同，每年收入约2 400万元，不同之处是二氧化碳储能系统无容量衰减，综合效率也不相同，使得用电高峰期二氧化碳储能系统向电网释放电量有所差异。二氧化碳储能系统每年向电网放电的收入为：

$$（0.624\,357\,021 \times 0.65 - 0.101\,066\,301）\times 100\,000 \times 300 \times 10^{-4}=914万元 \qquad （15\text{-}2）$$

二氧化碳储能系统每年运行收入共计约为3 314万元。

（3）年运维成本。二氧化碳储能系统年运维成本约占总投资的2%，因此年运维成本约为600万元。

（4）年运行收益。二氧化碳储能系统年运行收入约为3 314万元，年人员、维护成本约为600万元，则年运行收益约为2 714万元。

15.2.2.3 高温熔盐储能系统配合电厂辅助调峰

高温熔盐储能系统是通过熔盐的固—液相变实现能量的储存，其技术路线主要有电—热储能技术和热—热储能技术。电—热储能技术是利用电能加热熔盐达到熔盐的熔点后，熔盐由固态转变为液态，此时电能转化为热能储存在熔盐中。但是，电厂在调峰过程中，谷电时段若利用机组发电加热熔盐，在用电高峰时段熔盐放热产生过热蒸汽进入机组发电，其能量转换过程为蒸汽热能→机组机械能→发电机电能（含有冷源损失）→熔盐热能→蒸汽热能→机组机械能→发电机电能，其运行过程中能量转化次数过多，能量损失较大，机组发电存在冷源损失，电—电的转化效率较低，约只有40%的综合效率。如果在谷电时段将锅炉的部分产汽热量直接储存在熔盐中，则避免了机组发电的冷源损失，始末的能量转化为热能到电能，其综合效率可达到76%，因此在高温熔盐储能系统配合电厂辅助调峰应采用吸收主蒸汽热量的运行方式。

配合电厂辅助调峰的高温熔盐储能系统，其储热温度无需太高，400~500 ℃即可，因此多采用二元熔盐，一般为40%硝酸钾和60%硝酸钠的混合物，其组成均是常见的化肥原料。该系统一般布设双罐熔盐系统，即高温熔盐罐和低温熔盐罐，系统运行时通过熔盐泵将低温熔盐与蒸汽换热，形成高温熔盐进入高温熔盐罐完成系统储热过程。放热时高温熔盐与给水换热，形成过热蒸汽进入汽轮机做功发电。此方式无论高温熔盐储能系统是否处于运行状态，熔盐泵需要持续工作，一但熔盐泵停运熔盐温度降至熔点以下时，管道和熔盐泵中残留的熔盐将逐渐凝固为固体，对下一次的启动将造成较大的阻碍。基于高温熔盐储能系统的此种特性，该系统的维护、检修较为复杂。

单罐高温熔盐储能系统虽然结构简单、成本较低，但存在斜温层导致储热效率降低的问题，而双罐高温熔盐储能系统包含高温熔盐罐和低温熔盐罐，通过高温、低温熔盐分离并在两罐中各自运行、相辅相成，避免了罐内温差、斜温层等问题，其技术风险也相对较低。双罐高温熔盐储能系统可以同时增加储罐数量的方式增大储热量，灵活性、适应性比单罐高温熔盐储能系统更具有优势。

高温熔盐储能系统的成本和收益组成与二氧化碳储能系统基本一致，不同的是高温熔盐储能系统的投资成本较低，综合效率较高。

（1）投资成本。高温熔盐储能系统综合投资单价约为1元/（W·h），100 MW·h高温熔盐储能系统综合投资约为1亿元。

（2）年运行收入。高温熔盐储能系统配合电厂辅助调峰的年运行收入中，在增加机组调峰能力这部分的收入与二氧化碳储能系统相同，每年收入约为2 400万元。

由于高温熔盐储能系统配合电厂辅助调峰的运行逻辑是通过低谷时段吸收锅炉产出的多余蒸汽，使汽轮机维持低负荷运行，在用电高峰时高温熔盐储能系统释放热量，产生过热蒸汽，再进入汽轮机组发电，因此高温熔盐储能系统没有电化学储能系统、二氧化碳储能系统的额外发电收益。但是，对于热电企业来说，在冬季供热期内，机组削谷调峰时多余的蒸汽通过高温熔盐储能系统将热量储存起来，而在电力填峰时发电机组可以依靠本身能力满负荷运行；当供热需要调峰时可将高温熔盐储能系统储存的热量以蒸汽的形式向外释放，这样发电机组既具备电力深度调峰能力又可满足寒冷天气供热调峰的需求，节省热电企业的供热成本。

我国大部分地区的供热时间为当年的11月15日至次年的3月15日，共计121 d（2月为28 d）。其中，极寒天气需要供热调峰时长按照12月1日至1月31日计算，共计62 d。在高温熔盐储能系统每天满存能量100 MW·h时，折合热量为360 GJ，按照对外供汽0.7 MPa、270 ℃的参数，对外供汽焓值为2 991 kJ/kg，储能系统输出端热—热转换效率约96%，则每天可产生蒸汽115 t用于供热调峰，按照标准煤（7 000 dcal/kg）单价1 000元/t计算，62 d供热调峰可节省标准煤成本约85万元。

（3）年运维成本。高温熔盐储能系统年运维成本约占总投资的3%，因此年运维成本约为300万元。

（4）年运行收益。高温熔盐储能系统年运行收入约2 400万元，年运维成本约300万元，则年运行收益约2 100万元。

通过对上述三种储能系统配合电厂辅助调峰的经济性分析，在相同的应用场景下，三种方式的经济性各有差异。在静态回收周期和内部收益率方面，电化学储能系统最高，为15.56%、5.5年；二氧化碳储能系统最低，为6.86%、11.54年。在项目投资方面，二氧化碳储能系统最高，为11.54亿元；高温熔盐储能系统最低，为1亿元。单纯看静态回收周期、内部收益率以及项目投资情况，电化学储能系统是三种方式中最为合适的。但是，电化学储能系统一个完整的使用周期仅有16年，在收回投资后，使用周期内的总收益约为2.4亿元（不含税）。二氧化碳储能系统和高温熔盐储能系统的一个完整使用周期为30年，在收回投资后，使用周期内的总收益分别为3.7亿元（不含税）和3.5亿元（不含税）。如果以三种储能系统均以一次投资来看，二氧化碳储能系统配合电厂辅助调峰的经济性最好。但是，如果均以30年使用寿命来看，电化学储能系统在第17年追加一次投资，使储能系统使用寿命达到30年，此时电池还有2年的残值，其总体运行收益可以达到4.6亿元，经济性要优于二氧化碳储能系统。然而，电化学储能系统会面临电池退役报废的问题。

2024年4月25日，国家市场监督管理总局（国家标准化管理委员会）批准发布了《电动自行车用锂离子蓄电池安全技术规范》（简称《规范》）强制性国家标准。《规范》于2024年11月1日实施后，国内市场销售的电动自行车用锂离子电池都必须符合其要求，制造商在电池组上须标注"安全使用年限"。目前，虽然磷酸铁锂电池暂未列入《国家危险废物名录（2021年版）》，但随着锂离子电池的大规模应用，在长年累月循环充放后，内部电化学材料将发生变化，其性能、安全性、一致性等都不同程度地降低，退役报废的锂离子电池将大量进入市场，国家对锂离子电池的回收再生利用管理将更加严格，这对锂离子电池储能系统建设也会产生一定的冲击和影响。

第16章　新能源开发利用的机遇与挑战

进入21世纪以来，我国新能源开发利用的政策支持力度持续加大，新能源应用体系加快构建，新能源保障基础不断夯实，新能源技术全面推广应用，为经济社会高质量发展提供了有力支撑，新能源开发和利用迎来了前所未有的利好机遇。但是，也应看到，我国新能源开发利用起步相对较晚，发展仍面临着需求压力巨大、供给制约较多、关键技术瓶颈尚待突破、绿色低碳转型任务艰巨等一系列挑战。

作为能源生产和消费大国，我国新能源产业规模已位居世界前列，新能源高质量发展的核心环节是实现能源低成本稳定清洁供应。当前，最为迫切的是按照发展新质生产力的要求，在已经取得的发展规模优势的基础上，着力解决好新能源发展进程中的重大关键问题，打破发展桎梏，提升新能源发展质量。

16.1 新能源开发利用面临的机遇

据来自国家能源局的数据显示，截至2024年9月底，我国可再生能源装机达到17.3亿kW，占我国总装机的54.7%，在全球可再生能源发电总装机中的比重占40%多。

2023年，我国可再生能源新增装机3.05亿kW，占全国新增发电装机的82.7%，占全球新增装机的50%；我国可再生能源发电量近3万亿kW·h，接近全社会用电量的1/3；我国主要可再生能源发电项目完成投资超过7 697亿元，占全部电源工程投资的约80%。上述数字表明，我国新能源开发和利用取得了历史上最好成绩，迎来了黄金发展期。

16.1.1 政策密集出台激励新能源开发利用

21世纪以来，我国开始重视新能源的开发和利用，积极构建资源节约型、环境友好型社会，走科学发展、可持续发展之路。

2003年1月1日，《中华人民共和国清洁生产促进法》开始施行，这是我国第一部旨在促进清洁生产、提高资源利用效率、减少和避免污染物产生、保护和改善环境、保障人体健康、促进经济与社会可持续发展的法律，对于推动我国清洁生产、提高资源利用效率、减少环境污染等方面起到了重要的作用。

2005年7月2日，国务院印发了《关于加快发展循环经济的若干意见》，指出我国坚持走新型工业化道路，形成有利于节约资源、保护环境的生产方式和消费方式；坚持推进经济结构调整，加快技术进步，加强监督管理，提高资源利用效率，减少废物的产生和排放。力争到2010年建立比较完善的发展循环经济的法律法规体系、政策支持体系、体制与技术创新体系和激励约束机制，使资源利用效率大幅度提高，废物最终处置量明显减少，推进绿色消费。到2010年，我国消耗每吨能源等15种重要资源产出的GDP比2003年提高25%左右，每万元GDP能耗下降18%以上。

2005年11月29日，国家发展和改革委员会印发了《可再生能源产业发展指导目录》（简称《目录》），这是我国第一个较为详尽的新能源开发和利用《目录》。《目录》涵盖了风能、太阳能、生物质能、地热能、海洋能和水能等6个领域的88项可再生能源开发利用和系统设备/装备制造项目。其中，部分产业已经成熟并基本实现商业化；有些产业、技术、产品、设备、装备还处于项目示范或技术研发阶段。《目录》的发布，对指导我国新能源的开发和利用起到了积极的引领和推动作用。

2006年1月4日，国家发展和改革委员会印发了《可再生能源发电价格和费用分摊管理试行办法》（简称《办法》），这是我国首次明确了风力发电、生物质发电（包括农林废弃物直接燃烧和气化发电、垃圾焚烧发电、沼气发电）、太阳能发电、海洋能发电和地热能发电等电价制定原则。《办法》规定，可再生能源发电价格实行政府定价和政府指导价两种形式。政府指导价即通过招标确定的中标价格。同时，对费用支付和分摊以及补贴电价标准、享受补贴电价年限等都做了明确规定。

2007年1月11日，国家发展和改革委员会又印发了《可再生能源电价附加收入调配暂行办法》（简称《办法》）。其确定，可再生能源电价附加标准、收取范围由国务院价格主管部门统一核定，并根据可再生能源发展的实际情况适时进行调整。可再生能源电价附加调配、平衡由国务院价格主管部门会同国务院电力监管机构监管。可再生能源电价补贴包括可再生能源发电项目上网电价高于当地脱硫燃煤机组标杆上网电价的部分、国家投资或补贴建设的公共可再生能源独立电力系统运行维护费用高于当地省级电网平均销售电价的部分，以及可再生能源发电项目接网费用等。

2007年8月31日，国家发展和改革委员会印发了我国第一个《可再生能源中长期发展规划》（简称《规划》）。《规划》指出，我国水能、生物质能、风能、太阳能、地热能和海洋能等可再生能源资源潜力巨大，环境污染低，可以永续利用，是有利于人与自然和谐发展的重要能源。

《可再生能源中长期发展规划》发布后，我国新能源发展步入快车道。之后，国家又密集出台了百余项法律、法规和政策，积极支持和鼓励新能源开发和利用。特别是2020年以来，新能源发展的政策体系更加完善、更加利好。

2021年7月23日，国家发展和改革委员会、国家能源局印发了《关于加快推动新型储能发展的指导意见》（简称《意见》）。《意见》从国家层面首次提出装机规模目标：到2025

年，新型储能装机规模将达到3 000万kW以上，接近当前新型储能装机规模的10倍，其发展前景和市场规模给行业带来了巨大信心。

2021年10月21日，国家发展和改革委员会、国家能源局、财政部、自然资源部、生态环境部、住房和城乡建设部、农业农村部、中国气象局、国家林业和草原局印发了《"十四五"可再生能源发展规划》（简称《规划》）。《规划》锚定碳达峰、碳中和目标，紧紧围绕2025年非化石能源消费比重达到20%左右的要求，设置了四个方面的主要目标：一是总量目标。2025年可再生能源消费总量达到10亿t标准煤左右，"十四五"期间可再生能源消费增量在一次能源消费增量中的占比超过50%；二是发电目标。2025年可再生能源年发电量达到3.3万亿kW·h左右，"十四五"期间发电量增量在全社会用电量增量中的占比超过50%，风电和太阳能发电量实现翻倍；三是消纳目标。2025年全国可再生能源电力总量和非水电消纳责任权重分别达到33%和18%左右，利用率保持在合理水平；四是非电利用目标。2025年太阳能热利用、地热能供热、生物质供热、生物质燃料等非电利用规模达到6 000万t标准煤以上。

2022年1月29日，国家发展和改革委员会、国家能源局印发了《"十四五"新型储能发展实施方案》，指明了新型储能发展方向，进一步明确发展目标和细化重点任务，旨在准确把握"十四五"新型储能发展的战略窗口期，加快推动新型储能规模化、产业化和市场化发展，加快完善政策体系，加速技术创新，推动新型储能高质量发展。

2022年1月29日，国家发展和改革委员会、国家能源局印发了《"十四五"现代能源体系规划》。其聚焦2025年非化石能源消费比重达到20%的目标，要求"十四五"时期重点加快发展风电、太阳能发电，积极安全有序发展核电，因地制宜开发水电和其他可再生能源，增强清洁能源供给能力。同时提出，推动构建新型电力系统，促进新能源占比逐渐提高。加大力度规划建设以大型风电光伏基地为基础、以其周边清洁高效先进节能的煤电为支撑、以稳定安全可靠的特高压输变电线路为载体的新能源供给消纳体系。

2022年1月30日，国家发展和改革委员会、国家能源局印发了《关于完善能源绿色低碳转型体制机制和政策措施的意见》，确立在"十四五"时期，基本建立推进能源绿色低碳发展的制度框架，形成比较完善的政策、标准、市场和监管体系，构建以能耗"双控"和非化石能源目标制度为引领的能源绿色低碳转型推进机制。到2030年，基本建立完整的能源绿色低碳发展基本制度和政策体系，形成非化石能源既基本满足能源需求增量又规模化替代化石能源存量、能源安全保障能力得到全面增强的能源生产消费格局。

2022年5月14日，国务院办公厅印发了《关于促进新时代新能源高质量发展的实施方案》（简称《方案》）。《方案》要求，要坚持统筹新能源开发和利用，坚持分布式和集中式并举，突出模式和制度创新，推动全民参与和共享发展。一是加快推进以沙漠、戈壁、荒漠地区为重点的大型风电光伏发电基地建设；二是促进新能源开发利用与乡村振兴融合发展；三是推动新能源在工业和建筑领域应用；四是引导全社会消费新能源等绿色电力。

2024年11月8日，第十四届全国人民代表大会常务委员会第十二次会议表决通过了《中华人民共和国能源法》（简称《能源法》）。该法共九章，主要内容为：总则、能源规划、能源开发利用、能源市场体系、能源储备和应急、能源科技创新、监督管理、法律责任、附则等，自2025年1月1日起施行。

《能源法》的颁布施行，将推动能源高质量发展，保障国家能源安全，促进新时代经济社会绿色低碳转型和可持续发展，积极稳妥推进碳达峰、碳中和，加快建设中国特色社会主义现代化国家。

党的十八大以来，国家在新能源领域密集出台的一系列重磅规划和政策，形成了推进能源革命的"四梁八柱"，清晰定位了新能源发展的新坐标，明确了推进新能源发展的路线图和时间表。

16.1.2 国家大型清洁能源基地引领新能源发展

2021年3月11日，第十三届全国人民代表大会第四次会议表决通过了《中华人民共和国国民经济和社会发展第十四个五年规划和2035年远景目标纲要》（简称《纲要》）。

《纲要》提出，推进能源革命，建设清洁低碳、安全高效的能源体系，提高能源供给保障能力。加快发展非化石能源，坚持集中式和分布式并举，大力提升风电、光伏发电规模，加快发展东中部分布式能源，有序发展海上风电，加快西南水电基地建设，安全稳妥推动沿海核电建设，建设一批多能互补的清洁能源基地，非化石能源占能源消费总量比重提高到20%左右。推动煤炭生产向资源富集地区集中，合理控制煤电建设规模和发展节奏，推进以电代煤。有序放开油气勘探开发市场准入，加快深海、深层和非常规油气资源利用，推动油气增储上产。因地制宜开发利用地热能。提高特高压输电通道利用率。加快电网基础设施智能化改造和智能微电网建设，提高电力系统互补互济和智能调节能力，加强源网荷储衔接，提升清洁能源消纳和存储能力，提升向边远地区输配电能力，推进煤电灵活性改造，加快抽水蓄能电站建设和新型储能技术规模化应用。完善煤炭跨区域运输通道和集疏运体系，加快建设天然气主干管道，完善油气互联互通网络。

根据"十四五"规划和2035年远景目标纲要，"十四五"期间，我国建设九大大型清洁能源基地和五大千万千瓦级海上风电基地，海上风电实现集群式、跨越式发展。

16.1.2.1 九大大型清洁能源基地

九大大型清洁能源基地分别为：松辽清洁能源"风光储一体化"基地；冀北清洁能源"风光储一体化"基地；黄河几字弯清洁能源"风光火储一体化"基地；河西走廊清洁能源"风光火储一体化"基地；黄河上游清洁能源"风光水储一体化"基地；新疆清洁能源"风光水火储一体化"基地；金沙江上游清洁能源"风光水储一体化"基地；雅砻江流域清洁能源"风光水储一体化"基地；金沙江下游清洁能源"风光水储一体化"基地。

　　九大大型清洁能源基地主要集中在东北、西北、西南等地区，这些区域要么光照条件好，太阳能资源丰富；要么新能源产业集中，有利于整体协调、调度；要么水电资源丰富，电价低廉。

　　（1）松辽清洁能源"风光储一体化"基地。松辽清洁能源"风光储一体化"基地位于东北三省。东北三省拥有充足的光照条件，属于太阳能辐射二类地区，全年辐射量在 5 400~6 700 MJ/m²，相当于180~230 kg标准煤燃烧所发出的热量，拥有其他诸多地区不具备的光照时间。近年来，在各级政府相关部门的推动下，东北三省的光伏发电开始逐渐走上正轨。特别是白城光伏发电领跑基地的建设，更是大大加速了东北三省的光伏发电发展速度。

　　2019年5月31日，经国家能源局严格审核，吉林省白城市被确定为国家第三批光伏发电领跑基地3个奖励激励基地之一，规划规模200万kW，奖励规模50万kW，总投资约30亿元。白城光伏发电领跑奖励基地分为三个项目区，分别位于白城市洮南市蛟流河乡、通榆县鸿兴镇和什花道乡、通榆县向海乡。

　　白城光伏发电领跑奖励基地创造了八个第一。第一个公布奖励基地优选方案、第一个发布奖励基地优选公告、第一个组织现场踏勘和答疑、第一个进行企业评优、第一个公示优选企业名单、第一个开工建设、第一个疫后全面复工、第一个全容量并网发电。

　　（2）冀北清洁能源"风光储一体化"基地。冀北清洁能源"风光储一体化"基地位于京津冀北地区。京津冀北地区又称大北京地区，是指由北京市、天津市和河北省唐山市、保定市、廊坊市等城市所统辖的京津唐和京津保两个三角形地区，以及周边的承德市、秦皇岛市、张家口市、沧州市和石家庄市等城市部分地区，中心区面积近7万km²，人口约4 000万，是京津冀区域社会经济最发达、基础设施最完善、城镇化水平最高的部分。在此地区建设清洁能源基地，不仅能整合京津冀资源、科技优势，而且还能解决京津冀协同发展过程中的用能问题和环保问题。

　　（3）黄河几字弯清洁能源"风光火储一体化"基地。黄河几字弯清洁能源"风光火储一体化"基地位于内蒙古自治区和宁夏回族自治区。内蒙古自治区是全国新能源发展最早的地区之一。"十三五"期间，内蒙古自治区就把新能源作为调整能源结构的主攻方向，积极发展风电和光伏发电。目前，内蒙古自治区风电、光伏发电等新能源发电量超过800亿kW·h，位居全国前列。

　　2020年以来，内蒙古自治区成为各能源投资企业最为青睐的省份之一，总体签约的光伏项目规模将近25 GW，几乎囊括了国家能源集团、中国华能集团、中国大唐集团、国家电力投资集团、中国长江三峡集团等主要的光伏发电投资商。

　　内蒙古自治区的蒙东地区与负荷中心的京津冀以及山东省、江苏省、河南省的距离相对较近，这将节省数亿元的通道费用。"十三五"期间，为增加电力输送供应，内蒙古自治区已建成5条特高压、11条超高压电力外送通道，电力总装机达到1.45亿kW，输送电能力达到7 000万kW，位居全国第一，成为全国最大的电力保障基地。

宁夏回族自治区是国家首个新能源综合示范区。2021年1月5日，国家电网有限公司宁夏电力有限公司曾表示，宁夏回族自治区电网新能源装机已达到25.73 GW。

省会银川市是国家第一批新能源示范城市，拥有独具优势的光伏生态。目前，聚集了西安隆基、浙江天通、浙江晶盛、蓝思科技、中环股份等一批国内光伏产业的龙头企业，形成了从单晶硅棒、硅片、电池、组件、分布式光伏电站到地面光伏电站的全产业链布局，实现了年产27 GW单晶硅棒、21 GW单晶硅片、10 GW高效光伏电池等生产能力。

（4）河西走廊清洁能源"风光火储一体化"基地。河西走廊清洁能源"风光火储一体化"基地位于甘肃省。甘肃省河西走廊地区日照时间长、强度高，光热资源十分丰富，且当地分布着大面积戈壁大漠，具备开发建设大型太阳能基地的良好条件。2021年3月25日，甘肃省发展和改革委员会发布的《关于加快推进全省新能源存量项目建设工作的通知》中明确指出，甘肃省目前新能源存量项目约600万kW。其中，光伏发电项目1.23 GW，风电项目4.75 GW。

然而，对于甘肃省来说，阻碍新能源产业发展的是消纳问题。为了解决消纳问题，"十二五"期间，甘肃省境内电网累计投资760亿元，建设投入运行了750 kV第一通道、第二通道和一系列330 kV送出工程，尤其是2017年6月建成投入运行的世界首条以输送新能源绿电为主的800 kV酒泉至湖南特高压直流通道，使甘肃省新能源外送实现突破。这条特高压直流通道途经甘肃省、陕西省、重庆市、湖北省和湖南省5省（市），为华中地区电力安全供应提供了可靠保障。截至2023年10月底，酒湖特高压直流通道累计输送电量已超过1 475亿kW·h。

2019年12月19日，甘肃省"十三五"重点工程——甘肃河西走廊750 kW第三回线加强工程正式投入运行。该工程将甘肃省河西走廊地区清洁能源东送、西送能力分别提升至850万kW、550万kW以上，可增加甘肃省清洁能源外送电量95亿kW·h，相当于节省标准煤116万t，减排二氧化碳超过890万t，为甘肃省新能源在全国范围内外送消纳提供了坚强的通道保障。

（5）黄河上游清洁能源"风光水储一体化"基地。黄河上游清洁能源"风光水储一体化"基地位于青海省。青海省面积72.10万km²，海拔在2 500~4 500 m，离太阳近，日照时间长，全年日照时数为2 500~3 300 h，属于日照优越地区。特别是柴达木地区，年平均日照时间为3 100~3 600 h，年总辐射量可达7 000~8 000 MJ/m²。

凭借得天独厚的太阳能资源和丰富的荒漠化土地资源优势，"十二五"以来，青海省把加快发展新能源产业作为推动经济结构转型的突破口，着力培育集中并网光伏发电产业集群。为此，省会西宁市依托全省丰富的太阳能资源和大规模荒漠化土地资源优势，大力发展光伏产业，在东川工业园区引进了亚洲硅业、黄河水电、阳光能源、鑫诺光电、国家电投、聚能电力、拓日新能源、阳光电源等一大批国内外知名光伏设备制造企业，初步形成了多晶硅—单晶硅—切片—太阳能电池—电池组件完整的光伏制造产业链，聚集了逆变器、光伏玻璃、石英坩埚、铝边框、支架等一批配套光伏产业，形成了迄今为止最为完整的光伏工业产业链条。

（6）新疆清洁能源"风光水火储一体化"基地。新疆清洁能源"风光水火储一体化"基地位于新疆维吾尔自治区。新疆维吾尔自治区具有丰富的光能资源，光照资源总量仅次于西藏自治区，其戈壁荒漠区年平均日照时间能达到3 170~3 380 h，大部分属于一类光照区。在同等上网电价的情况下，发展光伏产业具有显著的优势。以国家发展和改革委员会制定的光伏发电标杆电价为例，新疆维吾尔自治区大部分荒漠地区可收回3倍以上投资。

近年来，新疆维吾尔自治区加快"三基地一通道"建设，不断加大新能源开发力度，建成"内供四环网外送四通道"主网架，全疆资源优化配置能力明显提升，资源优势进一步转化为经济优势，推动能源转型发展、保障国家能源安全的作用更加凸显。

"十三五"期间，新疆维吾尔自治区新增各类发电装机3 813万kW。其中，新能源装机1 362万kW，占新增总装机的1/3以上，年均增长10%。在新增的新能源装机中，风电达到664万kW，光伏达到698万kW。

（7）金沙江上游清洁能源"风光水储一体化"基地。金沙江上游清洁能源"风光水储一体化"基地位于四川省。四川省是我国水电资源最为丰富的省份，电价低廉，也是全国多晶硅三大产区之一，其面积占全省61.3%的甘孜州、阿坝州、凉山州和攀枝花市，是我国太阳能资源的富集区，并网条件好，完全可以满足光伏发电的外送需要。

特别是乐山地区，充分利用区位优势，加快推进"一总部三基地"建设，提出打造"千亿光伏产业集群"和"中国绿色硅谷"目标，先后引进永祥新能源"5+2+2"项目，江苏环太集团单晶硅棒、切片生产线项目，晶科能源25 GW单晶拉制及切方项目，协鑫6万t多晶硅项目等光伏及关联配套企业10余家，产业布局不断完善。

2019年5月5日，四川省能源局下发了《关于编制光伏发电基地规划（2020—2025年）有关事项的通知》，拟在甘孜州、阿坝州、凉山州和攀枝花市启动光伏基地编制规划工作，按照基地化、规模化、集约化的要求，每个州（市）原则上只规划1~2个光伏发电基地，最多不超过3个，每个光伏发电基地规模不少于1 GW。

2020年6月30日，根据四川省发展和改革委员会发布的消息，四川省甘孜州、阿坝州、凉山州和攀枝花市光伏基地规划评审会议召开。该《规划》修改完善后，按程序报批，为四川省"十四五"及以后光伏基地建设创造条件。据介绍，四川省"三州一市"光伏基地"十四五"规划总装机容量为20 GW。

（8）雅砻江流域清洁能源"风光水储一体化"基地。雅砻江流域清洁能源"风光水储一体化"基地位于云南省。云南省清洁能源资源十分丰富，在全国能源格局中占有重要地位。

据《云南省绿色能源发展"十四五"规划》表述，云南省绿色电力可开发量超2亿kW，居全国前列；水能资源全国领先，技术可开发量居全国第3位，约占全国水能可开发量的

1/5；风能、太阳能资源开发潜力巨大；煤炭、煤层气资源利用空间大，煤炭保有储量居全国第9位，预测煤层气资源量居全国第9位，仅少量开发；页岩气资源丰富，昭通地区被列入全国页岩气勘探五个重点建产区域之一；生物质能富集，生物质原料种质居全国之首；干热岩资源丰富。为了发展新能源产业，云南省出台了一系列扶持政策，在政府力推、水电电价低廉、硅矿资源丰富且纯度高等诸多优势的吸引下，合盛硅业、锦州阳光、晶龙集团、通威集团等光伏企业蜂拥而至。丽江隆基、保山隆基、楚雄隆基、楚雄宇泽、曲靖阳光、曲靖晶龙等一批重点项目相继落地。到2020年10月，云南省全省建成投产的光伏项目11个，已形成单晶硅棒产能45.2 GW、单晶硅片产能31 GW、光伏组件产能200 MW；在建拟建项目11个，预期将新增多晶硅产能18万t、单晶硅棒产能35.6 GW、单晶硅片产能46.6 GW、光伏组件10 GW。

2021年2月8日，云南省印发了《国民经济和社会发展第十四个五年规划和二〇三五年远景目标纲要》（简称《纲要》）。《纲要》提出，以金沙江下游、澜沧江中下游大型水电站基地以及送出线路为依托，建设"风光水储一体化"国家示范基地。"十四五"期间，云南省将规划建设31个新能源基地，装机规模为1 090万kW，建设金沙江下游、澜沧江中下游、红河流域"风光水储一体化"基地以及"风光火储一体化"示范项目，新能源装机约1 500万kW。

（9）金沙江下游清洁能源"风光水储一体化"基地。金沙江下游清洁能源"风光水储一体化"基地位于贵州省。根据国家气象局风能太阳能评估中心划分标准，贵州省全省光资源比国内同类山区平均低20%、比北方地区低40%，光资源是国内最差省份之一。2019年前，因资源开发难、项目选址难、争取指标难和施工建设难，贵州省光伏发电装机仅有170万kW。为全力推动光伏产业发展，贵州省成立了由省领导挂帅，省、市、县、乡、企业五级联动的光伏项目推进联动机制。贵州省在参与2019年全国光伏指标竞争中，获得了360万kW光伏竞价项目，一举夺得当年全国光伏竞价项目第一名，并在短短3个半月时间里，创下了建设速度全国第一的成绩。2020年，在全国光伏指标竞争中，贵州省再次以522万kW的规模领跑全国。

按照贵州省2020年《关于上报2020年光伏发电竞价项目计划的通知》要求，2020年贵州省新增光伏消纳空间为2.35 GW，约有50个项目被划为重点项目，光伏备案容量近3 GW，贵州省正在成为光伏开发区域的"新贵"。

2021年1月29日，贵州省第十三届人民代表大会第四次会议通过了《贵州省国民经济和社会发展第十四个五年规划和二〇三五年远景目标纲要》。其明确提出，要科学发展风、光等新能源，推动风光水火储一体化发展，建设毕节市、六盘水市、安顺市、黔西南州、黔南州等百万千瓦级光伏基地，鼓励分散式、分布式光伏发电及风电项目建设。同时，依托已有的大型水电基地，打造乌江、北盘江、南盘江、清水江水风光一体化千万千瓦级可再生能源开发基地，到2025年，贵州省绿色电力装机比重达到86%以上。

16.1.2.2 五大千万千瓦级海上风电基地

五大千万千瓦级海上风电基地分别位于山东半岛、长三角、闽南、粤东和北部湾。

我国的海上风电是从3 MW起步，经过15年的不断探索和开发利用，如今下线机组最大容量达到了18 MW，投入运行的场站离岸距离最远的超过80 km，漂浮式风机柔性直流换流平台等技术得到加快开发和应用。截至2024年9月底，我国海上风电装机达到3 910万kW，约占全球海上风电总装机的50%，且发出的电量实现了全额消纳。

（1）山东半岛海上风电基地。山东半岛海上风电基地位于山东省东部沿海，该海域是风速高值区，风能资源丰富。

①半岛南3号海上风电项目。半岛南3号海上风电项目是山东省首批海上风电示范项目，也是国家电力投资集团有限公司在山东省的首个海上风电项目，位于烟台市海阳市南部海域，由国家电投山东能源发展有限公司投资建设，风场离岸37 km，平均水深31 m，规划用海面积约58 km²，总投资约55亿元，装机规模301.6 MW，建设58台单机容量5.2 MW风电机组，配套建设1座220 kV海上升压站和陆上集控中心。

2019年9月29日，半岛南3号海上风电项目立项，当年12月6日取得核准。2020年8月6日，陆上集控中心开工建设。2021年5月14日，海上主体开工；6月22日，首台风机吊装；12月5日，完成全部风机叶片吊装；12月16日，实现全容量并网发电，历时217 d，建设者以深耕蓝海的决心和魄力，创下海上风电抢装潮下"当年合同、当年排产、当年施工、当年并网"的新纪录，跑出了项目建设的"加速度"。

该项目每年节约标准煤约24.1万t，年收益约5亿元，年等效满负荷利用小时数为2 594.4 h。截至2023年12月13日，半岛南3号项目安全运行740 d，累计发电量达到14.22亿kW·h。

②半岛南4号海上风电项目。半岛南4号海上风电项目也是山东省首批海上风电示范工程，由中国华能集团有限公司山东公司投资建设，位于烟台市海阳市南部海域，总装机容量301.6 MW，建设安装58台5.2 MW风电机组，每年可提供清洁绿电8.2亿kW·h，节约标准煤25.3万t，减少二氧化碳排放55.6万t。

2021年1月4日，半岛南4号海上风电项目完成首根风机基础钢管桩沉桩；5月9日，完成首台海上风机吊装；8月13日，完成首根220 kV海缆敷设；8月19日，完成首台海上风机整体吊装；8月28日，完成海上升压站吊装；9月11日，风场一次受电成功；9月12日，首批风机成功并网发电，比山东半岛南3号海上风电项目提前建成，成功发出山东省第一度海上风电，标志着山东省实现海上风电"零"的突破。

半岛南4号海上风电项目从发出山东省第一度海上风电至项目并网发电两周年，累计发电15.47亿kW·h，节约标准煤46.52万t，减排二氧化碳127.47万t，利用小时数5 129 h，平均设备可利用率达到99.65%。

③莱州海上风电+海洋牧场项目。莱州海上风电+海洋牧场项目是我国首个海上风电与海

洋牧场融合发展研究试验项目，进行"深水网箱+海上风电""深远海养殖+休闲海钓"以及海洋牧场、深远海养殖渔场与海上风电融合发展模式的试点。

该项目位于烟台市莱州市国家级海洋牧场示范海域，场址离岸约12 km，水深6.2~8.2 m，规划面积约46.8 km²，设计安装38台叶轮直径220 m、轮毂中心高度123 m、单机容量为8 MW的H220-8000型风力发电机组，装机容量为304 MW，配套建设1座陆上升压站。风电机组发出的电能通过4回66 kV海底电缆登陆，登陆后转同塔4回66kV架空线路接入220 kV陆上升压站。

2022年7月23日，莱州海上风电+海洋牧场项目开工建设；9月21日，首台风机吊装完成；12月5日，全部风机吊装完成，共历时135 d。2023年3月，实现全容量并网发电，当年发电量达到7.297 8亿kW·h。按照项目每年上网电量10亿kW·h计算，每年可节约标准煤30万t，减少二氧化碳排放78万t、二氧化硫排放5 700 t、氮氧化物排放8 500 t。2024年1—2月，该项目上网电量达到1.848 5亿kW·h，预计全年上网电量将突破10亿kW·h。

莱州海上风电+海洋牧场项目在提供源源不断绿电的同时，还通过海上风电底座的"鱼礁化"，将鱼类养殖网箱、贝藻养殖筏架固定在风力发电机的地基上，实现"水下产出绿色产品，水上产出绿色能源"的立体式发展。

2022年，山东省在全国率先启动平价项目开发，开工建设海上风电项目250万kW、建成200万kW，年度建成规模居全国首位。到2023年底，山东省海上风电装机容量达到400万kW以上，2025年将达到500万kW以上。

（2）长三角海上风电基地。长三角海上风电基地位于江苏省盐城市、南通市和浙江省温州市、嘉兴市、舟山市。据有关资料表明，我国东南沿海海上可开发风能资源约达7.5亿kW。

①东台海上风电项目。东台海上风电项目是"一带一路"能源合作项目，也是我国首个中外合资海上风电项目，开创了国内中外合资海上风电建设的先河。

该项目位于盐城市东台市北条子泥海域和竹根沙海域，由国家能源集团与法国电力集团（EDF）合作开发，总投资约80亿元，由四期、五期组成50万kW海上风电项目。其中，四期项目装机30万kW，2019年12月建成并网发电；五期项目装机20万kW，安装50台风电机组，2020年3月开工建设。该项目离岸约37 km，是目前国内具有潮间带施工特点的离岸最远、露滩施工规模最大的海上风电场。

2020年3月21日，该项目完成首根钢管桩沉桩；6月16日，完成首台风机吊装；9月16日，完成海上升压站吊装；10月22日，220 kV海缆及光纤贯通；12月27日，首批风机一次倒送电成功。2021年11月20日，实现全容量并网发电，年发电量约13.9亿kW·h，可满足200万居民的年用电需求，相当于节省标准煤44.19万t，减排二氧化碳93.75万t、二氧化硫1 704 t。

2023年4月，国家能源集团和法国电力集团签署扩展合作协议，双方规划继续在东台市建设"风光氢储"绿色能源协同融合的海上综合智慧能源岛示范项目，规划总装机150万kW。

②如东海上风电项目。如东海上风电项目是我国首个柔性直流海上风电项目，也是江苏省重特大项目——如东海上风电项目的子项目之一。

该项目位于南通市如东县东部黄沙洋海域，离岸约50 km，水深9~22 m，由中国三峡新能源（集团）股份有限公司投资建设。该项目规划建设H6、H10两座海上风电场，各安装单机容量4 MW的风电机组100台，配套建设1座220 kV海上升压站、1座海上换流站与陆上换流站，所发电能经目前国内电压等级最高、输送距离最长的柔性直流输电电缆，汇入目前世界体积最大、容量最大、电压等级最高的海上换流站，由后者送至江苏电网。柔性直流输电技术是世界上最前沿的输电技术，能够弥补传统的长距离交流输电存在的不足。

2021年12月25日，如东海上风电项目实现全容量并网发电。这座亚洲首座柔性直流海上风电场年均上网发电量将达到24亿kW·h，可满足约100万户家庭一年的正常用电需求，每年可节约标准煤74万t、减排二氧化碳183万t。

③大丰海上风电项目。大丰H8-2海上风电项目是我国离岸最远的海上风电项目，位于盐城市大丰区毛竹沙北侧海域，由三峡集团上海勘测设计研究院有限公司总承包，总装机容量300 MW，风场离岸72 km，配套建设1座陆上集控中心、1座海上升压站和海上高抗站。

2021年12月25日，大丰H8-2海上风电项目实现全容量并网发电，实现了当时多个国内"之最"：国内离岸距离最远的海上风电场；海上升压站国内同等配置下体积最小、重量最轻；交流输送距离最远、海底电缆截面最大；岸基集控中心国内电压等级最高。据介绍，大丰H8-2海上风电项目年均上网发电量达9亿kW·h，可满足约37万户家庭一年的正常用电需求，每年可减少二氧化碳排放约76万t。

④嘉兴1号海上风电项目。嘉兴1号海上风电项目是浙江省自主开发的首个大型海上风电项目，位于杭州湾平湖海域，场址在嘉兴市，风场离岸约20 km，由浙江浙能电力股份有限公司投资建设，总投资约53亿元，共安装风电机组75台，总装机容量达300 MW，同步建设1座220 kV海上升压站、两回220 kV海缆送出线路和1座陆上计量站。

2020年5月2日，嘉兴1号海上风电项目开始首台风机吊装。2021年11月22日，实现全容量并网发电，年可发出清洁绿电7.4亿kW·h，节约标准煤23万t。自首批风电机组并网发电以来，已累计发出清洁绿电1.37亿kW·h。

⑤嘉兴2号海上风电项目。嘉兴2号海上风电项目是浙江省创建国家清洁能源示范省的重点力推项目。该项目位于杭州湾平湖海域，场址在嘉兴市，由华能国际电力股份有限公司投资建设，总装机容量为30万kW，总投资约53亿元，共布设50台6 MW风力发电机组，这是6 MW风电机组在浙江省海域首次批量应用，可有效降低对钱塘江涌潮的影响。

2021年4月15日，嘉兴2号海上风电项目首台机组顺利实现并网，发出华能集团在浙江省海上风电项目的第一度电。2021年12月2日，实现全容量并网发电，年上网电量超过8亿kW·h，年可节约标准煤26.2万t，减排二氧化碳约34万t、二氧化硫约3 022 t。

⑥嵊泗2号海上风电项目。嵊泗2号海上风电项目是浙江省重点建设项目,也是浙江省装机容量最大的海上风电项目,位于舟山市嵊泗县崎岖列岛西南侧王盘洋海域,由国家电力投资集团有限公司浙江分公司和浙江省能源集团有限公司共同出资建设,双方各占股份50%。

该项目装机容量约400 MW,总投资约71.54亿元,建设风电机组63台,同步建设1座220 kV海上升压站和1座陆上计量站(与嘉兴1号共用)。2020年7月17日开工建设,2021年11月28日实现全容量并网发电,年可提供清洁绿电约10.99亿kW·h,相当于50万户家庭全年的基本用电量,年可节省标准煤35.4万t,减少排放二氧化硫、氮氧化合物约3 958 t,减排二氧化碳72.6万t。

嘉兴1号海上风电项目、嘉兴2号海上风电项目和嵊泗2号海上风电项目,三者共同组成了长三角最大的海上风电集群,总装机容量达到100万kW,宣告了浙江省正式跨入海上风电项目"百万千瓦"时代。

⑦普陀6号海上风电项目。普陀6号海上风电项目是浙江省首个海上风电项目,也是国内风机承台最高、试桩桩长最长的海上风电项目,位于舟山市六横岛东南侧海域,由国电电力发展股份有限公司投资建设。

该项目风场离岸约12 km,水深12~16 m,总装机容量25.2万kW,建设4 MW风电机组63台。2016年12月18日,首桩打桩成功,攻克了"大涌浪、厚淤泥、强台风"等一系列施工难题,成功抵御了"利奇马"等数个超强台风的正面冲击,其相关技术在国内同行业有着推广示范效应,获得"国家优质工程金奖"。2019年4月,实现全容量并网发电,年等效满负荷利用小时数为3 038 h,年上网电量为75 338万kW·h,年可节约标准煤24万t,可减排二氧化碳61万t、二氧化硫4 378 t、二氧化氮1 751 t。

⑧苍南4号海上风电项目。苍南4号海上风电项目是浙江省重点工程,位于浙江省东南部海域、台湾海峡北峡口,场址在温州市苍南县境内。该项目由华能集团浙江分公司投资建设,总投资87.2亿元,规模为40万kW,安装机组77台,年发电量约15.49亿kW·h,年可节约标准煤45万t、减排二氧化碳约128.7万t。2022年8月29日,苍南4号海上风电项目实现全容量并网发电。

(3)闽南海上风电基地。闽南海上风电基地位于福建省东部沿海。福建省不仅是我国海上风电资源禀赋最好的省份,更是亚洲海上风电资源最好的地区,年利用小时数超过4 000 h。

①福清兴化湾海上风电项目。福清兴化湾海上风电项目是全球首个大功率海上风电样机试验风场项目,位于福州市福清市江阴半岛东南侧和牛头尾西北侧,由中国长江三峡集团有限公司投资建设,分为兴化湾一期和兴化湾二期。其中,兴化湾一期场址离岸约3 km,平均水深5.5 m,面积约23.6 km²,装机容量为77.4 MW,安装单机容量5.0~6.7 MW大功率风电机组14台;兴化湾二期场址离岸约2.2 km,平均水深4.1 m,面积约9.6 km²,装机容量为280 MW,安装单机容量5 MW以上大容量风电机组。项目建成后,年发电量约8.18亿kW·h,年可节约

标准煤约25.5万t，减少二氧化硫排放量约420.75 t，二氧化碳约66.31万t，氮氧化合物约1 989 t。

2016年11月，三峡集团投资约18.26亿元启动了兴化湾一期项目建设。2018年8月29日，一期项目实现全容量并网发电，推动了我国大容量海上风电机组关键技术的进步。

2018年9月3日，投资53.5亿元的兴化湾二期项目第一根桩开始锤打。2020年7月12日，我国首台由三峡集团与东方电气集团联合研发的10 MW海上风电机组在兴化湾二期成功并网发电。这是当时我国自主研发的单机容量亚太地区最大、全球第二大的海上风电机组，刷新了我国海上风电单机容量新纪录，标志着我国具备10 MW大容量海上风电机组自主设计、研发、制造、安装、调试、运行能力，也标志着我国风电开发能力实现历史性跨越，跻身世界第一方阵，是实现海上风电重大装备国产化、打造海上风电大国重器的重要成果。

10 MW大容量海上风电机组是针对福建省、广东省等海域I类风区设计，机组环境适应性、设备可靠性、风能利用率等都得到极大提高，具备抗超强台风能力。机组轮毂中心高度距海平面约115 m，相当于40层居民楼的高度，风机叶轮直径185 m，相当于3台波音747并排的宽度，风轮扫风面积相当于3.7个标准足球场。在年平均10 m/s的风速条件下，单台机组每年可以输送出4 000万kW·h清洁绿电，可以减少燃煤消耗1.28万t，二氧化碳排放3.35万t，可满足2万个三口之家的正常用电需求。该机组推广应用，可以大幅度降低基础、征海、安装、海缆及后期运维成本，促进海上风电度电成本降低，有利于减少风电场用海面积，提高海洋利用率，促进海上风电高质量发展。

②福清海坛海峡海上风电项目。福清海坛海峡海上风电项目是福建省重点工程，位于福州市福清市龙高半岛东北侧的海坛海峡中北部，由中国华电集团有限公司投资建设，总投资约60亿元，总装机容量300 MW，安装46台国内先进的6 MW以上大功率风电机组。

2019年11月23日，福清海坛海峡海上风电项目主体工程开工建设；2020年12月，首批两台风电机组并网发电；2021年11月18日，实现全容量并网发电，年发电量约11.3亿kW·h，年可节约标准煤31.92万t，减少二氧化碳排放93.91万t。该项目实现了华电集团海上风电并网发电从"0"到"1"的重大突破。

基于福建省海上风电资源良好禀赋，我国已在福建省东部海域规划了上千万千瓦风电装机。2023年6月13日，福建省发展和改革委员会又发布了福建省2023年第一批长乐B区（调整）10万kW、长乐外海I区（南）30万kW、长乐外海J区65万kW、长乐外海K区55万kW、莆田湄洲湾外海40万kW共5个、200万kW海上风电市场化竞争配置项目。"十四五"期间，福建省将加快完成海上风电规划内省管海域1 030万kW、深远海480万kW的海上风电配置项目建设。

（4）粤东海上风电基地。粤东海上风电基地位于广东省东南部沿海。根据《广东省海上风电发展规划（2017—2030）》确定的发展目标，广东省已在汕头市布局规划了3 535万kW的海上风电装机项目，约占广东省的53%。因此，作为我国五大海上风电基地之一的粤东海上风电基地，成为了广东省海上风电项目建设的主战场。

①南澳勒门I海上风电项目。南澳勒门I海上风电项目是广东省政府力推的广东省粤东地区首批海上风电示范项目，位于汕头市南澳县南部海域的勒门列岛海域，是近海浅水区海上风电项目，由中国大唐集团有限公司投资建设，总投资约60.58亿元，场址面积约18 km²，装机总容量约245 MW，规划安装35台7 MW上海电气SWT7.0-154风机，同时配套建设1座220 kV海上升压站、1座陆上开关站。

2021年12月31日，南澳勒门I海上风电项目实现全容量并网发电，年发电量约7.51亿kW·h，年可节约标准煤约24万t，减少二氧化碳排放45万t。到2023年3月，该项目已发出绿电超10亿kW·h。

②阳江南鹏岛海上风电项目。阳江南鹏岛海上风电项目是我国首个单体大容量海上风电项目，是广东省第一个采用导管架基础形式的风电项目，由中节能风力发电股份有限公司投资建设。

该项目位于阳江市阳东区东平镇南侧、海陵岛东南侧海域，场区离岸34 km，水深23~32 m，装机总容量30万kW，安装单机容量5.5 MW的风电机组55台，同步建设220 kV海上升压站和陆上集控中心各1座。

2019年，阳江南鹏岛海上风电项目开工建设；2021年11月28日，实现全容量并网发电，年可发出清洁绿电约8亿kW·h，年节省标准煤约24.98万t，年减少二氧化碳排放量45.4万t。自首批风电机组并网发电以来，已累计发出清洁绿电1.8亿kW·h。

③阳江沙扒海上风电项目。阳江沙扒海上风电项目是我国首个百万千瓦级海上风电项目，是广东省重点建设项目和金砖国家新开发银行贷款在粤落地的首个项目，由中国长江三峡集团有限公司投资建设。

该项目位于阳江市阳西县沙扒镇南面海域，场区离岸约15.9 km，水深21~26 m，面积约67 km²，年平均风速7.78 m/s，总装机容量为170万kW，共建设海上风电机组269台和海上升压站3座。

2021年12月25日，阳江沙扒海上风电项目实现全容量并网发电，年可为粤港澳大湾区提供清洁绿电约47亿kW·h，可满足约200万户家庭年用电量，年可节省标准煤约150万t，年可减排二氧化碳约400万t。

④阳江青洲海上风电项目。阳江青洲海上风电项目是广东省首批近海深水区海上风电项目之一，位于阳江市阳西县附近海域，场址水深35~43 m，由广东省能源集团有限公司投资建设，规划装机容量为1 000 MW，共建设单机容量为11 MW的国产抗台风型海上风力发电机组92台，配套建设500 kV海上升压站和陆上集控中心各1座。

2023年12月7日，该项目首批风电机组并网发电，标志着500 kV海上升压站、500 kV三芯海缆得到成功应用，为我国深远海、大容量海上风电项目的开发建设提供了经验。据介绍，项目建成后，每年可为电网提供清洁绿电36亿kW·h，按照普通家庭月均用电220 kW·h计算，可满足136万户家庭一年的用电需求，每年还可节省标准煤约105万t，减少二氧化碳排放约278万t。

⑤汕尾甲子海上风电项目。汕尾甲子海上风电项目是我国首个批复采用500 kV电压等级送出的海上风电项目，也是全国首个实现海上主体工程开工的平价海上风电项目，由中国广核集团投资建设。

该项目位于汕尾市陆丰市湖东镇南侧海域，场区离岸约25 km，水深30~35 m，装机容量为500 MW，共建设6.45 WM海上风力发电机组78台和1座220 kV海上升压站、2回220 kV登陆海缆及78回35 kV集电海缆。

2021年10月1日，汕尾甲子海上风电项目开始沉桩作业；2022年11月，实现全容量并网发电，年可提供清洁绿电约15亿kW·h，减少标准煤消耗约46万t，减少二氧化碳排放量约120万t。

（5）北部湾海上风电基地。北部湾海上风电基地位于广西壮族自治区南部沿海。2022年8月19日，广西壮族自治区人民政府办公厅印发了《广西能源发展"十四五"规划》。"十四五"期间，广西壮族自治区将积极打造北部湾海上风电基地，规模化、集约化发展海上风电，重点推进北部湾近海海上风电项目开发建设，积极推动深远海海上风电项目示范化开发，统筹规划外送输电通道建设。

广西海上风电示范项目是我国西南地区首个海上风电项目，分为防城港海上风电示范项目和钦州海上风电示范项目，由广西投资集团有限公司一控一参竞得开发权。

①防城港海上风电示范项目。防城港海上风电示范项目是我国西南地区首个、广西壮族自治区首个海上风电项，也是我国在建单体装机容量最大、国内首个零补贴的平价海上风电项目，位于防城港市江山半岛南面海域，场区离岸16 km，总投资约245亿元，规划装机容量180万kW，建设单机容量8.5 MW风电机组约83台，配套建设1座220 kV海上升压站和1座陆上集控中心。

2023年6月30日，防城港海上风电示范项目开工建设；8月19日，首台风机吊装完成。2024年1月28日，实现首批机组并网发电。该项目成为广西第一个下海测风、第一个核准、第一个开工的海上风电项目，实现广西海上风电"零"的突破。项目全容量投产后，年上网电量超50亿kW·h，可满足500万户居民家庭基本用电。

②钦州海上风电示范项目。钦州海上风电示范项目位于钦州市三娘湾南部海域，场区离岸约35 km，水深10~20 m，总投资约100亿元，规划装机容量为900 MW，安装37台单机容量8.7 MW、18台单机容量10 MW和38台单机容量10.5 MW风电机组，同步建设220 kV海上升压站2座、陆上开关站（集控中心）1座及相关电缆工程等。

2023年8月5日，广西壮族自治区发展和改革委员会核准批复钦州海上风电示范项目。目前，广西壮族自治区共规划9个海上风电场区项目，总规划装机容量2 350万kW。

16.1.3 资源富集省份超前规模布局新能源建设

我国幅员辽阔，风能、太阳能、水能等可用于开发的新能源资源分布不均。但是，在国家政策的激励下，各地按照"碳达峰、碳中和"的目标要求，都在积极部署新能源开发利用项目。特别是位于国家规划的"十四五"大型清洁能源基地的省份，更是超前布局体量较大的新能源开发利用项目，引领新能源发展。

2024年9月31日国家能源局发布的消息称，2024年前三季度，我国可再生能源新增装机2.1亿kW，同比增长21%，占新增装机的86%。其中，新增水电并网装机容量797万kW，新增风电并网装机容量3 912万kW，新增光伏发电装机并网1.61亿kW，新增生物质发电装机137万kW。

2024年前6个月，我国能源重点项目完成投资额超过1.2万亿元，同比增长17.7%，"十四五"102项重大工程逐步落地，这反映出能源高质量发展继续保持良好势头。非化石能源发电投资增势良好。太阳能发电、陆上风电投资继续保持两位数增长，完成投资额约4 300亿元。分布式光伏保持快速发展，投资同比增长76.2%，江苏省、浙江省、安徽省、云南省、广东省新建项目投资加快。抽水蓄能投资增势强劲，投资增速较2023年同期增加30.4个百分点。到2024年8月底，我国能源领域重点项目投资约达到1.7万亿元。

上述数字表明，2024年，我国一大批新能源项目先后开工，各地积极部署新能源项目建设，特别是位于"十四五"国家大型清洁能源基地的新能源项目建设步伐明显加快。

16.1.3.1 吉林省

吉林省是松辽清洁能源"风光储一体化"基地的重要一极。2021年1月27日，吉林省第十三届人民代表大会第四次会议批准了《吉林省国民经济和社会发展第十四个五年规划和2035年远景目标纲要》。2023年8月11日，吉林省能源局、吉林省发展和改革委员会又印发了《吉林省能源领域2030年前碳达峰实施方案》。

"十四五"期间，吉林省创新发展氢能、风能、太阳能、生物质能等新能源，整合东部抽水蓄能和西部新能源资源，建设"陆上风光三峡"和"山水蓄能三峡"，扩大"吉电南送"规模，撬动新能源装备制造业发展。到2025年，单位地区生产总值能耗和单位地区生产总值二氧化碳排放确保完成国家下达的目标任务，非化石能源消费比重达到17.7%左右，风电、光伏发电总装机容量达到3 000万kW。

"十五五"期间，吉林省清洁低碳、安全高效的能源体系初步形成，能源结构调整取得重大进展，重点行业能源利用效率达到国际先进水平，"陆上风光三峡"全面建成，"山水蓄能三峡"基本建成。到2030年，单位地区生产总值二氧化碳排放量比2005年下降65%以上，非化石能源消费比重达到20%左右，风电、光伏发电总装机容量达到6 000万kW，全省能源领域二氧化碳排放实现2030年前达峰。

（1）"陆上风光三峡"。充分发挥省内西部地区风光资源优势、未利用土地资源优势和并网条件优势，以白城市、松原市、四平市双辽市等地区为重心大力推进风电、太阳能发电规模化开发，依托鲁固直流和"吉电入京"特高压通道等电力外送条件，全力推进国家级清洁能源基地建设。在长春市、吉林市、延边朝鲜族自治州等地区因地制宜开发分散式风电、分散式光伏和农光互补等多种形式的新能源发电项目，实现新能源灵活开发、就近并网。到2025年，全省风电、光伏发电装机容量分别达到2 200万kW和800万kW；到2030年，全省风电、光伏发电装机容量分别达到4 500万kW和1 500万kW，将"陆上风光三峡"逐步打造成国家"松辽清洁能源基地"核心组成部分。

（2）"山水蓄能三峡"。积极落实国家新一轮抽水蓄能中长期规划任务，充分发挥省内东部地区水能资源优势，提升电力系统的调节能力和清洁能源的消纳能力，加快推进蛟河120万kW抽水蓄能电站建设，积极推进通化、和龙、汪清、敦化（大沟河、塔拉河）、靖宇、安图等地抽水蓄能电站核准开工，形成总规模千万千瓦级的抽水蓄能电站集群。到2030年，"山水蓄能三峡"工程基本建成。

（3）推进"绿电"示范建设。打造白城、松原、双辽"绿电"产业示范园区，提升新能源消纳水平，形成发电、供电、用电相互促进的良性循环。按照"宜电则电、宜气则气、宜热则热"的原则，巩固并拓展生物质发电项目，依托各地现有供热管网，积极推进生物质锅炉直燃供热。到2025年，全省生物质发电装机达到120万kW左右。

（4）探索深化地热能开发利用。鼓励采用"取热不取水"技术开发利用中深层地热资源，在全省工业园区、旅游景区、新建住宅区、政府性投资的公共建筑（办公楼、学校、医院）等场景开展中深层地热能示范应用。

（5）打造氢能制储运用体系。开展"氢动吉林"行动，构建氢能"一区、两轴、四基地"发展格局。横向构建"白城—长春—延边"氢能走廊，纵向构建"哈尔滨—长春—大连"氢能走廊。到2025年，可再生能源制氢产能达到6万~8万t/年。

（6）加快推进新型储能产业发展。在电网输配辅助服务、可再生能源并网、分布式能源、微电网以及用户侧等方面，积极推动储能应用，带动储能电池制造等上游产业发展，逐步形成完整的储能产业链。到2025年，新型储能装机规模达到25万kW。

16.1.3.2 辽宁省

辽宁省位于松辽清洁能源"风光储一体化"基地。2022年7月5日，辽宁省人民政府办公厅印发了《辽宁省"十四五"能源发展规划》。

"十四五"期间，辽宁省按照构建清洁低碳、安全高效的现代能源体系和着力建设清洁能源强省的目标要求，到"十四五"末全省能源发展主要目标是：全口径发电装机达到9 000万kW左右，年均增长9.4%；全社会用电量达到3 093亿kW·h左右，年均增长5%；

非化石能源成为能源消费增量主体，占能源消费总量占比达到13.7%左右；非化石能源装机成为主体电源，占比达到50%以上，非化石能源发电量占比提高至47%左右；风电、光伏发电装机规模达到3 700万kW以上。

16.1.3.3　黑龙江省

黑龙江省位于松辽清洁能源"风光储一体化"基地。2021年2月22日，黑龙江省第十三届人民代表大会五次会议通过了《黑龙江省国民经济和社会发展第十四个五年规划和二○三五年远景目标纲要》。

"十四五"期间，黑龙江省优先发展可再生能源。到2025年，可再生能源装机达到3 000万kW，占总装机50%以上。其中，风电新增装机1 000万kW，建设哈尔滨市、齐齐哈尔市、佳木斯市、大庆市、绥化市百万千瓦级大型风电项目；光伏发电新增装机550万kW，建设齐齐哈尔市、大庆市、绥化市和四煤城大型光伏发电项目；水电新增装机130万kW，建设牡丹江市海林市三道河子镇荒沟抽水蓄能电站，开工建设哈尔滨市尚志市、依兰县抽水蓄能电站；生物质能发电新增装机220万kW，建设生物质能热电联产和核能供热配套生物质发电项目。

此外，黑龙江省还要求优化电力生产和输送通道布局，提高新能源消纳和存储能力，争取建设以黑龙江省为起点的特高压电力外送通道，实现500 kV电网市（地）全覆盖、220 kV电网县（市）全覆盖，完善电网网架结构。

16.1.3.4　河北省

河北省是冀北清洁能源"风光储一体化"基地的重要一极。2021年2月22日，河北省第十三届人民代表大会第四次会议批准了《河北省国民经济和社会发展第十四个五年规划和二○三五年远景目标纲要》。

"十四五"期间，河北省新能源产业坚持高端化、高效化、智能化主攻方向，大力发展高效光伏设备、高端风电设备、智能电网和高效储能装备产业，加快风光火储互补、先进燃料电池、高效储能等关键技术和智能控制系统研发及产业化，加速氢能产业规模化、商业化进程，打造全国氢能产业发展高地，重点建设张家口市可再生能源示范区和氢能示范城市、邢台市太阳能利用及新型电池、保定市新能源与能源设备、邯郸市氢能装备、承德市清洁能源融合发展等产业示范基地，形成集装备制造、能源生产、应用示范于一体的新能源产业集群，骨干企业产业技术水平和自主创新能力跃居全国前列。

同时，加快冀北清洁能源基地建设，以推进张家口市可再生能源示范区建设为契机，重点建设张承百万千瓦风电基地和张家口市、承德市、唐山市、沧州市及沿太行山区光伏发电应用基地，大力发展分布式光伏，因地制宜推进生物天然气、生物质热电联产、垃圾焚烧发电项目建设，科学有序利用地热能，加快发展可再生能源，努力构建可再生能源发电与其他能源发展相协调、开发消纳相匹配、"发输储用"相衔接的新能源发展格局。到2025年，风电、光伏发电装机容量分别达到4 300万kW、5 400万kW。同时，加快新能源制氢，合理布局加氢站、输氢管线，推进坝上地区氢能基地建设。加快抽水蓄能电站建设，灵活调峰电源，保障电网运行安全。

16.1.3.5 北京市

北京市位于冀北清洁能源"风光储一体化"基地。2022年2月22日，北京市人民政府印发了《北京市"十四五"时期能源发展规划》。

"十四五"期间，北京市坚持"宜建尽建、应用尽用"原则，围绕城镇建筑、基础设施、产业园区等重点领域，加快构建以分布式为特征的新型绿色电源支撑体系。到2025年，本地可再生能源新增发电装机容量217万kW左右，累计达到435万kW左右，占本市发电装机比重提高到28%左右。

（1）加强重点领域光伏应用。鼓励居民住宅光伏应用，推动光伏发电在城镇农村新建居住建筑、城市老旧小区综合整治工程中的应用。积极推动大型商业综合体、商务楼宇光伏建筑一体化应用。新建高效农业设施同步设计、同步建设光伏发电工程。在地铁、公交场站设施、高速公路等边坡闲置空间建设光伏发电设施，实现具备条件的再生水厂、燃气场站、加油站、数据中心等设施光伏发电全覆盖。试点推动关停矿区、荒滩荒坡光伏发电规模化利用。推动新建学校、医院、体育馆等公共机构同步设计光伏发电系统，既有公共机构建筑积极推广光伏发电应用。到2025年，全市重点领域新增光伏发电装机70万kW。

（2）加快推进整区屋顶分布式光伏开发试点。重点在大兴区、北京经济技术开发区、天竺综保区等6个区域推进屋顶分布式光伏发电试点工作，试点区域内党政机关，学校、医院、村委会，工商业厂房及农户建筑屋顶总面积安装光伏发电比例分别不低于50%、40%、30%和20%。到2025年，全市整区屋顶分布式光伏试点新增光伏发电装机120万kW。

（3）探索风力发电应用新模式。结合低碳园区、零碳村庄等应用场景，试点推进分散式风电应用。到2025年，全市新增风电装机11万kW，累计达到30万kW。

（4）有序推进生物质能发电工程。加快推进大兴安定垃圾焚烧发电厂、顺义焚烧发电厂三期建设。实现高碑店、高安屯、小红门等再生水厂污泥沼气发电工程并网发电。到2025年，全市新增生物质能装机16万kW，累计达到55万kW。

（5）提升城乡可再生能源供热水平。大力推动浅层地源热泵（不含水源热泵）、再生水源热泵等供热制冷技术与常规能源供热系统融合发展。到2025年，新增可再生能源供热面积4 500万m²，供热面积占比达到10%以上。

16.1.3.6 天津市

天津市位于冀北清洁能源"风光储一体化"基地。2022年2月19日，天津市发展和改革委员会印发了《天津市能源发展"十四五"规划》。

"十四五"期间，天津市科学优化本地电源结构，稳定煤电装机规模，着力扩大天然气、可再生能源装机。到2025年，全市清洁能源装机超过1300万kW。着力扩大外电供应，打通更多"外电入津"通道，提升现有蒙西至天津南、锡盟经天津南至山东两条特高压通道输送能力，加快新增大同—怀来—天津北—天津南特高压通道建设，力争到2025年外受电能力达到1000万kW，比重超过1/3。

（1）大力开发太阳能。坚持集中式和分布式并重，推进光伏建筑一体化应用，促进光伏发电与城市建筑、基础设施等要素融合发展；支持利用坑塘水面、农业设施、盐场等发展复合型光伏发电，推动滨海新区"盐光互补"等百万千瓦级基地建设。

（2）有效利用风能资源。优化海陆风电布局，加快发展陆上风电，稳妥推进远海、防波堤等海上风电。

（3）有序开发地热能。坚持"以灌定采、采灌平衡"的原则，加快中深层水热型和浅层地热能推广应用。

（4）因地制宜开发生物质能。支持生物质成型燃料、生物天然气、生物液体燃料等多种形式的生物质能利用。

到2025年，天津市非化石能源装机超过800万kW，占总装机比重达到30%左右。

16.1.3.7 内蒙古自治区

内蒙古自治区是黄河几字弯清洁能源"风光火储一体化"基地的重要一极，对新能源开发和利用极为重视，先后出台了《内蒙古自治区国民经济和社会发展第十四个五年规划和2035年远景目标纲要》《内蒙古自治区"十四五"能源发展规划》《内蒙古自治区"十四五"可再生能源发展规划》和《内蒙古自治区"十四五"电力发展规划》等政策文件。

2022年2月28日，内蒙古自治区人民政府办公厅印发了《内蒙古自治区"十四五"能源发展规划》。作为国家重要能源和战略资源基地，内蒙古自治区能源生产总量约占全国的1/6，外输能源占全国跨区能源输送总量的1/3，在保障全国能源供应和经济发展格局中具有重要战略地位。同时，能源也是内蒙古自治区支柱产业，贡献了50%以上的工业增加值和税收，对促进边疆稳定和经济繁荣具有举足轻重的作用。

2022年3月2日，内蒙古自治区能源局印发的《内蒙古自治区"十四五"可再生能源发展规划》提出，加快培育可再生能源新技术、新模式、新业态，不断拓展新能源应用场景，持续提升新能源在能源消费中的比重，带动新能源装备制造全产业链协同发展。到2025年，可再生能源发电装机达到1.35亿kW以上。其中，风电8900万kW、光伏发电4500万kW，新能源装机规模超过燃煤火电装机规模，占总发电量比重超过35%。

16.1.3.8 宁夏回族自治区

宁夏回族自治区位于黄河几字弯清洁能源"风光火储一体化"基地。2022年9月5日，宁夏回族自治区人民政府办公厅印发了《宁夏回族自治区能源发展"十四五"规划》。

"十四五"期间，宁夏回族自治区坚持集中开发和分布开发并举、扩大外送和就地消纳相结合的原则，加快发展太阳能发电，推动沙漠、戈壁、荒漠、采煤沉陷区大型集中式光伏开发，重点在沙坡头区、红寺堡区、宁东能源化工基地、中宁县、盐池县、灵武市、利通区、同心县、青铜峡市等地建设一批百万千瓦级光伏发电基地。到2025年，光伏发电达到3 250万kW以上。

同时，稳定推进风电开发，在吴忠市、固原市、中卫市等风能资源丰富区域，统筹电网接入和消纳条件，稳步推进集中式风电项目建设。到2025年，全区风电装机规模达到1 750万kW以上。

16.1.3.9 甘肃省

甘肃省是河西走廊清洁能源"风光火储一体化"基地唯一省份，担负着基地建设的重要任务。2021年12月31日，甘肃省人民政府办公厅印发了《甘肃省"十四五"能源发展规划》。

"十四五"时期，甘肃省提出建设河西走廊清洁能源基地、陇东综合能源基地、石油化工基地和核燃料循环基地四个重要基地。充分发挥河西走廊是全省乃至全国风能资源和太阳能资源最丰富地区之一的资源禀赋优势，大力发展风电、光伏发电、太阳能光热发电等非化石能源电力，形成可再生能源多轮驱动的新能源供应体系。到2025年，水电装机将达到1 000万kW左右，风电装机将达到3 853万kW左右，光伏发电将达到4 169万kW左右，光热发电达到100万kW左右，可再生能源发电装机占电力总装机超过65%，电力外送达到约1 010亿kW·h。

甘肃省酒泉市将加快建设风光水火核多能互补、源网氢储为一体的绿色能源体系，主攻千万千瓦级风电、光伏光热发电、电网升级、调峰电源、储能装置等八类工程。加大平价风光电开发力度，力争新增电力装机2 000万kW以上，风光电上网率达到全国先进水平，建成千亿级规模的清洁能源产业链。

16.1.3.10 青海省

青海省是黄河上游清洁能源"风光水储一体化"基地的唯一省份。2022年2月21日，青海省人民政府办公厅印发了《青海省"十四五"能源发展规划》。

青海省新能源资源较为丰富，开发可利用荒漠土地约10万km²，光伏技术可开发容量35亿kW，风电技术可开发容量7 500万kW以上，具备打造国家清洁能源产业基地的资源条件。然而，到2020年底，青海省光伏装机容量仅为1 580万kW，占可开发量的0.45%，风电装机仅为843万kW，占可开发量的11.24%，新能源开发与巨大的资源开发潜力有很大差距、与清洁能源产业基地的发展定位有差距。

"十四五"时期，青海省将最大程度地利用资源优势，积极加快新能源开发利用。到2025年，青海省全面建成国家清洁能源示范省，国家清洁能源产业基地初具规模，形成以非化石能源为主的"多极支撑、多元消纳、多能互补"的能源生产消费体系，构建以新能源为主体的新型电力系统。到2035年，建成亿千瓦级的"柴达木清洁能源生态走廊"、亿千瓦级黄河上游100%绿色能源发展新样板、千亿级光伏光热产业集群和千亿级锂电产业基地，建成国家清洁能源产业基地。

（1）建设国家级光伏发电和风电基地。积极推进光伏发电和风电基地化规模化开发，形成以海南藏族自治州千万千瓦级多能互补100%清洁能源基地、海西蒙古族藏族自治州千万千瓦级"柴达木光伏走廊"清洁能源基地为依托，辐射海北藏族自治州、黄南藏族自治州的新能源开发格局。到2025年，海西州、海南州新能源发电装机容量分别超过3 000万kW和2 500万kW。

（2）推动分布式新能源发展。在环青海湖、三江源、河湟谷地等区域，因地制宜发展农光、牧光、林光、光伏治沙等多种形式的光伏应用，促进光伏应用与其他产业发展相融合。利用大型工业园区、矿山油田、经济开发区、公共设施、农业园区、居民住宅、高速公路等屋顶及空闲土地空间，积极发展分散式风电，实现清洁能源就地开发、就地消纳。

（3）有序推进黄河水电基地绿色开发。加快拉西瓦和李家峡扩机、羊曲、玛尔挡水电站建成投产，加快推进茨哈峡、尔多、宁木特等水电站前期论证工作，力争茨哈峡水电站开工建设。开展龙羊峡、玛尔挡等大型水电站的扩容研究，"十四五"期间取得阶段性成果。

到2025年，青海省电力总装机将达到9 299万kW。其中，水电达到1 643万kW，光伏发电达到4 580万kW，风电达到1 650万kW，光热发电达到121万kW，生物质发电达到12万kW，电化学储能达到600万kW。清洁能源总装机容量将达到8 906万kW，清洁能源装机占比达到96%。到2030年，青海省风电、光伏发电装机将达到1亿kW以上、清洁能源装机超过1.4亿kW。

"十四五"期间，西宁市将建立动力电池、光伏组件等综合利用和无害化处置系统，构建废旧资源循环利用体系；做强光伏光热制造产业，加强系统集成，拓展光伏发电应用，巩固提升光伏光热全产业链水平，壮大产业规模，打造全国重要的清洁能源制造产业基地。

2022年7月14日，青海省发展和改革委员会又印发了《青海省"十四五"能源发展规划2022年度实施方案》，要求多措并举大力发展新能源，加快第一批国家大基地建设，确保大基地项目按期建成。同时，深化省内外能源合作，充分利用对口帮扶政策优势，加强与长三角、京津冀等区域和对口援青省（市）的衔接，做好省间电力交易衔接，力争外送电规模达到140亿kW·h。

16.1.3.11 新疆维吾尔自治区

新疆维吾尔自治区是新疆清洁能源"风光水火储一体化"基地的唯一省份。2021年2月5日，新疆维吾尔自治区第十三届人民代表大会第四次会议通过了《新疆维吾尔自治区国民经济和社会发展第十四个五年规划和2035年远景目标纲要》。

"十四五"期间，新疆维吾尔自治区积极落实国家能源发展战略，围绕国家"三基地一通道"定位，加快煤电油气风光储一体化示范基地建设，构建清洁低碳、安全高效的能源体系，保障国家能源安全供应。

新疆维吾尔自治区以建设国家新能源基地为契机，建成准东千万千瓦级新能源基地，推进建设哈密北千万千瓦级新能源基地和南疆环塔里木千万千瓦级清洁能源供应保障区，建设新能源平价上网项目示范区。推进风光水储一体化清洁能源发电示范工程，开展智能光伏、风电制氢试点。建成阜康120万kW抽水蓄能电站，推进哈密120万kW抽水蓄能电站、南疆四地州光伏侧储能等调峰设施建设，促进可再生能源规模稳定增长。同时，建设国家能源资源陆上大通道，扩大疆电外送能力，建成"疆电外送"第三通道，积极推进"疆电外送"第四通道、新疆若羌—青海花土沟750 kV联网等工程前期工作，适时开工建设。

16.1.3.12 四川省

四川省是金沙江上游清洁能源"风光水储一体化"基地的唯一省份。2022年3月3日，四川省人民政府印发了《四川省"十四五"能源发展规划》。

"十四五"期间，四川省重点推进金沙江、雅砻江、大渡河"三江"水电基地建设，建成白鹤滩、苏洼龙、两河口、杨房沟、双江口、硬梁包等水电站，继续推进叶巴滩、拉哇、卡拉等电站建设，开工建设旭龙、岗托、奔子栏、孟底沟、牙根二级、丹巴等水电站，水电核准建设规模达到1 200万kW以上，新增投产水电装机规模2 400万kW左右。同时，重点推进凉山州风电基地和"三州一市"光伏发电基地建设，规划建设金沙江上游、金沙江下游、雅砻江、大渡河中上游水风光一体化可再生能源综合开发基地，推进分布式光伏发电和盆周山区风电开发，新增风电600万kW左右、太阳能发电1 000万kW以上。到2025年，四川省电力总装机达到1.5亿kW左右。其中，水电装机容量1.05亿kW左右，火电装机2 300万kW左右（包括煤电、气电、生物质发电等），风电、光伏发电装机容量分别达到1 000万kW、1 200万kW，清洁能源装机占比达到88%左右。

16.1.3.13 云南省

云南省是雅砻江流域清洁能源"风光水储一体化"基地的唯一省份。2022年12月30日，云南省人民政府办公厅印发了《云南省绿色能源发展"十四五"规划》。

"十四五"时期，云南省着力打造绿色能源强省和"一基地三示范一枢纽"，即建设国家清洁能源基地、创建新型电力系统先行示范、绿色能源和绿色制造融合发展示范、绿色能源试点示范，打造国际区域性绿色能源枢纽。到2025年，全省电力总装机达到1.6亿kW以上，发电能力达到5 000亿kW·h以上，非化石能源消费比重比2020年提高4个百分点以上，二氧化碳排放强度明显下降。到2035年，形成以非化石能源为主导的清洁低碳安全高效能源供应体系，全面建成源网荷储协同、多能互补融合的新型电力系统，非化石能源消费比重达到60%。

"十四五"期间，云南省还深入挖掘水电开发潜力，加快布局风电、光伏发电等新能源，积极布局"风光水火储"多能互补基地建设，积极探索、研究发展燃气发电，有序推进其他类型电源建设。到2025年，全省电源装机容量超过1.6亿kW。

（1）持续优先开发水电。积极推动金沙江、澜沧江国家大型水电基地建设，确保乌东德、白鹤滩、托巴水电站等续建电站全部建成投产。"十四五"末，全省新增水电装机1 110万kW。

（2）优化布局风电光伏发电。重点布局金沙江下游、澜沧江中下游、红河流域、金沙江中游、澜沧江与金沙江上游"风光水储"和曲靖"风光火储"基地，加快推进集中式复合新能源项目，打造一批新能源+生态修复、新能源+乡村振兴以及农光、林光互补试点示范。"十四五"末，新增风光等装机规模5 000万kW以上。

16.1.3.14 贵州省

贵州省是金沙江下游清洁能源"风光水储一体化"基地的唯一省份。2022年4月14日，贵州省能源局、贵州省发展和改革委员会印发了《贵州省新能源和可再生能源发展"十四五"规划》。

"十四五"期间，贵州省大力推进光伏基地建设，在太阳能资源较好的毕节市、六盘水市、安顺市、黔西南布依族苗族自治州、黔南布依族苗族自治州等市（州）打造百万千瓦级大型光伏基地。积极推进风光水火储一体化基地建设，建设乌江、北盘江、南盘江、清水江流域四个水风光一体化可再生能源综合基地以及风光水火储多能互补一体化项目。积极推进整县屋顶分布式光伏开发试点建设，开阳县、播州区、关岭县、镇宁县、盘州市、钟山区、镇远县、长顺县、兴义市、望谟县、威宁县、黔西市、松桃县等13个试点县（市、区），按照就地消纳、整县推进、因地制宜、宜建尽建、分步实施的原则，达到屋顶分布式光伏项目建设要求。同时，积极推进"光伏+"项目发展，打造农光互补、林光互补、牧光互补以及水光互补等光伏利用模式，提高资源利用效率。

到2025年，贵州省新能源发电装机达到6 546万kW；非水电可再生能源装机达到4 265万kW。其中，水电装机2 281万kW，风电装机1 080万kW，光伏发电装机3 100万kW，生物质能发电装机85万kW，地热能供热制冷面积达到2 500万m²以上，折合替代标准煤232.2万t。

16.1.3.15 山东省

山东省是承担山东半岛海上风电基地建设的唯一省份。进入新时代以来，山东省对开发利用新能源极为重视，2017年5月2日，山东省发展和改革委员会就印发了《山东省新能源和可再生能源中长期发展规划（2016—2030年）》；2021年8月9日，山东省人民政府又印发了《山东省能源发展"十四五"规划》；2022年2月，山东省又印发了《山东省可再生能源发展"十四五"规划》。

"十四五"时期，山东省锚定"双碳"目标，聚焦大基地建设，坚定不移推动可再生能源高质量跃升发展。

（1）山东半岛千万千瓦级海上风电基地。依托首批海上风电与海洋牧场融合发展示范项目建设，提升海上风电场选址、设计、施工安装水平，积累运营管理经验。聚焦渤中、半岛北、半岛南三大片区，按照总体规划、分步实施原则，重点推进一批百万千瓦级项目集中连片开发，形成规模化、基地化效应，打造千万千瓦级海上风电基地。到2025年，全省海上风电力争开工1 000万kW、投入运营500万kW。

（2）鲁北盐碱滩涂地千万千瓦级风光储一体化基地。依托潍坊市、滨州市、东营市较多盐碱滩涂地和未利用地资源，科学评估开发空间，按照"统一规划、风光同场、集中连片、分步实施"的方式，优化光伏发电、风电、储能等各类要素配比，规划建设鲁北盐碱滩涂地千万千瓦级风光储一体化基地。到2025年，鲁北盐碱滩涂地风光储一体化基地力争建成风光装机容量1 000万kW以上。

（3）鲁西南采煤沉陷区光伏发电基地。以济宁市、泰安市、枣庄市、菏泽市等地区采煤沉陷区为重点，协调落实国土空间规划、生态环境保护与治理、电网接入消纳等条件，按照统一规划、分步实施原则，规划建设鲁西南采煤沉陷区光伏发电基地。通过渔光互补、农光互补等融合发展模式，实现土地的集约化、立体化综合利用，打造集光伏电站建设、光伏新型技术示范、特色种养殖、生态治理修复为一体的综合新能源发展基地。到2025年，鲁西南采煤沉陷区光伏发电基地力争建成装机容量300万kW左右。

（4）外电入鲁通道可再生能源基地。鼓励省内能源企业积极"走出去"，利用建成和规划建设外送电通道，主导或参与送入可再生能源配套电源基地建设，提升外电入鲁通道送电保障能力。推动银东、鲁固、昭沂直流等在运通道配套电源结构调整优化，已建成直流通道可再生能源送电比例力争达到30%左右；加快推动陇东至山东±800 kV特高压直流工程建设，配套建设千万千瓦级风光火（储）一体化电源基地，可再生能源电量比例原则上不低于50%。到2025年，建成省外来电可再生能源配套电源基地装机规模达到1 000万kW。

（5）胶东半岛千万千瓦级核电基地。按照"3＋2"核电总体开发布局，积极推进海阳市、荣成市、招远市三大核电厂址开发，建成荣成高温气冷堆、国和一号示范工程，开工建设海阳核电二期等项目。加强后续核电厂址保护和研究论证，具备条件的适时启动规划建设。到2025年，核电在运装机规模达到570万kW。同时，加快核能供热、海水淡化等综合利用，在实现海阳市核能供热"全覆盖"后，积极推进海阳核电向烟台市区、青岛市即墨区等跨区域供热；开工设计能力30万t/d的海阳核能海水淡化、10万t/d的国和一号示范工程海水淡化项目；探索核能制氢技术研究和示范应用。此外，跟踪国内外陆上核能综合利用小堆、海上浮动堆技术研发和示范情况，开展先进成熟、经济可行的技术方案研究，在济南市、淄博市、潍坊市、烟台市、滨州市等地稳妥开展核能小堆选址，适时启动示范工程建设。

到"十四五"末，山东省可再生能源发电装机容量达到9 000万kW以上，较2020年翻一番。其中，风电达到2 500万kW，光伏发电达到5 700万kW，生物质发电达到400万kW，水电（含抽水蓄能）达到400万kW。省内可再生能源年发电量达到1 200亿kW·h左右，省外来电中可再生能源电量达到450亿kW·h以上，可再生能源电量较2020年翻一番，可再生能源电量占比提高到19%左右。

16.1.3.16 江苏省

江苏省是承担长三角海上风电基地建设的省份之一。2022年6月30日，江苏省发展和改革委员会印发了《江苏省"十四五"可再生能源发展专项规划》。

"十四五"时期，江苏省加快构建以新能源为主体的新型电力系统。

（1）稳妥有序重点发展海上风电。加快完成灌云县、滨海县、射阳县、大丰区、如东县、启东市等地存量海上风电项目建设，形成近海千万千瓦级海上风电基地。探索开展海上风电柔性直流集中送出、海洋牧场、海上综合能源岛、海上风电制氢、海上风电与火电耦合等前沿技术示范。到2025年，全省风电装机达到2 800万kW以上。其中，海上风电装机达到1 500万kW以上。

（2）因地制宜发展光伏发电。优先推动光伏发电就近开发利用，促进光伏发电与农业、交通、建筑等多种产业协同发展。到2025年，全省光伏发电装机达到3 500万kW以上。其中，分布式光伏发电装机达到1 500万kW以上，集中式光伏发电装机达到2 000万kW以上。

（3）多元化发展生物质发电。以生物质资源的能源化循环利用和清洁利用为重点，推动城市生活垃圾焚烧发电、农林生物质直燃发电、沼气发电等建设。到2025年，全省生物质发电装机规模达到300万kW以上。

（4）大力推动抽水蓄能电站建设。积极推进句容市抽水蓄能电站建设，开展连云港市抽水蓄能电站前期工作并力争开工建设，开展句容市石砀山铜矿抽水蓄能电站和韦岗镇青山湖抽水蓄能电站前期工作。到2025年，全省抽水蓄能电站装机规模到328万kW以上。

到"十四五"末，江苏省可再生能源装机力争达到6 600万kW以上，省内可再生能源装机占总装机比重超过34%。

16.1.3.17 浙江省

浙江省是承担长三角海上风电基地建设的省份之一。2021年5月7日，浙江省发展和改革委员会、浙江省能源局印发了《浙江省可再生能源发展"十四五"规划》。

"十四五"期间，浙江省将重点发展海上风电、光伏发电及抽水蓄能电站，着力打造华东抽水蓄能基地和海上风电基地，因地制宜推广风光水储一体化示范项目，高质量发展生物质能、地热能、海洋能等新能源。到2025年，可再生能源装机超过5 000万kW，装机占比达到36%以上。

（1）光伏发电。到"十四五"末，力争装机达到2 750万kW以上，新增装机1 200万kW以上。其中，分布式光伏新增装机超过500万kW，集中式光伏新增装机超过700万kW。

（2）风电。到"十四五"末，力争装机达到640万kW以上，新增装机450万kW以上，其主要为海上风电。

（3）生物质能发电。到"十四五"末，力争装机达到300万kW以上，新增装机60万kW以上。其中，新增装机以垃圾焚烧发电为主。

（4）水电。到"十四五"末，力争装机达到1 500万kW以上，新增装机350万kW以上。其中，新增装机以抽水蓄能电站为主。

16.1.3.18 福建省

福建省是承担闽南海上风电基地建设的唯一省份。2022年5月21日，福建省人民政府办公厅印发了《福建省"十四五"能源发展专项规划》。

"十四五"期间，福建省按照"控火、强核、扩风、稳光、减水、增储、优网、补短"的基本思路，推进源网荷储协调发展，加大风电建设规模，积极推进规模化集中连片海上风电开发，推进水电站治理，有序发展储能，安全稳妥发展核电，稳步开发光伏发电，因地制宜布局气电，科学开发生物质能。到2025年，全省电力装机规模达到8 500万kW。其中，水电达到1 200万kW、占14.1%，略减；核电达到1 403万kW、占16.5%，新增417万kW；抽水蓄能发电达到500万kW、占5.9%，新增380万kW；风电达到900万kW、占10.6%，新增410万kW；光伏发电达到500万kW、占5.9%，新增300万kW。新能源装机比重从2020年的55.8%提高至58.5%。

16.1.3.19 广东省

广东省是承担粤东海上风电基地建设的唯一省份。2022年3月17日，广东省人民政府办公厅印发了《广东省能源发展"十四五"规划》。

"十四五"期间，广东省按照"控煤、节油、提气、增非"的发展要求，积极推进风电、核电、光伏等非化石能源发展，控制化石能源总量，构建以新能源为主体的新型电力系统。到2025年，省内电力装机总量达到2.38亿kW。其中，新型储能装机规模达到200万kW，非化石能源电力装机比重达到49%。

（1）规模化开发海上风电。推动海上风电项目集中连片开发，打造粤东、粤西千万千瓦级海上风电基地，新增海上风电装机容量约1 700万kW。

（2）适度开发陆上风电。在风能资源较为丰富的地区适度发展陆上集中式风电和分散式风电，新增陆上风电装机容量约300万kW。

（3）积极发展光伏发电。大力提升光伏发电规模，坚持集中式与分布式并举，因地制宜建设集中式光伏电站项目，大力支持分布式光伏发电，鼓励发展屋顶分布式光伏发电，推动光伏在交通、通信、数据中心等领域的多场景应用，新增光伏发电装机容量约2 000万kW。

（4）因地制宜发展生物质能。统筹规划垃圾焚烧发电、农林生物质发电、生物天然气项目开发，做好发展规划、建设节奏与资源保障能力及地方财力等方面的衔接，协同推进完善生活垃圾处理收费制度和农林废弃物"收、储、运"体系建设，新增生物质发电装机容量约200万kW。

（5）积极安全有序发展核电。在确保安全的前提下，高效建设惠州太平岭核电一期项目，积极有序推动陆丰核电、廉江核电等项目开工，并推动后续一批项目开展前期工作，做好核电厂址保护工作。核电装机容量新增约240万kW。

（6）加快建设抽水蓄能电站。建成梅州、阳江抽水蓄能电站，开工建设云浮水源山、肇庆浪江、汕尾三江口、惠州中洞、河源岑田、梅州二期、阳江二期、茂名电白等抽水蓄能电站，新增抽水蓄能电站装机容量240万kW。

（7）积极发展天然气发电。在珠三角等负荷中心合理规划调峰气电布局建设，在省内工业园区、产业园区等有用热需求的地区按"以热定电"原则布局天然气热电联产及分布式能源站项目，建成东莞宁洲、广州开发区东区"气代煤"、粤电花都等天然气热电联产项目和广州珠江LNG电厂二期、深圳光明等天然气调峰发电项目，新增天然气发电装机容量约3 600万kW。

16.1.3.20 广西壮族自治区

广西壮族自治区是承担北部湾海上风电基地建设的唯一省份。2022年7月17日，广西壮族自治区发展和改革委员会印发了《广西可再生能源发展"十四五"规划》。

"十四五"期间，广西壮族自治区坚持集中式与分布式、陆上与海上并举，重点推进陆上风电和集中式光伏发电大规模开发，加快海上风电综合开发利用，重点打造高比例可再生能源的清洁电源基地，因地制宜发展生物质能，积极开展可再生能源非电利用示范。

（1）积极建设北部湾海上风电基地。优先推进钦州市、防城港市等近海海上风电项目开发建设，推动深远海海上风电项目示范应用，力争核准开工海上风电项目装机规模不低于750万kW。其中，并网装机规模不低于300万kW。

（2）加快推进陆上集中式风电大规模开发。积极开展市级"百万千瓦级风电基地建设"行动，稳步推进桂林市百万千瓦级陆上风电基地倍增行动，加快柳州市、钦州市、南宁市、百色市等设区市陆上风电基地化发展，努力推动来宾市、贺州市、玉林市、贵港市、河池市、崇左市、梧州市等设区市扩大陆上风电并网规模，新增陆上风电并网装机规模不低于

1 500万kW。

（3）多样化建设集中式光伏电站。大力推进"光伏+"模式，多样化建设集中式光伏复合发电项目，推动建设一批农光互补、牧光互补光伏电站，新增集中式光伏并网装机规模不低于1 000万kW。

（4）有序发展分布式光伏发电。支持在可利用屋顶面积充裕的工业企业厂房、城市综合体、商场、集贸市场、物流中心、各类住宅、居民小区，以及学校、医院、交通枢纽、大型公共设施建设分布式光伏发电项目，新增分布式光伏并网装机规模不低于300万kW。

（5）全力推进大中型水电站建设。推进大藤峡、柳城洛古、贵港江南等在建水电工程建设，推动龙滩电站扩建、八渡水电站、洋溪水利枢纽电站、梅林航电枢纽电站、桂林长塘水库电站等开工建设，新增水电并网装机规模110万kW以上，力争达到200万kW。

（6）加快大型抽水蓄能电站建设。全面加快国家抽水蓄能规划站点内20个抽水蓄能电站项目开发，争取推进一批新增抽水蓄能站点纳入全国新一轮抽水蓄能电站中长期规划。加快推进7座共计840万kW抽水蓄能电站开工建设，力争实现南宁抽水蓄能电站首台机组投产。

（7）有序推进生物质能开发利用。加快推进生活垃圾发电项目建设，新增生活垃圾发电并网装机规模60万kW左右。因地制宜发展农林生物质发电和沼气发电，新增农林生物质发电并网装机规模不低于40万kW。

（8）大力推进新型储能建设。加快电源侧新型储能建设，积极引导新建风电、光伏电站同步配套储能，适时推动已投产风电场、光伏电站增配储能。积极开展新型储能创新技术应用示范，支持飞轮储能、压缩空气储能、液流电池储能、钠离子电池储能、储氢、储热等各类新型储能技术在电力系统源、网、荷各侧多场景试点应用，新增集中式新型储能装机规模不低于200万kW/400万kW·h。

到2025年，广西壮族自治区可再生能源并网装机规模达到6 100万kW，可再生能源发电量达到1 260亿kW·h。到2035年，国家综合能源基地建设取得决定性进展，基本建成清洁低碳、安全高效的现代能源体系，可再生能源成为主体电源。"十五五"期间，全区力争新增可再生能源装机不低于3 000万kW。

16.1.4 新型独立储能电站将有更大发展空间

储能对新能源发电有着极为重要的支撑和辅助作用。特别是新型独立储能电站在电网消纳中，发挥着极其重要的作用。

新型独立储能电站可以以容量租赁的形式，较好地解决风电、光伏发电等新能源发电配套储能的问题，还可以自主地参与电力现货市场。2022年1月29日，国家发展和改革委员会、国家能源局在印发的《"十四五"新型储能发展实施方案》中强调，新型独立储能电站是构建新型电力系统的重要技术和基础装备，是实现"碳达峰、碳中和"目标的重要支撑，是催生我国能源新业态、抢占国际战略新高地的重要措施。

2021年5月11日，国家能源局印发的《关于2021年风电、光伏发电开发建设有关事项的通知》指出，要在确保安全的前提下鼓励有条件的户用光伏项目配备储能。2021年7月15日，国家发展和改革委员会、国家能源局印发的《关于加快推动新型储能发展的指导意见》对于配套建设或共享模式落实新型储能的新能源发电项目，动态评估其系统价值和技术水平，可在竞争性配置、项目核准（备案）、并网时序、系统调度运行安排、保障利用小时数、电力辅助服务补偿考核等方面给予适当倾斜。

2021年10月24日，国务院印发的《2030年前碳达峰行动方案》要求，要加快建设新型电力系统，积极发展"新能源+储能"、源网荷储一体化和多能互补，支持分布式新能源合理配置储能系统。目前，我国许多省份也都出台利好政策支持新型独立储能电站建设，积极鼓励新型独立储能电站参与电力现货市场。

2021年2月7日，山东省能源局印发的《2021年全省能源工作指导意见》指出，建立独立储能共享和储能优先参与调峰调度机制，新能源场站原则上配置不低于10%储能设施。山东省发展和改革委员会、山东省能源局、山东省财政厅和国家能源局山东监管办公室印发的《关于促进全省可再生能源高质量发展的意见》要求推动分布式电力就地消纳，低压分布式光伏接入电网应满足国家相关行业标准要求，确保电网安全运行；鼓励分布式光伏，自发自用或在微电网内就地消纳；对于分布式光伏集中开发区域，宜采用相对集中接入方式。逐步完善分布式光伏功率采集、远程控制技术措施，在电网新能源电力消纳能力不足时，分布式光伏（户用分布式除外）上网部分与集中式场站消纳优先级相同。鼓励自身消纳困难的分布式光伏配置储能设施。

2021年4月8日，山东省发展和改革委员会、山东省能源局、国家能源局山东监管办公室正式下发了《关于开展储能示范应用的实施意见》，指出新增集中式风电、光伏发电项目，原则上按照不低于10%的比例配建或租赁储能设施，连续充电时间不低于2 h。其强调，风电、光伏发电项目按比例要求配建或租赁储能示范项目的，优先并网、优先消纳；示范项目参与电力辅助服务报量不报价，在火电机组调峰运行至50%以下时优先调用，按照200元/（MW·h）给予补偿；示范项目充电放电损耗部分按工商业及其他用电单一制电价执行。结合存量煤电建设的示范项目，损耗部分参照厂用电管理但统计上不计入厂用电；示范项目参与电网调峰时累计每充电1 h给予1.6 h的调峰奖励优先发电量计划。联合火电机组参与调频时Kp值≥3.2的按储能容量每月给予20万kW·h/MW调频奖励优先发电量计划，Kp值每提高0.1增加5万kW·h/MW调频奖励优先发电量计划；示范项目的调峰调频优先发电量计划按月度兑现，可参与发电权交易。

2021年9月3日，国家能源局山东监管办公室、山东省发展和改革委员会、山东省能源局发布的《山东电力辅助服务市场运营规则（试行）（2021年修订版）（征求意见稿）》指出，参与辅助服务的储能设施在日前申报次日最大充电放电功率、可调用时段（调用持续时长不低于1 h）和交易价格，可根据不同调用时段申报不同交易价格，每日最多可申报3个调用时段，试运行初期储能设施有偿调峰报价上限暂按400元/（MW·h）执行；储能示范应用项目参与有偿调峰交易时报量不报价，按照200元/（MW·h）给予补偿，电力调度机构按照年度调用电量均衡原则，在火电机组因参与低谷调峰运行至50%最大可调出力以下时，采用滚动循环调用方式优先调用储能示范应用项目。

国家、省对新型独立储能电站的政策支持，可以看出新型独立储能电站必将得到越来越快、越来越大的发展。

16.1.4.1 新型独立储能电站有盈利空间

目前，各级出台的政策均确立新型独立储能电站的盈利模式为参与电力现货市场的峰、谷价差+容量补偿+容量租赁。在电力现货市场峰、谷价差收益中，其峰、谷价差度电收益公式为：

参与电力现货交易度电收益（按充电电量计算）＝电价最高2 h平均电价×λ—最低2 h平均电价—（基金附加+输配电价）×（1—λ）—优发优购电价×λ—（机组启动分摊+居民农业新增损益）—容量补偿电价 (16-1)

式中，λ为电站效率，关口计量点处放电电量与充电电量的比；根据国家发展和改革委员会《关于进一步推动新型储能参与电力现货市场和调度运行的通知》中"独立储能电站向电网送电的，其相应充电电量不承担输配电价和政府性基金及附加"。相应充电电量确定为实际充电电量，全部充电电量都不用交纳两项费用，乘以0即可；优发优购电价经与能监办协商，按照发电电量收取，收取价格0.020 8元/（kW·h）；按照用电电量收费，价格0.002元/（kW·h）；容量补偿电价与优发优购电量一样，也是收取了2次，充电时储能作为用户收取一次，放电时经电网卖给真正的用户又收取一次，暂定0.099 1元/（kW·h）。

在容量补偿收益中，根据山东省发展和改革委员会《关于电力现货市场燃煤机组试行容量补偿电价有关事项的通知》，山东省容量市场运行前参与电力现货市场的发电机组容量补偿费用从用户侧收取，电价标准暂定为0.099 1元/（kW·h）（含税）。山东省参与容量补偿电价征求的市场化电量约2 590亿kW·h，整个市场容量补偿电费约257亿元，按照全省统调6 070万kW火电+1 000万kW参与现货的光伏+55万kW储能装机=7 125万kW计算，分摊后容量电价补偿大约为360元/（kW·年）。

新型储能项目日发电小时数为火电机组的1/12。非示范类新型储能项目补偿标准为30元/（kW·年）；示范类新型储能项目容量电价补偿为其他储能项目的2倍，约为60元/（kW·年）。在容量租赁收益中，国家发展和改革委员会、国家能源局《关于鼓励可再生能源发电企业自建或购买调峰能力增加并网规模的通知》允许发电企业购买储能或调峰能力增加并网规模。山东省《关于开展储能示范应用的实施意见》同样也支持各类市场主体投资建设运营共享储能设施，鼓励风电、光伏发电项目优先租赁共享储能设施，租赁容量视同其配建储能容量，因此新型独立储能电站容量可租赁给新能源场站，代替新能源自建储能作为并网条件。新能源场站自建高标准储能装置约为500元/（kW·年）。按照租赁费比自建价格稍低的原则，租赁价格可定为不超过400元/（kW·年），综合考虑储能电站的投资和运维成本，新能源场站承受能力以及差异化消纳政策，储能年租赁合计价格约为330元/（kW·年）。

根据2022年1月1日—12月31日山东省现货交易实时价格的统计，2022年全年2 h最高平均电价为0.624元/（kW·h），2 h最低平均电价为0.101元/（kW·h），因此储能参与电力现货市场后的收益约为0.311元/（kW·h）。通过山东省出台的各项关于新型储能利用的政策来看，容量租赁是新型储能参与电力现货市场作为重要的收入来源，其收入比例约占总收入的70%。但是，容量租赁的收入相对不稳，根据相关调研报告指出，目前，山东省独立储能电站容量出租率仅为20%左右，主要原因是其租赁的价格较高，相比新能源发电厂自建储能成本要高，这使许多新能源企业更加倾向于自建储能。随着国家对储能电站管理措施的不断完善，独立储能电站的专业性、规范性将会越来越高，许多低质量的储能电站会随着政策、制度的完善而逐渐淘汰，储能电站容量的出租率一定会呈现上升趋势，未来容量租赁费用也会随着市场的发展与完善形成一种稳定、合理的价格。

16.1.4.2 新型独立储能电站储能时长不断增加

随着风电、光伏发电的大规模建设，新能源的发电占比将会越来越高，这就对储能的时长提出了更高的要求。一般情况下，新能源发电对储能时长的要求为2 h，并且基本上是以磷酸铁锂电池为主。由于新能源发电量的持续增加，为了持续稳定电网电力的平衡，我国许多省份对储能时长也做了相应的调整。内蒙古自治区、辽宁省、河北省、新疆维吾尔自治区、上海市、西藏自治区等将新能源配储比例及小时数做了进一步上调，要求储能时长要达到4 h以上。由此可以看出，新能源发电的占比越大储能电站的储能时长就越长。

2023年7月23日，山东省发展和改革委员会、山东省科学技术厅、山东省能源局、国家能源局山东监管办公室印发了《关于支持长时储能试点应用的若干措施》（简称《措施》），这是我国首个就长时储能出台的专项支持政策。

《措施》特别强调长时储能具有容量大、寿命长、安全性好、调节能力强等优势，明确长时储能包括但不限于压缩空气储能、液流电池储能等，要求试点项目规模不低于10万kW；满功率放电时长不低于4 h；电一电转换效率不低于60%，若项目综合能量效率高于80%，电一电转换效率可放宽至不低于55%；项目寿命不低于25年；项目建设期为2年。

到2023年，山东省新型储能装机达到300万kW；到2025年，山东省新型储能装机将达到600万kW左右；到2030年，山东省新型储能装机将达到1 000万kW左右，实现压缩空气储能单机功率、转换效率、储能规模三项全球第一。

从山东省出台支持长时储能的政策可以看出，长时储能的要求是高容量、低功率，虽然这种储能模式在电力现货的套利比例略有下降，但对于储能的效率要求进一步放宽，补偿收益相比其他新型储能示范项目也有显著的提高，更能满足未来新能源电力发展的总体规划，这将对项目的经济性带来一定的提升，使长时储能项目的市场竞争力得到进一步增强。

长时储能系统是可实现跨天、跨月，乃至跨季节充电放电循环的储能系统。目前，长时储能可以通过抽水蓄能、压缩空气储能、液流电池、熔盐储能等多种技术方式来实现。抽水蓄能是一种很好的长时储能技术，但由于受限于地理条件等因素，未来开发规模会受限。因此，压缩空气储能、液流电池、熔盐储能一定会是未来长时储能发展的重要技术路线。据相关资料表明，自2023年以来，上海电气集团股份有限公司、北京星辰新能科技有限公司、中储国能（北京）技术有限公司等企业陆续将长时储能列入未来发展规划。

2023年1月，上海电气集团股份有限公司宣布签约钒液流电池储能项目，总投资约3亿元，建设1 GW·h储能液流电池生产线；同年5月，宣布将在安徽省合肥市基地新增1 GW·h钒液流电池产能。

2023年3月，北京星辰新能科技有限公司宣布在湖北省打造全钒液流储能装备智能生产基地；同年5月，宣布其全钒液流吉瓦级工厂在江苏省常州市落地，一期量产线为300 MW，最终总产能将达到3 GW。

中储国能（北京）技术有限公司在河北省张家口市建成了国际首座100 MW先进压缩空气储能国家示范电站。同时，该公司也在加快100~300 MW先进压缩空气储能技术的规模化应用。目前，该公司大约有4 000 MW规模的先进压缩空气储能项目在全国各地陆续建设。2022年9月，由该公司建设的山东省肥城市国际首套300 MW盐穴先进压缩空气储能国家示范电站项目正式启动。

长时储能虽然初投资相对较高，但长时储能是未来的发展方向，可以通过提高系统效率、优化系统配置、加快迭代升级以降低投资成本。此外，长时储能需要有更加合适的市场机制和配套支持政策，进一步完善长时储能的盈利模式、商业模式和管理机制，在不断探索中推动长时储能大规模快速发展。

16.2 新能源开发利用面临的挑战

自2005年11月29日国家发展和改革委员会印发我国第一个《可再生能源产业发展指导目录》以来，国家、各省市自治区密集出台新能源开发利用和奖励扶持政策，有力地推动了新能源产业的快速发展，我国新能源开发利用取得了突出成绩。但是，也面临着诸多重大挑战。

16.2.1 新能源关键核心技术亟待突破

新能源是高新技术产业。由于我国新能源开发利用起步较晚，大多技术都是从国外引进后再吸收、再转化、再开发，特别是一些新能源企业最初引进的设备和技术多是被国外淘汰的设备和技术，并非最先进的新生代设备和技术。

太阳能、风能、水能、生物质能、地热能等这些被称为绿色环保的新能源，是针对人类的使用过程而言。以目前人类掌握的生产技术和工艺来看，这些新能源的制造过程依然会产生大量的污染。也就是说，新能源产品使用过程无污染，污染产生在新能源产品的生产过程。

我国作为发展中国家，为欧美等发达国家输送着大量新能源环保产品，却承受着新能源产业生产与制造环节产生的高污染。就光伏产业和风电产业而言，光伏发电组件太阳能电池板用的是多晶硅。在晶体硅的提炼过程中，会排放大量的三氯氢硅和四氯化硅等有毒物质。目前，由于关键处理技术没有突破，生产企业对这些有害物质难以做到彻底回收，致使不同剂量的四氯化硅和三氯氢硅排放至大气中，造成排放地四周寸草不生，污染较为严重。虽然经过近20年科研技术人员的不断探索和攻关，晶体硅材料的生产技术得到改进和提升，有毒物质排放强度不断下降，环境污染持续得到改善。但是，有毒物质还没有达到"零"排放。

"十四五"国家重点研发计划"可再生能源技术重点专项指南"提出，"十四五"期间，我国将重点进行海上漂浮式光伏发电关键技术研发。目前，我国海上光伏发电现有结构存在耐久性、稳定性、可靠性问题，面临高温、高湿、高盐雾和耐湿热、盐雾腐蚀性、粘结力稳定性以及抗震、抗台风、抗巨浪、抗强风暴潮等运行期内严苛的海洋环境严峻挑战，在海上光伏发电无人化、可视化、智能化等高技术等方面的难题还需亟待解决。

我国作为全球第一风电大国，早期所用的铅酸蓄电池在生产、使用以及报废后处理等诸多环节都会产生严重的污染。科技水平提升后，磷酸铁锂和锰酸锂电池取代了铅酸电池。但是，去除锂离子电池正负极材料和电解质溶液中的有毒物质的技术难题依然没有破解，仍然会造成环境污染和影响人体健康等问题。

目前，风电机组的关键材料——叶片芯材、主轴承等部分零部件仍然依赖进口。叶片芯材是风电叶片的关键材料，一般采用夹层结构来增加结构刚度，防止局部失稳，以提高整个叶片的抗载荷能力。最常用的芯材是巴沙轻木、PVC泡沫及PET。但是，从目前情况来看，这3种材料的供应都难以得到满足。

轻木是叶片芯材的首选材料，生长于南美洲，全球90%以上的轻木都来自于南美洲的厄瓜多尔。叶片所需的另一芯材PVC泡沫也依赖于进口。由于受限于技术水平和加工工艺，我国PVC泡沫生产厂只能从事后加工环节，在原板方面基本上不具备相应的制造能力。除叶片芯材外，我国风电产业还面临着主轴承供应的难题。在风电轴承中，偏航轴承和变桨轴承的技术门槛相对较低，我国风电轴承生产企业的产能主要集中在偏航轴承和变桨轴承上，而主轴承和增速器轴承基本上依赖进口。

早在10多年前，我国风电机组的国产化率就已经达到了近90%，然而到今天，我国的风电机组仍然不能达到100%国产化，其主轴承和叶片芯材依旧面临"卡脖子"风险。虽然我国风电产业发展进入了爆发期，但是由于核心技术被垄断，我国风电机组制造企业不得不面临高成本的局面，在国际市场上难以取得绝对领先地位和优势。

目前，我国新能源技术总体水平落后，自主研发能力较弱，重大技术基本依靠引进，关键技术与核心技术仍受制于人，一些瓶颈问题亟待解决。针对短板和弱项，我国必须加快新能源拥有自主知识产权的技术研究和开发，促进技术创新与进步。

核心技术是核心竞争力的体现，技术领先才能将产业做大做强。太阳能光伏产业，政府应积极引领，组织企业、大学、科研院所联合攻关，攻克晶体硅材料提纯技术，提高太阳能光伏电池的转换效率，降低光伏发电成本，减少生产过程的环境污染。风电产业，应尽快建立核心技术国家重点实验室，形成自主创新的风力发电机组研发能力，集中攻克适应我国气候和地貌特征的大型风力发电机组关键部件的设计和制造技术，制造出拥有自主知识产权的风电设备，实现风电设备制造全部国产化。

16.2.2 新能源发电稳定性亟待解决

目前，新能源发电不稳定性问题较为突出。风能、太阳能、水能等新能源发电易受季节、天气变化影响，存在输出不稳定等问题。风力发电主要集中在春冬两季，光伏发电主要集中在夏秋两季，而水力发电主要集中在仲夏雨季，这是自然客观规律使然，其随机性、波动性、不稳定性与新能源的可再生性一样是与生俱来。

目前，我国煤电、核电的年利用小时数分别达到5 500 h和7 800 h左右。但是，风力发电年平均利用小时数约2 200 h，光伏发电年平均利用小时数约1 200 h，水力发电年平均利用小时数约3 500 h。在大小风年的风电利用小时数相差超过20%，光伏利用小时数相差约10%。

随机性、波动性、不稳定性三者间既有一定的独立性又互相影响，共同造成新能源发电在功率上可控性差、与用户对电力电量需求的匹配性差、与大电网的运行规律协调性差，从而对电力平衡和电力系统稳定性产生不利影响。其中，波动性大可导致电力供应紧张和弃风、弃光、弃水问题同时存在。

提高新能源供应的稳定性，要根据区位特点及资源条件，建设风光水储、风光火储一体化新能源基地，开发调节性火电、风电、水电、光伏发电和抽水蓄能等项目，布局一批与之配套的储能项目。同时，应规划布局好分布式能源项目，提高社会认知度，增强地区能源需求响应能力。有条件的地区应尽可能形成多类型新能源（含储能）集成的分布式新能源发展格局，以增强电力供应稳定性。此外，加强柔性配电网建设，规范上网电价，依靠电价调节产出，最大程度提升分布式能源自消纳能力，积极打造"基地+分布式"的新能源供应体系，促进风电、光伏发电、水电和地热发电等新能源实现互补。

16.2.3 新能源并网难的瓶颈亟待消除

我国新能源电力供给大多在西北和东北，大型新能源基地主要位于沙漠、戈壁、荒漠等偏远地区，而需求量多在东部和南部等经济发达地区。由于新能源电力外送通道线路里程长、投资规模大、涉及各方利益，特别是线路站址资源较缺，协调建设有一定的难度。除此，我国电网结构较为单一，使得许多新能源场站建成后，因为并网线路建设跟不上不能实现全部电量入网，新能源所发出的电力浪费较为严重。

新能源大基地运行顺畅的前提条件是送端电网和受端电网的负荷特性紧密关联且保持匹配，即便有调节电源，需求侧响应也应保持高效。根据《电力需求侧管理办法（2023年版）》的要求，到2025年，各省区市需求响应能力将达到最大用电负荷的3%~5%。其中，年度最大用电负荷峰谷差率超过40%的省份达到5%及以上，这与发达国家仍然有一定的差距，这就需要大力提升需求侧响应水平。

提升需求侧响应水平重点是将供给侧改革与需求侧响应相结合，优化布局，加快电网技术攻坚，加强输电通道建设，建设强大的输电、变电网络，实现输电通道互联互通。同时，应立足需求侧负荷供应实际需要，以需求侧用电及调节成本最低为原则，统筹优化大基地与需求侧电网资源，将风光储输、风电预测技术应用于并网，强化需求侧管理，促进电力供需动态匹配。

目前，国家层面一直在加强大基地外送通道规划和建设，未来新能源发电并网难将有望得到解决。

16.2.4 新能源配套储能建设亟待增强

当传统电力系统的"源随荷动"运行机制转变为新能源发展条件下的"源网荷储备"运行机制时，电力系统运行特点将发生根本性变革。

传统电力系统储能主要配置在电网侧。在新型电力系统中，为了适应不同地区、不同电源电力负荷特点，储能会以多种方式配置在网侧、源侧和荷侧，使传统的单向电能配置模式改变成双向、多向、多能配置模式，其电力系统原有各个环节由区分明显转变为相互融合的部分不断增多。为了满足构建新型电力系统的要求，在电源侧要有充足、稳定、具有一定灵活性的电源或用于调节的储能设施（如抽水蓄能、先进压缩空气储能、液流电池等），在系统中不仅要设置必要的事故备用、负荷备用、检修备用机组，还要有应对正常气象条件连续三四天的阴天或静风天气给电力系统带来新的能源安全风险的备用机组。这些机组如何既能发挥好备用作用，又能尽可能地减少系统成本是一个需要深化研究的新课题。

16.2.5 新能源法律体系亟待健全

《能源法》施行前，我国的能源立法是以单行法为主，缺少全面体现国家能源战略、指导协调各能源产业，统筹能源、环境和经济关系的一部基础性法律，从而导致新能源产业法律体系不健全、不完善，立法落后于需求。

2024年3月18日，国家能源局在印发的《2024年能源工作指导意见》中把推动加快修订《可再生能源法》《电力法》《煤炭法》作为2024年的工作重点之一。

由于新能源立法落后于需求，使新能源产业发展缺乏长远性和统筹性，其主要的问题是制定的新能源产业发展政策没有优先考虑环境影响，没能协调好能源、环境和经济的关系，导致新能源废弃物对环境产生严重污染，在先污染再治理的老路上循环往复。再者，现行的新能源产业发展政策、经济政策、环境政策相互不配套，存在相互脱节甚至相互抵触的问题。在用于规范产业发展的规章制度中，有的规定存在边界模糊现象，有的规定与新能源产业发展的现状脱节，导致管理部门之间权责不清、各个环节监管欠位、执法乏力等问题长时间得不到有效解决，阻碍了新能源产业的高质量发展。

16.2.6 新能源人才培养不足亟待化解

随着新能源产业的快速发展，人才缺口在不断扩大。未来几年，我国新能源装机容量将保持高速增长，这将对新能源人才培养造成巨大压力。

就风电产业来说，目前，我国开设风电专业的高校仅有几所，每年的毕业生尚不足千人，根本无法满足年均几万人的人才缺口。光伏发电、生物质能发电人才供给问题更为突出，国内竟找不到一所开设生物质能发电相关专业的高校。只有华北电力大学等几所高校与相关企业建立了太阳能、生物质能研究所，联合培养的研究生数量极少。到目前，全国开设新能源科学与工程专业的重点大学只有20余所。其中，"双一流"大学10余所。

目前，我国大多数新能源企业人才结构也不够合理，初级人才占比过大，中高级人才占比太低，直接制约着新能源产业的发展。在新能源发电企业，从业人员普遍存在理论水平低、专业能力差等问题，主要是相关专业毕业生或从电力其他部门抽调有工作经验的职工多数人不具备新能源发电相关的理论知识，缺乏发电运行、管理、维修等相关经验，因而很难胜任岗位要求。

我国新能源产业发展起步较晚，具有相关造诣的专家较少，无论现有人才技能提升还是后续人才培养，都亟待加强新能源行业人才队伍建设。因此，要加强教学资源建设，高校尽快构建新能源科学与工程专业的专业课程体系，为专业教材的编写奠定基础；坚持走企校联合、学用融合的人才培养之路，企业要积极为高校和科研院所提供实训基地，把对新招聘毕业生的二次培训放到学生的实训环节，为高校应用型人才培养提供支持；建立人才科学考核评价制度，创新人才激励手段，将新能源高层次技术人才引得进、用得好、留得住，促进各类人才竞相发展。

16.2.7 新能源项目管理制度亟待完善

目前，许多传统电力企业为了适应市场变化与发展，正在进行新能源转型。然而，转型的过程较为艰辛，面临资金、资源、人才、技术等多方面的压力，因此合同能源管理模式在新能源项目中逐渐起到愈发重要的作用。

合同能源管理模式的主体为节能公司和用能单位，节能公司可以完全负责项目的投资、设计、建设、运行、维护保养和检修等，既缓解企业转型中面临的各种问题又帮助企业实现节能减排和节能降耗，其盈利模式是双方以约定的能源服务费或对用能单位所节省能源费用的比例等形式分享收益，设备产权在合同期内由项目的节能公司管理，合同期满后无偿交给用能单位。

这种管理方式无论是对于用能单位还是节能公司都是一种双赢的模式。目前，虽然我国积极鼓励采用合同能源管理的合作模式，但是其相关制度上的弊端也十分明显。

2016年12月20日，国务院印发的《"十三五"节能减排综合工作方案》中提出取消节能服务公司审核备案制度，任何地方和单位不得以是否具备节能服务公司审核备案资格限制企业开展服务，因此节能服务公司不需要再申请备案。

新能源项目往往需要大量的节能设备。例如，采用热泵等余热回收类的新能源项目。随着我国取消制冷设备的生产许可制度，对于设备生产类节能公司的要求进一步放开，更多的节能设备制造厂家纷纷进入新能源项目领域。但是，节能设备制造厂家仅仅是对于生产设备十分熟悉，并不具备热力设计或机电安装等资质，若在招标过程中以设计、安装等资质作为投标门槛限制，则可能导致项目流标，若在招标文件中写明设计、安装等所需要的具体资质，则可能视为联合体投标，这将不利于小型新能源项目的开发和建设。因此，针对新能源合同能源管理类项目，企业应根据项目类型的不同完善相关制度，不能以一条线卡住所有项目的推进，在法律、法规和制度允许的范围内，在结果满足项目要求的前提下，适当优化中间过程，因项目而宜，通过每一次新能源项目的推进逐步理顺、完善相关制度，最终形成一套完整的、合理的新能源项目规范管理制度。

主要参考文献

[1]杨靖西.关于热电联产成本及分摊方法的探讨[J].现代商业,2010（27）:55,56.

[2]喻培元,宋晓彦.热电联产机组能效指标探讨[J]. 绿色科技, 2021, 23（18）:204-205,208.

[3]刘振全,胡淞城,王丽.热电联产系统的热电分摊机制[J].兰州理工大学学报,2009,35（03）:51-54.

[4]冯霄,钱立伦,蔡颐年.热电联产中热、电分摊比的合理确定[J].工程热物理学报,1997（04）:409-412.

[5]李会东.热电厂全厂净效率计算方法探讨[J].机电信息,2015,450（24）:111,113.

[6]屠进.火力发电厂效率计算及联合循环发电的优势[J].能源工程,1999（04）:43-44.

[7]凌宇.谈电力行业中热能与动力工程的实际运用[J].电力设备管理,2023（01）:178-180.

[8]翟国寿.我国抽水蓄能电站建设现状及前景展望[J].电力设备, 2006,7（10）:97-100.

[9]韩冬,赵增海,严秉忠,等.2021年中国抽水蓄能发展现状与展望[J].水力发电,2022,48（05）:1-4,104.

[10]国家能源局.抽水蓄能中长期发展规划（2021—2035年）[R].北京:国家能源局,2021.

[11]葛举生,王培红.飞轮储能系统的发展及应用[C]// 第八届长三角能源论坛——新形势下长三角能源面临的新挑战和新对策, 2011.

[12]卢山,傅笑晨.飞轮储能技术及其应用场景探讨[J].中国重型装备,2022（04）:22-26.

[13]薛飞宇,梁双印.飞轮储能核心技术发展现状与展望[J].节能,2020,39（11）:119-122.

[14]戴兴建,唐长亮,张剀.先进飞轮储能电源工程应用研究进展[J].电源技术,2009,33（11）:1026-1028.

[15]张建军,周盛妮,李帅旗,等.压缩空气储能技术现状与发展趋势[J].新能源进展,2018,6（02）:140-150.

[16]陈海生,刘金超,郭欢,等.压缩空气储能技术原理[J].储能科学与技术,2013,2（02）:146-151.

[17]付永领,李万国.压缩空气储能发电技术及其发展趋势[C]// 2010中国可再生能源科技发展大会论文集, 2010.

[18]HAMEER S,VAN NIEKERK J L.A review of large-scale electrical energystorage[J].International journal of energy research,2015,39（9）:1179-1196.

[19]陈飞,张慧,马换玉,等.铅炭电池的研究现状[J].电池,2013,43（03）:170-173.

[20]刘巧云,祁秀秀,郝卫强.锂电池用正极材料钴酸锂改性研究进展[J].电源技术,2022,46（12）:1357-1359.

[21]阮丁山,李斌,毛林林,等.钴酸锂作为锂离子正极材料研究进展[J].电源技术,2020,44（09）:1387-1390.

[22]孙宏达,周森,苏畅.高电压钴酸锂（LCO）正极材料研究现状[J].辽宁化工,2021,50（02）:197-200.

[23]朱永芳.尖晶石锰酸锂的制备与性能研究[D].兰州:兰州理工大学,2022.

[24]成斌.高功率型尖晶石 LiMn2O4 的掺杂及石墨烯复合改性[D].济南:山东大学,2012.

[25]潘晓晓,庄树新,孙雨晴,等.动力型磷酸铁锂正极材料改性的研究进展[J].无机盐工业,2023,55(06):18-26.

[26]冯晓晗,孙杰,何健豪,等.磷酸铁锂正极材料改性研究进展[J].储能科学与技术,2022,11（02）:467-486.

[27]高春亮,余俊清,闵秀云,等.全球盐湖卤水锂矿床的分布特征及其控制因素[J].盐湖研究,2020,28（04）:48-55.

[28]赵元艺.中国盐湖锂资源及其开发进程[J].矿床地质，2003（01）:99-106.

[29]董涛,谭红兵,张文杰,等.西藏地区盐湖锂的地球化学分布规律[J].河海大学学报（自然科学版）,2015,43（03）:230-235.

[30]王卓,黄冉笑,吴大天,等.盐湖卤水型锂矿基本特征及其开发利用潜力评价[J].中国地质,2023,50(01):102-117.

[31]隰弯弯,赵宇浩,倪培,等.锂矿主要类型、特征、时空分布及找矿潜力分析[J].沉积与特提斯地质,2023,43(01):19-35.

[32]白晓宇,郭文林,任志强,等.钠离子电池正极材料最新进展[J].现代化工,2023,43（04）:76-80.

[33]阴宛珊,唐光盛,张文军.单体钠硫电池电学性能研究[J].东方电气评论,2020,34（04）:1-4.

[34]宋刘斌,王怡萱,匡尹杰,等.钠离子电池中关键材料及技术的发展与前景[J].化工学报,2022,73（11）:4818-4825.

[35]孙文,王培红.钠硫电池的应用现状与发展[J].上海节能,2015（02）:85-89.

[36]李建国,焦斌,陈国初.钠硫电池及其应用[J].上海电机学院学报,2011,14（03）:146-151.

[37]张斌伟,魏子栋,孙世刚.室温钠硫电池硫化钠正极的发展现状与应用挑战[J].储能科学与技术,2022,11(09):2811-2824.

[38]魏甲明,刘召波,陈宋璇,等.全钒液流电池技术研究进展[J].中国有色冶金,2022,51(03):14-21.

[39]刘涛,葛灵,张一敏.全钒液流电池关键技术进展与发展趋势[J].中国冶金,2023,33(04):1-8,133.

[40]于立军,周耀东,张峰源.新能源发电技术[M].北京:机械工业出版社,2018.

[41]王艳艳,徐丽,李星国.氢气储能与发电开发[M].北京:化学工业出版社,2017.

[42]张辉.电厂燃气轮机概论[M].北京:机械工业出版社,2013.

[43]段春艳,班群,皮琳琳.新能源利用与开发[M].北京:化学工业出版社,2016.

[44]郭新生.风能利用技术[M].北京:化学工业出版社,2007.

[45]惠晶,颜文旭.新能源发电与控制技术[M].北京:机械工业出版社,2018.

[46]赵洪峰,王军,谷峥.抽水蓄能电站发电电动机的特点及选型设计分析[J].科技风,2019(07):180.

[47]王现勋,梅亚东,段文辉,等.抽水蓄能电站运行优化模型[J].水电自动化与大坝监测，2008(02).

[48]黄策,燕云飞,沈迎,等.超容储能辅助火电机组调频的电气问题研究[J].电气技术,2022,22(08):103-108.

[49]闫霆,王文欢,王程遥.化学储热技术的研究现状及进展[J].化工进展,2018,37(12):4586-4595.

[50]雍瑞生,杨川箸,薛明,等.氨能应用现状与前景展望[J].中国工程科学,2023,25(02):111-121.

[51]晰锋.三种热能存储系统.https://zhuanlan.zhihu.com/p/485429594,2022-03-22/2024-03-12.

[52]王高波.我国垃圾焚烧发电的现状及发展趋势研究.https://huanbao.bjx.com.cn/news/20200904/

1102140.shtml,2020-09-04/2024-03-16.

[53]魏锁焕.我国新能源产业面临的主要挑战及对策建议.http://www.reportway.org/guandian/30927.
html,2023-12-25/2024-04-15.

[54]王志轩.全面认识新能源发展的机遇与挑战[J].电力设备管理,2022（12）:9-10,26.

[55]曹洋,徐瑜.钠离子电池行业研究：商业化之路还有多远.https://news.qq.com/rain/a/20230509
A01MTA00,2023-05-09/2024-04-16.